신편 유체기계

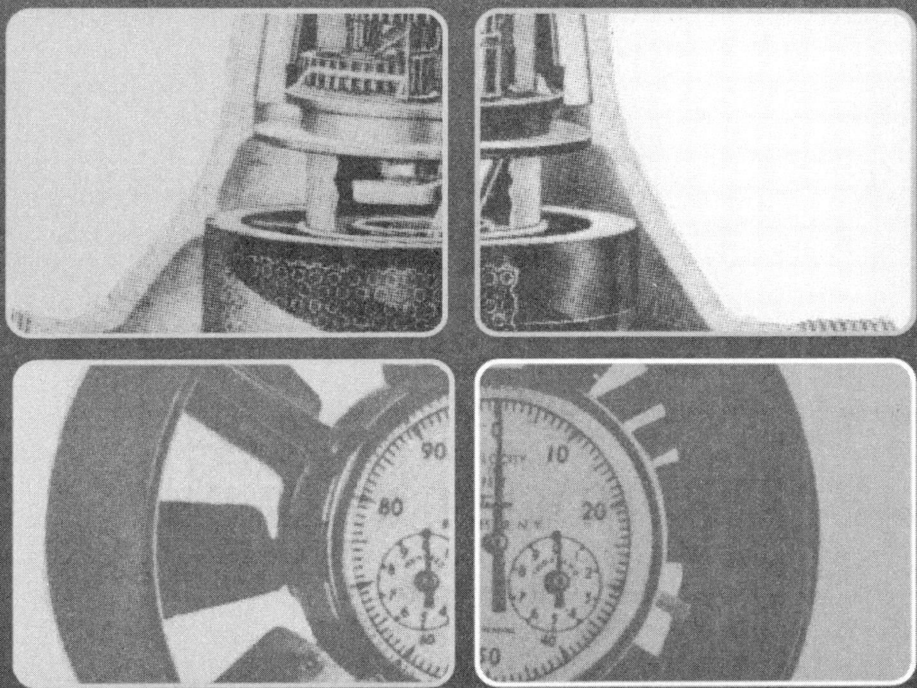

이종순, 김경엽, 박종호, 심우건, 윤석주, 서이수 공저

圖書出版 東明社

신편 유체기계

초판 발행 2008년 8월 20일
초판3쇄 발행 2014년 3월 20일

지은이 이종순 · 김경엽 · 박종호 · 심우건 · 윤석주 · 서이수
펴낸이 최국주
펴낸곳 동명사
출판등록 1950년 11월 1일(제1-76호)
주소 (우 413-756) 경기도 파주시 회동길 50(문발동)
전화 031-955-7200(대표)~2, 7203(편집부), 7204(물류)
팩스 031-955-7205
전자우편 webmaster@dmsbook.com
홈페이지 www.dmsbook.com

ISBN 978-89-411-0227-4 93550
값 23,000원

머리말

기계공업에서 뿐만 아니라 공산품의 제조와 수송과정에 있어서 유체기계의 이용이 증대함에 따라 유체기계에 대한 지식이 요구되고 있다. 1979년에 이종순 박사님이 출간한 "신편 유체기계"는 유체기계의 전반적이 내용을 이해하기 쉽게 저술되어 있으며, 요즈음 산업현장에서 다양하게 활용되고 있는 "유체에 의한 수송장치"에 대한 내용을 포함하고 있어 대학 교재로 널리 활용되고 있었다. 그러나 한자가 많고 시대변화에 따라 용어 등이 달라 요즈음 학습자가 내용을 이해하는데 어려움이 있었다. 이에 본서를 교재로 채택하여 사용하던 저자들이 뜻을 모아 한자변환 및 어휘 수정 등을 새로이 편집하였으며, 유압기기 부분을 새롭게 집필하였다.

모쪼록 본서가 유체기계 교육에 크게 기여하여 산업현장에서 유용하게 활용되길 바라고, 저자들이 학습자에게 도움이 될 수 있도록 최선을 다하여 편집하였으나 오류가 많을 것으로 생각되어 대단히 송구하게 생각하며, 유체공학 분야의 선배, 동료, 그리고 후학들의 많은 지도와 편달을 바라는 바이다.

끝으로 이 책을 번역하는데 집필 및 교정에 많은 도움을 준 대학원생 여러분과 충남대학교 초빙교수인 정조순박사의 정성어린 교정에 진심으로 감사를 드리며, 또한 어려운 여건속에서도 출간을 위해 수고해 주신 동명사 편집부 직원 여러분께 진심으로 감사를 드리는 바이다

저자일동

content

제1장 서 론

제2장 펌 프

목차

목차

제5장 액체 전동장치

제6장 유압기기

목차

제1장 서 론

1-1 유체기계

유체기계(fluid machinery)는 물, 공기를 위주로 기타 각종 유체를 취급하는 기계의 총칭이며, 유체 에너지로부터 동력을 발생하는 원동기와 동력을 사용하여 유체에 에너지를 가하는 종동기로 크게 구별한다.

동력을 발생하는 기계에는 수차, 풍차 등이 있으며 이들은 유체 에너지를 기계적 에너지로 변환시키며 유체의 흐름에 의하여 회전차(runner)를 통하여 동력을 발생시킨다.

펌프(pump)는 기계적 동력을 사용하여 물 또는 기타 액체에 에너지를 주는 기계이다. 펌프에는 회전차(impeller)의 동력학적 작용에 의하여 압력을 높이는 원심형 및 축류형, 피스톤의 왕복운동을 이용하는 왕복형, 회전체의 일정한 회전 운동에 의하여 액체에 에너지를 부여하는 회전형, 기타 특수한 것들이 있다.

기체의 압력을 변화시키는 기계에는 송풍기 및 압축기가 있으며 펌프에서와 같이 원심형, 축류형, 왕복형, 회전형 등이 있다. 수차, 펌프 및 송풍기 등의 원심형, 축류형과 같이 회전차의 동력학적 원리에 의하여 작용하는 유체기계를 **터보기계**(turbo machinery)라 부르며, 이 책에서는 취급하지 않지만 증기터빈, 가스터빈도 터보기계들의 일종이다.

1-2 유체기계의 분류

유체기계는 취급되는 유체에 따라 수력기계, 공기기계로 대별되나, 용도별로는 유체 수송기계, 유체 원동기계, 유체동력 전달기기 및 유체식 제어기기로 분류될 수도 있다.

표 1-1 유체기계의 분류 일람표

- 유체기계
  - 수력기계
    - 펌프
      - 터보형
        - 원심펌프
          - 볼류트 펌프
          - 터빈 펌프
        - 사류펌프
        - 축류펌프
      - 용적형
        - 왕복형-왕복펌프
        - 회전형-회전펌프
      - 특수형
        - 재생펌프
        - 분사펌프
        - 기포펌프
        - 수격펌프
    - 수차
      - 중력수차
      - 충격수차-펠턴수차
      - 반동수차
        - 프랜시스수차
        - 프로펠러수차
        - 카플란수차
  - 공기기계
    - 송풍기, 압축기
      - 원심형
      - 축류형
      - 왕복형
      - 회전형
    - 풍차
    - 압축공기기계
    - 진공펌프
  - 기타
    - 유압기계
      - 유압펌프
        - 베인펌프
        - 기어펌프
        - 플런저펌프
      - 유압액추에이터
        - 유압실린더
        - 유압모터
      - 제어밸브
        - 압력제어밸브
        - 유량제어밸브
        - 방향제어밸브
    - 액체전동장치
      - 유체 커플링
      - 액체 토크 컨버터
    - 유체수송장치
      - 수력수송장치
      - 공기수송장치

유체 수송기계는 유체의 수송을 목적으로 하는 기계이며, 각종 펌프, 송풍기 및 압축기, 그리고 그것들을 사용한 수송장치 등이 포함된다.

유체 원동기계는 유체의 에너지를 기계 에너지로 변환하여 사용하는 원동기로 수차(hydraulic turbine), 유압모터, 풍차 등이 이에 속한다.

유체동력전달기기는 유체를 이용하여 동력을 전달하는 것이며, 이에는 유체 커플링, 액체 토크 컨버터 등이 있다.

유체식 제어기기는 유체를 이용하여 제어 작용을 하는 것이며, 릴리프 밸브(relief valve), 파일럿 밸브(pilot valve) 등의 제어밸브 및 유체이론소자 등이 이에 속한다.

유체기계의 분류를 일람표로 표시하면 표 1-1과 같다.

1-3 유체기계 발달 과정

1-3-1 펌프의 발달

펌프이용은 농사를 짓는데 필요한 물을 공급하기 위해 시작되었으며, 이집트에서는 기원전 1500년경에 이미 타래박이 사용되었고, 그 후 Archimedes의 나사차(그림 1-1), 로프 두레박(그림 1-2), 통나무로 만든 실린더에 의한 왕복형 펌프도 나타났으며, 15세기에는 네덜란드에서 회전 운동을 그대로 이용하는 펌프를 풍차와 연결하여 배수용으로 사용하였다.

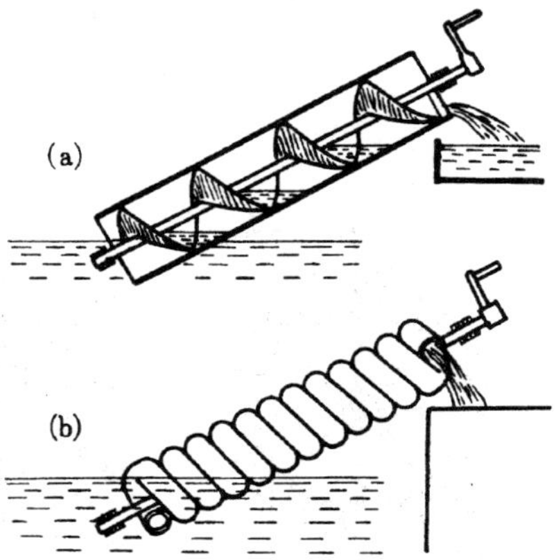

그림 1-1

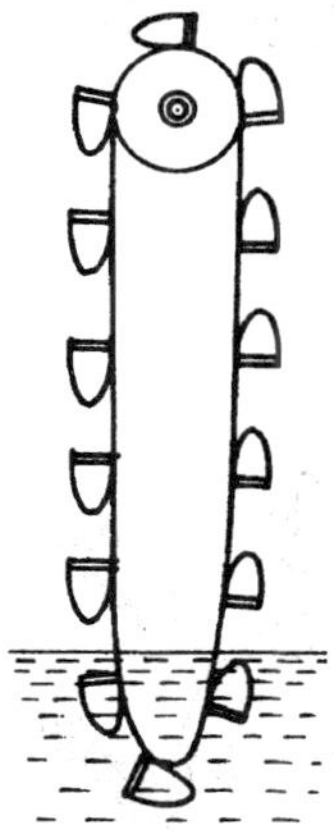

그림 1-2

16세기에 와서는 농업용수 공급뿐 아니라 도시급수, 광산의 채광부 배수 등이 중요한 과제로 등장하여 펌프의 개량과 발달이 촉진되었으며, 17, 18세기에는 증기기관과 결합한 Watt의 왕복형 펌프가 개발되었고, 플런저(plunger)도 그 무렵에 고안되었다.

Euler에 의하여 정립된 원심펌프 이론이 펌프설계에서 실제 적용된 것은 19세기 초에 이르러서였으며, 그림 1-3과 같은 직선형 베인(vane)이 그림 1-4와 같은 곡선형으로 되어 효율이 향상되었고, 나선형 케이싱(spiral casing)도 고안되었다.

19세기 후반에는 와류실, 안내깃(guide vane), 그리고 다단펌프도 완성되었다. 특히 19세기 말에는 전력 보급의 확대에 따라 원심펌프가 더욱 광범위하게 사용 되었으며, 왕복형 펌프는 그 용도가 점점 좁혀져 갔다. 일찍이 16세기에 Ramelli에 의하여 그림 1-5와 같은 회전형 펌프가 고안되었으나, 정밀한 공작, 고속운동 등의 어려움으로 인한 발달부진으로 19세기 말에 와서 비로소 축류펌프와 더불어 실용화되었다.

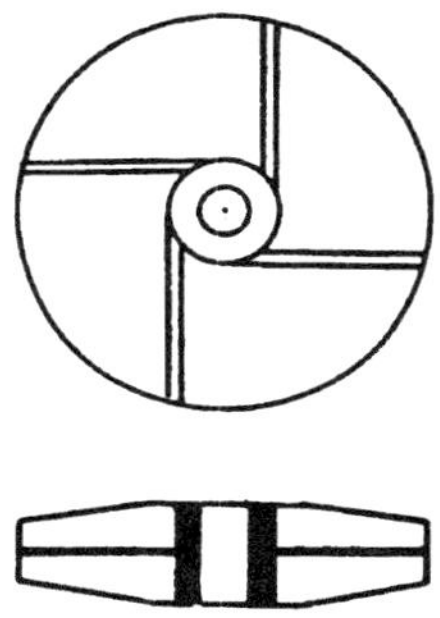

그림 1-3

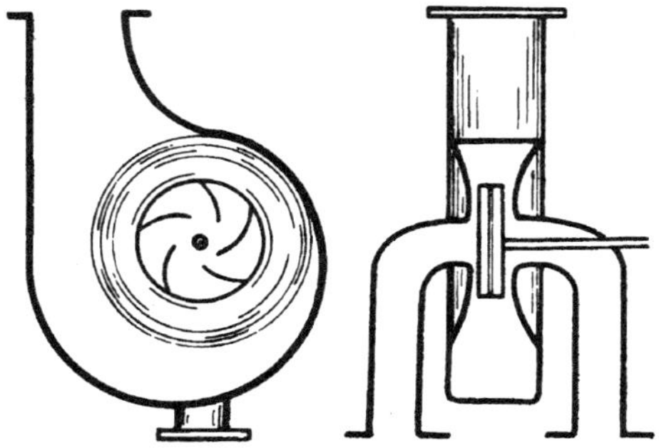

그림 1-4

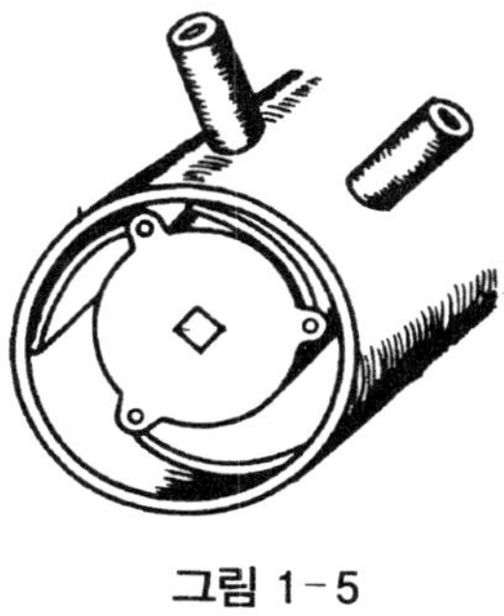

그림 1-5

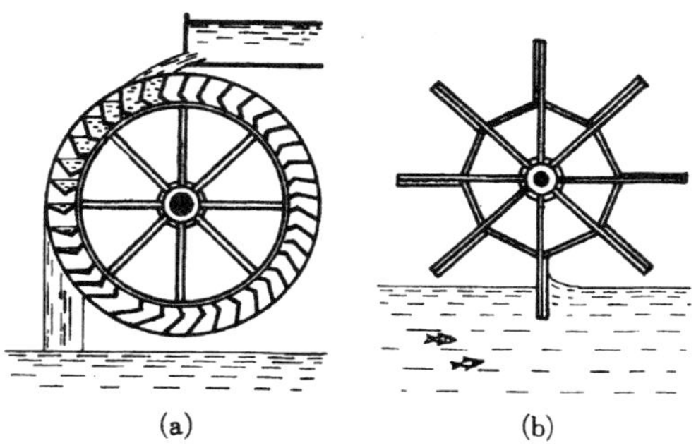

그림 1-6

1-3-2 수차의 발달

물의 위치에너지를 이용하여 동력을 발생하는 기계로서 최초에 생긴 것이 물레방아이다. 물레망아는 4세기 말에서 5세기 초에는 제분에 이용되었고, 그 후 분쇄, 제재, 금속의 연삭, 단조작업에 사용되었다.

수차에는 그림 **1-6**과 같이 상괘수차〔그림 (a)〕, 하괘수차〔그림 (b)〕 또는 흉괘수차의 방식이 있으나, 작용효율이 상괘수차의 경우 70～80%인데 비하여 하괘 또는 흉괘수차는 30%, 50%에 미달하여 상괘수차가 가장 유리하다는 것을 14세기 중엽에 이르러서 알게 되었으며, 이것이 오늘날의 중력수차이다. 오랫동안 상궤수차가 사용되고 발생동력도 1대에 30마력 정도까지 되었으며, 수대의 수차를 병렬로 연결하여 큰 동력을 얻기도 하였다.

18세기 중엽에 와서 Segner, Euler 등에 의하여 수차의 기초 이론이 완성되었고, 1832년 프랑스의 Fourneyron에 의하여 그림 **1-7**과 같은 근대적 수차가 개발되었으며, 이것은 안내깃을 통과한 제트는 반지름 방향으로 유출하여 외주의 회전차에 작용하는 원심형 수차이다.

그림 **1-8**과 같이 Barker가 고안한 수차는 반동수차(reaction turbine)의 기원이 되었으며, 1855년 미국의 Francis는 제트가 회전차의 외주로부터 축 중심을 향하는 내향심형 수차를 제작하였으며, 흡출관의 이용, 안내깃에 의한 수량조절 등으로 현재의 반동수차의 대표격인 Francis 수차를 완성한 것이다.

그림 1-7

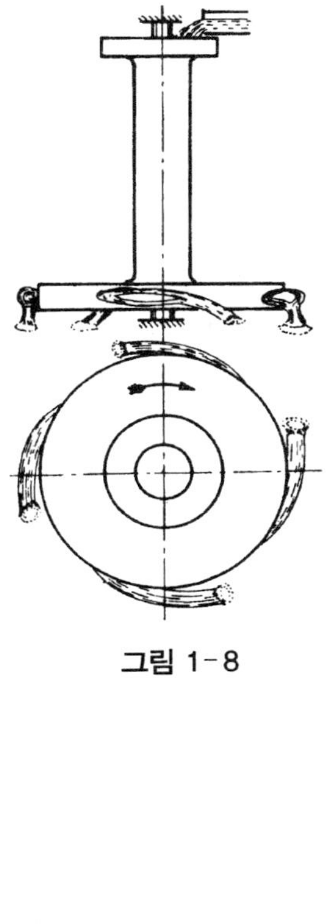

그림 1-8

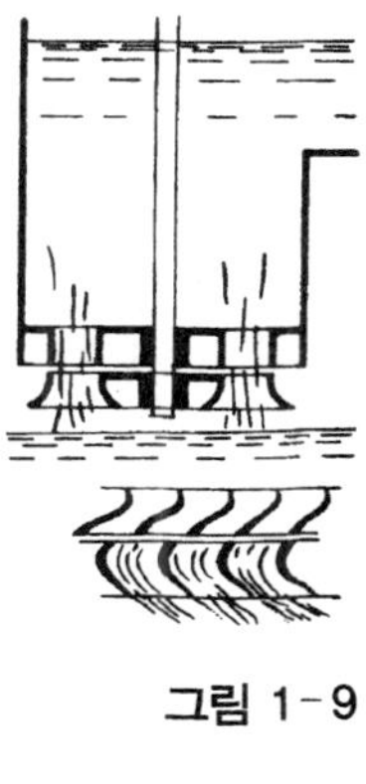

그림 1-9

한편 같은 시기에 유럽에서는 그림 **1-9**와 같이 제트가 대기압하에서 회전차 깃에 작용하는 충격수차(impulse turbine)가 Girard에 의하여 고안되어, 적은 유량에서는 반동수차보다 편리하게 사용되었다.

1870년 미국의 Pelton은 충격형으로 구조가 간단하고 효율이 좋은 이른바 Pelton수차를 완성하여 낙차가 큰 수력에 사용하였다. 그 후 수력개발의 진전에 따라 저낙차도 이용하게 되었으며 반동수차가 더욱 발전하였다.

고속수차는 주로 미국에서 발달하였고, 초고속수차를 위하여 프로펠러형의 회전차가 도입되었고, 유량에 따라 프로펠러 깃의 각도를 조절하여 효율을 높일 수 있도록 한 Kaplan수차는 1912년 Kaplan에 의하여 완성되었다.

제2장 펌 프

2-1 원심펌프

2-1-1 원심펌프의 분류와 구조

그림 2-1에 표시된 바와 같이 물을 담은 원통을 축을 중심으로 회전시킬 때, 물은 원심력에 의하여 점선에 있던 수면이 실선과 같이 변형되며, 회전속도가 증가하면 수면은 H가 더욱 큰 포물선 면으로 된다.

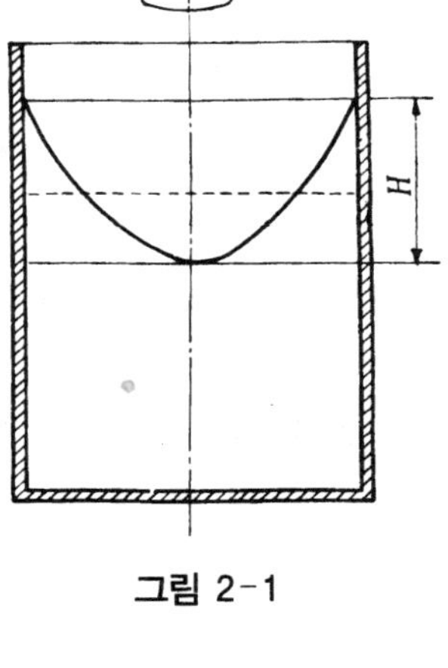

그림 2-1

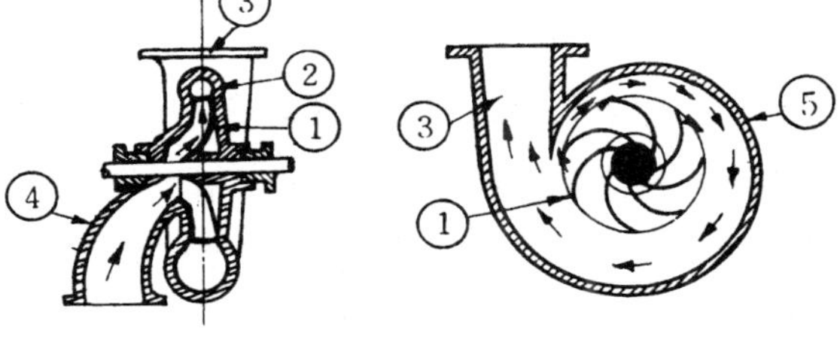

그림 2-2

이러한 원리를 이용하여 양수 또는 송수하는 펌프를 **원심펌프**라 하며, 실제의 원심펌프는 그림 2-2와 같이 회전차(impeller)에 의하여 케이싱(casing) 내의 물에 원심력을 부여하며 중심부에서 흡입하여 원주의 방향으로 송출한다. 즉 회전차 ①을 물이 가득한 케이싱 ②에서 회전시키면 원심력으로 방출된 물은 와류실(spiral casing) ⑤에 모여 토출관(delivery pipe) ③을 통하여 송수되며, 원심력에 의하여 반지름 방향으로 물이 방출된 회전차의 중앙부에는 국부진공이 생겨서 흡입관 ④ 내의 물은 연속 흡입된다. 이와 같은 작동으로 물은 회전차 내에서 압력과 속도에너지를 얻어 필요한 곳으로 송수된다.

원심펌프에는 위에 설명한 그림 2-2와 같이 회전차로부터 방출된 물을 그대로 와류실에서 모으는 볼류트 펌프(volute pump), 그림 2-3과 그림 2-4와 같이 중간에서 속도에너지의 일부를 압력에너지로 변환시키는 와류실(vortex chamber) 또는 안내깃(guide vane)이 설치된 터빈 펌프(turbine pump)가 있다.

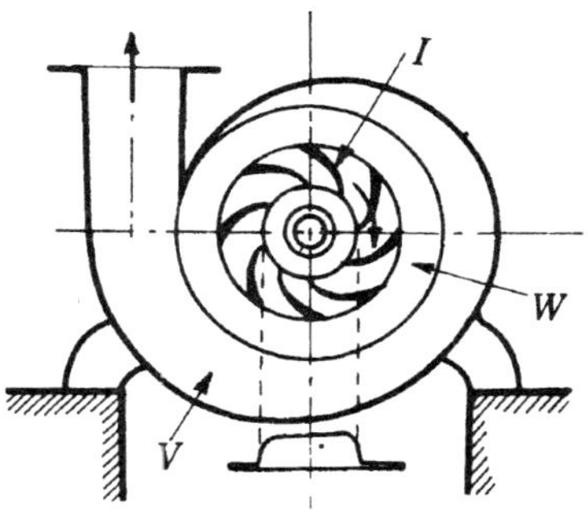

그림 2-3

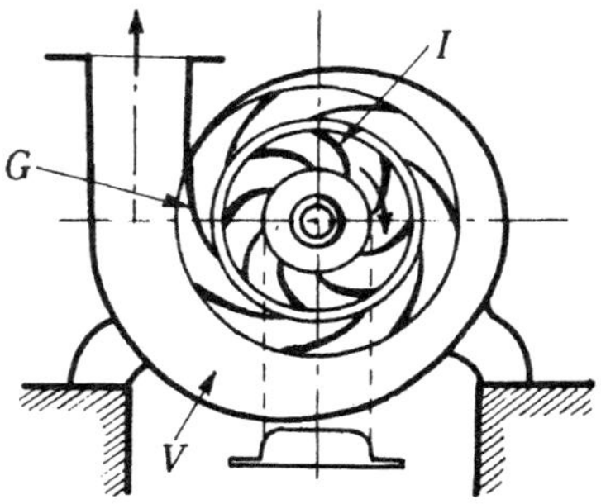

그림 2-4

볼류트 펌프는 저압 대 유량인 경우에 사용되며, 그림 2-2와 같은 한방향 흡입펌프(single suction pump)와 그림 2-5와 같이 회전차의 양쪽에서 물을 흡입하는 양방향 흡입펌프(double suction pump)로 구분된다.

터빈펌프는 일반적으로 고압 송수용에 사용되는데, 어느 정도 이상의 압력을 단일 회전차로 발생시킨다는 것은 무리가 많으므로 소요압력의 크기에 따라 그림 2-6과 같이 같은 형태의 회전차를 몇 개 직렬로 배열하면 흡입관 Ⓢ측으로부터 흡입된 물은 각 회전차를 경유하는 동안에 압력이 회전차 수만큼 배가되어 토출관 Ⓓ로 송출된다.

이와 같은 경우 회전차 수에 따라 1단 펌프(single stage pump), 2단 펌프(two stage pump) 등으로 부르며, 2단 이상을 총칭하여 **다단펌프**(multi stage pump)라 부른다.

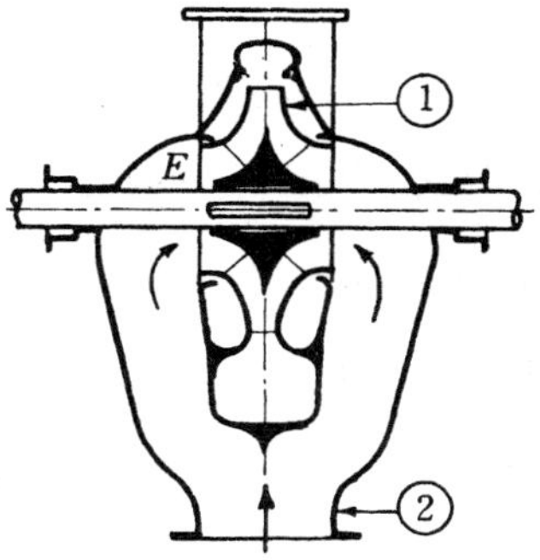

그림 2-5

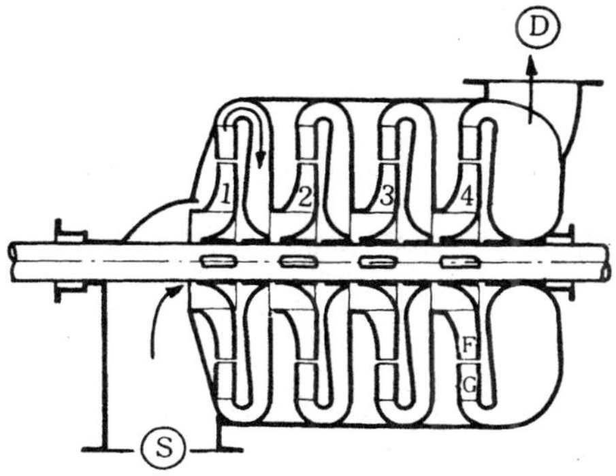

그림 2-6

2-1-2 원심펌프의 이론

그림 **2-7**과 같은 회전차가 ω의 각속도로 회전하면 깃 AB가 발생하는 에너지의 일부분은 물에 전달되고, 나머지는 단지 물을 교란하기만 하는 무익한 열에너지로 손실된다. 이때 물에 전달되는 에너지는 동적 에너지와 정적 에너지이며, 동적 에너지는 속도 에너지로 되고, 정적 에너지는 위치 에너지와 압력 에너지로 된다.

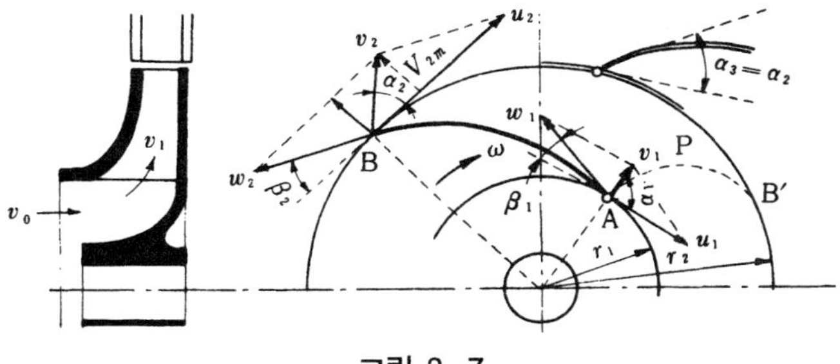

그림 2-7

이와 같이 회전차에 의하여 물은 에너지를 부여받아 유동을 형성하며, 그 유동의 경로는 깃(vane)의 구조와 형상에 따라 다르지만 A로부터 B에 이르는 자연유동이 아니라, A점에서 회전차 내에 유입한 물은 P를 거쳐 B′에서 회전차 깃을 떠나는 APB′ 곡선 경로를 그리면서 운동하며, 그 동안에 깃으로부터 에너지를 전달받는 강제유동을 한다.

그림 **2-7**에 표시된 바와 같이 v_0(m/s)의 속도로 축 방향으로 유입한 물은 보스(boss)를 따라 서서히 그 방향을 바꾸어 v_1(m/s)의 속도로 깃 내에 유입한다. 이때 흐름의 방향이 완전히 반지름 방향과 일치한다면 α_1은 90° 이지만, 완전유체가 아닌 물은 회전차에 끌려서 회전방향으로

경사하여, α_1은 90° 보다 작은 것이 보통이다.

지금 회전차의 입구와 출구에서 지면에 대한 회전차 깃의 속도인 원주속도(peripheral velocity)를 u_1과 u_2(m/s), 유체입자의 지면에 대한 속도인 **절대속도**(absolute velocity)를 v_1과 v_2(m/s), 그리고 회전차 깃에 대한 물의 속도인 **상대속도**(relative velocity)를 w_1과 w_2(m/s)라 하고, α_1과 α_2를 깃의 입구 및 출구에서의 유입각 및 유출각, β_1과 β_2를 깃의 입구각 및 출구각, r_1과 r_2를 깃의 입구와 출구에서의 반지름, ω(rad/s)를 회전차의 각속도라 하면 다음과 같은 관계가 성립한다.

$$\omega = \frac{u_1}{r_1} = \frac{u_2}{r_2} \tag{2.1}$$

γ를 물의 비중량(kgf/m^3), Q를 펌프의 양수량(m^3/s)이라 하면 회전차가 유입하는 물의 원주방향으로 작용하는 힘은

$$\frac{\gamma \times Q}{g} \times v_1 \cos \alpha_1$$

이며, 회전차의 중심에 대한모멘트를 구하면,

$$\frac{\gamma \times Q}{g} \times v_1 \cos \alpha_1 \times r_1$$

이다. 회전차의 출구에서도 마찬가지로 물의 원주방향으로 작용하는 힘은

$$\frac{\gamma \times Q}{g} \times v_2 \cos \alpha_2$$

이며, 회전차의 중심에 대한 모멘트는 다음과 같다.

$$\frac{\gamma \times Q}{g} \times v_2 \cos \alpha_2 \times r_2$$

회전차를 통과하는 동안 물이 얻은 모멘트의 대수합 T는

$$T = \frac{\gamma \times Q}{g}(v_2 r_2 \cos \alpha_2 - v_1 r_1 \cos \alpha_1) \tag{2.2}$$

이며, 회전차의 각속도는 ω(rad/s)이므로 물에 부여되는 에너지는 다음과 같다.

$$\begin{aligned} T \times \omega &= \frac{\gamma \times Q}{g}(v_2 r_2 \cos \alpha_2 \omega - v_1 r_1 \cos \alpha_1 \omega) \\ &= \frac{\gamma \times Q}{g}(u_2 v_2 \cos \alpha_2 - u_1 v_1 \cos \alpha_1) \end{aligned} \tag{2.3}$$

이와 같은 에너지를 받은 단위중량 유량의 물이 그 중력을 이겨내어 상승할 수 있는 최대의 이론양정(head) $H_{th\,\infty}$(m)은 다음과 같다.

$$H_{th\infty}=\frac{1}{g}(u_2 v_2 \cos\alpha_2-u_1 v_1 \cos\alpha_1) \tag{2.4}$$

$\alpha_1=90°$ 로 간주하면,

$$H_{th\infty}=\frac{1}{g}\,u_2 v_2 \cos\alpha_2 \tag*{(2.4)′}$$

식 (2.4) 및 식 (2.4)′는 원심펌프의 설계 기초가 되며, 원심펌프의 **기본식**(fundamental equation)이라 불린다.

펌프의 수력효율(hydraulic efficiency)을 η_h라 하면, 실제 펌프가 작동하는 총양정 즉 압력계수두 H_m(m)과 이론수두 $H_{th\,\infty}$(m)와 관계는

$$H_m=\eta_h\times H_{th\infty} \text{ 또는 } H_{th\infty}=\frac{1}{\eta_h}\times H_m \tag{2.5}$$

이며, $\phi=1/\eta_h$는 원심펌프의 **저항계수**(coefficient of resistance)로, 1보다 큰 값을 가진다.

식 (2.5)의 관계로부터 식 (2.4)는

$$gH_{th\infty}=g\phi H_m=u_2 v_2 \cos\alpha_2-u_1 v_1 \cos\alpha_1 \tag{2.6}$$

으로 쓸 수 있으며, $\alpha_1=90°$ 로 하면 (2.4)′는

$$gH_{th\infty}=g\phi H_m=u_2 v_2 \cos\alpha_2$$

로 표시된다. 이것을 다시 변환하면 $v_2\cos\alpha_2=\dfrac{g\phi H_m}{u_2}$, $v_2\cos\alpha_2=v_{2m}\cot\alpha_2$이므로

$$v_{2m}=\frac{1}{\cot\alpha_2}\times v_2\cos\alpha_2=\frac{g\phi H_m}{u_2}\times\tan\alpha_2$$

또는

$$u_2=\frac{g\phi H_m}{v_{2m}}\cdot\tan\alpha_2 \tag{2.7}$$

그런데 $u_2=v_{2m}(\cot\alpha_2+\cot\beta_2)$이므로

$$v_{2m}=\frac{u_2}{\cot\alpha_2+\cot\beta_2} \tag{2.8}$$

이것을 식 (2.7)에 대입하면

$$u_2 = g\phi H_m \tan\alpha_2 \times \frac{\cot\alpha_2 + \cot\beta_2}{u_2} = \frac{g\phi H_m}{u_2}\left(1 + \frac{\tan\alpha_2}{\tan\beta_2}\right)$$

$$\therefore\ u_2 = \sqrt{g\phi H_m\left(1 + \frac{\tan\alpha_2}{\tan\beta_2}\right)} \tag{2.9}$$

실제의 펌프에서는 $\alpha_1' < 90°$ 이므로 소요 압력계수두 H_m(m)을 얻는데 필요한 원주속도 u_2(m/s)를 구하기 위하여 다음과 같이 수정해야 한다.

$$u_2 = C \times \sqrt{g\phi H_m\left(1 + \frac{\tan\alpha_2}{\tan\beta_2}\right)} \tag{2.10}$$

여기서, C는 수정계수이며, 1.0~1.18 정도이다. 이 관계로부터 H_m, α_2 및 β_2를 적당히 결정하면 필요한 원주속도가 구해진다.

식 (2.4) 또는 식 (2.4)′는 회전차 깃 사이의 유동이 이상유동이고, 깃 수가 무한인 경우를 가정한 이론수두이며, 실제에서는 깃 수가 한정적이므로 깃 사이에서의 와류를 일으켜 그림 2-8에 표시된 바와 같이 회전차의 출구에서의 상대속도각 β'_2가 깃 출구각보다 작게 되고, 절대속도도 v'_2로 감소하여 유출각 α'_2는 커진다.

그림에서 $k_2 u_2$를 회전차 출구에서의 미끄럼 속도라 부르며, 일반적인 회전차에서는 $k_2 = 0.2$ 정도이다. 이는 회전차 입구에서도 마찬가지이며, 실제펌프의 이론수두는

$$H_{th} = \frac{1}{g}(u_2 v'_2 \cos\alpha'_2 - u_1 v'_1 \cos\alpha'_1) \tag{2.11}$$

$\alpha'_2 = 90°$ 로 가정하면

$$H_{th} = \frac{1}{g}(u_2 v'_2 \cos\alpha'_2) \tag{2.12}$$

이며, 식 (2.4) 및 식 (2.4)′ 보다 실제에 가까운 결과가 얻어진다.

$H_{th\infty}$와 H_{th}의 관계는 많은 연구들이 수행되었으나, Pfleiderer는

$$H_{th\infty} = H_{th}\left(1 + \frac{\psi r_2^2}{zS}\right) = H_{th}(1 + p) \tag{2.13}$$

의 관계를 제안하였다.

여기서, ϕ : 실험계수, z : 깃수, $s=\int_{r_1}^{r_2} r\,dx$이며 그림 **2-9**에서 자오선 단면상의 평균유선의 회전축에 대한 모멘트이다. 그리고 p는 **양정감소계수**라 불린다.

실제펌프에서는 회전차 입구, 출구에 미끄럼 현상이 일어나고, 또 $\alpha_1 < 90°$ 이므로 수정계수 ζ를 사용하여 식 (2.7)을 변형하면 다음과 같은 식을 얻을 수 있다.

$$H_m = \zeta \frac{u_2 v_{2m}}{\phi g} \cot \alpha_2 = \zeta \frac{\eta_h u_2 v_{2u}}{g} \tag{2.14}$$

단 $v_2 \cos \alpha_2 = v_{2u}$로 놓았다.

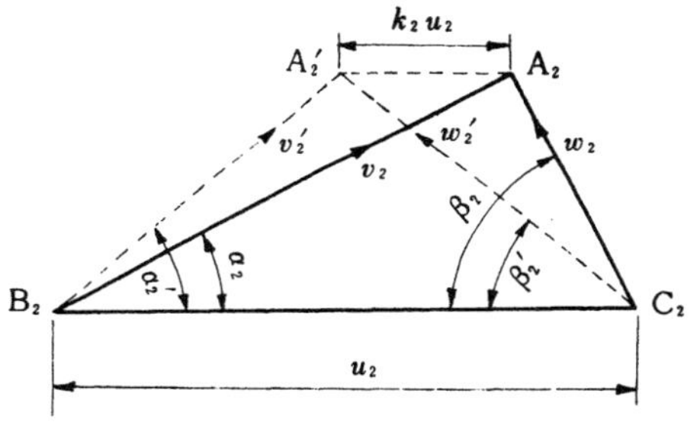

그림 2-8

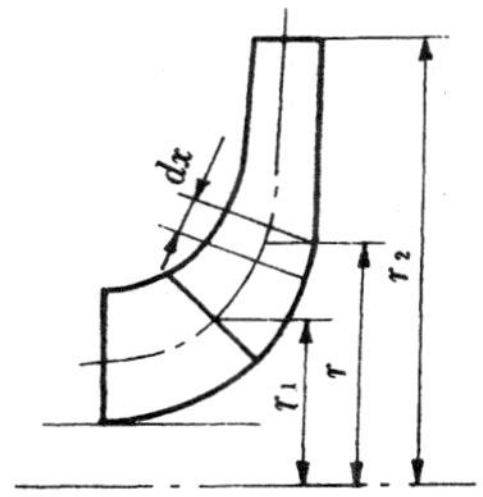

그림 2-9

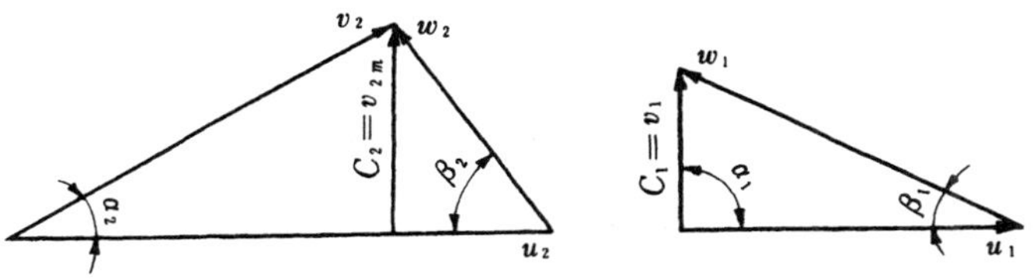

그림 2-10

다음에 그림 **2-10**과 같이 회전차 깃 입구 및 출구에서 속도삼각형을 생각하고, 미끄럼 속도를 무시하면 cosine제2법칙에 의하여 다음 관계가 얻어진다.

$$w_2^2 = v_2^2 + u_2^2 - 2u_2 v_2 \cos \alpha_2$$

$$w_1^2 = v_1^2 + u_1^2 - 2u_1 v_1 \cos \alpha_1$$

식 (2.4)의 $2u_2 v_2 \cos \alpha_2$, $2u_1 v_1 \cos \alpha_1$에 위의 관계를 대입하면 다음 식이 얻어진다.

$$H_{th\infty} = \frac{1}{2g}(v_2^2 + u_2^2 - w_2^2) - \frac{1}{2g}(v_1^2 + u_1^2 - w_1^2)$$
$$= \frac{v_2^2 - v_1^2}{2g} + \frac{u_2^2 - u_1^2}{2g} - \frac{w_2^2 - w_1^2}{2g} \quad (2.15)$$

식 (2.15)를 원심펌프의 **제2기본식**이라고 하며, 제1항은 절대속도 변화에 의한 수두의 증가, 제2항은 원심력의 작용에 의한 수두의 증가, 제3항은 유체가 깃 사이를 흐르는 동안에 일어나는 상대속도 변화에 의한 수두의 증가를 나타낸다. 그리고 제 1 항은 속도수두의 형태이고, 제2항과 3항의 대수합은 압력수두 형태라 할 수 있으며 제3항은 마찰 손실에 의하여 변화하므로 음의 값이다.

지금 회전차 입구, 출구에서의 압력계의 지침을 P_s, P_d(kgf/m^2)라 하면 식 (2.15)의 제2항과 제3항은 다음과 같이 표시된다.

$$\frac{P_d - P_s}{\gamma} = \frac{u_2^2 - u_1^2}{2g} - \frac{w_2^2 - w_1^2}{2g}$$

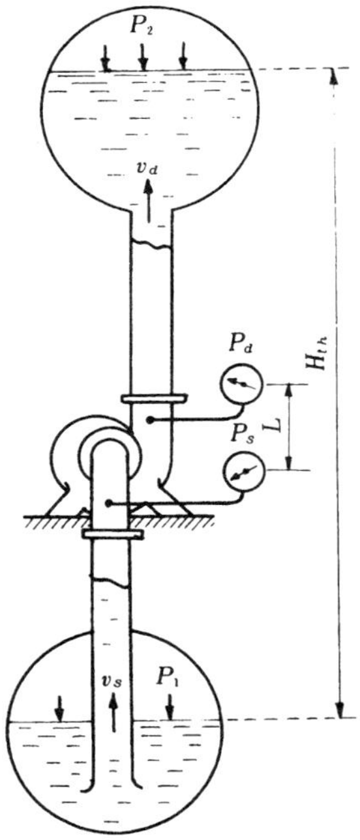

그림 2-11

따라서 식 (2.15)는 다음과 같이 표시된다.

$$H_{th\infty}=\frac{v_2^2-v_1^2}{2g}+\frac{P_d-P_s}{\gamma} \tag{2.16}$$

그림 **2-11**과 같은 펌프계에서 흡입관, 토출관 내에서의 전손실수두를 h(m)라 하면

$$H_m=\frac{P_d-P_s}{\gamma}+L+\frac{v_d^2-v_s^2}{2g}+h \tag{2.17}$$

흡입관 및 토출관 내의 유속 v_s 및 v_d는 회전차 깃 입구, 출구에서의 절대속도 v_1 및 v_2에 비례하나, 관단면적에는 반비례한다.

2-1-3 출구각과 양정의 관계

그림 **2-12**는 회전차를 축에 직각인 면으로 절단한 것을 나타내고 있으며 깃 형상은 입구 및 출구 각 β_1 및 β_2에 의하여 결정되고, 중간부분은 마찰과 충격이 가급적 적도록 유로를 단축하고 단면적도 점진적으로 증가시켜 유동을 완만하게 유도할 수 있는 길이를 주면 된다.

그림 **2-12**의 (a), (b), (c)는 대표적인 경우의 예이며, β_1을 일정하게 하고 $\beta_2 < 90°$, $\beta_2 = 90°$, $\beta_2 > 90°$ 인 경우를 나타내고 있다.

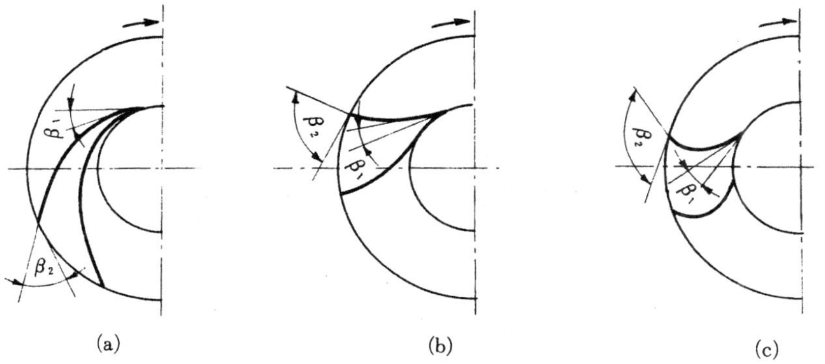

그림 2-12

일반적으로 사용되고 있는 원심펌프의 회전차 깃은 (a)에 속하는 형이며, (b) 및 (c)는 특수 목적의 회전차에 적용된다.

출구각 β_2는 펌프 성능을 좌우하며, 회전차가 물에 부여하는 수두를 압력의 형태로 하느냐, 속도의 형태로 하느냐의 비율을 결정하는 중요한 인자이다.

그림 2-13은 β_2의 크기에 따라 회전차의 유로 형상과 단면적이 변하는 양상을 나타내며, β_2가 커짐에 따라 회전차는 점차 직통형으로 되어 유로가 단축되며, 물은 회전차 내에 유입되어 극히 짧은 시간에 통과하므로 회전차는 에너지를 충분히 물에 부여하지 못하는 경향이 있을 뿐 아니라, 유로의 급격한 확대로 흐름이 흐트러진다.

출구각 β_2의 변화가 압력수두 및 속도수두, 나아가서는 전양정에 영향을 미치며, 이는 회전차 설계에 있어서 극히 중요한 문제이다.

그림 2-14는 동일 회전수로 동일 유량을 송수할 때 출구각 β_2의 변화에 따라 회전차 깃이 물에 부여하는 압력수두 $\dfrac{P_2-P_1}{\gamma}$와 속도수두 $\dfrac{v_2^2-v_1^2}{2g}$의 비율이 어떻게 변화하는가를 나타내고 있다.

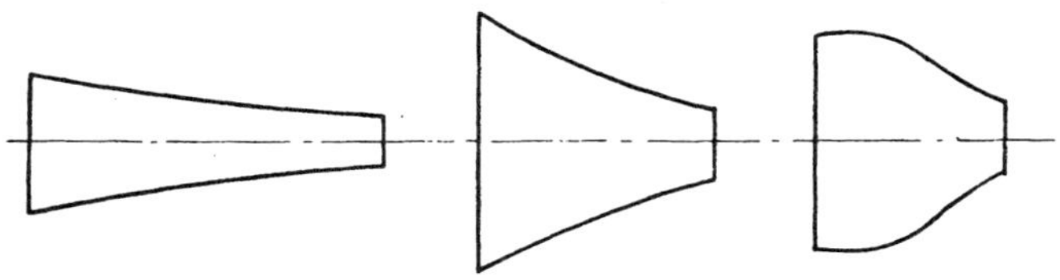

$\beta_2<90°$ $\beta_2=90°$ $\beta_2>90°$

그림 2-13

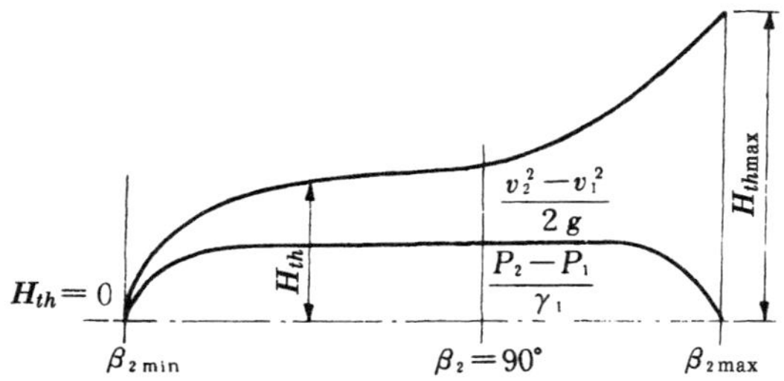

그림 2-14

그림에서 알 수 있는 바와 같이 β_2의 증가에 따라 같은 회전수에서도 전 수두는 점차 증대하지만, β_2가 어느 정도 이상으로 크게 되면 유로는 점차 단축되어 직통형으로 되어 속도수두로서 물에 부여되는 에너지가 크게 증대한다. 이것을 압력수두로 전환하기 위하여 안내깃 등을 두지만, 그로 말미암아 오히려 마찰손실이 증대하여 효율이 저하하므로 일반적인 원심펌프에서는 $\beta_2<90°$ 의 깃형이 사용되며, $\beta_2=14°\sim30°$ 정도로 하는 것이 일반적이다.

2-1-4 와류실, 안내깃 및 케이싱

원심펌프에서는 손실수두를 줄이기 위하여 토출구 내의 유속을 어느 한도 이내로 조정하는 것이 바람직하다. 따라서 회전차로부터 방출된 물은 토출관에 도달하기 전에 절대 속도의 크기에 따라 와류실, 안내깃, 또는 확대관을 두어 속도수두를 압력수두로 전환하도록 하고 있다.

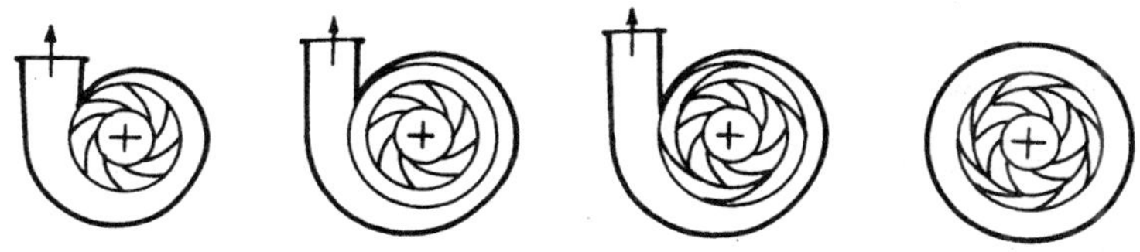

(a) (b) (c) (d)

그림 2-15

그림 **2-15**의 (a)는 회전차로부터 방출된 물을 그대로 와류실을 거쳐 토출관에 송출하는 이른바 볼류트 펌프의 경우로, 이 경우 속도수두의 일부분은 압력수두로 전환되지만 그 정도는 극히 적다. 따라서 이러한 펌프는 저압, 대유량의 펌프에 속한다.

그림 (b)는 회전차로부터 방출된 물의 속도수두를 압력수두로 전환하기 위하여 회전차 주위에 와류실을 설치한 경우이며, 이 경우 와류실 내의 유동은 자유유동에 불과하여 그 효과가 적어, 이러한 와류실은 고양정 펌프에서 두고 있다.

그림 (c) 및 (d)는 와류실 대신 안내깃을 설치하여 회전차에서 방출된 물의 흐름을 반 강제적으로, 그러면서도 무리 없이 흐르도록 하여 효과적으로 속도수두를 압력수두로 전환하여 와류실 또는 원형 케이싱(circular casing)을 지나 토출관으로 송출하는 경우이다. 이렇게 함으로써 마찰 및 와류 손실을 줄이고, 효과적으로 속도수두를 압력수두로 변환할 뿐 아니라, 회전차의 바깥지름을 줄여 펌프의 중량 및 용적을 줄일 수 있다.

그림 (b), (c) 및 (d)와 같이 회전차와 케이싱 사이에 와류실 또는 인내깃을 가진 펌프를 **터빈 펌프**(turbine pump)라 부르며, (a)의 볼류트 펌프와 구별된다.

그림 (a), (b) 및 (c)의 와류실은 그 유동상태가 자연적이므로 일반 볼류트 펌프는 물론이고 일반 터빈 펌프 및 다단터빈 펌프의 토출 케이싱에 사용되며, (d)에 표시하는 원형 케이싱은 유동 상태가 (c)의 경우보다 못하나 안내깃의 출구각이 90° 로 되어 있는 다단터빈 펌프에 적용하여 사용된다.

2-1-5 손실과 효율

기계적 에너지를 물의 압력 및 속도 에너지로 전환시켜 주는 일종의 에너지 변환시스템인 펌프에서는 물이 완전유체가 아니므로, 에너지 손실이 비교적 크고 효율이 떨어진다. 원심펌프의 손실을 원인에 따라 분류하면 다음과 같으며, 손실 크기에 따라 전 펌프 효율이 좌우된다.

(1) 수력손실과 수력효율

① 회전차에서의 손실

흡입관으로부터 v_0(m/s)의 속도로 흡입된 물의 속도가 회전차 입구에서 유로가 갑자기 좁아져 v_1(m/s)으로 바뀌면서 수력손실이 발생한다. 이어서 유체가 회전차 내를 통과할 때도 마찰 및 와류에 의하여 수력손실이 일어날 뿐만 아니라, 회전차 출구에서도 그 유로 면적이 급격히 확대되어 속도가 v_2(m/s)로 급격히 감소하므로 수력손실이 한층 더 증대한다.

이들 손실은 정격유량에 가까운 상태에서 운전하는 경우는 극히 적게 나타나며, 대형펌프에서 회전차 깃의 폭이 넓은 경우에는 전수두의 10% 정도, 소형펌프의 깃 폭이 좁은 것에서도 5%를 초과하는 것은 보통이다.

② 안내깃에서의 손실

안내깃은 회전차에서 방출된 물의 속도 v_2(m/s)를 점차 감소시켜 속도수두 $v_2^2/2g$(m)의 약 75%가 압력수두로 전환하고, v_3(m/s)로 감소한 물을 케이싱으로 송출한다.

회전차나 케이싱에서와 마찬가지로 안내깃에서 발생하는 손실 중에서 마찰과 와류에 의한 수두손실 이외에 충격작용에 의한 손실이 상당히 큰 비율을 차지하고 있다. 즉 마찰 및 와류로 인한 수력손실은 양수량 Q (m^3/s)의 제곱에 비례하고, 충격작용에 의한 손실은 유량 변화에 따라서 크게 달라진다.

정격유량의 전후에서는 충격이 거의 일어나지 않으나, 유량의 증감에 의하여 유로가 설계된 상태와 다르게 되면 심한 충격 작용이 발생하여 손실이 증대한다.

③ 케이싱에서의 손실

케이싱은 그 주 역할이 회전차 또는 와류실, 안내깃 등으로부터 유체를 모아서 토출관으로 보내는 것이지만, 속도수두 $v_3^2/2g$(m)의 일부를 압력수두로 전환하는 역할도 한다. 특히 와류펌프에서는 와류실의 설계를 적절히 함으로써 케이싱 입구에서 속도수두의 약 50%를 압력수두로 전환할 수가 있다. 따라서 케이싱 내 손실의 대부분은 마찰 및 와류에 의한 것이며, 충격 작용에 의한 손실은 안내깃에서와 같이 크지 않다.

수력손실은 마찰 및 와류로 인한 손실 h_{fx}(m)와 충격에 의한 손실 h_{sx}(m)로 구성되며, 이미 설명한 바와 같이 h_{fx}는 유량 Q(m³/s)의 제곱에 비례하여 증가하는데 비하여, h_{sx}는 정격유량 Q_n(m³/s)에서는 거의 없다고 할 수 있으나 유량의 증가 또는 감소에 따라 증대함을 그림 2-16에서 알 수 있다.

즉, 일반 원심펌프의 이론수두 변화를 선 AB로 표시하면, 각 유량에 대하여 계산한 손실수두 $h_{fx}+h_{sx}$를 AB에서 뺀 곡선 CDE가 실제에 이용되는 펌프의 압력계수두 H_m(m)이 된다.

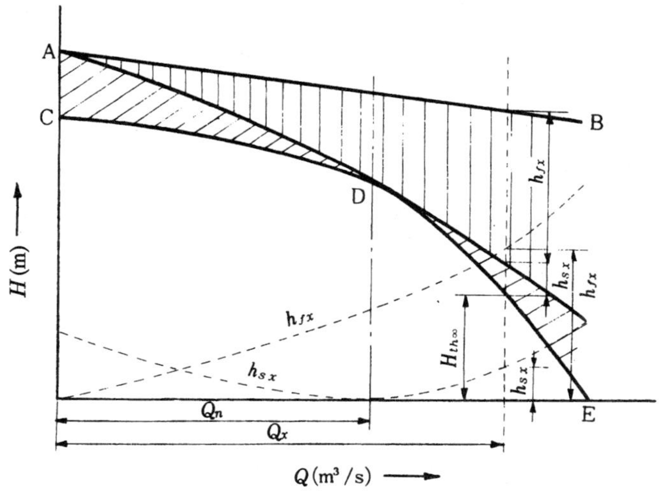

그림 2-16

이들 손실수두를 줄이기 위해서는 펌프설계를 적정하게 하고, 제작을 면밀히 하여 마찰, 와류 및 충격작용을 적게 하고, 가능한한 정격유량에 가까운 상태에서 펌프를 운전하여야 한다. 원심펌프에서 압력계수두 H_m(m)과 이론수두 $H_{th\infty}$(m)의 비를 원심펌프의 **수력효율**이라고 한다.

$$\eta_h = \frac{H_m}{H_{th\infty}} \tag{2.17}$$

(2) 누설손실과 체적효율

회전차 출구에서 방출되는 고압유체의 일부는 그림 2-22의 웨어링 링 ⑪과 회전차의 앞쪽 측면 사이를 통하여 흡입측으로 흘러들어가고 또 일부는 회전차의 후측면을 통하여 주축 ①과 패킹 ③의 틈새에서 누설된다.

이들 누설량을 $q(m^3/s)$라 하면 실제 양수량 $Q(m^3/s)$를 얻기 위해서는 $Q+q(m^3/s)$의 유량을 흡입해야 하며, 그 비를 **체적효율**이라 부르고 다음 식과 같이 η_v로 표시한다.

$$\eta_v = \frac{Q}{Q+q} \tag{2.18}$$

q는 펌프의 용량은 물론 양정의 크기, 웨어링 링 및 패킹 누르개(packing gland)의 기밀 상태에 따라 다르며, 사용 시간이 지남에 따라 국부 마멸 등으로 기밀도가 점차 악화되어 누설이 증가하므로 그 간격을 수시로 계측하여 적정한 유지관리를 해야 한다.

웨어링 링을 가급적 흡입구에 가깝게, 그리고 지름이 작은 부분에 설치하여 원주속도를 적게 하는 것이 유리하고, 그 간격을 소형펌프에서 0.2~0.5mm 정도, 대형펌프에서는 1mm 내외로 하여 누설을 줄인다.

(3) 마찰손실과 기계적 효율

원심펌프에서 운동 부분은 회전차와 원동기와 연결된 축이며, 기계적 마찰을 받는 것은 베어링(bearing)과 패킹 누르개이므로 그 정비 여하에 따라 기계적 손실이 달라진다.

만일 회전차에 작용하는 추력의 불평형, 베어링의 불량 등으로 회전속도가 큰 회전차가 케이싱, 안내깃 또는 웨어링 링에 접촉하면 심한 마찰이 발생하여 동력 손실은 물론이고, 때로는 회전차가 손상되며, 웨어링 링의 기밀이 악화되어 고압 유체의 역류가 증가하여 체적효율이 한층 저하한다. 한편 기계적 마찰은 아니지만 회전차의 회전에 따라 주위 물과의 원판마찰은 펌프 축에 공급되는 동력의 일부를 소비한다. 이들 마찰손실동력 L_f(HP)을 고려한 유효동력($L_b - L_f$)의 펌프에 공급된 축동력 L_b(HP)에 대한 비를 **기계적 효율** η_m이라 하고, 다음과 같이 주어진다.

$$\eta_m = \frac{L_b - L_f}{L_b} \tag{2.19}$$

이상의 여러 손실과 효율관계를 정리하면, 회전차가 물에 작용하여 실제로 이용되는 유효마력 L_e(HP)는 다음과 같다.

$$L_e = L_b - L_f = \frac{\gamma \times (Q+q) \times H_{th}}{75} \tag{2.20}$$

펌프가 외부에 대하여 실제에 수행하는 일, 이른바 수마력 L_w(HP)는 $L_w = \dfrac{\gamma \times Q \times H_m}{75}$ 이며, L_w와 L_b와의 비를 원심펌프의 **펌프효율**이라 부르고, 다음과 같이 η로 표시한다.

$$\eta = \frac{L_w}{L_b} = \frac{\gamma Q H_m}{75} \div \frac{\gamma(Q+q)H_{th}}{75\eta_m}$$
$$= \frac{H_m}{H_{th}} \times \frac{Q}{Q+q} \times \eta_m = \eta_h \times \eta_v \times \eta_m \tag{2.21}$$

2-1-6 비속도

펌프에서 회전차의 형상을 구별하기 위하여 **비속도**(specific speed, characteristic speed) [N_s]를 사용하고 있다. 이것은 실제 회전차와 상사형인 모형 회전차를 생각하여 이 모형 펌프를 가지고 1(m^3/min)의 물을 1(m) 양수하기 위해서 필요한 회전수가 비속도이다.

지금 바깥지름 D(mm)의 회전차로 송수량 Q(m^3/min), 양정 H(m)를 얻고자 할 때 회전수 N(rpm)에서 비속도를 구하면 다음과 같다.

지름이 D(mm)인 회전차의 펌프를 운전하여 회전수 N(rpm) 및 N_1(rpm)으로 양정 H(m) 및, H_1(m), 송수량 Q 및 Q_1(m^3/min)을 얻는다면 양정은 회전차의 회전수의 제곱에 비례하므로 다음 관계식이 성립한다.

$$N_1 = N \times \sqrt{\frac{H_1}{H}} \tag{2.22}$$

또한, 송수량은 회전수에 비례하므로 다음 식을 얻는다.

$$Q_1 = Q\frac{N_1}{N} = Q \times \sqrt{\frac{H_1}{H}} \tag{2.23}$$

다음에 양정 H_1에 대하여 바깥지름이 각각 D 및 d(mm)의 상사형 회전차 2개를 운전한다면 d(mm)의 모형펌프에 필요한 회전수 n_1(rpm)은 다음 식으로 구해진다.

$$n_1 = N_1 \times \frac{D}{d} \tag{2.24}$$

또한 2개의 회전차 송수량을 각각 Q_1 및 q_1(m^3/min)이라 하면

$$\frac{D}{d} = \sqrt{\frac{Q_1}{q_1}} \tag{2.25}$$

이 식을 식(2.24)에 대입하면

$$n_1 = N_1 \times \sqrt{\frac{Q_1}{q_1}} \tag{2.26}$$

이 식에 식 (2.22) 및 식 (2.23)을 대입하면

$$\begin{aligned} n_1 &= N\times\sqrt{\frac{H_1}{H}}\times\sqrt{\frac{Q}{q_1}\times\sqrt{\frac{H_1}{H}}} \\ &= N\times\left(\frac{H_1}{H}\right)^{3/4}\times\sqrt{\frac{Q}{q_1}} \end{aligned} \tag{2.27}$$

정의한 바와 같이 $H_1=1(\mathrm{m})$, $q_1=(\mathrm{m^3/min})$을 식 (2.27)에 대입하면 비속도 N_s는 다음과 같다.

$$N_s = N\times\left(\frac{1}{H}\right)^{3/4}\times\sqrt{\frac{Q}{1}} = N\times\frac{\sqrt{Q}}{H^{3/4}} \tag{2.28}$$

식 (2.28)은 회전차가 1개에 대한 것으로, 양방향 흡입형에서는 송수량의 1/2을 $Q(\mathrm{m^3/min})$로 하고, 압력계수두를 단수로 나눈 것을 $H(\mathrm{m})$로 하여 양정을 계산해야 한다.

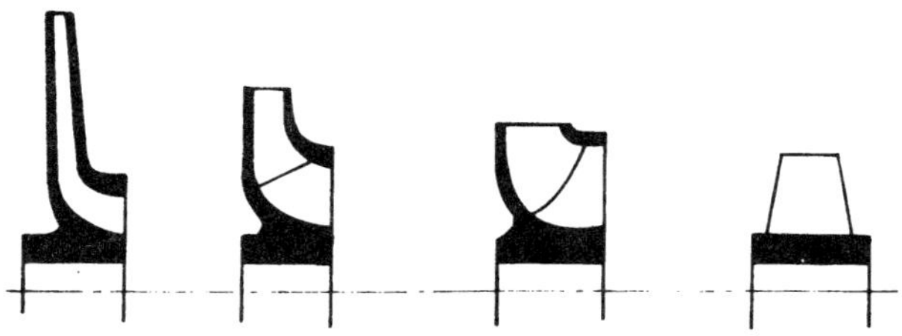

그림 2-17

비속도는 펌프의 특성을 나타내는 중요한 수치이며, 그림 **2-17**에서 (a)는 N_s가 작은 회전차형, (b)는 중간 정도, (c)는 N_s가 큰 회전차 형이며, (d)는 뒤에서 설명하는 축류펌프의 회전차형으로 가장 큰 비속도를 가진다.

현재 사용되고 있는 N_s의 값은 펌프 제작회사에 따라 다소의 차이는 있으나 다음과 같다.

터빈 펌프(a) ························ $N_s=120\sim350$

반경류 볼류트 펌프(b) ····· $N_s=200\sim700$

사류펌프 (c) ························ $N_s=500\sim1500$

축류펌프(d) ························ $N_s=1200\sim2500$

펌프의 효율은 형상의 크기, 설계의 적정성, 제작의 정확도 여하에 의하여 약간의 차이가 있지만 N_s의 크기에 따라 펌프의 효율범위를 표시하면 그림 **2-18**과 같으며, 그림 **2-17**의 (a)는 터빈 펌프, (b)는 볼류트 펌프, (c)는 사류펌프, (d)는 축류펌프를 나타낸다.

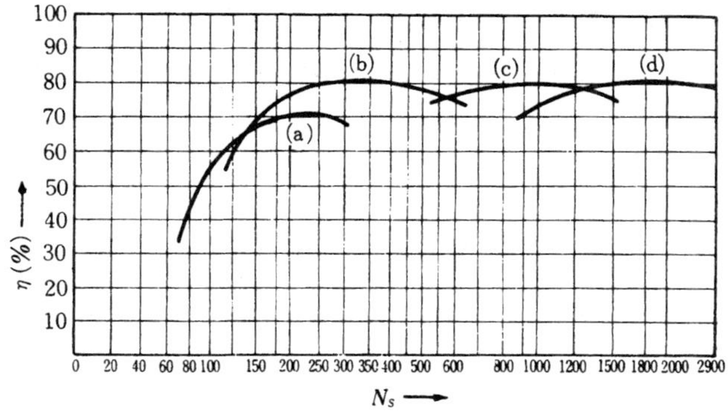

그림 2-18

펌프를 설계하기 위해서는 먼저 필요한 양정과 송수량을 정하고, 원동기의 종류에 따라 N_s를 계산하여 펌프의 형식을 결정한다.

펌프의 회전수를 결정하는 원동기로 가장 많이 사용되는 것은 유도 전동기이며, 극수 p와 주파수 f (l/sec) 에 의하여 회전수 n (rpm)은

$$n = 120 \times \frac{f}{p} \tag{2.29}$$

이며, 볼류트 펌프에서는 60사이클에서 $n = 720 \sim 1800$rpm 정도로 하고 있으며, 그 밖의 회전수로 운전할 때는 기어 또는 벨트로 연결한다.

터빈펌프에서는 전동기와 직접 연결하여 3000~3600rpm을 최고 회전수로 하고 있다.

2-1-7 원심펌프의 설계

(1) 흡입 및 토출관

원심펌프를 계획할 때 먼저 주어져야 할 항목들은

(i) 취급 액체의 종류와 온도

(ii) 전양정, 즉 압력계수두 H_m(m)

(iii) 소요 양수량 Q(m^3/min)

(iv) 원동기의 종류 및 회전수 N (rpm)

등이며, 이미 설명한 바와 같이 이들 항목을 식 (2.28)에 적용하여 비속도 N_s를 구해서 회전차의 형식을 먼저 결정하고 각 부분의 상세한 치수를 구해 나가는 것이 원심펌프 설계의 순서이다.

펌프 계획과 관련하여 결정해야 할 것은 흡입 및 토출관의 치수이며, 먼저 관 내의 평균유속 v(m/s)를 관 안지름 D(m)를 기준으로하여 $v=1.25\sim2.5$(m/s) 범위에서 다음 식으로 계산한다.

$$D(\mathrm{m}) = \sqrt{\frac{Q}{v} \times \frac{4}{\pi}} \tag{2.30}$$

여기서 v를 크게 하면 D가 작아져 설비비가 감소하지만, 손실수두가 커져 큰 운전 동력이 필요하게 된다. 반대로 v를 작게 하면 마찰손실은 감소하지만 큰 지름의 관이 필요하고 설비비가 커지기 때문에 양쪽을 고려하여 경제적인 관지름을 결정해야 한다.

그림 2-19는 양수량에 따른 적정한 유속과 관지름의 관계를 나타낸 것이며, 2개의 파선 내의 부분이 가장 적당하다.

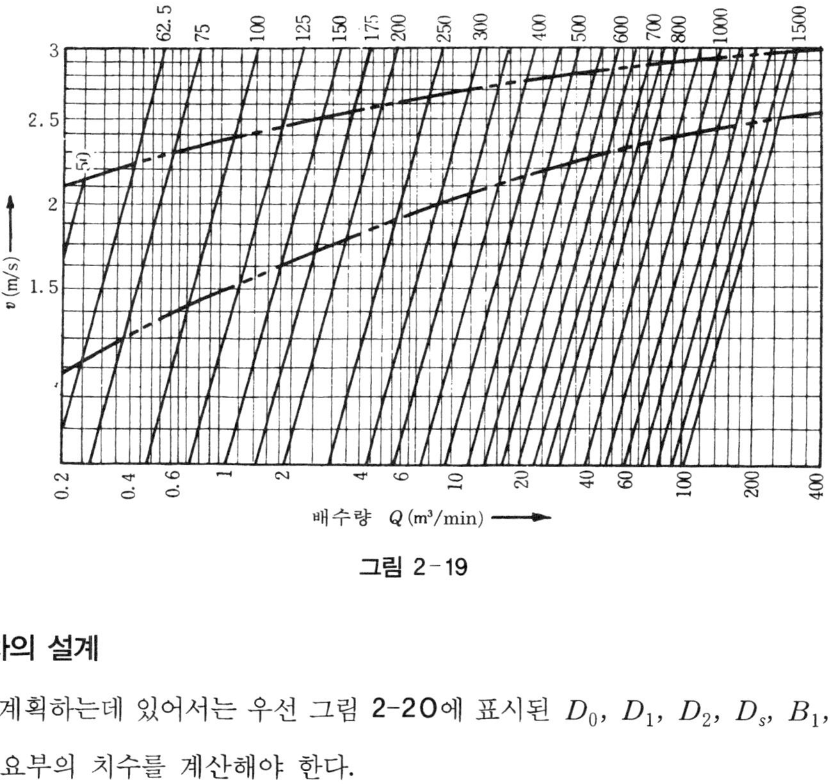

그림 2-19

(2) 회전차의 설계

회전차를 계획하는데 있어서는 우선 그림 2-20에 표시된 D_0, D_1, D_2, D_s, B_1, B_2, α_2 및 β_2 등의 주요부의 치수를 계산해야 한다.

지금 양수량을 Q(m^3/s), 누설유량을 q(m^3/s)로 하면 회전차가 흡입하는 전수량은 Q_t(m^3/s) $= Q + q$이며, 보스의 지름을 D_b(m), 회전차 내로 유입하는 유속을 v_o(m/s)라 하면 회전차 입구의 지름 D_0는 다음 식으로 구해진다.

$$Q_t\,(\mathrm{m^3/s}) = \left(\frac{\pi}{4}D_0^2 - \frac{\pi}{4}D_b^2\right)v_o$$

$$\therefore\ D_o = \sqrt{\frac{Q_t}{v_o}\times\frac{4}{\pi} + D_b{}^2} \tag{2.31}$$

여기서 v_0를 v보다 약간 크게 하여야 하며, $v_0 = 2\sim5$(m/s)의 범위로 정한다.

고양정, 소유량의 반경류형 회전차에서는 회전차 깃 입구의 지름 D_1을 D_0보다 약간 크게 하고, 저양정, 대유량의 사류형 회전차에서는 D_0보다 약간 작게 하나 보통 $D_1 = D_0$로 한다.

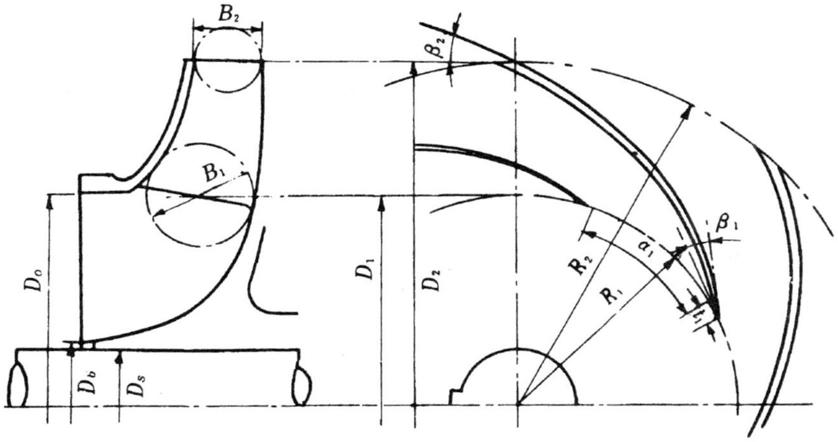

그림 2-20

그림 2-20에서와 같이 입구에서의 깃 두께를 t_1(m), 깃 사이의 폭을 a_1(m)라 하면, 지름 D_1의 깃 입구를 통과하는 유속 v_1(m/s)은 다음과 같다.

$$v_1 = \frac{v_0(a_1 + t_1)}{a_1} \tag{2.32}$$

$\dfrac{a_1}{a_1 + t_1}$의 값은 t_1과 깃 수에 따라서 다소 다르지만 약 0.7~0.9 범위에 있으며, 대형펌프에서는 크고 소형에서는 작다.

깃 입구의 폭 B_1은 $Q_t = \pi D_1 B_1 v_1 \sin\alpha_1$의 관계로부터

$$B_1 = \frac{Q_t}{\pi D_1 v_1 \sin\alpha_1} \tag{2.33}$$

$$u_1 = \pi D_1 \frac{N}{60} \tag{2.34}$$

$\alpha_1 = 90°$ 이라 하고 u_1 및 v_1에서 깃 입구의 속도삼각형을 그리면 $\tan\beta_1 = v_1/u_1$으로부터 β_1이 구해진다.

깃 출구에서의 각 요소를 결정하는 방법에는

(i) α_2와 β_2를 경험상으로 적당히 정하여 설계를 진행하는 방법

(ii) β_2 및 B_2를 가정하여 설계를 진행하는 방법

(iii) β_2 및 v_{2m}을 가정하여 설계를 진행하는 방법

등 여러 가지가 있으나, 가장 간단한 방법의 하나인 (i)에 관해서 설명하면 다음과 같다.

먼저 식 (2.10)에서 α_2, β_2를 가정하고 주어진 양정 H_m에 대하여 필요한 원주속도 u_2를 구하는데, 일반적으로 β_2는 18~30° 정도로, α_2는 β_2보다 작게 하는 것이 일반적이며 볼류트 펌프에서는 8~30° , 터빈 펌프에서는 5~15° 정도로 하여 사용한다.

u_2의 값은 $\sqrt{2gH_m}$의 몇 %정도로 하면 되는가에 따라 결정된다. 즉

$$u_2(\text{m/s}) = K_2\sqrt{2gH_m} \tag{2.35}$$

K_2의 값은 0.9~1.3의 범위에 있으며, N_s가 작은 회전차에서는 $K_2 = 0.9$, N_s가 큰 회전차에서는 $K_2 = 1.3$을 취한다.

다음으로 D_2(m)는 u_2의 원주속도를 얻는 데 필요한 회전차의 바깥지름으로서 다음 식으로 구한다.

$$D_2 = \frac{60\,u_2}{\pi N} \tag{2.36}$$

식 (2.35)를 식 (2.36)에 대입하면

$$D_2 = \frac{60 \times K_2\sqrt{2gH_m}}{\pi N} = \frac{85K_2\sqrt{H_m}}{N} \tag{2.37}$$

으로 된다. 또 N_s의 크기에 따라 D_2는 D_1과 다음 범위의 관계가 있다.

$D_2 = (1.75 \sim 2.5)\,D_1$ ………… N_s가 작은 회전차

$D_2 = (1.5 \sim 2.0)\,D_1$ ………… N_s가 큰 회전차

D_2가 너무 크면 마찰손실이 증대하므로 D_2/D_1를 위와 같은 비율로 조절하고, 그 대신 회전차의 단수를 증가시키고, D_2가 너무 작을 때는 펌프를 양쪽 흡입형으로 하든지 축류형으로 해야 한다. 깃 수 z는 $D_2/D_1=1.8\sim2.2$의 경우에는 $z=10\sim15$매, $D_2/D_1=1.2\sim1.5$의 경우에는 $z=6\sim9$매로 하는 것이 일반적이다.

다음에 회전차 출구의 폭 B_2를 결정하기 위해서는 먼저 유동의 반지름 방향의 속도 v_{2m}을 구해야 하며, 식 (2.8)로부터 이미 주어진 α_2 및 β_2를 이용하여 다음과 같이 계산한다.

$$v_{2m}=\frac{u_2}{\cot\alpha_2+\cot\beta_2} \tag{2.38}$$

출구에서의 깃 두께를 t_2, 깃 사이의 폭을 a_2라 하면 $\frac{a_2}{a_2+t_2}$는 0.85~0.95 정도이므로 a_2를 계산할 수 있다. 깃 출구 끝이 날카로운 경우에는 $\frac{a_2}{a_2+t_2}=1$로 해도 무방하다.

이렇게 하여 식 (2.38)로부터 v_{2m}을 구하여 다음 식에 의하여 B_2를 계산한다.

$$B_2=\frac{Q_t}{\pi D_2 v_{2m}} \tag{2.39}$$

다음에 펌프 운전에 필요한 원동기의 축마력을 L_b(HP)라 하면

$$L_b=\frac{\gamma Q_t H_m}{75\eta} \tag{2.40}$$

펌프축의 지름 d(cm)는 축의 최대 휨에 의하여 회전차의 외주 선단이 안내깃이나 케이싱에 접촉하지 않도록 결정되어야 하며, 비틀림 모멘트 T, 그 허용응력 τ 및 운전마력 L_b, 매분 회전수 N에 의하여 다음 식으로 계산된다.

$$d=\sqrt[3]{\frac{16T}{\pi\tau}}\cong\sqrt[3]{\frac{5T}{\tau}}=\sqrt[3]{\frac{358100}{\tau}\times\frac{L_b}{N}} \tag{2.41}$$

윗 식에서 $T=71620\frac{L_b}{N}$(kgf·cm)로 하였으며, 베어링 간의 거리, 회전차와 축의 무게 등으로 $\tau=80\sim200$(kgf/cm^2)의 범위에서 τ의 값을 취한다. 지금 $\tau=120$(kgf/cm^2)라 하면 다음 식으로 개략적인 이 값을 계산할 수 있다.

$$d = \sqrt[3]{3000 \times \frac{L_b}{N}} \tag{2.41$'$}$$

이와 같이 결정한 축 지름과 베어링 구간의 거리에서 축의 위험속도(critical speed)를 계산하여 항상 운전 속도가 위험속도의 1/2 정도가 되도록 해야 한다.

회전차와 축의 중량 W의 중심이 축 중심선상에서 f(cm)만큼 편심된 것으로 가정하고, 각속도 ω(rad/s)로 고속회전하면서 원심력 F(kgf)를 받는 축의 운전속도가 위험속도에 도달하면 축의 휨 δ(cm)가 무한대로 되어 축이 파손되는 것으로 하여 다음과 같이 위험속도를 계산한다.

축의 휨 1cm를 일으키는데 P(kgf)의 중량이 필요로 한다면

$$F = P \times \delta = \frac{W}{g}(f + g)\omega^2$$

$$\therefore \delta = \frac{f}{\frac{P \cdot g}{W\omega^2} - 1} \quad (\text{단, } P : \text{kgf/cm}, \ g : 980\text{cm/s}^2)$$

만약 ω가 증가하여 $P \cdot \frac{g}{W\omega^2} = 1$로 되면 $\delta = \infty$로 되어 축은 파손되며, 이 때에는 $\omega = \sqrt{\frac{P \cdot g}{W}}$, $\omega = \frac{\pi N}{30}$이며, 위험회전수 N_c는 다음 식과 같이 된다.

$$N_c(\text{rpm}) = 300\sqrt{\frac{P}{W}} \tag{2.42}$$

앞에 설명한 바와 같이 P(kgf)는 축이 1(cm) 휨을 일으킬 때의 힘이며, 다음 식으로 구할 수 있다.

$$\delta = \frac{l^3 P}{48EI} = 1 \quad \therefore P = \frac{48EI}{l^3} \tag{2.43}$$

여기서, l(cm) : 베어링 간의 거리

E(kgf/cm^2) : 강성계수(강의 경우 $E = 2.2 \times 10^6$ kgf/cm^2)

I(cm^4) : 관성모멘트 $= \frac{\pi}{64} d^4$

(3) 깃 곡선의 작도법

회전차 깃의 곡선은 인볼류트 곡선이 이상적이지만, 실제에는 간이 작도법으로서 여러 가지 방법이 있다. 여기서는 그림 2-21에 나타낸 바와 같이 1개의 원호로 되는 개략도법을 설명한다.

O를 중심으로 깃 입구 및 출구에서의 지름 D_1 및 D_2의 원을 그려서, 임의의 위치에서 반지름 $OA = D_2/2$에 대하여 $\angle AOB = \beta_1 + \beta_2$를 취하고, D_1의 원주와의 교점 B를 구한다. AB의 연장선과 D_1 원주와의 교점을 C로 하여 점 A 및 C에서 $\angle OAF = \beta_2$, $\angle OCF = \beta_1$이 되는 선 AF 및 CF를 그려 그 교점을 F로 하고, F를 중심으로 A 및 C점을 통과하는 원(반지름 r)을 그리면 원호 AC가 구하는 깃의 곡면이다. 이 곡면의 작도법에 의한 깃 두께는 출구 측보다 입구 측에서 약간 얇게 된다.

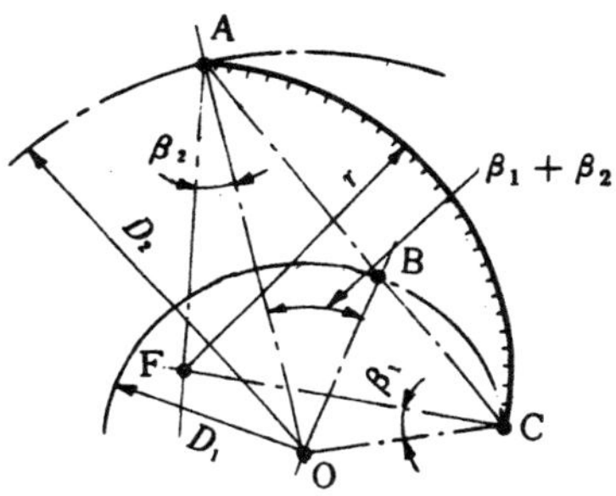

그림 2-21

(4) 터빈 펌프의 단수와 안내깃

소요압력수두 H_m(m)을 얻기 위한 회전차의 원주속도는 식 (2.35)로부터 계산되지만, 고양정일 때는 여러 단으로 구성된 터빈 펌프를 사용하는 것이 효율면에서 유리하다.

터빈 펌프 1개 단의 양정은 $H_{n1} = 30 \sim 50$m 정도로 하는 것이 일반적이다. 즉 펌프의 단수 n은

$$n = \frac{H_m}{30 \sim 50} \tag{2.44}$$

물론 정확한 n값은 D_2와 N을 결정한 후 $H_m = 1/2g\,(\pi D_2 N/60)^2$을 계산하여 H_m/H_{n1}이 정수가 되도록 하여 결정된다.

안내깃의 역할에 대해서는 앞에서 설명하였으나, 그 양벽은 평행형과 외방 확대형이 있으며 확대형에서도 단단식이냐 다단식이냐에 따라 안내깃의 출구각이 전혀 다르다. 즉, 다단펌프의 최후 단을 제외하고는 다른 안내깃은 다음 단의 회전차 흡입구에 물을 유도하기 위하여 $\alpha_4 = 90°$로 한다.

회전차 외주와 안내깃 내면의 간격 c는 회전 중의 변형으로 회전차가 안내깃에 접촉하는 것을

방지하기 위하여 필요하며, 2~8mm 정도로 하는 것이 좋다. 또 안내깃의 입구폭 B_3은 대략 회전차 출구폭 B_2와 같으면 되지만, 회전 중에 약간 축방향으로 이동하므로 그 여유를 고려하여 B_2보다 1~2mm 정도 넓게 한다.

안내깃의 수는 4~9매 정도로 하며, 회전차 깃 수와 같지 않도록 하여 흐름이 맥동류를 일으키지 않도록 한다.

(5) 설계 예

압력계수두 $H_m = 12\,(\text{kgf/cm}^2)$, 양수량 $Q = 2.0\,(\text{m}^3/\text{min})$, 원동기 회전수 $N = 1720(\text{rpm})$의 터빈 펌프를 설계한다.

우선 식 (2.30)에 의하여 흡입관의 안지름 D_s를 계산한다. 누설유량이 3%라 하면

$$Q_t = 2.0 \times \frac{1}{60} \times 1.03 \fallingdotseq 0.034(\text{m}^3/\text{s})$$

$v_s = 2(\text{m/s})$라 하면

$$D_s = \sqrt{\frac{0.034}{2} \times \frac{4}{3.14}} \fallingdotseq 0.147(\text{m})$$

식 (2.40)에 의하여 이 펌프를 운전하는 데 필요한 원동기의 축마력 L_b(HP)를 계산한다. 펌프의 전효율 η가 75%라 하면

$$L_b = \frac{\gamma \times Q_t \times H_m}{75\eta} = \frac{1000 \times 0.034 \times 120}{75 \times 0.75} \fallingdotseq 73(\text{HP})$$

이 펌프에 필요한 축의 지름 d(cm)는 식 (2.41) 에 의하여 계산한다. $L_b = 73(\text{HP})$, $N = 1720(\text{rpm})$이므로

$$d = \sqrt[3]{3000 \times \frac{73}{1720}} \fallingdotseq 5.0(\text{cm})$$

회전차 입구의 지름 D_0는 보스의 지름 $D_b = 7.5\text{cm}$, $v_0 = 2.5(\text{m/s})$라 하여 식 (2.31)로부터 계산된다.

$$D_0 = \sqrt[3]{\frac{0.034}{2.5} \times \frac{4}{3.14} + 0.075^2} \fallingdotseq 0.15(\text{m})$$

회전차 입구에서의 폭 B_1은 식 (2.33)에 의하여 계산된다. 식 (2.32)에 의하여 $v_1 = v_0 \times \frac{1}{0.9}$

≒2.8 (m/s), $D_1 = D_0$, $\alpha_1 = 90°$ 라 하면

$$B_1 = \frac{Q}{\pi \times D_1 \times v_1} = \frac{0.034}{3.14 \times 0.15 \times 2.8} \fallingdotseq 0.026(\mathrm{m})$$

식 (2.34)에 의하여

$$u_1 = \pi D_1 \frac{N}{60} = \pi \times 0.15 \times \frac{1720}{60} = 13.5(\mathrm{m/s})$$

$$\tan \beta_1 = \frac{v_1}{u_1} = \frac{2.8}{13.5} = 0.2074 \quad \cdots \quad \beta_1 \fallingdotseq 12°$$

회전차의 외주 바깥지름 D_2(m) 및 원주속도 u_2(m/s)는 다음과 같이 계산된다. 즉 $D_2/D_1 \fallingdotseq 2$ 라 하여 $D_2 = 0.30$(m)로 하면

$$u_2 = \pi D_2 N/60 \fallingdotseq 27.0(\mathrm{m/s})$$

다음에 $\beta_2 = 27°$, $\alpha = 10°$ 라 하면 식 (2.38)에 의하여

$$v_{2m} = \frac{u_2}{\cot \alpha_2 + \cot \beta_2} = \frac{27}{5.67 + 1.96} \fallingdotseq 3.5(\mathrm{m/s})$$

깃 출구의 폭 B_2는 식 (2.39)에 의하여

$$B_2 = \frac{0.034}{\pi \times 0.3 \times 3.5} \fallingdotseq 0.011(\mathrm{m})$$

$$v_{2u} = v_{2m} \times \cot \alpha_2 = 3.5 \times 5.67 \fallingdotseq 19.8(\mathrm{m/s})$$

식 (2.14)에서 $\eta_h = 80\%$, $\zeta = 0.78$이라 하면 이 회전차가 얻을 수 있는 수두 H_{n1}은

$$H_{n1} = \frac{0.80 \times 0.78 \times 27 \times 19.8}{9.8} \fallingdotseq 34(\mathrm{m})$$

또는

$$H_{n1} = C \times \frac{u_2^2}{2g} = 0.9 \times \frac{27^2}{19.6} = 33.5(\mathrm{m})$$

전압력계 수두 120(m)를 얻기 위하여 필요한 단수 n은 다음과 같다.

$$n = \frac{120}{33} \fallingdotseq 3.6 \fallingdotseq 4(\text{단})$$

안내깃 입구도 같은 미끄럼이 있으므로 그 입구각 α_3은 다음과 같이 구해진다.

$$v_{3u} = \zeta v_{2u} = 0.78 \times 19.8 \fallingdotseq 15.4 \text{(m/s)}$$

$$\tan \alpha_3 = \frac{v_{2m}}{v_{2u}} = \frac{3.5}{15.4} = 0.227 \quad \cdots \quad \alpha_3 = 13^\circ$$

지금 펌프의 베어링 간 거리를 0.8 (m)이라 하고 축과 회전차의 합계 중량을 50 (kgf)으로 가정하여 위험속도를 구하면 다음과 같다. 식 (2.43)에 의하여 축을 1 cm 휘는 데 필요한 힘 P(kgf)을 구하면

$$P = \frac{48EI}{l^3} = \frac{48 \times 2.2 \times 10^6}{80^3} \times \frac{\pi}{64} \times 5.0^4 = 6324 \text{(kgf)}$$

식 (2.42)에 의하여 위험속도 N_c는

$$N_c = 300\sqrt{\frac{6324}{50}} \fallingdotseq 3360 \text{(rpm)}$$

원동기의 회전수가 1720(rpm)이므로 위험속도는 그 1.95배에 해당하여 펌프축은 위험속도 범위밖에 있어 안전하다.

그림 2-22는 4단 터빈 펌프의 개략도를 표시하고 있다.

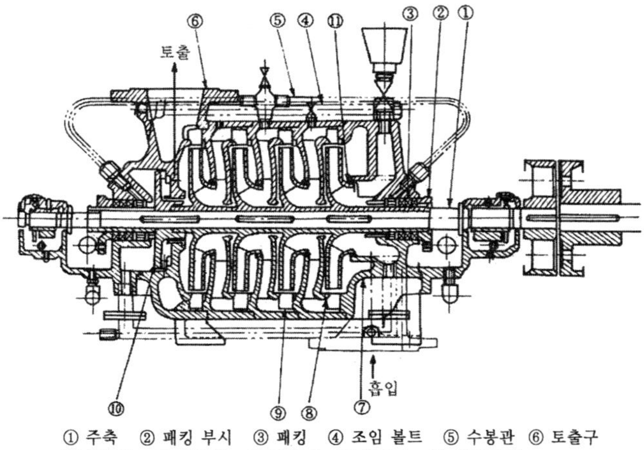

① 주축 ② 패킹 부시 ③ 패킹 ④ 조임 볼트 ⑤ 수봉관 ⑥ 토출구
⑦ 흡입구 ⑧ 회전차 ⑨ 안내깃 ⑩ 평형판 ⑪ 웨어링 링

그림 2-22

2-1-8 축추력과 방지책

그림 2-23에 나타낸 바와 같이 반경류형 회전차가 회전하면 케이싱과의 공간 (A) 및 (B)에는 각각 임의의 압력을 가진 유체가 충만하여 정압이 작용하고 있으나, 흡입측의 압력이 토출측의

압력보다 훨씬 낮으므로 회전차는 흡입측으로 추력을 받는다. 한편 축방향으로 유입한 물은 반지름 방향으로 방향을 전환하므로 운동량 변화에 의하여 오른쪽 방향으로 추력을 발생시키나, 이 추력은 압력에 의한 것에 비해 매우 작아서 회전차는 왼쪽방향(흡입측)으로 축추력 P_{th}를 받는다.

$$P_{th}(\text{kgf}) = \frac{\pi}{4}(D_2^2 - D_1^2) \times P_2 - \frac{1}{g}\gamma Q v_1 \tag{2.45}$$

이 축추력은 회전차와 케이싱 또는 안내깃과의 사이에 고체마찰을 일으키고, 회전차와 안내깃이 어긋나서 체적효율이 저하하는 등의 결과를 초래하므로 그 방지책 내지는 완화장치가 필요하다.

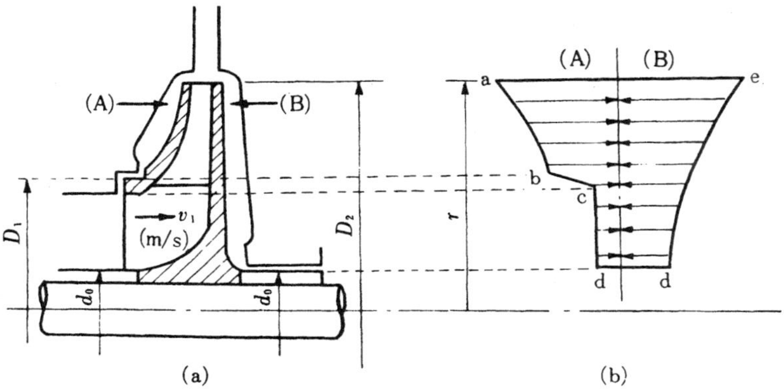

그림 2-23

(1) 스러스트 베어링에 의한 방법

펌프뿐만 아니라, 축추력을 받는 기계요소에 스러스트 베어링(thrust bearing)이 설치되며, 그림 2-24는 스러스트 볼베어링을 나타낸다.

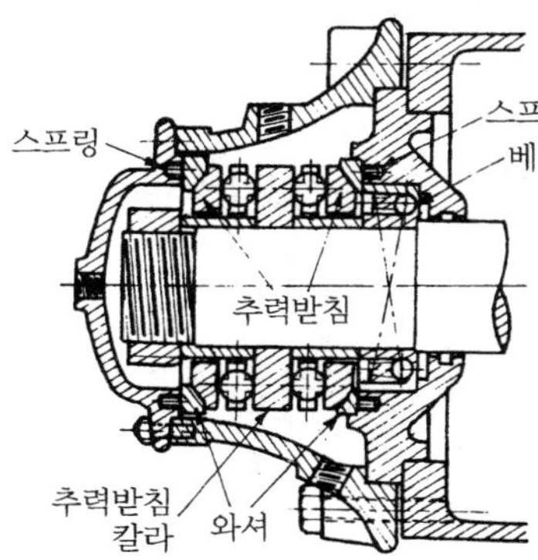

그림 2-24

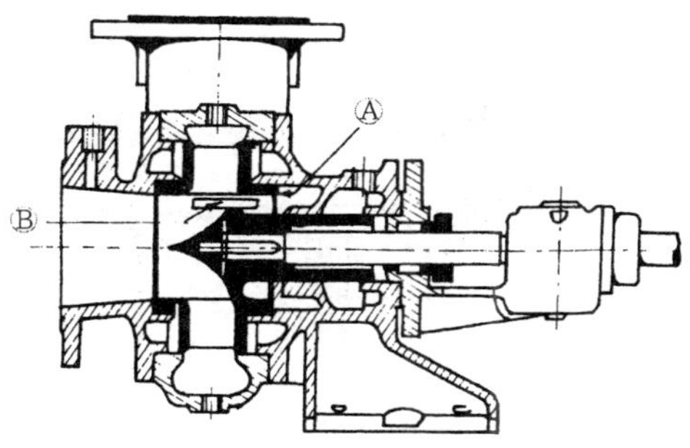

그림 2-25

(2) 양방향 흡입형의 회전차 채용

회전차를 좌우 대칭으로 설치하여 흡입압력 및 토출압력의 불균형을 없애는 것이다.

(3) 평형공(balancing hole)을 설치하는 법

그림 2-25에 나타낸 바와 같이 회전차 흡입구의 반대쪽에 흡입구와 거의 같은 지름의 환상 돌기부 Ⓐ를 만들어 그 안쪽에 여러 개의 작은 구멍 Ⓑ를 뚫어 흡입측과 통하도록 하여 동일 흡입압력을 유지함으로써 추력을 없애는 것이다.

이 방법은 체적효율을 약간 저하시키지만, 장치가 대단히 간단하고 유효하므로 최근 다단식 터빈 펌프에 널리 사용되고 있다.

(4) 평형판(balancing disc)의 사용

그림 2-26과 같이 축의 일단에 평형판 ①을 키(key)로 고정하여 회전차와 함께 회전시키며, 펌프의 최후 단출구를 나온 고압의 유체가 축에 고정된 슬리브 ③과 케이싱에 부착시킨 부시 ② 사이를 통하여 평형판의 내면으로 유출하고, 그 일부분은 간극을 통하여 평형판의 외부에 유출관 ⑥을 거쳐서 대기 중에 방출되는데, 일정압력을 유지하여 축을 왼쪽으로 밀어서 축추력과 평형하게 된다.

(5) 회전차의 배치에 의한 방법

축추력은 회전차의 흡입측으로 향하여 작용하는 것이므로 그림 2-27과 같이 회전차의 배치를 적당히 함으로써 축추력을 상쇄시킬 수 있다.

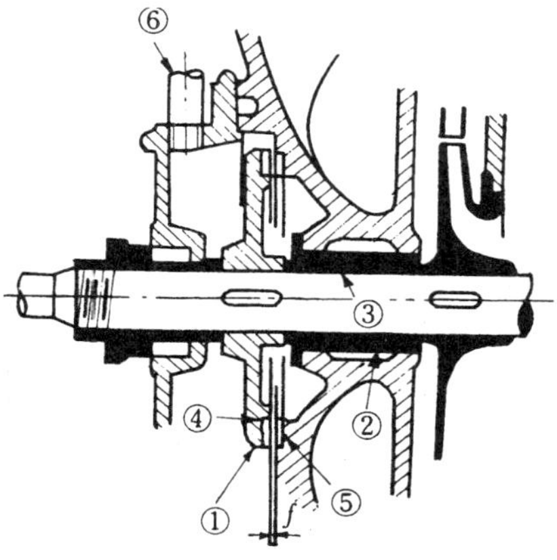

그림 2-26

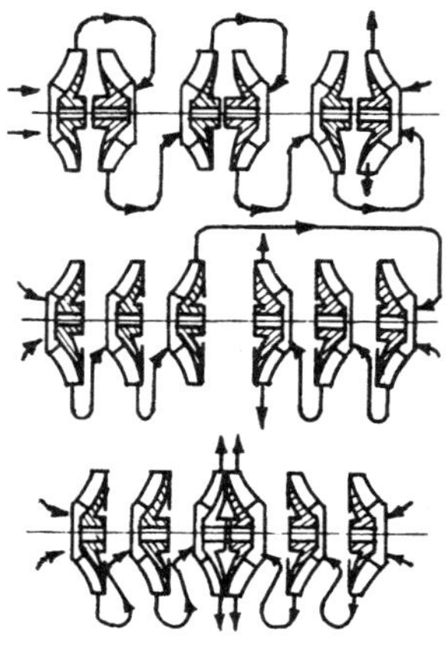
그림 2-27

(6) 임펠러 후면측벽에 방사상의 이면 깃을 달아 후면 측벽에 작용하는 압력을 저하시키는 방법

후면측판과 케이싱 사이에 방사상의 후면 깃을 달아 축방향 추력의 감소와 함께 부유고체가 틈으로 침입하는 것을 막는다. 오니 등을 취급하는 드레인 펌프 등에 사용된다(그림 2-28).

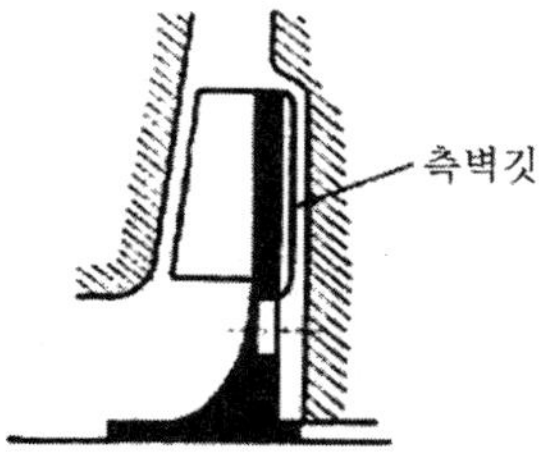

그림 2-28

2-1-9 특성곡선

그림 2-29와 같이 회전수와 흡입양정을 일정하게 하고 가로축에 유량 Q, 세로축에 전양정 H_m, 축동력 L 및 효율 η로 하여 원심펌프의 특성을 나타내는 것이 보통이다.

그림에서 H_n은 정격양정(normal head), Q_n은 정격유량이며 이 점에서 효율 η가 최고로 되도록 펌프가 제작된다. $Q=0$인 때의 양정 H_0를 **차단양정**(shut off head)이라 부르고, 그 때가 최고양정이지만 유출각 β_2의 선정 여하에 따라서는 그림에 표시된 바와 같이 $Q=0$보다 그 직후에 최고양정을 보이기도 한다.

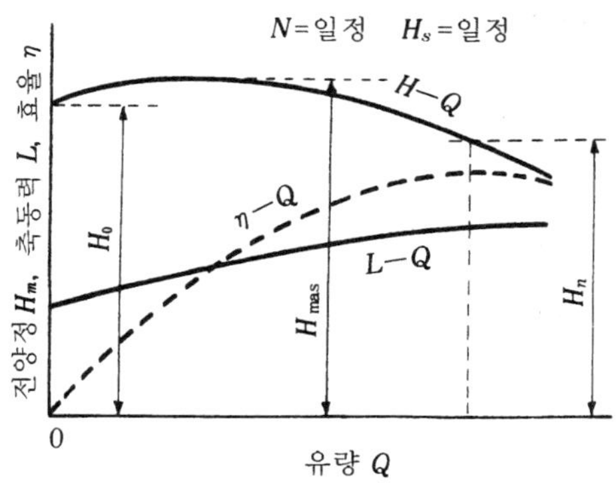

그림 2-29

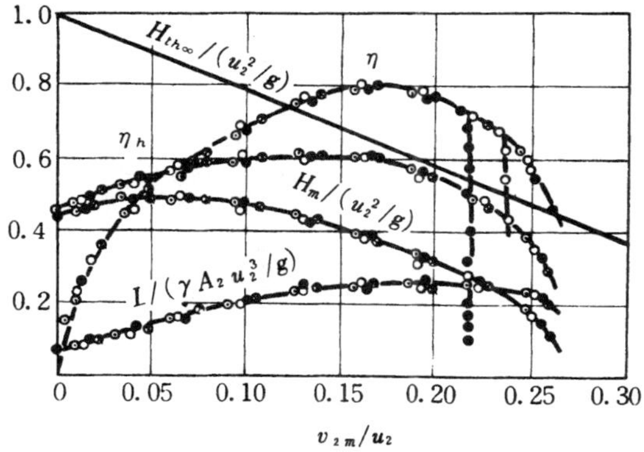

그림 2-30

가로축의 Q대신에 v_{2m}/u_2를 취하고, 세로축의 H_m 대신에 $H_m/(u_2^2/g)$, L 대신에 $L/(\gamma A_2 u_2^3/g)$를 취하여 무차원화하여 그림 2-30과 같이 표시하기도 한다. A_2는 회전차 출구에서의 유동 단면적으로 $\pi D_2 b_2$이며, $\eta_h = H_m/H_{th\infty}$이다.

최대 효율점에서의 전양정, 유량, 축동력을 기준으로 하여 백분율로 상호관계를 표시하면 그림 2-31과 같은 특성곡선이 얻어진다.

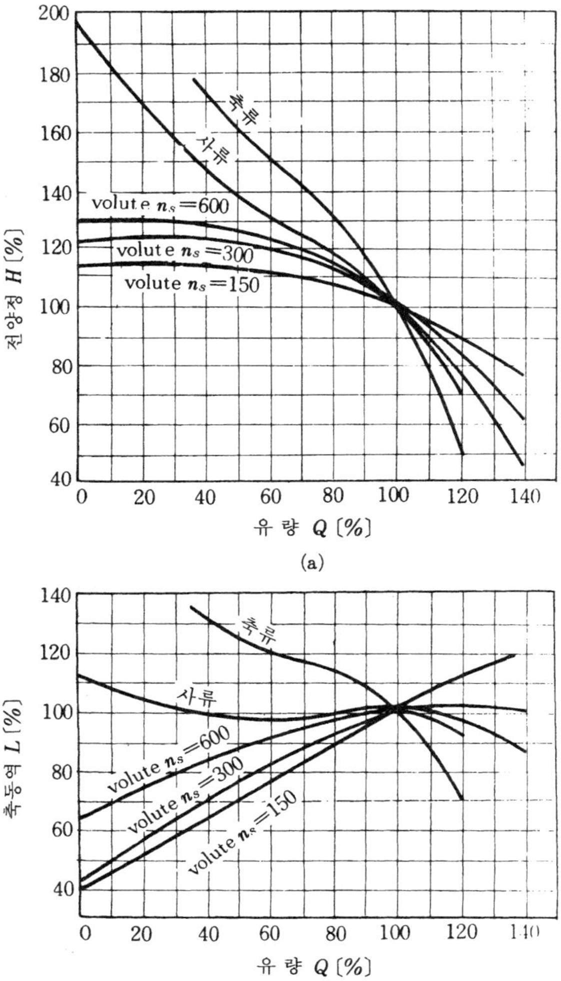

(a)

(b)

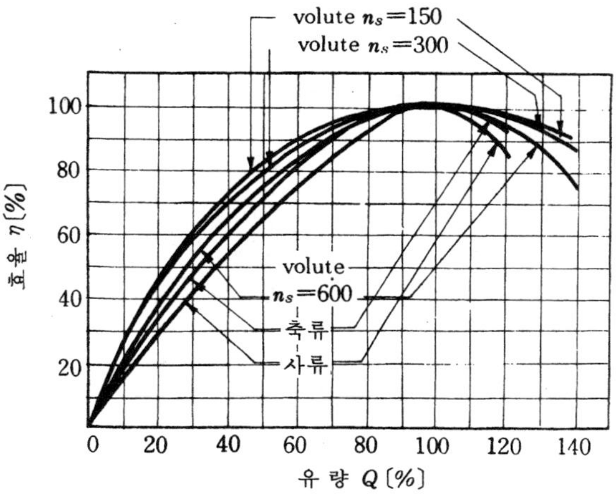

(c)

그림 2-31

【예제 2·1】 펌프 장치에서 토출압력계, 흡입압력계가 각각 3.0(kgf/cm^2), −2.0(kgf/cm^2)이며, 토출관과 흡입관의 안지름이 같다면 이 펌프의 전양정은 몇 m인가? 단, 토출, 흡입 양 압력계의 중심 거리는 수직으로 40m이다.

해 펌프의 전양정 H는

$$H = \frac{v_2^2 - v_1^2}{2g} + \frac{p_2 - p_1}{\gamma} + (z_2 - z_1)$$

$v_2 - v_1 = 0,\ p_2 - p_1 = 3.0 - (0.2) = 3.2$(kgf/cm^2) = 32000(kgf/m^2), $z_2 - z_1 = 0.4$m 대입하여

$$H = 0 + \frac{32000}{1000} + 0.4 = 32.4\text{(m)}$$

【예제 2·2】 전양정 30m, 유량 1.2 m^3/min의 펌프를 설계할 때, 펌프 효율을 0.75로 하면 펌프의 축동력은 몇 마력인가?

해 펌프의 축동력 L_b는 $\eta = \frac{L_w}{L_b} = \frac{\gamma QH}{L_b}$ 에서

$$L_b = \frac{\gamma QH}{\eta} = \frac{1000 \times 1.2 \times 30}{0.75 \times 60} = 800\text{(kgf m/s)}$$

$$\text{S} \cdot \text{HP} = \frac{800}{75} = 10.7 \fallingdotseq 11\text{(HP)}$$

【예제 2·3】 안지름 100cm의 주철관을 사용하여 수평 거리 20km의 장소에 105m^3/min(약 1일 150,000톤) 송수할 때, 필요한 펌프의 수동력과 축동력은 각각 몇 kW인가? 단, 주철관의 관마찰계수는 $\lambda = 0.025$, 펌프의 전 효율은 $\eta = 75\%$이다.

해 관 내의 평균 유속은

$$v = \frac{Q/60}{\pi d^2/4} = \frac{105}{60}\frac{4}{\pi\times 1^2} = 2.23\text{(m/s)}$$

원관 내의 손실수두 h_l은

$$h_l = \lambda\frac{l}{d}\frac{v^2}{2g} + \frac{v^2}{2g} = 0.025\times\frac{20000}{1}\times\frac{2.23^2}{2\times 9.81} + \frac{2.23^2}{2\times 9.81} \fallingdotseq 127\text{(m)}$$

수평 거리에 송수하므로 펌프의 전양정은 $h_l = 127$m에 상당하므로, 펌프의 수동력 L_w는

$$L_w = \frac{\gamma QH}{60\times 102} = \frac{1000\times 105\times 127}{60\times 102} = 2179 \fallingdotseq 2180\text{(kW)}$$

축동력 L_b는

$$L_b = \frac{L_w}{\eta} = \frac{2180}{0.75} = 2907 \fallingdotseq 2910\text{(kW)}$$

【예제 2·4】 수량 4 m³/min을 전양정 20m에 양수하는 펌프를 설계하여라. 단, 회전차는 4극 유도전동기(전원 60cycle, 미끄럼률 3.2%)를 직결한다.

해 ① 임펠러 : 전동기의 회전수 N은

$$N = (1-\varepsilon)\frac{60f}{p/2} = (1-0.032)\frac{60\times 60}{4/2} = 1742\text{(rpm)}$$

비속도는

$$N_s = N\frac{Q^{1/2}}{H^{3/4}} = 1742\times\frac{4^{1/2}}{20^{3/4}} = 368$$

그러므로 펌프 형식은 그림 2-18에 의하여 반경류 벌류트 펌프, 효율은 85%로 한다. 축동력은

$$L_b = \frac{\gamma QH}{4500\eta} = \frac{1000\times 4\times 20}{4500\times 0.85} = 20.9\text{(PS)}$$

전동기 마력은

$$L_m = K\cdot L_b = 1.2\times 20.9 = 25\text{(PS)}$$

펌프축의 비틀림 모멘트 T는

$$T = 71620\times\frac{L}{N} = 71620\times\frac{20.9}{1742} = 860\text{(kgf·cm)}$$

펌프 축지름

$$d = \sqrt[3]{\frac{16M_t}{\pi\tau}} = \sqrt[3]{\frac{16}{\pi}\frac{860}{20}} = 3.4\text{(cm)}$$

단, 허용전단응력 $\tau = 120\text{kgf/cm}^2$이다.

누설수량을 3%정도로 가정하여 흡입수량 Q_t를 계산하면

$$Q_t = 4.0\times\frac{1}{60}\times 1.03 = 0.069\text{(m}^3\text{/s)}$$

흡입관 내의 유속을 $v_s = 2.0$(m/s)정도로 하기 위한 흡입관 지름 D_s는

$$D_s = \sqrt{\frac{0.069}{2.0} \times \frac{4}{3.14}} \fallingdotseq 0.21(\text{m})$$

또한 회전차 보스의 지름 D_b는 $D_b = 1.5d$로 하고, 회전차 입구에서의 유속 $v_0 = 2.5$(m/s)로 가정하면 회전차 입구의 지름 D_0는 식 (2.31)에 의하여

$$D_0 = \sqrt{\frac{0.069}{2.5} \times \frac{4}{3.14} + (1.5d)} \fallingdotseq 0.2(\text{m})$$

회전차 입구에서 폭 B_1은 식 (2.33)에 의하여 산정하며, 식 (2.32)에 의하여

$v_1 = v_0 \times \frac{1}{0.9} = 2.5 \times \frac{1}{0.9} \fallingdotseq 2.8$(m/s), 그리고 $D_1 = D_0$, $\alpha_1 = 90°$로 하면

$$B_1 = \frac{Q_t}{\pi \times D_1 \times v_1} = \frac{0.069}{3.14 \times 0.2 \times 2.8} = 0.039(\text{m})$$

또 식 (2.34)에 의하여

$$u_1 = \pi D_1 \frac{N}{60} = \pi \times 0.20 \times \frac{1742}{60} = 18.2(\text{m/s})$$

$$\tan \beta_1 = \frac{v_1}{u_1} = \frac{2.8}{18.2} = 0.1538$$

$\therefore$ $\beta_1 \equiv \fallingdotseq 9°$(깃 입구각)

회전차의 바깥지름 D_2는 $2D_1$으로 하여 $D_2 = 0.4$(m)로 하면, 회전차의 원주속도 u_2는

$$u_2 = \pi D_2 N/60 = \frac{3.14 \times 0.4 \times 1742}{60} = 36.5(\text{m/s})$$

지금 $\beta_2 = 25°$, $\alpha_2 = 10°$로 하면, 식 (2.38)에 의하여

$$v_{2m} = \frac{u_2}{\cot \alpha_2 + \cot \beta_2} = \frac{36.5}{5.67 + 2.145} = 4.67(\text{m/s})$$

깃 출구의 폭 B_2는 식 (2.39)에 의하여

$$B_2 = \frac{Q_t}{\pi D_2 v_{2m}} = \frac{0.069}{\pi \times 0.4 \times 4.67} = 0.012(\text{m}) = 12(\text{mm})$$

$$v_{2u} = v_m \times \cot \alpha_2 = 4.67 \times 5.67 = 26.5(\text{m/s})$$

식 (2.14)에 있어서 $\eta_{th} = 0.8$, $\xi = 0.75$로 하여, 이 회전차의 수두 H를 구하면

$$H = \frac{\xi \times u_2 \times v_{2u} \times \eta_h}{g} = \frac{0.75 \times 36.5 \times 26.5 \times 0.8}{9.8} \fallingdotseq 59(\text{m})$$

로 되어, 요구하는 $H = 20$(m)를 충족시킨다.

식 (2.42)에 의하여 펌프축의 위험 속도를 검토하면, 우선 식 (2.43)에 의하여

$$I = \frac{\pi}{64} d^4 = \frac{\pi}{64} \times 3.4^4 = 133.6(\text{cm}^4)$$

$E = 2.2 \times 10^6 = 2200000(\text{kgf/cm}^2)$

베어링 간의 거리를 $l = 100(\text{cm})$로 가정하면

$$P = \frac{48EI}{l^3} = \frac{48 \times 133.6 \times 2200000}{100^3} = 14108(\text{kgf/cm})$$

회전차와 축의 중량을

$$W = \left(\frac{\pi}{4} D_2{}^2 \times B_1 + \frac{\pi}{4} \times l\right) \times \gamma_s$$

$$= \left(\frac{\pi}{4} \times 40^2 \times 3.9 + \frac{\pi}{4} \times 3.4^2 \times 100\right) \times 0.0078 = 45.3(\text{kgf})$$

$$\therefore \ N_c = 300\sqrt{\frac{P}{w}} = 300\sqrt{\frac{14108}{45.3}} = 5280(\text{rpm})$$

이것은 회전수 N의 3배이므로 안전하다.

② 케이싱 : 스파이럴 케이싱 내의 평균유속은 회전차출구의 유속의 2/3이다.

$$v_c = \frac{2}{3} v_{2u} = \frac{2}{3} \times 36.5 \times \cos 10° = \frac{2}{3} \times 36.5 \times 0.985 = 24(\text{m/s})$$

n부의 면적 $a_n = \frac{\pi}{4} D_n{}^2 = \frac{n}{4} \frac{Q}{v_c}$

$$\therefore \ D_n = \sqrt{\frac{nQ}{\pi v_c}} \fallingdotseq 0.030\sqrt{n}$$

$$D_1 = 0.03\sqrt{1} \fallingdotseq 0.030(\text{m})$$

$$D_2 = 0.03 \times \sqrt{2} = 0.03 \times 1.414 = 0.042(\text{m})$$

$$D_3 = 0.03 \times \sqrt{3} = 0.052(\text{m})$$

$$D_4 = 0.03 \times \sqrt{4} = 0.06(\text{m})$$

D_5 단면에서의 유속을 3(m/s)라고 하면

$$D_5 = \sqrt{\frac{Q \cdot 4}{v_5 \pi}} = \sqrt{\frac{4 \times 4}{3 \times \pi \times 60}} = 0.17(\text{m})$$

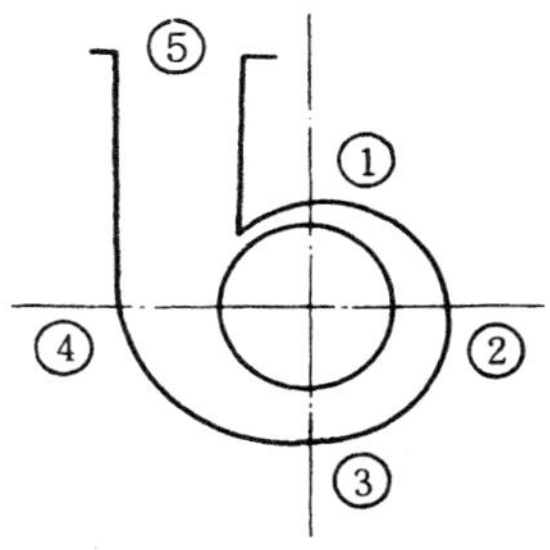

그림 2-74

2-2 축류펌프

2-2-1 특성과 구조

펌프의 유량이 많고 양정이 낮으면 비속도 N_s가 커져, 그림 **2-17**의 (c), (d)와 같이 회전차의 형상이 원심펌프의 경우와는 다르게 된다. N_s의 증가함에 따라 회전차 내의 유동은 반경류형으로부터 사류형, 축류형으로 변화하게 된다.

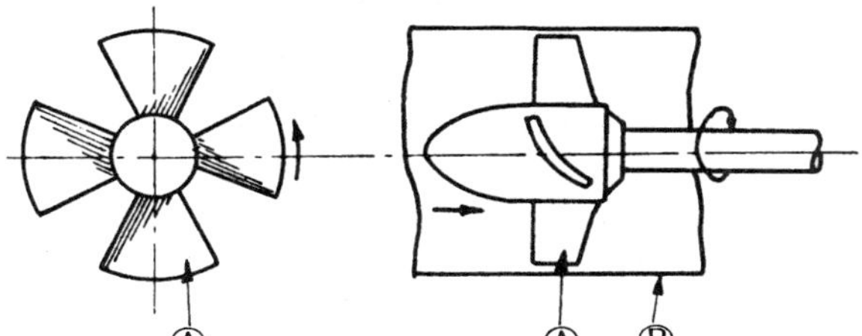

그림 2-32

축류펌프(일명 프로펠러 펌프)는 그림 **2-32**에 표시한 바와 같이 3~5매의 깃을 가진 회전차를 고속 원동기에 직결하여 소형으로 큰 유량을 송수할 수 있는 특징을 가지고 있다.

축류펌프에서는 깃의 양력에 의하여 물에 압력 에너지 및 속도에너지가 가해지고, 물은 회전차 내에서 축방향으로 유입, 유출하고, 유출된 물의 속도 에너지를 압력 에너지로 전환하기 위한 안내깃이 회전차 뒤쪽에 설치되어 있다.

그림 **2-33**은 증기터빈에서 복수기의 순환 펌프로 사용되는 축류펌프의 한 예를 나타내고 있으며, 펌프의 제원은 표 **2-1**과 같고, 각부 명칭 및 재질 등은 표 **2-2**와 같다.

표 2-1

유량	1600(m³/h)
전양정	8(m)
회전수	1500(rpm)
회전차 바깥지름	360(mm)
깃수	3
안내깃수	5
흡입관 안지름	450(mm)
토출관 안지름	450(mm)
축마력	68(HP)

표 2-2

기호	명 칭	재질
A	흡입관(suction pipe)	주철
B	토출관(delivery pipe)	청동
C	회전차(impeller)	청동
D	축(shaft)	황동
E	안내깃(guide vane)	청동
F	내부 베어링(inner bearing)	청동
G	외부 베어링(outer bearing)	주철
H	패킹 그랜드(packing grand)	주철
	패킹(packing)	면직류
I	귀환관(return water pipe)	동

그림 2-33에서 회전차는 청동제 너트에 의하여 보스(boss)에 고정되고, 케이싱 내면과의 간극은 1mm 정도가 통례이지만 약간 커도 효율에 큰 영향을 주지는 않는다. 축은 내외의 양 베어링에 의하여 지지되고, 내부 베어링에는 견질의 목재(lignumvitre 등)을 사용하며, 귀환관 Ⓘ을 통한 약간의 물을 항상 축과 베어링 사이에 순환시켜 냉각과 윤활을 기하고 있다.

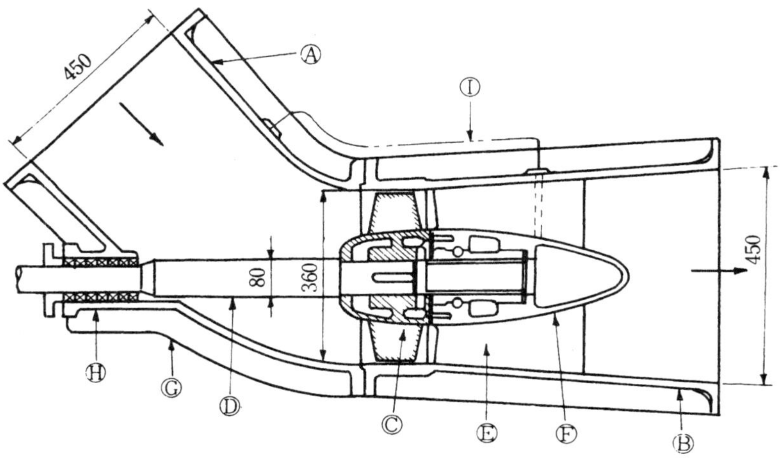

그림 2-33

그리고 회전차에 의하여 발생되는 축추력에 대처하기 위하여 베어링은 스러스트 볼 베어링(thrust ball bearing)으로 하고, 그 속에 백색 합금제의 일반 베어링이 장착되어 있다.

축이 케이싱을 통과하는 부분에는 패킹 박스를 설치하여 면직물 패킹을 충전하고, 그 중앙부에 밀봉함(seal cage)을 넣어 고압의 유체를 통하게 하여 공기의 유입을 방지하는 것은 다른 펌프에서와 마찬가지이다.

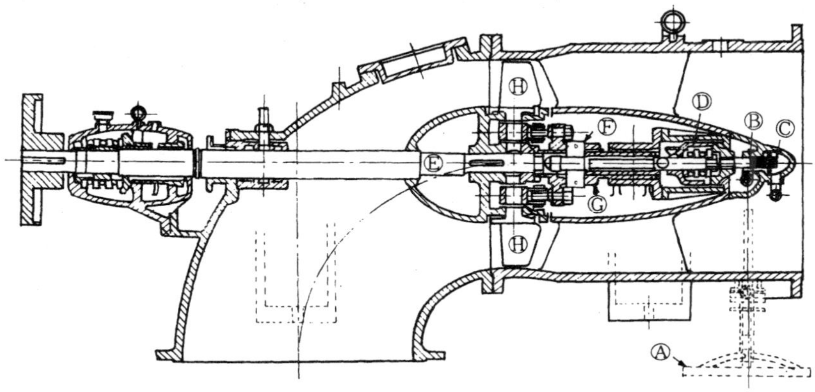

그림 2-34

그림 **2-34**는 회전차 깃이 유량의 변동에 따라서 가동식으로 된 축류펌프의 한 예를 나타내고 있으며, 운전 중에 외부에서 핸들 Ⓐ를 회전시켜서 웜 휠(worm wheel) Ⓑ에 의하여 축 Ⓒ를, 나아가서는 그리스 박스(grease box) Ⓓ를 좌우로 이동시킨다. Ⓓ속에는 볼 베어링이 있어서 작은 축 Ⓔ를 좌우로 이동시켜서 코터(cotter) Ⓕ, 통 Ⓖ를 조작하여 깃 Ⓗ의 경사도를 자유롭게 변화시킬 수 있다. 회전차의 후부에 안내깃이 있는 것 등 기타는 그림 **2-33**의 축류펌프에서와 대략 같다.

2-2-2 축류펌프의 이론

축류펌프의 깃에 대한 이론은 일반적으로 익형이론에 의하여 설명되고 있으며, 따라서 펌프의 회전차를 **익차**라고 부른다.

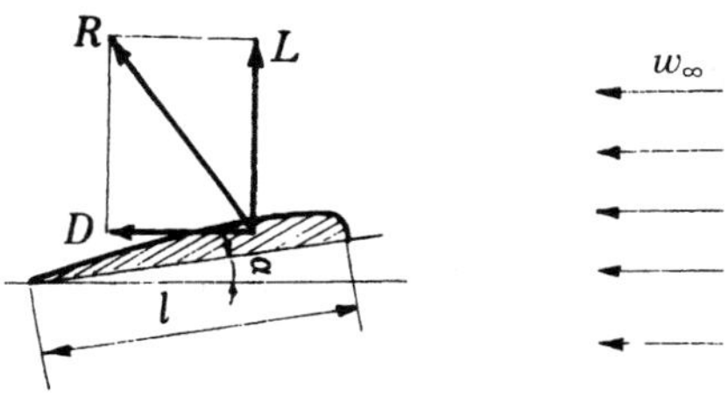

그림 2-35

그림 **2-35**에 나타낸 바와 같이 익형이 α각을 가지고 w_∞의 속도로 유체 중을 운동할 때, 또는 상대적으로 유속 w_∞의 유체 중에 익형이 놓였을 때 유체는 익형에 그림과 같이 힘 R가 작용한다. 이 힘의 유동방향의 분력을 **항력**(drag), 수직방향의 분력을 **양력**(lift)이라 하고, 각각 D와 L로 표시한다. 익형의 전연(leading edge)과 후연(trailing edge)을 연결하는 직선을 **익현**(chord), 그 길이 l을 **익현길이**(chord length)라 부르고, 유체의 상대 운동방향과 익현과의 각 α를 **영각**(attack angle)이라 부른다.

L, D는 각각 유체의 밀도 γ/g, 속도의 제곱 w_∞^2, 익면적 A에 비례하므로 다음 식이 성립하며, 실험적으로도 잘 증명되고 있다.

$$L = C_L \frac{\gamma}{2g} w^2{}_\infty A,\quad D = C_D \frac{\gamma}{2g} w^2{}_\infty A \tag{2.46}$$

단, 익면적 A = 익현길이(l)×익폭(b) (지면에 수직)이며, 익폭을 단위길이($b=1$)로 취하면 L, D는 다음과 같이 된다.

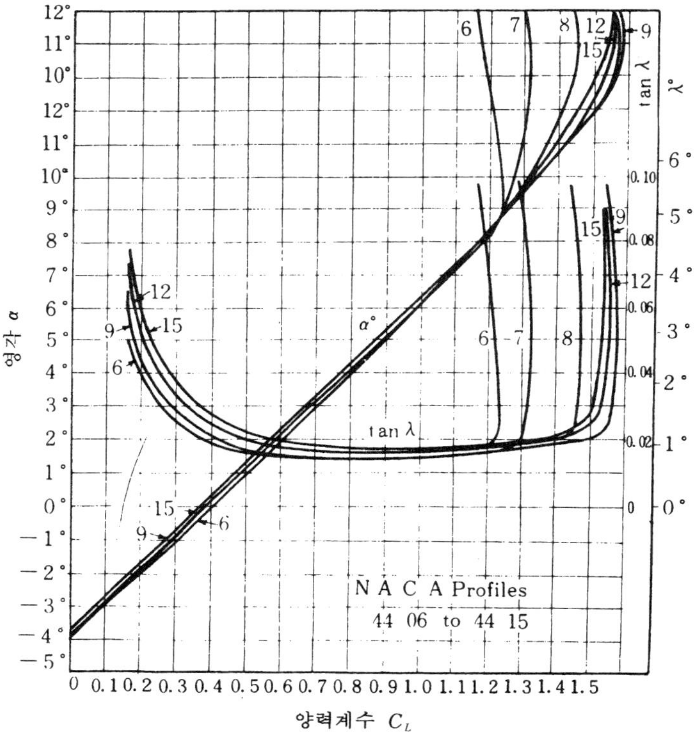

그림 2-36

$$L = C_L \frac{\gamma}{2g} w_\infty^2 l, \quad D = C_D \frac{\gamma}{2g} w_\infty^2 l \tag{2.47}$$

윗 식에서 C_L, C_D는 무차원수로, 각각 **양력계수, 항력계수**라 부르고, 영각 α에 따라 변한다.

그림 **2-36**은 C_L과 α 및 C_L과 $\tan\lambda$의 관계를 나타내고 있으며, 실험에 의하여 얻은 것이다. 단, $\tan\lambda = C_D/C_L$이며, λ가 작을 때는 $\lambda \fallingdotseq C_D/C_L$이며, 그림 중 6~15의 숫자는 NACA 4406~4415를 나타낸다. α의 증가에 따라 C_L은 처음에 직선적으로 증가하여 최대값에 달한 후에는 급격히 감소한다. 이와 같은 현상을 **실속**(stall)이라 한다.

그림 **2-37**의 익형에 있어서 그 중앙을 지나는 쇄선을 익형의 **골격선**(camber line)이라 부르고, 익현에서 골격선까지의 높이 c를 휨(camber), h를 익형의 두께라 한다. 이들 휨과 두께는 익현상의 위치에 따라 다르며, 일반적으로 휨, 두께라 하면 익현상에서 가장 두꺼운 부분의 두께를 나타내고, 익현길이에 대한 백분율(%)로 표현한다. 영각 α의 표시는 앞에 설명한 바와 같으나, Göttingen에서는 그림 **2-37**의 (b)와 같이 익형의 끝에서 아래로 접선을 그어서 익현으로 하고, 유체의 유동방향과의 각을 영각으로 하고 있다.

익형은 그 성능을 연구한 기관의 명칭을 머리에 붙여서 부른다. 예를 들면 NACA(National Advisory Committee for Aeronautics, 미국), RAF(Royal Air Force, 영국), Göttingen(독일) 등이며, NACA 익형 호칭법에는 4자리법과 7자리법이 있으며 그림 **2-38**은 4자리법에 의한 것으로 각 익형에 대하여 선단으로부터 각 위치에서의 두께를 나타낸다.

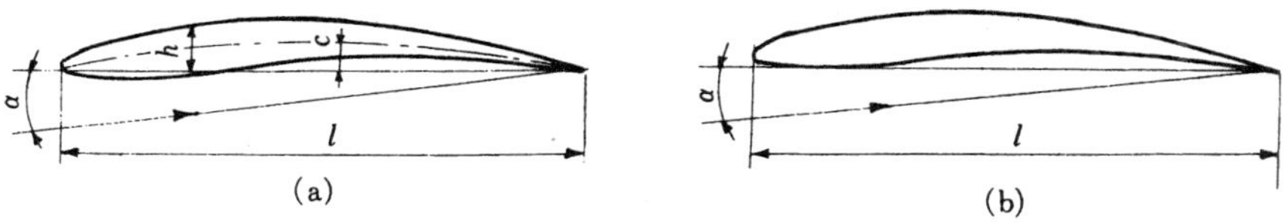

그림 2-37

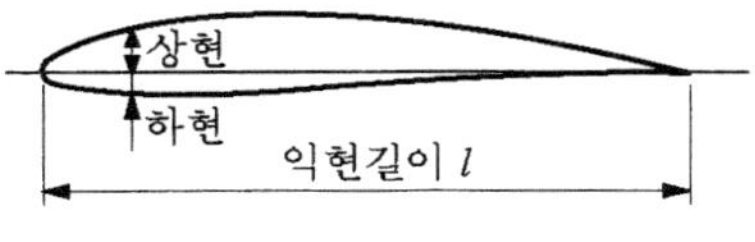

그림 2-38

그림 2-38에서 익형 호칭의 4자리 중 첫 번째 숫자는 c/l의 백분율(%), 두 번째 숫자는 익선단에서 휨 위치까지의 거리 x와 익현길이와의 비 x/l의 십분율을 표시하고, 세 번째와 네 번째의 숫자는 익 두께 h와 l과의 비 h/l의 백분율(%)을 각각 나타낸다.

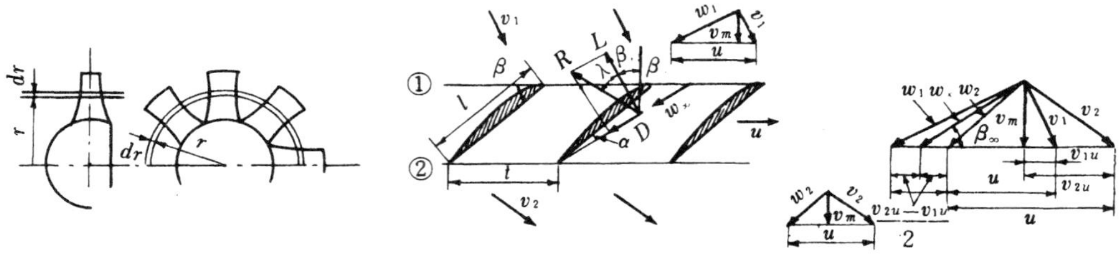

(a) (b) (c)

그림 2-39

익형 이론을 설명하기 위하여 그림 2-39의 (a)에 표시하는 바와 같은 익차를 반지름 r의 원통으로 절단하고 그것을 그림 2-39의 (b)와 같이 전개한다. 그리고 익렬은 원주속도 u로 오른쪽 방향으로 진행하며, 익렬의 입구 ①, 출구 ②에서의 유체의 상대속도를 각각 w_1, w_2로 한다. 유체가 익형에 작용하는 것을 생각할 때는 w_1, w_2의 벡터(vector) 평균의 상대속도 w_∞〔그림 (c) 참조〕가 그림 (b)에서와 같이 익형에 작용하는 것으로 한다.

익렬 중의 각 익형의 양력, 항력을 단일 익의 경우의 식 (2.47)과 근사적으로 동일하다고 보면

$$L = C_L \frac{\gamma}{2g} w^2_\infty l, \quad D = C_D \frac{\gamma}{2g} w^2_\infty l \tag{2.47}$$

과 같이 표시된다.

그리고 w_∞의 각도 β_∞는 그림 2-39의 (c)에서 알 수 있는 바와 같이 다음 식으로 표시된다.

$$\tan\beta_\infty = \frac{v_m}{u - \{(v_{2u} + v_{1u})/2\}} \tag{2.48}$$

L과 D의 합력 R의 회전방향성분 $R\sin(\beta_\infty + \lambda)$는 다음과 같이 변형된다.

$$R\sin(\beta_\infty + \lambda) = \frac{L}{\cos\lambda}\sin(\beta_\infty + \lambda) = C_L \frac{\gamma}{2g} w^2_\infty l \frac{\sin(\beta_\infty + \lambda)}{\cos\lambda}$$

그림 2-39의 (a)에 표시하는 익차의 단면적($2\pi r dr$)을 축 방향으로 통과하는 유량 dQ에 대하여 z매의 깃(익)이 회전방향에 미치는 힘 dF는 단위 익폭에 관한 값인 윗 식에 zdr를 곱한

것과 같다. 즉

$$dF = z\,dr\,C_L \frac{\gamma}{2g} w^2_{\infty} l \frac{\sin(\beta_{\infty} + \lambda)}{\cos\lambda} \tag{2.49}$$

한편 단면을 통과하는 유량 dQ, 이론 전수두 H_{th}에 대한 동력 $\gamma H_{th} dQ$는 익차의 dr부분에 요하는 동력 $dF \cdot u$와 동일하므로

$$\gamma H_{th} dQ = dF \cdot u$$

로 되며, 여기에 식 (2.49)를 대입하면

$$H_{th} = \frac{dF \cdot u}{\gamma dQ} = \frac{dF \cdot u}{\gamma 2\pi r\,dr v_m} = C_L \frac{lz}{2\pi r} \frac{u}{v_m} \frac{w^2_{\infty}}{2g} \frac{\sin(\beta_{\infty} + \lambda)}{\cos\lambda}$$

표 2-3

익현선 단으로 부터의 위치	익형(익현길이의 백분율)											
	4406		4407		4408		4409		4412		4415	
	상현	하현	상현	하현	상현	하현	상현	하현	상현	하현	상현	하현
0	–	–	–	–	–	–	–	–	–	–	–	–
1.2	1.25	− .64	1.44	− .78	1.63	−.92	1.81	−1.05	2.44	−1.43	3.07	−1.79
2.5	1.88	− .79	2.12	− .98	2.36	−1.17	2.61	−1.37	3.39	−1.95	4.17	−2.41
5	2.79	−.82	3.11	−1.10	3.43	−1.38	3.74	−1.65	4.73	−2.49	5.74	−3.27
7.5	3.53	− .73	3.90	−1.06	4.27	−1.40	4.64	−1.74	5.76	−2.74	6.91	−3.71
10	4.15	− .60	4.55	− .93	4.96	−1.36	5.37	−1.73	6.59	−2.86	7.84	−3.98
15	5.15	− .25	5.61	− .68	6.07	−1.11	6.52	−1.55	7.89	−2.88	9.27	−4.18
20	5.90	+ .12	6.38	− .35	6.86	− .82	7.33	−1.30	8.80	−2.74	10.25	−4.15
25	6.42	+ .46	6.91	− .03	7.40	− .52	7.90	−1.02	9.41	−2.50	10.92	−3.98
30	6.76	+ .74	7.25	+ .24	7.75	− .26	8.25	− .76	9.76	−2.26	11.25	−3.75
40	6.90	+1.10	7.38	+ .62	7.36	+ .14	8.35	− .35	9.80	−1.80	11.25	−3.25
50	6.55	+1.24	6.99	+ .81	7.43	+ .38	7.87	− .07	9.19	−1.40	10.53	−2.72
60	5.85	+1.27	6.23	+ .90	6.61	+ .53	7.00	− .14	8.14	−1.00	9.30	−2.14
70	4.85	+1.16	5.15	+ .86	5.45	+ .56	5.76	+ .26	6.69	− .65	7.63	−1.55
80	3.56	+ .91	3.78	+ .69	4.00	+ .47	4.21	+ .26	4.89	− .39	5.55	−1.03
90	1.96	+ .49	2.08	+ .38	2.20	+ .27	2.33	+ .14	2.71	− .22	3.08	− .57
95	1.05	+ .24	1.12	+ .17	1.19	+ .10	1.26	+ .03	1.47	− .16	1.67	− .36
100	–	–	–	–	–	–	–	–	–	–	–	–

지금 $2\pi r/z = t$(익렬의 피치) t라 하면

$$H_{th} = C_L \frac{l}{t} \frac{u}{v_m} \frac{w^2_\infty}{2g} \frac{\sin(\beta_\infty + \lambda)}{\cos\lambda} \tag{2.50}$$

다음에 깃수가 유한인 축류펌프에서는 $H_{th\infty} = H_{th}$이고, 깃 입구와 출구에서의 원주속도가 $u_1 = u_2 = u$이므로 식 (2.4), (2.5)로부터

$$H_{th} = \frac{H_m}{\eta_h} = \frac{u}{g}(v_{2u} - v_{1u}) \tag{2.51}$$

이 식에서 $v_{1u} = v_1 \cos\alpha_1$, $v_{2u} = v_2 \cos\alpha_2$, 식 (2.51)을 식 (2.50)에 대입하면 그림 **2-39**의 (c)로부터 $w_\infty = v_m / \sin\beta_\infty$이다.

$$C_L \frac{l}{t} = \frac{2(v_{2u} - v_{1u})}{v_m} \frac{\cos\lambda \sin^2\beta_\infty}{\sin(\beta_\infty + \lambda)} \tag{2.52}$$

를 얻는다.

축류펌프의 익차 깃을 나온 유속 v_2는 원주방향 성분 v_{2u}로 안내깃으로 유입하고, 안내깃 출구의 유속 v_3는 축방향 성분 v_m로 유출된다. 이때 익차깃을 동익(rotor blade), 안내깃을 정익(stator blade)이라 할 수 있다.

동익인 익차깃에서 고찰한 바와 같이 안내깃의 원주방향의 항력 dF'는 운동량 법칙에 의하여

$$dF' = \frac{\gamma}{g} 2\pi r dr v_m v_{2u} = \frac{\gamma}{g} t' z' dr\, v_m v_{2u} \tag{2.53}$$

여기서 z'는 안내깃 수, $t' = 2\pi r/z'$는 안내깃의 피치이다.

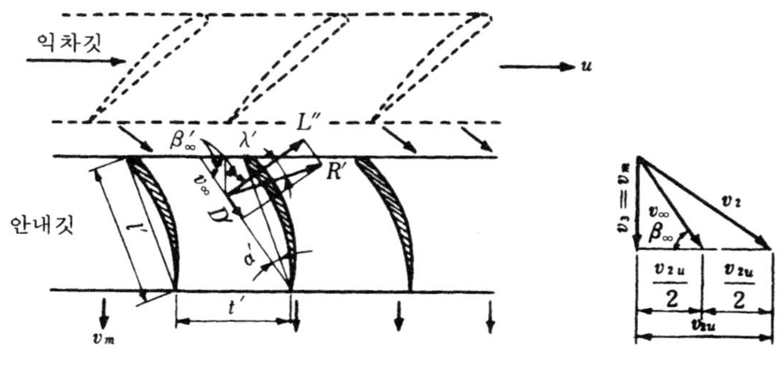

(a) (b)

그림 2-40

그림 2-40에서 안내깃 1매의 L'와 D'에 의한 항력은

$$(L' \sin \beta'_\infty + D' \cos \beta'_\infty)dr$$

로 쓸 수 있으며, 이것에 안내깃 수 z'를 곱한 것은 dF'와 같다. 즉

$$\begin{aligned} dF' &= z'(L' \sin \beta'_\infty + D' \cos \beta'_\infty)dr \\ &= z' L' \sin \beta'_\infty \left(1 + \frac{\tan \lambda'}{\tan \beta'_\infty}\right) dr \end{aligned} \tag{2.54}$$

식 (2.53)과 (2.54)로 부터

$$\frac{\gamma}{g} t' v_m v_{2u} = L' \sin \beta'_\infty \left(1 + \frac{\tan \lambda'}{\tan \beta'_\infty}\right)$$

윗 식에

$$L' = C'_L \frac{\gamma}{2g} w_\infty^2 l' = C'_L \frac{\gamma}{2g} \left(\frac{v_m}{\sin \beta'_\infty}\right)^2 l'$$

를 대입하여 정리하면 다음 식을 얻는다.

$$C'_L \frac{l'}{t'} = \frac{2v_{2u}}{v_m} \frac{\sin \beta'_\infty}{1 + (\tan \lambda' / \tan \beta'_\infty)} \tag{2.55}$$

단, $\lambda' = \tan^{-1}(C'_D / C'_L) \fallingdotseq C'_D / C'_L$, 또 그림 2-40의 (b)에서 알 수 있는 바와 같이 β'_∞는 다음 식으로 표시된다.

$$\tan \beta'_\infty = \frac{v_m}{v_{2u}/2} \tag{2.56}$$

2-2-3 축류펌프의 특성곡선

그림 2-41에서 각 $\beta = \beta_\infty + \alpha$를 익차 깃의 설치각(stagger angle)이라 하면, 펌프의 성능은 β에 크게 좌우된다.

그림 2-41

그림 **2-42**는 동익의 설치각 β에 따른 특성곡선을 나타내며, 여기서 β에 비례하여 유량은 증대하나 양정은 일정함을 알 수 있다. 예컨대 최고 효율점에서 볼 때, β, Q에 무관하게 H는 4m 정도로 일정하다.

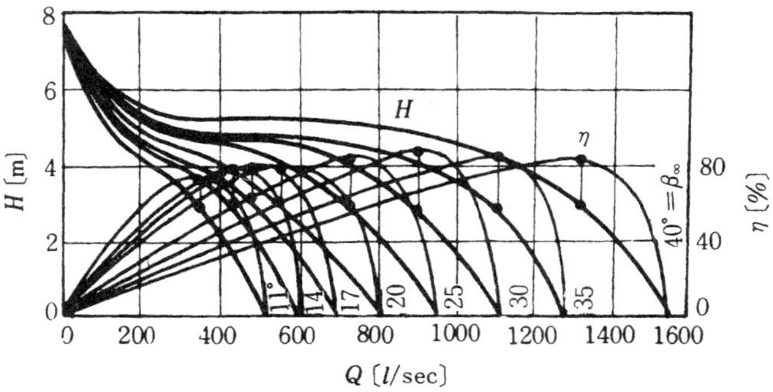

그림 2-42

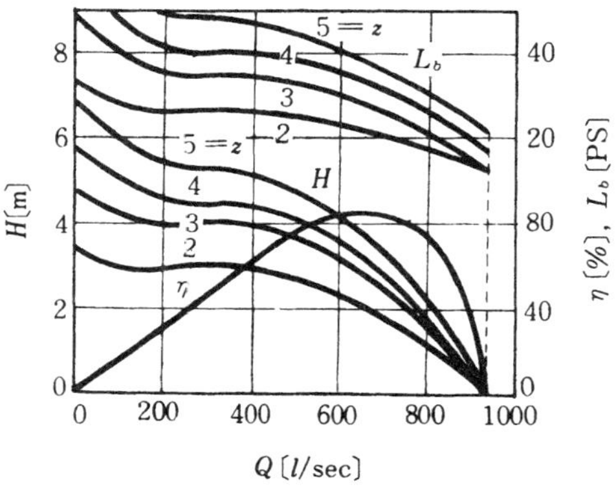

그림 2-43

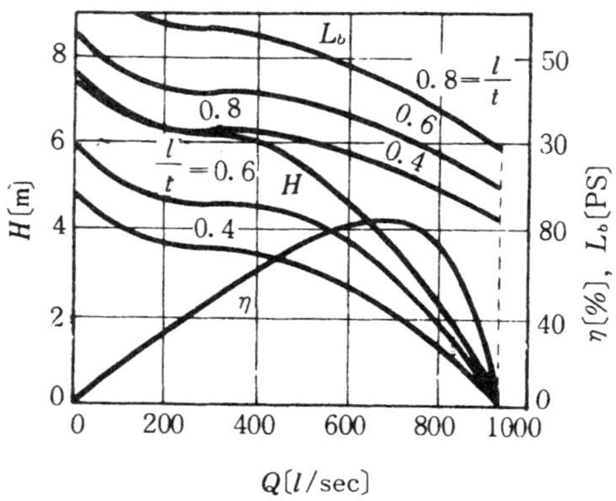

그림 2-44

다음에 익차 깃수에 따라 특성이 변한다. 그림 **2-43**은 깃수 z를 2~5매까지 증가시킬 때의 실험결과를 보여주고 있으며, z의 증가에 따라 유량은 불변하나 양정은 증대한다.

그림 **2-44**는 익차 바깥지름에서의 익현길이 l과 익렬피치 t와의 비 l/t 값을 0.4~0.8까지 변화시켰을 때의 특성곡선을 나타내고 있으며, l/t의 증가에 따라 유량은 변하지 않으나 양정은 증가한다. 이것은 익수 z의 경우와 같으며, $z = (\pi D/l) \times (l/t)$이므로 l/t과 z가 비례한다.

비속도 N_s와 l/t의 관계는 그림 **2-45**에 표시된 바와 같으며, 이 관계는 익차 바깥지름과 보스(boss) 지름과의 비 D_b/D_2에 의해서도 변하는 것을 보여준다.

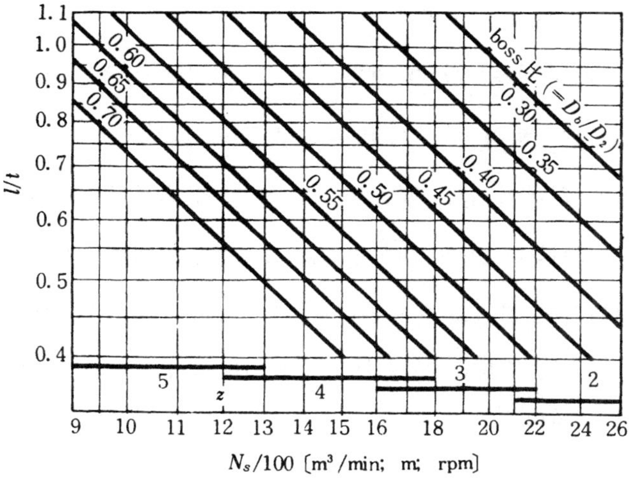

그림 2-45

2-2-4 축류펌프의 설계

원심펌프를 설계할 때와 마찬가지로 축류펌프 익차의 바깥지름 D_2를 다음 식으로 구하며, K_u는 비속도 N_s에 의하여 결정된다.

$$D_2 = \frac{60K_u\sqrt{2gH}}{\pi N} \tag{2.57}$$

단, H : 펌프의 전양정(m), N : 익차 회전수(rpm), K_u : 실험계수

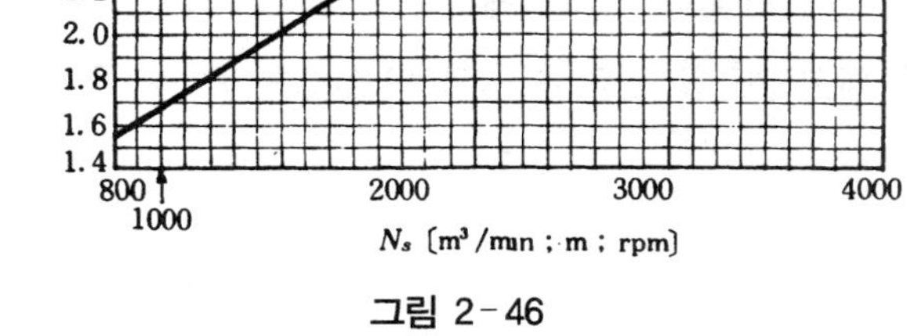

그림 2-46

그림 2-46은 K_u와 N_s의 관계도이다.

다음에 익차 안지름(보스 지름) D_b가 바깥지름 D_2에 비하여 작아서, 유로 단면적이 커지면 유량은 증가하고 양정은 감소하며, 따라서 비속도 $N_s(=NQ^{1/2}/H^{3/4})$는 커진다. 그림 2-47은 많은 축류펌프의 실험에 의하여 얻은 보스비 (D_b/D_2)와 N_s와의 관계를 나타낸다.

축류펌프의 각 요소 설계로는 먼저 주어진 H, Q, N에 의하여 $N_s = N \cdot Q^{1/2}/H^{3/4}$을 계산하고, 그림 2-18을 참조하여 펌프의 종류를 결정한다. 다음에 펌프효율을 $\eta = 70\sim80\%$로 가정하여 식 (2.40)으로부터 축동력 L을 계산하며, 전동기마력 L_d는 표 2-4의 전도계수 k를 이용하여 다음 식으로부터 정한다.

$$L_d = k \cdot L \tag{2.58}$$

표 2-4

전동방식	k
직결	1.10~1.20
V벨트	1.15~1.25
평벨트	1.25~1.35
평 기어	1.20~1.25
헬리컬 기어	1.15~1.25

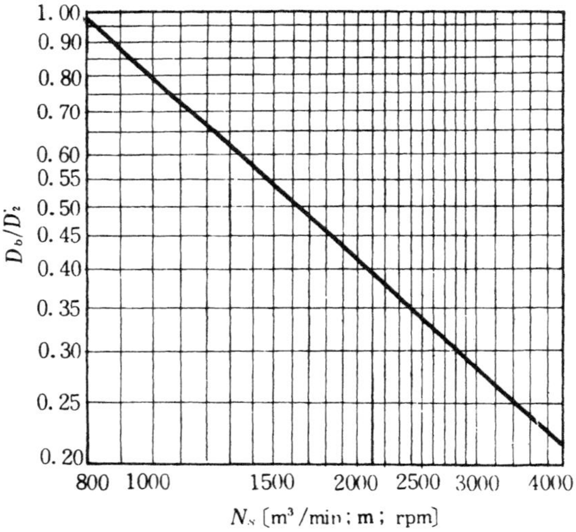

그림 2-47

원심펌프의 경우와 마찬가지로 식 (2.41), (2.41)′, (2.42)에 의하여 익차의 축 지름과 위험속도를 계산하되, 1.5배 정도의 안전계수를 고려해 주는 것이 좋다.

그림 2-46에서 N_s에 대한 K_u를 정하여 익차 바깥지름 D_2를 계산하고, 안지름 D_b는 그림 2-47로부터 구해진다.

익렬 내를 통과하는 축방향 유속 v_m을

$$v_m = \frac{Q/60}{(\pi/4)(D_2^2 - D_b^2)}$$

로 계산하고, 그림 **2-46**에서 N_s, D_b/D_2에 대하여 익차의 깃수 z 및 외주에서의 l/t를 결정한 다음, 익차의 축심을 중심으로 하는 몇 개 원통으로 익차 깃을 절단하여 각 절단면의 익형요소를 구한다.

지금 D_2의 경우 설계는 다음과 같다.

원주속도 $u = \pi D_o N/60$, 유체가 익차에 거의 축심방향으로 유입하여 $v_{1u} = 0$이므로 익차에서 유출속도 v_2의 원주방향성분 v_{2u}는 식 (2.51)에서 $v_{2u} = \dfrac{g \cdot H_m}{\eta_h \cdot u}$이다.

유속 w_∞의 회전방향에 대한 상대속도는 식 (2.48)에 의하여

$$\beta_\infty = \tan^{-1} \frac{v_m}{u-(v_{2u}/2)}$$

으로 된다.

그리고 $C_L \cdot l/t$의 값은 식 (2.52)에, 위에서 얻은 v_m, v_{2u}, β_∞와 그림 **2-36**에서 얻은 λ 등을 대입하여 계산되며, 위에서 구한 l/t를 대입하여 양력계수 C_L을 결정하면 그림 **2-36**과 그림 **2-38**에서 익형의 치수 및 영각 α를 결정할 수 있어 깃 설치각 $\beta = \beta_\infty + \alpha$, 피치 $t = \pi D_2/z$, 익현길이 l 등이 정해진다.

다음에 안내깃의 설계도 익차의 경우와 같이 축심을 중심으로 몇 개의 원통으로 절단하고, 각 절단 원주상의 단면에서 여러 요소를 구한다.

그림 **2-40**의 β'_∞는 식 (2.56)에 의하여 $\beta'_\infty = \tan^{-1} v_m/(v_{2u}/2)$에서 구하고, $C'_L \cdot (l'/t')$의 값은 식 (2.55)로부터 구해진다.

안내깃 수 z'는 익차깃 수 z보다 많게 취하고, 또한 홀수와 짝수로 서로 어긋나게 한다.

【예제 2·5】 단단축류 펌프의 회전수가 300rpm일 때 양력계수를 결정하기 위한 $C_t \cdot l/t$의 값을 구하여라. 단, 익차깃의 지름 500(mm)의 원주상에서 물은 4.0(m/sec)의 속도로 축방향으로 유입하고, 출구에서는 회전방향으로 3.8(m/s)의 분속도를 얻어서 유출하며, λ는 1° 정도로 한다.

해 $u = \dfrac{\pi D_2 N}{60} = \dfrac{\pi \times 0.5 \times 300}{60} \fallingdotseq 7.85$(m/sec)

$$\beta_\infty = \tan^{-1}\frac{v_m}{u-\frac{v_{2u}-v_{1u}}{2}} = \tan^{-1}\frac{4}{7.85-\frac{3.8}{2}} = \tan^{-1}0.672$$

$$\therefore\ \beta_\infty \fallingdotseq 34^\circ$$

$$C_L\frac{l}{t} = \frac{2(v_{2u}-v_{1u})}{v_m}\ \frac{\cos\lambda\ \sin^2\beta_\infty}{\sin(\beta_\infty+\lambda)}$$

$$= \frac{2(3.8-0)}{4}\times\frac{\cos 1^\circ\times\sin^2 34^\circ}{\sin(34^\circ+1^\circ)} \fallingdotseq 1.03$$

【예제 2·6】 위의 예제에서 익차로부터 회전방향 분속도 3.8(m/sec)를 가지고 유출하여 안내깃을 통과함으로써 출구에서는 축방향의 유속만으로 유동하도록 하기 위해서는 $C_L'\cdot l'/t'$의 값을 어떻게 취하면 되는가? 단, $\lambda'=1^\circ$로 가정한다.

해 $\tan\beta'_\infty = \frac{v_m}{v_{2u}/2} = \frac{4}{3.8/2} = 2.1$ $\qquad\therefore\ \beta'_\infty = 64^\circ 35'$

$$C'_L\frac{l'}{t'} = \frac{2v_{2u}}{v_m}\ \frac{\sin\beta'_\infty}{1+\frac{\tan\lambda'}{\tan\beta'_\infty}} = \frac{2\times3.8}{4}\times\frac{\sin 64^\circ 35'}{1+\frac{\tan 1^\circ}{\tan 64^\circ 35'}} = 1.71$$

【예제 2·7】 150m³/min의 유량을 전양정 4.5m에 수송하는 펌프를 설계하여라. 단, 펌프 회전수는 570rpm(주파수 60, 12극의 3상유도 전동기)으로 한다.

해 ① 비속도 $N_s = N\frac{Q^{1/2}}{H^{3/4}} = 570\times\frac{150^{1/2}}{4.5^{3/4}} = 2243$

표 2-1과 그림 2-5에서 펌프의 종류는 축류펌프, 효율은 $\eta=80\%$로 한다.

② 축동력 $L = \frac{\gamma HQ}{4500\eta} = \frac{1000\times4.5\times150}{60\times75\times0.8} = 187.5 \fallingdotseq 190(\mathrm{PS})$

③ 전동기 마력 $L_d = k\cdot L = 1.2\times190 = 228 \fallingdotseq 230(\mathrm{PS})$

④ 펌프 주축지름(익차 축지름) $d = c\cdot\sqrt[3]{\frac{16T}{\pi\tau}}$ 에서

$T = 71620\times\frac{230}{570} = 28700(\mathrm{kgf/cm})\quad \tau = 150(\mathrm{kgf/cm^2})$

$c=1.5$를 대입하여 $d = 9.94\times1.5 = 14.9 \fallingdotseq 15.0(\mathrm{cm})$

⑤ 익차 바깥지름 $D_2 = \frac{60K_u\sqrt{2gH}}{\pi N} = \frac{60\times2.5\times\sqrt{2\times9.8\times4.5}}{3.14\times570} = 0.788(\mathrm{m})$

$K_u=2.5$는 그림 2-45에서 $N_s=2243$에 대한 값이다.

⑥ 익차 안지름 $D_b = \nu D_2 = 0.38\times0.788 = 0.299 \fallingdotseq 0.3(\mathrm{m})$

$\nu=0.38$은 그림 2-47에서 구한다.

⑦ 익렬을 통과하는 축방향 유속

$$v_m = \frac{Q/60}{\pi/4(D_2^2 - D_b^2)} = \frac{150/60}{0.785(0.788^2 - 0.30^2)} \fallingdotseq 6.0(\text{m/sec})$$

⑧ 익차 깃수 z와 바깥지름 D_2에 대한 l/t은 $z=3$, $l/t=0.55$로 한다.

⑨ 익차 주속도 $u = \frac{\pi D_2 N}{60} = \frac{\pi \times 0.788 \times 570}{60} = 23.5(\text{m/s})$

⑩ 원주방향의 유속증가 $v_{2u} - v_{1u} = gH/\eta_h \cdot u$에서 $\eta_h = 0.95$로 가정하면($v_{1u}=0$)

$$v_{2u} = \frac{9.8 \times 4.5}{0.95 \times 23.5} = 1.98(\text{m/sec})$$

⑪ 상대 유속각 $\beta_\infty = \tan^{-1}\frac{v_m}{u - (\nu_{2u}/2)} = \tan^{-1}\frac{6.0}{23.5 - (1.98/2)} = 0.2656$

$\therefore\ \beta_\infty = 15°$

⑫ $$C_t \frac{l}{t} = \frac{2(v_{2u} - v_{1u})}{v_m} \cdot \frac{\cos\lambda \cdot \sin^2\beta}{\sin(\beta_\infty + \lambda)}$$

$$= \frac{2 \times 1.98}{6} \times \frac{\cos 1° \times \sin^2 15°}{\sin(15° + 1°)} = 0.16$$

⑧에서 구한 $l/t = 0.55$ 를 대입하면 양력계수(C_L) $= 0.16/0.55 = 0.29$

⑬ 익형 : $C_L = 0.29$에 대한 것으로 NACA 4406

⑭ 영각 : 그림 **2-36**에서 4406에 대한 것으로 $\alpha = -1°$로 정한다.

⑮ 설치각 : $\beta = \beta_\infty + \alpha = 15° - 1° = 14°$

⑯ 피치 : $t = \pi D_2/z = \pi \times 0.788/3 = 0.825(\text{m})$

⑰ 익현길이 : $l = 0.55t = 0.55 \times 0.825 = 0.454(\text{m})$

⑱ 안내깃의 상대 유속각 β'_∞는 그림 **2-39**를 참조하여

$$\beta'_\infty = \tan^{-1}\frac{v_m}{v_{2u}/2} = \tan^{-1}\frac{6}{1.98/2} = 6.061$$

$\beta'_\infty = 81°41°$

⑲ 안내깃의 양력계수 :

$$C_L' \frac{l'}{t'} = \frac{2v_{2u}}{v_m} \cdot \frac{\sin\beta'}{1 + (\tan\lambda'/\tan\beta'_\infty)}$$

$$= \frac{2 \times 1.98}{5.5} \times \frac{\sin 81°41'}{1 + \left(\frac{an 1°}{\tan 81°41'}\right)} = 0.713$$

$l'/t' = 1$로 가정하면 $C_L = \frac{0.713}{1} = 0.713$

⑳ 익형 : 그림 **2-36**에서 NACA 4409로 정한다.

㉑ 영각 : $\alpha' = 3°20'$ (그림 2-36)

㉒ 안내깃 설치각 : $\beta' = \beta'_{\infty} + \lambda' = 81°40' + 1° = 82°40'$

㉓ 안내깃 수 z는 대략 7~15매로 하며, 익차깃 수가 $z = 3$의 홀수이므로 짝수인 10매로 한다.

㉔ 익현길이 : $l' = \frac{l'}{t'} \times \frac{\pi D_2}{z'} = 1 \times \frac{\pi \times 0.788}{10} = 0.25(\text{m})$

2-3 왕복펌프

2-3-1 구조와 분류

그림 2-48은 왕복펌프(reciprocating pump)를 나타내며, 이는 피스톤(또는 플런저), 실린더, 흡입밸브, 토출밸브로 구성되어 있다. 이 외에 관 내 유동의 맥동을 완화시키기 위하여 실린더와 흡입관 또는 토출관의 도중에 공기실(air chamber)이 설치되어 있다.

피스톤, 버킷 또는 플런저 등의 왕복 운동에 의하여 실린더 내에 진공에 가까운 압력 상태를 만들어, 낮은 곳에 있는 물을 흡입하고 이에 압력을 가함으로써 필요한 거리에 송수하는 펌프를 총칭하여 **왕복펌프**라 부르며, 다음과 같이 분류한다.

① 피스톤 펌프 (piston pump)

② 버킷 펌프 (bucket pump)

③ 플런저 펌프 (plunger pump)

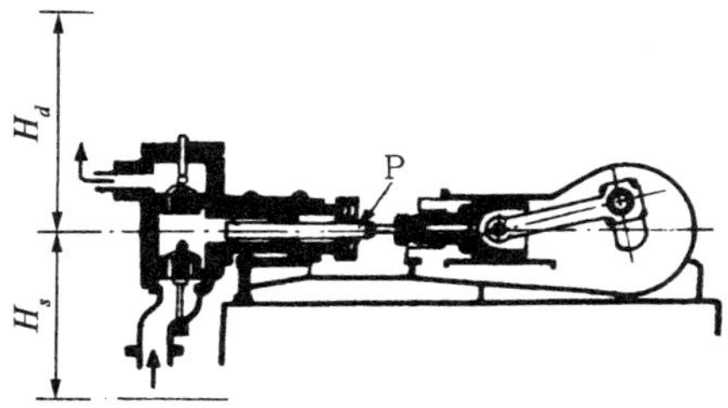

그림 2-48

그림 2-49의 (a)는 피스톤 펌프의 개략도이며, 피스톤 ①의 왕복 운동으로 흡입관 ② 내의 물은 흡입밸브(suction valve) ③을 통하여 교대로 흡입되며, 토출밸브(discharge valve) ④를 거쳐 토출관 ⑤로 송수된다.

그림 2-49의 (b)는 버킷 펌프의 개략도이며, 버킷 ①이 상승하면 흡입관 ② 내의 물은 흡입밸브 ③을 통하여 흡입되고, 이어서 하강운동을 함에 따라 밸브 ③은 닫히고, 버킷에 장착된 버킷밸브(bucket valve) ④를 통하여 물은 버킷 상부에 압출되며, 계속되는 버킷의 상승 운동에 의하

여 물은 토출밸브 ⑤를 거쳐서 토출관 ⑥으로 송수된다.

그림 2-49의 (c)는 플런저 펌프의 개략도이며, 플런저 ①의 상승행정에 의하여 실린더 ② 내에 진공에 가까운 상태가 되어 흡입밸브 ④를 통하여 물이 흡입되고, 이어서 수행되는 하강행정에 의하여 토출밸브 ③으로부터 토출관으로 송수된다.

왕복펌프를 1행정(1왕복) 간에 수행되는 토출 횟수에 의하여 분류하면,

① 단동펌프 (single acting pump)

② 복동펌프 (double acting pump)

③ 차동펌프 (differential acting pump)

의 3종류가 있다.

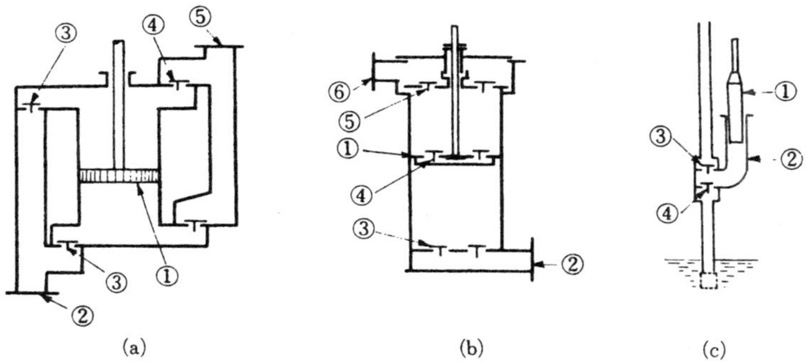

그림 2-49

①은 위에 설명한 버킷 펌프(그림 2-49의 (b))또는 플런저 펌프(그림 2-49의 (c))와 같이 상하행정 중 1회만의 토출작용을 하는 펌프를 말하고, ②는 피스톤 펌프(그림 2-49의 (a))와 같이 그 상승, 하강 양 행정 모두 흡입과 토출작용을 동시에 수행하는 펌프를 말한다. ③은 플런저의 1회 왕복운동하는 사이에 1회의 흡입과 2회의 토출이 이루어지게 되어 단동펌프보다 균일한 토출을 한다.

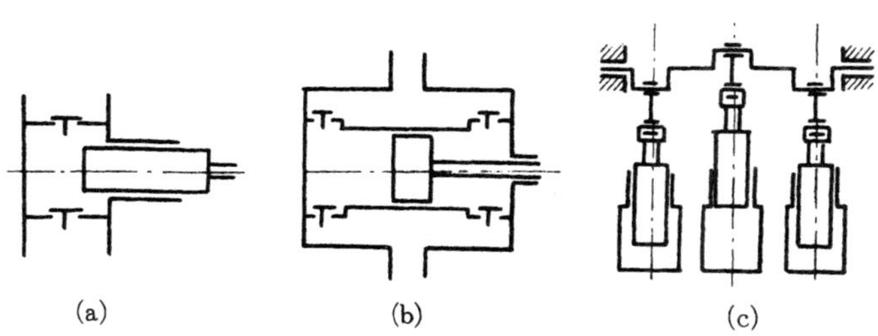

그림 2-50

그림 2-50의 (a)는 단동 플런저 펌프, (b)는 복동 피스톤 펌프, (c)는 3통 단동펌프를 보여주고 있다.

2-3-2 왕복펌프의 배수곡선

그림 2-51에 표시하는 단통 단동펌프(single throw single acting pump)에서 크랭크가 일정 각속도 ω(rad/sec)로 회전할 때, 피스톤 핀 p의 변위는

$$x=\sqrt{l^2-r^2\sin^2\theta}-r\cos\theta=l\left[1-\left(\frac{r}{l}\sin\theta\right)^2\right]^{1/2}-r\cos\theta$$

여기서, r : 크랭크 반지름, θ : 사점(dead point)에서 잰 크랭크 암의 각도, l : 연결봉의 길이

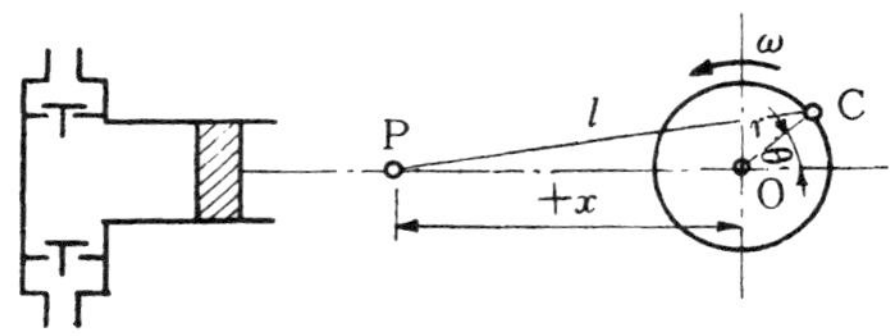

그림 2-51

제2항은 제1항에 비하여 매우 작으므로, 이를 무시하면

$$x=l-r\cos\theta$$

피스톤의 속도 u는 윗 식으로부터

$$u=\frac{dx}{dt}=\frac{dx}{d\theta}\frac{d\theta}{dt}=r\,\omega\sin\theta$$

피스톤의 단면적을 A로 하면 실린더의 순간 토출량 q는

$$q=A\cdot u=A\,r\omega\sin\theta \tag{2.59}$$

q의 최대값 $Q_{\max}$은 $\theta=\pi/2$에서

$$\begin{aligned}Q_{\max}&=A\,r\omega\sin(\pi/2)=A\,r\omega=A\,r(2\pi N/60)\\&=\pi A\cdot LN/60=\pi VN/60=\pi Q_{th}\end{aligned} \tag{2.60}$$

식 중의 L은 1행정거리(stroke)이다.

그림 2-52는 단동 실린더의 배수곡선을 보여주고 있으며, $\theta=0\sim\pi$의 토출행정에서만 물이 송출되고, 다음의 흡입행정($\theta=\pi\sim2\pi$) 중에는 물의 토출이 없으므로 토출관 내의 유동은 맥동 현상을 이룬다. 흡입행정 시의 흡입관 내에서도 같은 현상이 나타나며, 이 점이 왕복펌프의 큰 결점이기도 하다.

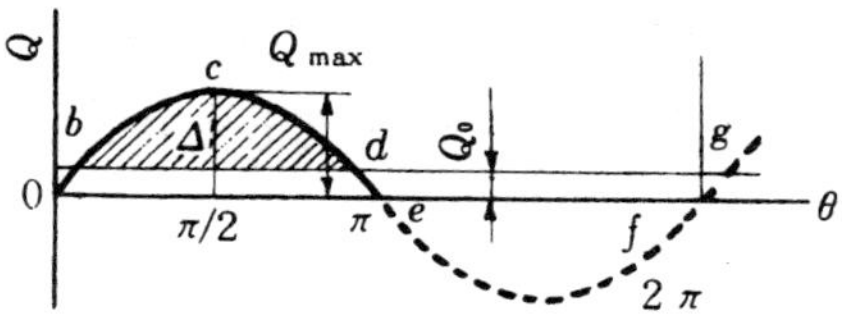

그림 2-52

크랭크 1회전을 통한 평균 배수량 Q_0는 그림 2-52에서 면적(bcd) = 면적(defg)로 되도록 그은 수평선의 높이로 표시되며

$$Q_0 = \frac{A r \omega}{\pi} \tag{2.61}$$

이 펌프의 최대유량 Q_{max} 과의 비 δ는

$$\delta = \frac{Q_{max}}{Q_0} = \frac{A r \omega}{\frac{A r \omega}{\pi}} = \pi \tag{2.62}$$

이와 같이 펌프의 토출량 변동이 심하여 위에 설명한 바와 같은 관 내 맥동이 발생하며, 이와 같은 현상은 운전에 소요되는 동력을 증가시킬 뿐만 아니라, 각 부에 상당한 무리를 주어 고장의 원인이 되므로 완화대책을 강구해야 한다. 그 대책으로는

① 펌프를 복동형으로 하고, 또 그림 2-50의 (c)와 같이 다통식으로 하여 합성유량을 균등하게 하여 관 내의 유속을 고르게 하거나,

② 뒤에 설명하는 공기실(air chamber) 또는 진공실(vacuum chamber)을 토출 또는 흡입관에, 가급적 펌프에 가까운 곳에 설치한다.

①항에서 펌프의 각종 조합에 대한 최대유량과 평균유량의 비 δ를 표시하면 표 2-5와 같다.

표 2-5

펌 프 형 식	펌프수	위상차	δ
단통 단동펌프	1	—	3.1416
〃	2	90°	2.22
〃	2	180°	1.57
단통 복동펌프	1	—	1.57
2통 복동펌프	2	90°	1.11
3통 단동펌프	3	120°	1.047

그림 2-53은 표 2-5의 2통 복동펌프(two throw double acting pump)의 합성배수곡선을 표시하며, 개개의 펌프 배수곡선은 점선과 같지만 합성유량곡선은 실선과 같이 완화되어 실용에 지장이 없을 정도이다.

표 2-5의 단통 단동펌프를 그대로 사용하면 유량의 변동이 극심하므로, 적당한 크기의 공기실 또는 진공실을 설치해야 한다.

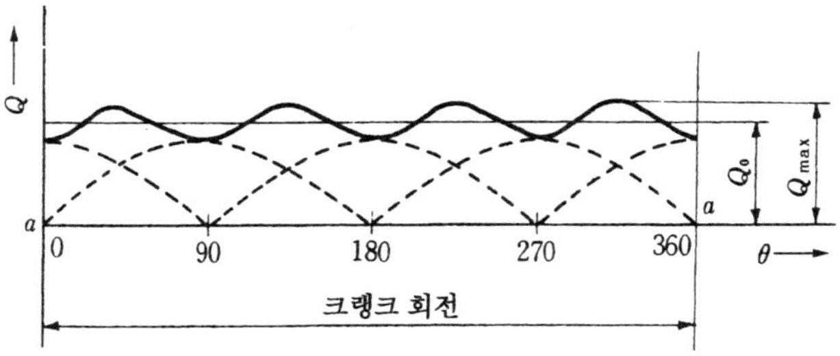

그림 2-53

2-3-3 공기실

공기실은 그림 2-54에 표시하는 바와 같이 윗 부분이 공기로 충만된 밀폐용기이며, 왕복펌프의 흡입관 또는 토출관에 설치되어 피스톤 또는 플런저로부터 송출되는 유량의 변동을 평균화시키는 장치이다.

지금 토출관 위에 공기실을 설치했다면 토출관의 단면적이 $a\,(\mathrm{m}^2)$, 관 내의 평균유속이 v(m/sec)일 때 단통 단동펌프의 크랭크 1회전에 대한 배출유량 $q_a(\mathrm{m}^3)$는 $q_a = 2rA = av\dfrac{60}{N}$ 또는 $av = A\dfrac{2rN}{60}$이다. 그런데 크랭크의 각속도는 $\omega = \dfrac{2\pi N}{60}$이므로 $av = Ar\dfrac{\omega}{\pi}$이다. 크랭크가 각 $\varDelta\theta$ 회전하는 동안에 펌프에서의 배출체적은 $\varDelta V = A \times r\omega \sin\theta \times t$로 표시된다.

한편 $\varDelta t$ 동안에 토출관으로부터 송출된 체적은 $\varDelta U = av \times \triangle t = Ar \times \dfrac{\omega}{\pi}\varDelta t$이며, $\varDelta V$와의 차가 공기실 내에 축적되는 양 $\varDelta q$이다.

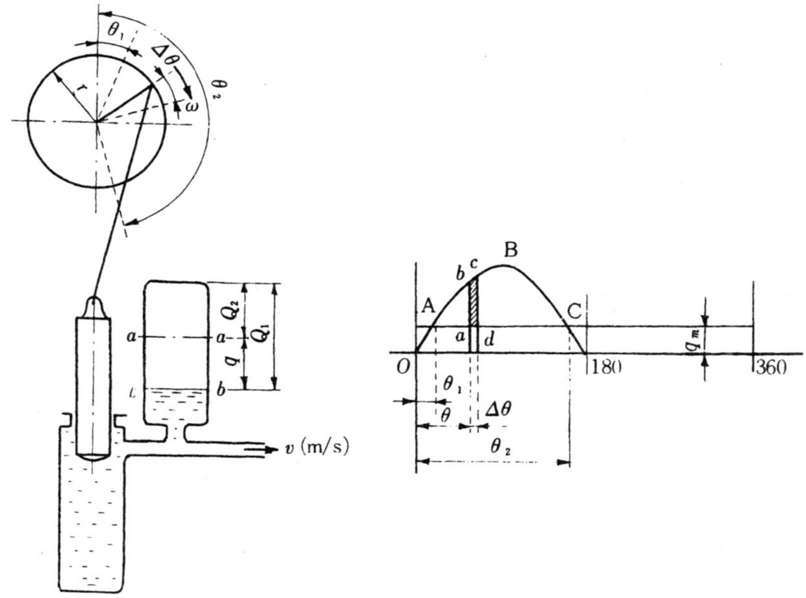

그림 2-54

이는 그림 **2-54**에서 미소면적 abcd에 해당하며

$$\begin{aligned} \Delta q &= \Delta V - \Delta U = \left(A\,\omega r \sin\theta - A\,r \times \frac{\omega}{\pi} \right) \Delta t \\ &= A\,\omega r \left(\sin\theta - \frac{1}{\pi} \right) \Delta t \end{aligned} \tag{2.63}$$

윗 식에 $\Delta t = \dfrac{\Delta\theta}{\omega}$를 대입하면

$$\Delta q = A\,r \left(\sin\theta - \frac{1}{\pi} \right) \Delta\theta \tag{2.64}$$

펌프에서 토출되는 유량과 토출관에서 유출하는 유량이 같을 때, 공기실 내에는 물의 출입이 없을 것이므로 $\Delta q = 0 = \sin\theta - \dfrac{1}{\pi}$이며, 이에 상당한 θ값은 $\theta_1 = 18°35'$ 및 $\theta_2 = 161°25'$이다. 따라서 단통 단동펌프에 있어서 크랭크가 $\theta_1 = 18°35'$에서 $\theta_2 = 161°25'$까지 회전하는 동안에 펌프로부터 배출되는 여분의 물은 ABC의 산형 면적으로 표시되며, 이것을 적분법에 의하여 구하면 다음과 같다.

$$q = Ar\int_{\theta_1}^{\theta_2}\left(\sin\theta - \frac{1}{\pi}\right)d\theta = Ar\left[-\cos\theta - \frac{\theta}{\pi}\right]_{\theta_1}^{\theta_2}$$
$$= 1.102Ar = 0.55\times 2rA = 0.55\times q_a = k\times q_a \tag{2.65}$$

k는 펌프 형식에 따라 크게 다르며, l/r에 따라 약간 차이가 나는 것으로 표 2-6과 같다.

표 2-6

펌 프 형 식	펌프수	위상차	k			
			$l/r=\infty$	10	6	4
단동펌프	1	−	0.551	0.552	0.552	0.554
〃	2	90°	0.355	0.356	0.358	0.360
〃	2	180°	0.105	0.106	0.107	0.110
〃	3	120°	0.003	0.006	0.008	0.012
복동펌프	1	−	0.105	0.106	0.107	0.110
〃	2	90°	0.011	0.021	0.028	0.040
〃	3	120°	0.003	0.006	0.008	0.012

위에 설명한 바와 같이 크랭크가 θ_2를 지나서 펌프로부터 배수가 없게 되면(흡입행정), 공기실 내로 유입한 물은 공기실 내에서 재 팽창한 공기가 물을 밀어내 부족하게 된 유량을 보충함으로써 관내에 항상 평균유량 q_m이 흐르도록 한다.

다음에 공기실 내로 물이 들어오면(토출행정) 공기는 점차 압축되어 압력이 증가하는데, 지나치게 압력이 상승하면 공기실 내로 물의 유입이 불가능하게 되어 결국 공기실의 역할을 못하게 되므로, 가급적 큰 용적의 공기실을 사용하여 큰 압력 변화가 일어나지 않도록 계획해야 한다.

따라서 공기실 용적을 결정하는 요점은 공기압력의 변동률을 어떻게 정하느냐이다. 그림 2-54에서 공기실 내에 가장 많은 물이 유입했을 때의 최고 수위를 $a-a$, 가장 많이 배출되었을 때의 최저 수위를 $b-b$라 하고, 그 때의 압력을 P_2, P_1라 하면 평균압력은 $P_m = \dfrac{P_2+P_1}{2}$으로 해도 무방하다.

그리고 압력 P_1, P_2 및 P_m에서의 공기 용적을 Q_1, Q_2 및 Q_m이라 하면(온도 변화는 무시)

$$P_1Q_1 = P_2Q_2 = P_mQ_m$$

$(P_2-P_1)/P_m$을 압력의 상승계수라 부르며, ε으로 표시하면 다음 관계가 성립한다.

$$\varepsilon = \frac{P_2 - P_1}{P_m} = \frac{\dfrac{P_m Q_m}{Q_2} - \dfrac{P_m Q_m}{Q_1}}{P_m} = \frac{P_m\left(\dfrac{Q_m}{Q_2} - \dfrac{Q_m}{Q_1}\right)}{P_m} = \frac{Q_m(Q_1 - Q_2)}{Q_2 Q_1} \tag{2.66}$$

Q_1, Q_2 및 Q_m의 차가 크지 않을 때에는 $Q_1 \times Q_2 = Q_m^2$으로 해도 무방하므로, 윗 식은

$$\varepsilon = \frac{Q_m(Q_1 - Q_2)}{{Q_m}^2} = \frac{Q_1 - Q_2}{Q_m} = \frac{q}{Q_m} = \frac{kq_a}{Q_m} \tag{2.67}$$

$\dfrac{k}{\varepsilon} = K$라 하면, 아래와 같이 식 (2.67)을 정리할 수 있다.

$$Q_m = K\, q_a \tag{2.68}$$

윗 식에서 알 수 있는 바와 같이 펌프의 행정용적 $q_a = 2rA$를 기준으로 하여 압력의 상승계수 ε을 적당히 결정하여 K의 값을 정하면 공기실의 용적은 결정된다.

펌프의 형식과 K의 값의 관계는 표 2-7과 같다.

표 2-7

ε \ K	단통 단동펌프	단통 복동펌프	2통 단동펌프	2통 복동펌프
0.01	55	21	35	4.2
0.02	27.5	10.5	17.5	2.1
0.05	11.0	4.2	7	0.84

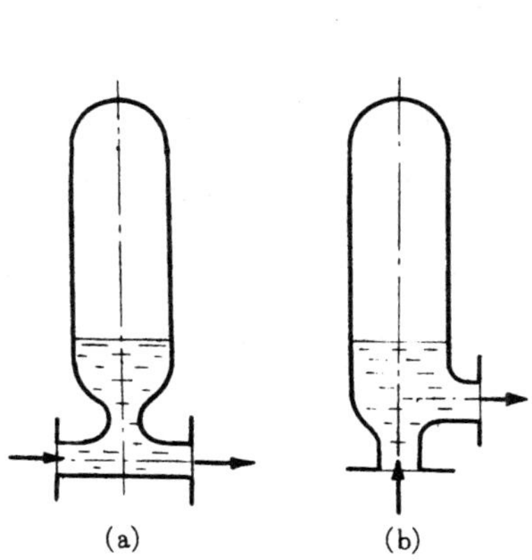

그림 2-55

공기실의 구조는 다양하지만 가장 일반적인 예로는 그림 **2-55**에 나타낸 것과 같은 것들이 있다. 공기실에 사용되는 재료로는 주철 또는 주강제가 많으며, 내부 공기는 운전 중에 물과 함께 송출되어 점차 공기실의 효능이 저하하므로 수시로 공기를 보급하기 위한 밸브 장치가 필요하다.

2-3-4 왕복펌프의 효율

왕복펌프의 이론상 배수량 Q_{th}(m^3/min)는 이미 설명한 바와 같이 $Q_{th}=ALN$이며, A : 피스톤 또는 플런저의 유효면적(m^2), L : 행정길이(m), N : 매분 회전수이다.

그런데 실제의 펌프 배수량 Q(m^3/min)는 Q_{th}보다 훨씬 적으며 $(Q_{th}-Q)=Q_l$을 **펌프의 슬립**(slip of pump)이라 부르고, 다음과 같은 이유에서 피할 수 없는 손실이다.

① 피스톤의 패킹 링은 완전 기밀을 유지할 수 없으므로 고압측의 물이 저압측으로 누설되며, 또 패킹 글랜드에서도 고압의 유체가 외부로 누설된다.

② 흡입행정에서는 토출밸브로부터, 토출행정에서는 흡입밸브로부터, 각각 고압측에서 저압측으로 역류가 발생한다.

③ 실린더 내에 공가가 있으면 피스톤 운동에 따라 팽창, 수축만을 반복하므로 그만큼 흡입유량이 감소한다.

④ 흡입관 및 패킹 글랜드 부분에서 유입된 공기, 수온에 상당한 수증기 또는 수중으로부터 유리된 공기 등으로 실린더 내에 완전한 진공을 조성하지 못한다.

⑤ 흡입, 토출관 내에서 연속 흐름이 아니다.

Q_{th}에 대한 Q의 비 η_v를 펌프의 체적효율이라 부르며, 다음과 같이 쓸 수 있다.

$$\eta_v=\frac{Q}{Q_{th}}=\frac{Q_{th}-Q_l}{Q_{th}}=1-\frac{Q_l}{Q_{th}} \tag{2.69}$$

그림 **2-56**은 일정압력 P(kgf/cm^2)하에서 매분의 행정수를 여러 가지로 변경시켜 배수량을 바꿔가면서 구한 체적효율 η_v를 나타내고 있으며, 어느 정도까지는 행정수에 따라 η_v가 증가하여 1에 접근하나, 위의 ③, ④ 및 ⑤의 영향이 점차 현저하게 됨에 따라 η_v는 저하한다.

η_v는 펌프의 크기, 설계 및 제작의 정도에 따라 변하는 것은 물론이며, 펌프의 운전 취급에도 관계가 크다.

$$\begin{aligned}\eta_v &= 0.90\sim0.95 \text{ (대형 펌프)}\\ &= 0.80\sim0.90 \text{ (중형 펌프)}\\ &= 0.75\sim0.80 \text{ (소형 펌프)}\end{aligned}$$

체적효율은 위에 나타낸 정도이지만, 중고 펌프에서는 피스톤 패킹이 마멸되고, 글랜드 패킹 및 밸브류의 기밀이 악화되어 0.50 이하로 되는 경우도 많다.

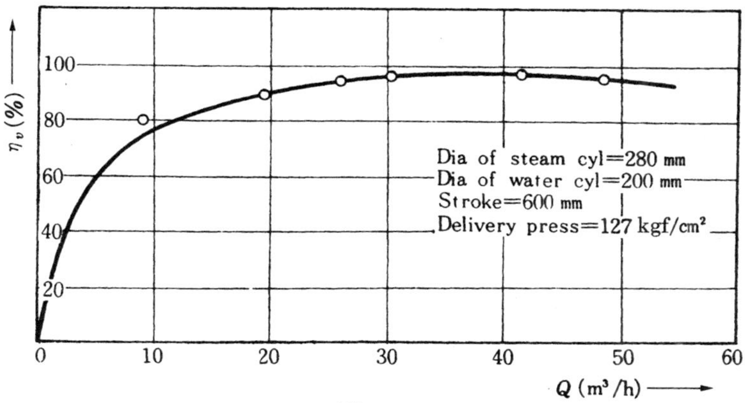

그림 2-56

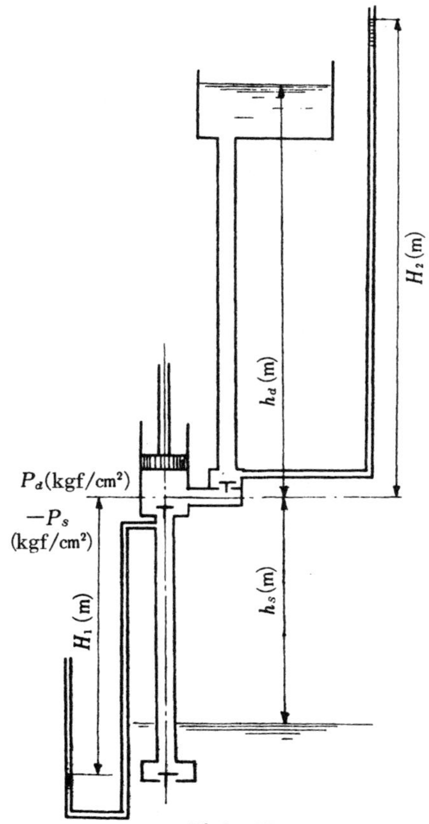

그림 2-57

다음에 그림 2-57에 나타낸 바와 같은 왕복펌프에서 h_d를 토출수두, h_s를 흡입수두, H_2를 토출압력계수두, H_1을 흡입압력계수두, P_d를 펌프 실린더에서 얻은 지압도의 평균토출압력, $-P_s$를 평균흡입압력으로 하면 다음 관계가 성립한다.

$$P_d + P_s > \gamma(H_1 + H_2) > \gamma(h_d + h_s)$$

지금 전수두 $h(\mathrm{m}) = h_d + h_s$, 압력계수두 $H_m(\mathrm{m}) = H_1 + H_2$, 배관계에서의 손실수두를 h_f(m)라 하면 $H_m = h + h_f$이다. 또 지시압력은 $p(\mathrm{kgf/m^2}) = p_d + p_s$이다. 밸브 등에서의 여러 저항을 $p_l(\mathrm{kgf/m^2})$라 하면 $p = \gamma H_m + p_l$이며 이에 대한 γH_m의 비 η_h를 구하면 다음과 같다.

$$\eta_h = \frac{\gamma H_m}{p} = \frac{p - p_l}{p} = 1 - \frac{p_l}{p} \tag{2.70}$$

η_h를 펌프의 **수력효율**(hydraulic efficiency)이라 부른다.

펌프는 이미 설명한 바와 같이 압력계수두 H_m(m)에 대하여 γQ(kgf/sec)의 중량유량을 송수하므로 펌프의 **수마력**(water horse power)은 $\gamma Q H_m/75$으로 구해지지만, 펌프가 수행하는 일은 유효평균압력 $p(\mathrm{kgf/cm^2})$에서 이론수량 $Q_{th}(\mathrm{m^3/sec})$를 송수하므로 마력으로 환산하여 **펌프마력**(pump horse power)이라 한다.

$$\mathrm{P.H.P.} = \frac{Q_{th} \cdot p}{75} \tag{2.71}$$

펌프마력에 대한 수마력의 비를 **지시효율**(indicated efficiency)이라 부르고, η_i로 표시한다.

$$\eta_i = \frac{\mathrm{W.H.P.}}{\mathrm{P.H.P}} = \frac{\gamma Q H_m}{75} \times \frac{75}{Q_{th} \cdot p} = \frac{Q}{Q_{th}} \times \frac{\gamma H_m}{p} = \eta_v \times \eta_h \tag{2.72}$$

펌프를 운전하는데 필요한 원동기의 축마력(brake horse power)을 B.H.P.라 하면 P.H.P./B.H.P.의 비를 펌프의 **기계효율**(mechanical efficiency)이라 부르고 η_m으로 표시하며, 크랭크 펌프에서는 $\eta_m = 0.85 \sim 0.95$, 증기 직동식 펌프에서는 $\eta_m = 0.75 \sim 0.95$정도이다.

축마력(또는 지시마력)에 대한 수마력의 비를 펌프의 **전효율**(over-all efficiency)이라 부르고 η로 표시하며, 다음과 같은 관계가 있다.

$$\eta = \frac{\mathrm{W.H.P.}}{\mathrm{B.H.P.}} \left(\text{또는 } \frac{\mathrm{W.H.P}}{\mathrm{I.H.P.}} \right) = \frac{\mathrm{W.H.P.}}{\mathrm{P.H.P.}} \times \frac{\mathrm{P.H.P.}}{\mathrm{B.H.P.}}$$

식 (2.72)를 대입하면,

$$\eta = \eta_v \cdot \eta_h \cdot \eta_m \tag{2.3}$$

2-3-5 펌프 밸브

왕복펌프에서 밸브는 생명이라고 할 수 있을 만큼 중요한 부분이며, 더구나 고장 나기 쉬워서 밸브 작용의 정도는 펌프 전체의 성능에 크게 영향을 미친다.

대체로 펌프 밸브로서 구비 요건을 예로 들면,

① 유동에 대한 저항을 적게 하기 위하여 충분한 면적을 가질 것
② 개폐가 신속, 확실 그리고 원활하여 밸브시트(valve seat)를 타격하지 않도록 그 중량과 양정(lift)을 적당히 계획할 것
③ 누설을 적게 하기 위하여 밸브와 밸브시트의 가공을 정밀하게 할 것
④ 적정한 재료를 선정할 것

등이 있는데, 이들은 서로 양립하기 어려운 점도 있으므로 그 계획과 제작에는 상당한 경험과 노력이 필요하다.

밸브 재료는 가볍고 강인하여 부식에 대한 저항력이 큰 것이어야 하며, 황동(brass), 청동(bronze), 및 인청동(phosphor-bronze) 등이 많이 사용된다.

펌프 밸브에는 종류가 다양하며, 이를 그 구조 및 형상에 따라 분류하면 다음과 같다.

Ⓐ 플랩 밸브(flap valve) 그림 2-58
Ⓑ 리프트 체크밸브(lift check valve) 그림 2-59
  ⓐ 원판 밸브 (disc valve) 그림 2-60
  ⓑ 원추형 밸브 (conical valve) 그림 2-61
  ⓒ 볼 밸브 (ball valve) 그림 2-62
  ⓓ 링 밸브 (ring valve) 그림 2-63

밸브의 총면적은 피스톤 속도의 크기에 따라 약간 다르지만, 대체로 피스톤 또는 플런저 면적의 40~60% 하는 것이 통례이며, 기름과 같이 점도가 큰 액체를 취급하는 펌프에서는 밸브 면적을 약간 크게 한다.

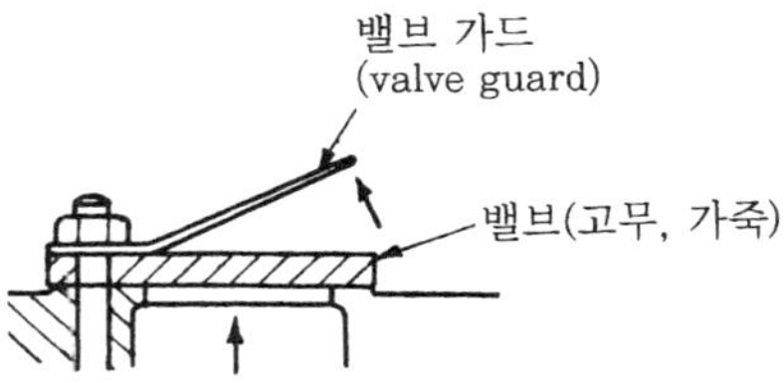

그림 2-58

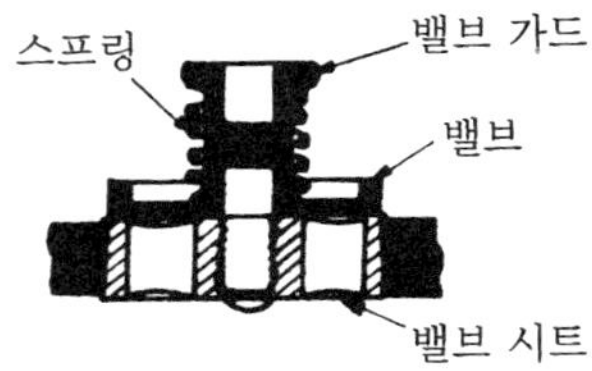

그림 2-59

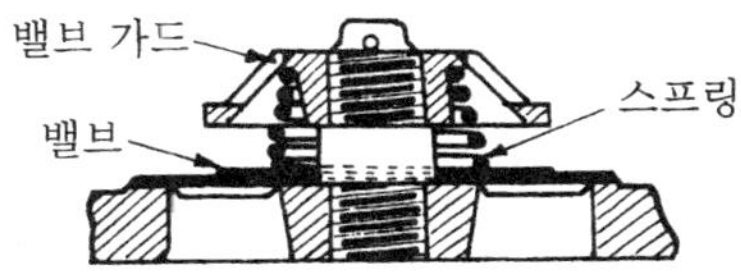

그림 2-60

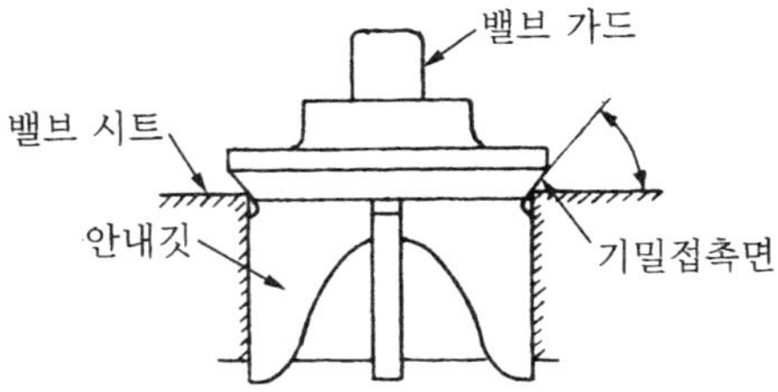

그림 2-61

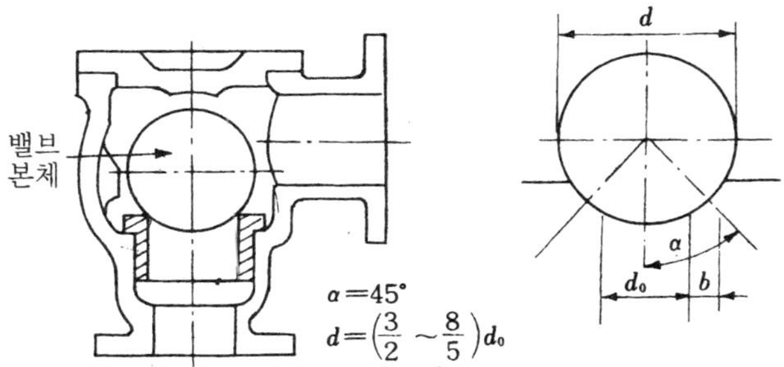

$\alpha=45°$

$d=\left(\frac{3}{2}\sim\frac{8}{5}\right)d_0$

$b=\frac{d}{5}\sim\frac{d}{10}$

그림 2-62

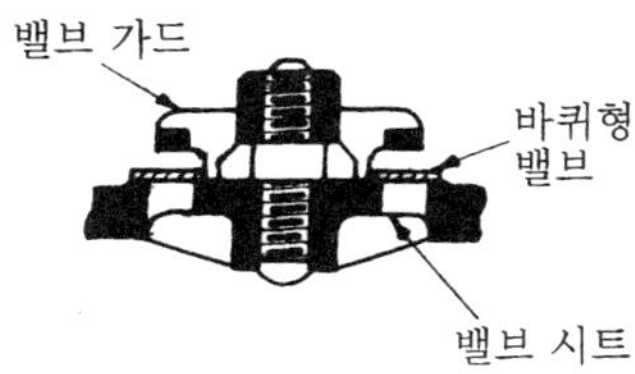

그림 2-63

2-3-6 증기 직동식 펌프

왕복펌프를 동력 전달 방법에 따라 분류하면 위에 설명한 크랭크 펌프(crank pump) 이외에 증기 직동식 펌프(steam direct acting pump), 플라이 휠 펌프(fly wheel pump), 레버 전동 펌프(lever driven pump) 등이 있으며, 증기 직동식 중에서 대표적인 워싱턴 펌프(Worthington pump)에 대하여 설명한다.

이 펌프는 복식 증기 직동식 펌프이며, 그 구조가 간단하고 운전도 용이하므로 선박용, 육상용 할 것 없이 오래전부터 널리 사용되고 있다.

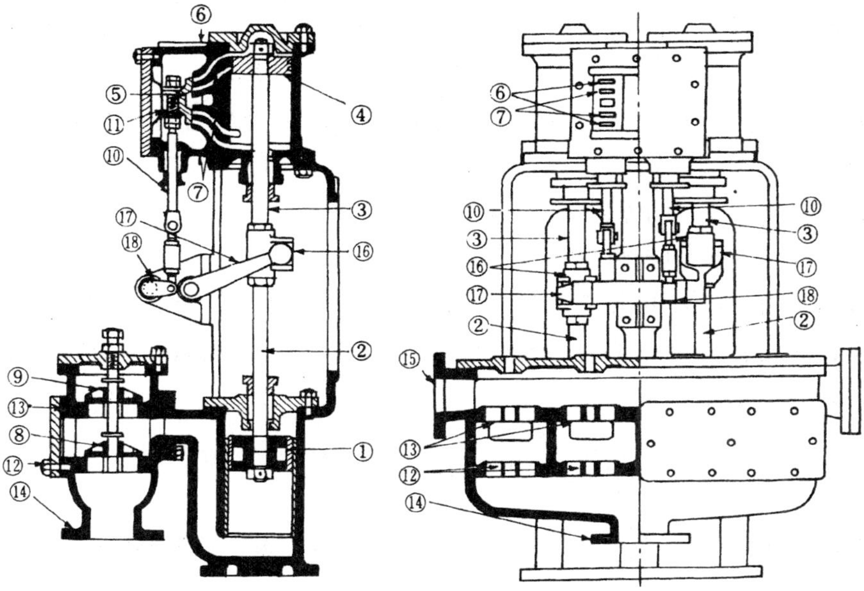

그림 2-64

그림 **2-64**는 수직형 워싱턴 펌프의 한 예를 나타내고 있으며, 물측 ①, 증기측 ④의 양 피스톤을 연결하는 피스톤 로드 ② 및 ③은 소형에서는 일체로 만들어지지만, 대개는 별개로 하여 크로스 헤드(cross head) ⑯에서 서로 연결된다.

슬라이드 밸브(slide valve) ⑤는 ⑯에서 레버(lever) ⑰, 벨 크랭크(bell crank) ⑱, 밸브 스핀들(valve spindle) ⑩을 중개하여 소요운동을 전달하며, 궁형스프링 ⑪에 의하여 가볍게 실린더 페이스(cylinder face)에 눌러 그 표면에서 이탈하지 않도록 한다.

실린더 페이스는 5개의 증기구가 있어서 외측의 2개 ⑥은 각각 피스톤 상하로의 증기공급구, 내측의 2개 ⑦은 배기구, 중앙의 1개는 배기관으로 통로이다. 그림에서는 잘 나타나있지 않지만 피스톤 ④의 현 위치(상부사점)에서는 슬라이드 밸브 ⑤는 그림의 위치보다 조금 더 아래에 있어서 상부외측 증기구 ⑥으로부터 피스톤 ④의 상측으로 증기가 공급되고, 피스톤 하측은 배기구에 통하고 있으므로 피스톤은 하강한다.

피스톤이 행정의 끝 가까이 오면, 아래쪽의 배기구는 피스톤 자체에 의하여 폐쇄되어 피스톤 아래쪽의 배기는 압축작용을 받아서 압력이 높아지므로 피스톤의 타성은 점점 흡수되어 결국 정지한다. 그 동안에 슬라이드 밸브 ⑤는 반대쪽 피스톤 로드에 의하여 상승운동을 시작하며, 피스톤 아래쪽에 새로운 증기가 공급되므로 피스톤은 상승운동을 개시하여 하강 운동 때와 같은 작용을 한다.

펌프측의 밸브 ⑧ 및 ⑨에는 포금제의 단일밸브를 사용하고 있으나, 대형펌프에서는 집합밸브로 하여 밸브시트 ⑫ 및 ⑬도 포금으로 별개로 만들어 압입한다.

피스톤의 상하운동에 의하여 이들 밸브를 통하여 흡입관 ⑭에서 흡입된 물은 토출관 ⑮를 통하여 송출된다.

[주] 왕복펌프와 원리는 다르지만 같은 용적식 펌프로서 기어펌프, 베인 펌프(vane pump) 등의 회전펌프가 있으나, 중복을 피하기 위해서 뒤에 설명하는 7장 2절의 유압펌프에서 설명하기로 한다.

【예제 2 · 8】 토출량 360 lit/min, 송출압력 5(kgf/cm^2) (계기 압력)의 복동, 단통피스톤 펌프의 주요 치수와 공기실의 크기를 설계하여라. 단, 송출관 안지름 $d=5$(cm), 길이 $l=10$(m), 체적효율 $\eta_v=0.9$로 한다.

해 펌프유량 $q_{\text{mean}}=\dfrac{Q}{\eta_v}=\dfrac{0.36}{60\times0.9}=0.0067(\text{m}^3/\text{s})$

피스톤의 평균속도 $v=\dfrac{2LN}{20}=0.5$로 정하여 실린더의 안지름을 계산한다.

$$q_{\text{mean}}=\frac{ALN}{60}=\frac{A}{60}\cdot\frac{60v}{2}=\frac{Av}{2}$$

$$\therefore\ A=\frac{q_{\text{mean}}\times2}{v}=0.0067\times2=0.5=0.0268(\text{m}^2)$$

$$D=\sqrt{\frac{4A}{\pi}}=\sqrt{\frac{4\times0.0268}{3.14}}=0.185(\text{m})$$

스트로크 L과 실린더 안지름 D와의 비 $L/D=1.4$로 하면,

$$L=1.4D=1.4\times0.85=0.259(\text{m})$$

$$\therefore\ N=\frac{60\times q_{\text{mean}}}{AL}=\frac{60\times0.0067}{0.0268\times0.259}=57.9\fallingdotseq58(\text{rpm})$$

공기실의 용적 Q_m은 펌프의 행정용적 $q_a=LA=0.259\times0.0268=0.007$을 기준으로 하여 표 2-7에서 $\varepsilon=0.02$, $K=10.5$를 취하여 식 (2.68)로

$$Q_m=10.5\times0.007=0.074(\text{m}^3)$$

으로 한다.

2-4 특수펌프

2-4-1 분사펌프

고압의 액체를 분출할 때 그 주변의 유체가 제트에 따라 송출되도록 하는 펌프를 **분사펌프**라 한다. 이 펌프는 효율은 낮지만 직접적인 가동기계 부분이 없으므로 고형물이 함유된 오수 등의

수송이 가능한 잇점을 가지고 있다.

그림 **2-65**는 분사펌프의 원리를 나타내며 h : 공급수두, q : 공급유량, H : 양정$(=H_d-H_s)$, H_d : 토출수두, H_s : 흡입수두, Q : 유량, Q_1 : 흡입유량, H_a : 대기압 수두, v : 노즐을 통과하는 유속, H_b : 노즐 주위의 B실 내의 압력수두라 하면 다음과 같은 관계가 있다.

$$h+H_a=\frac{v^2}{2g}+H_b,\quad H_a+H_s=H_b+\frac{{v_b}^2}{2g}$$

$$q(h+H_a)=q(v^2/2g+H_b) \tag{2.74}$$

$$Q_1(H_a+H_s)=Q_1\left(H_b+\frac{{v_b}^2}{2g}\right) \tag{2.75}$$

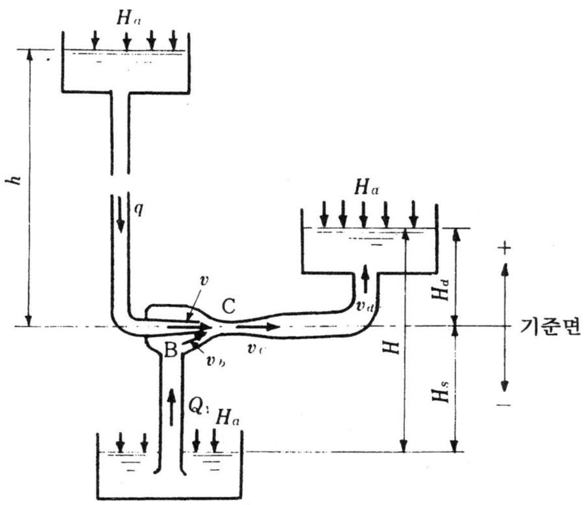

그림 2-65

노즐에서 분출하는 유속 v의 제트가 목(throat)을 통과할 때의 손실은 $(v-v_c)^2/2g$, 유속 v_b가 v_c로 변화할 때의 손실은 $(v_c-v_b)^2/2g$이므로 2제트의 합류손실은 에너지로 표시하면 $q(v-v_c)^2/2g+Q_1(v_c-v_b)^2/2g$로 된다.

또 합류한 물이 토출관을 흐를 때의 에너지 총량은 $Q(H_a+H_d+{v_d}^2/2g)$이므로, 합류의 전후에 있어서의 에너지 관계식은 다음과 같다.

$$q\left(\frac{v^2}{2g}+H_b\right)+Q_1\left(H_b+\frac{v_b{}^2}{2g}\right)$$
$$=Q\left(H_a+H_d+\frac{v_d^2}{2g}\right)+q\frac{(v-v_c)^2}{2g}+Q_1\frac{(v_c-V_b)^2}{2g} \tag{2.76}$$

식 (2.74)와 식 (2.75)에서

$$q(h+H_a)+Q_1(H_a+H_s)=(q+Q_1)\left(H_a+H_d+\frac{v_d{}^2}{2g}\right)+q\frac{(v-v_c)^2}{2g}+Q_1\frac{(v_c-v_b)^2}{2g}$$

$$\frac{q}{Q_1}=\frac{H+\dfrac{v_d{}^2}{2g}+\dfrac{(v_c-v_b)^2}{2g}}{h-H_d-\dfrac{v_d{}^2}{2g}-\dfrac{(v-v_c)^2}{2}} \tag{2.77}$$

다음에 토출관의 단면적 A_d, 목부의 단면적 A_c, 노즐 면적 A_a, 노즐 주위의 통로 면적을 A_b라 하면

$$q+Q_1=A_dv_c,\ \ q=A_av,\ \ Q=A_bv_b \tag{2.78}$$

로 된다.

식 (2.77) 및 (2.78)을 사용하여 주어진 분사펌프를 수두 h, H_d, H로 운전했을 때의 수량 $Q(=q+Q_1)$를 측정하면 q 및 Q_1을 구할 수 있다.

분사펌프의 양수효율을 η로 하면,

$$\eta=\frac{Q_1H}{q(h-H_d)}=\frac{H}{h-H_d}\cdot\frac{h-H_d-\dfrac{v_d{}^2}{2g}-\dfrac{(v-v_c)^2}{2g}}{H+\dfrac{v_{d1}{}^2}{2g}+\dfrac{(v_c-v_b)^2}{2g}} \tag{2.79}$$

로 된다. 윗 식에서 $h-H_d$는 유효낙차이며, 이것을 H_e로 표시하면

$$\eta=\frac{Q_1H}{qH_e}$$

$M=Q_1/q$으로 놓으면

$$\eta=M\frac{H}{H_e} \tag{2.80}$$

유량비 M과 양정비 H/H_e은 대략 선형적 관계를 가지며, η는 최고 30~35% 정도인 분사펌프는 최근 화력발전소 등에서 재(ash)의 처리 장치 등에 이용되고 있다.

2-4-2 재생펌프

재생펌프(regenerative pump)는 종래 웨스코 펌프(Wesco pump), 와류펌프(vortex pump) 등의 명칭으로 불려졌다. 이 펌프는 유량은 소량이지만 양정이 높은 곳에 사용된다. 또 유량이 적기 때문에 소요동력도 비교적 적고 소형펌프로서 적합하여 가정용 우물펌프, 화학펌프 등의 용도로 사용되고 있다.

그림 2-66은 재생펌프의 구조도이며, 그림 2-67에 나타낸 바와 같이 회전차는 양측 면에 반지름 방향으로 부채 모양의 홈이 파여 있다. 이 회전차는 선단의 홈이 파 있는 부분을 케이싱 내에 돌출하여 회전한다. 물은 흡입구로부터 케이싱에 유입하여 회전차 둘레를 일주하고 토출구로 유출한다. 일주하는 동안에 회전차에 의하여 압력에너지가 부여된다.

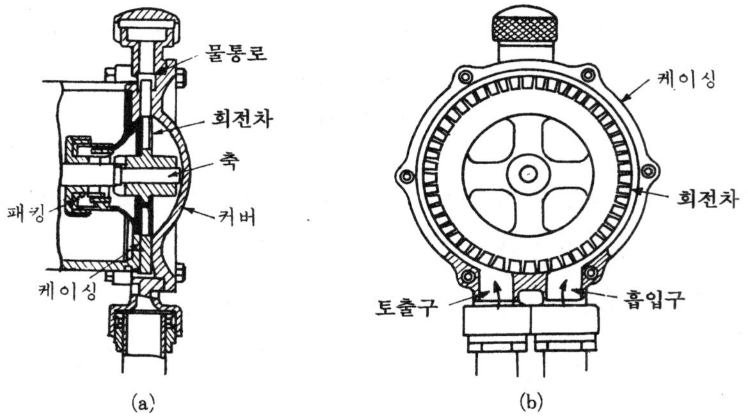

그림 2-66

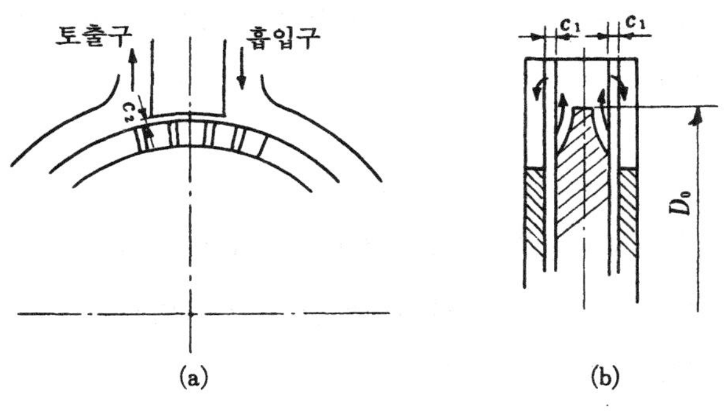

그림 2-67

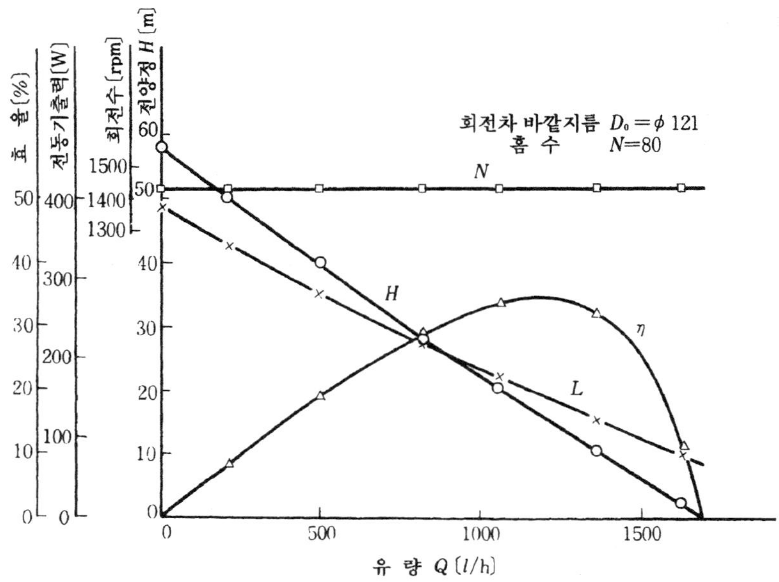

그림 2-68

회전차의 골수는 보통 24~72개 정도이고, 그림 2-67에 나타낸 바와 같이 회전차 양측면과 케이싱과의 틈새 c_1와 흡입구와 토출구 간의 격벽과 회전차 외주와의 틈새 c_2가 성능에 큰 영향을 준다. 따라서 이들 틈새를 최소로 하도록 제작에 유의해야 하는데, 틈새가 너무 작으면 회전 중 접촉하거나 미세한 이물의 개입에도 마멸이 증대하여 성능 저하를 초래하므로 0.1mm 정도의 틈새를 두어야 한다.

그림 2-68은 이 펌프의 특성곡선의 한 예이며, $H-Q$ 관계는 거의 직선적 변화를 하고 차단점 ($Q=0$)에서 양정이 최대이다. 축동력 L도 최대이므로 이 펌프의 운전마력은 차단점을 기준으로 정해야 한다. 또 효율은 원심펌프의 효율에 비하여 현저히 낮다. 이것은 펌프 내의 흐름 중 손실이 대단히 크기 때문이다.

2-4-3 기포펌프

기포펌프(air lift pump)의 양수원리는 그림 2-69의 배관도에서 알 수 있는 바와 같이, 수중의 양수관 아래 부분으로부터 압축공기를 흡입하면 물보다 가벼운 물과 공기의 혼합체를 발생하여 물과의 비중차로 혼합체가 상승 양수된다.

이 펌프도 그 자체에는 가동기계 부분이 없는 장점을 가지고 있다. 그러나 효율이 낮은 것이 결점이 된다.

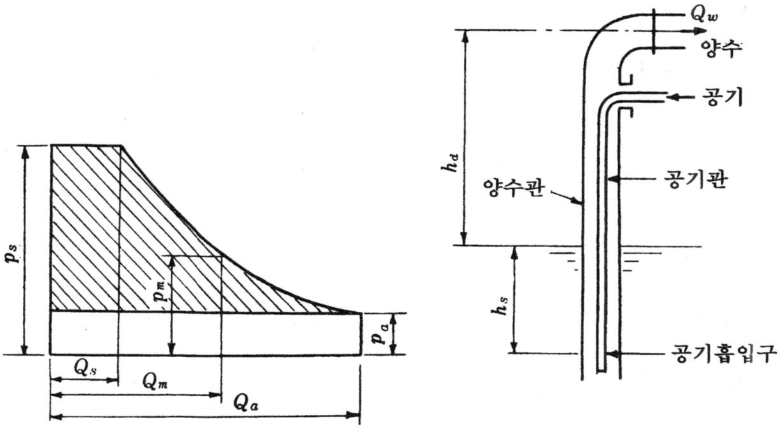

그림 2-69

그림에서 토출양정 h_d(m), 양수관이 물에 잠긴 깊이 h_s(m), 양수량 Q_w(m^3/sec), 공기 흡입구에서의 공기압 p_s(kgf/m^2), 공기 흡입유량 Q_s(m^3/sec), 대기압 p_a(kgf/m^2), 대기 유입량 Q_a(m^3/sec)라 하고, 기포는 관 내를 상승하는 동안에 점차 팽창하여 유출구에서 p_a, Q_a로 되며, 그 평균유량을 Q_m, 평균압력을 p_m으로 한다. 기포가 등온팽창한다면 그 동안의 동력 K_a는 그림의 빗금친 면적으로 표시되고 $K_a = p_a Q_a \log_e(p_s/p_a)$($\text{kg}_\text{f}$ m/sec)로 된다. 또

$$Q_m = \frac{1}{p_s - p_a} K_a = \frac{p_a}{p_s - p_a} Q_a \log_e\left(\frac{p_s}{p_a}\right) \tag{2.81}$$

기포와 물과의 혼합체의 평균비중량 γ_m은

$$\gamma_m = \gamma \frac{Q_w}{Q_w + Q_m} \text{(kgf/m}^3) \tag{2.82}$$

혼합체가 상승 유동할 때의 손실수두와 토출구에서의 속도수두의 합계를 h_l라 하면 $\gamma h_s = \gamma_m(h_s + h_d + h_l)$이며, 이 식에 식 (2.82)를 대입하여 Q_m을 구하면

$$Q_m = Q_w \frac{h_d + h_l}{h_s}$$

로 되며, 이 식과 식 (2.81)로부터

$$Q_a \frac{p_a}{p_s - p_a} \log_e\left(\frac{p_s}{p_a}\right) = Q_w \frac{h_d + h_l}{h_s}$$

그런데 $p_s = p_a + \gamma h_s$이므로

$$\frac{Q_a}{Q_w} = \frac{(h_a + h_l)\times(p_s - p_a)}{(h_s \times p_a)} \frac{1}{\log_e\left(\frac{p_s}{p_a}\right)} = \frac{\gamma(h_d + h_l)}{p_a} \frac{1}{\log_e\left(\frac{p_s}{p_a}\right)}$$

$$= \frac{(h_d + h_l)}{10 \log_e \frac{(h_s + 10)}{10}} \tag{2.83}$$

단, $p_a/\gamma = 10$(m)로 한다. 이 식으로부터 Q_a를 구하여 Q_w를 계산할 수 있다. 양수효율 η는 아래와 같다. 공기의 압축에 필요한 동력과 양수에 이용된 동력의 비로써

$$\eta = \frac{\gamma Q_w h_d}{p_a Q_a \log_e\left(\frac{p_s}{p_a}\right)} \tag{2.84}$$

2-4-4 기타 펌프

앞에 설명한 펌프 외에 배관 내를 흐르는 수주(water column)를 급격히 정지시킴으로써 발생하는 상승수압을 이용하여 높은 곳에 양수하는 수격펌프(hydraulic ram), 분사펌프의 일종으로 공기 대신에 증기를 분출시킴으로써 급수가 분출 증기에 접촉하면 증기가 응결하여 수류와 혼합체가 되고, 증기의 운동 에너지로 그 혼합체를 양수하는 증기분출펌프(steam jet pump), 점도가 높은 액체의 점성을 이용하여 층류마찰작용에 의하여 펌프 작용을 일으키는 점성펌프(viscous pump) 등이 있다.

2-5 펌프에서의 여러 가지 현상

2-5-1 공동현상

각종 펌프의 흡입측 등의 유로 내에서 정압(static pressure)이 국부적으로 저하하여 그 때의 수온에 상당한 포화증기압력 부근에 달하면 수중에 함유되었던 공기를 석출하고, 또는 물이 증발하여 기포가 발생한다. 이와 같은 현상을 **공동현상**(cavitation)이라고 부르며, 이는 펌프의 고속화를 저지하는 장애요인 중의 하나이다.

공동현상이 발생하면 양정, 동력 및 효율이 급격히 저하하고, 소음, 진동의 발생하여 펌프는 운전 불능의 상태에 이르기까지 한다. 또 공동현상 상태에 있는 펌프 부위는 심한 부식(corrosion)을 발생하여 펌프 수명을 격감된다.

공동현상은 펌프와 흡수면간의 수직거리가 부적당하게 너무 길 때, 또는 펌프 회전의 과속으로 유량이 증가할 때 펌프입구에 발생하며, 그림 2-70의 점선과 같이 양정과 효율이 급격히 감소한다.

공동현상을 방지하기 위해서는 펌프 내의 최저압력을 그 때의 수온에 대한 포화증기압 이하로 내려가지 않도록 하여야 하며, 다음과 같이 계산한다(그림 2-71, 2-72참조).

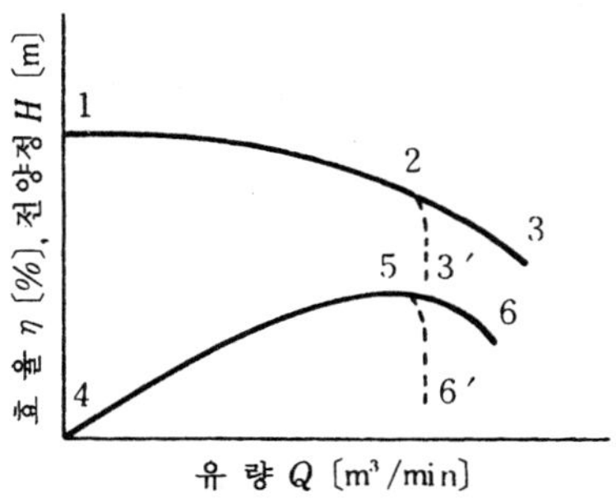

그림 2-70

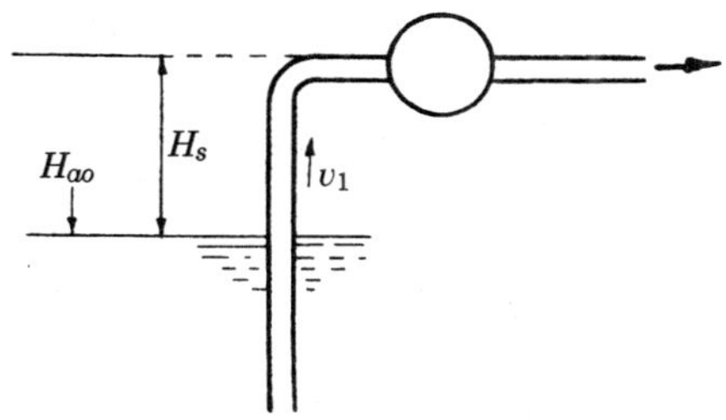

그림 2-71

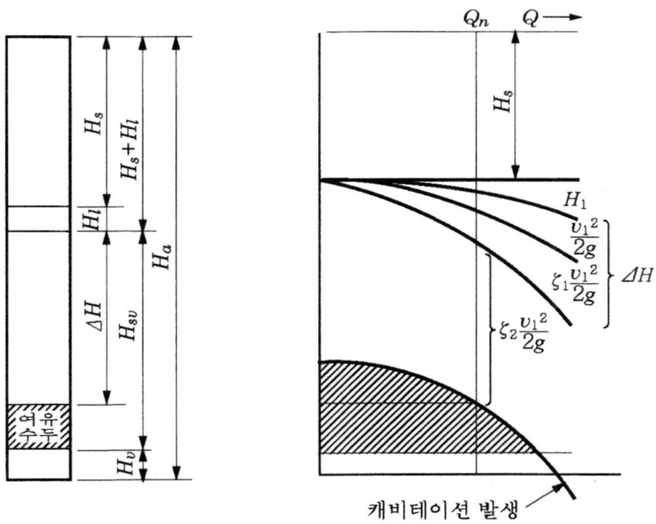

그림 2-72

펌프 입구의 흡입면에서의 높이를 H_s, 속도를 v_1, 압력을 p_1, 흡입관 중에서의 손실수두를 H_l, 그리고 흡입수면의 압력수두를 H_{a0}이라 하면

$$\frac{p_1}{\gamma} = H_{a0} - (H_s + H_l) = H_a - H_v - (H_s + H_l) \tag{2.85}$$

단, 흡입수면의 대기압 p_a, 수온의 포화증기압수두를 H_v라 하면 $H_{a0} = H_a - H_v$의 관계가 있으며, $p_1/\gamma \equiv H_{sv}$는 펌프의 **유효흡입수두**(net positive suction head, NPSH)라 부른다.

이 H_{sv}는 펌프의 설치상태에서 정해지는 것이며 대기압 수두에서 H_s, H_l을 뺀 나머지가 증기압 H_v 이상의 수두, 즉 공동현상 발생까지의 여유수두이다.

그림 **2-72**에서는 여유수두를 $H_{sv} - \Delta H$로 표시하고 있으며, ΔH는 유속에 의하여 발생되는 압력강하이며 입구에서의 속도수두 $\frac{{v_1}^2}{2g}$, 마찰손실수두 $\zeta_1 \frac{v_1^2}{2g}$, 입구충격 등에 의한 압력강하수두 $\zeta_2 \frac{v_1^2}{2g}$ 등을 포함하고 있다.

펌프에서 공동현상이 발생하지 않는 조건은 이 압력강하 ΔH 이하로 펌프 내의 국소저압이 생기지 않도록 운전 조건을 유지하는 일이다. 즉 공동현상이 발생하지 않기 위해서는

$$H_{sv} > \Delta H \tag{2.86}$$

가 필요하다.

펌프 설계점에서의 ΔH_n과 양정 H_n의 비를 σ로 놓으면, 공동현상이 처음 발생했을 때

$$\sigma = \frac{\Delta H_n}{H_n} = \frac{H_{sv}}{H_n} \tag{2.87}$$

이며, 기하학적으로 상사형의 펌프에서 σ가 동일하면 공동현상 발생 상황도 동일하다. 이것은 Thoma 교수의 공동현상 상사법칙이며, σ를 Thoma의 캐비테이션 계수라 부르고, 일반 펌프에 대하여 미국의 Hydraulic Institute에서 발표하고 있는 σ와 비속도 N_s와의 관계는 다음 식과 같다.

$$\sigma = \frac{78.8}{10^6} N_s^{4/3} \text{ (한쪽 흡입 펌프)} \tag{2.88}$$

$$\sigma = \frac{50}{10^6} N_s^{4/3} \text{(양쪽 흡입 펌프)} \tag{2.89}$$

식 (2.89)를 도시하면 그림 **2-73**과 같다.

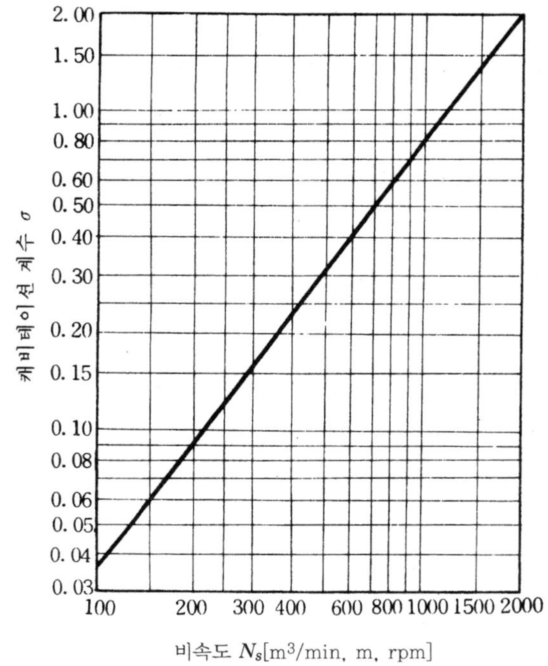

그림 2-73

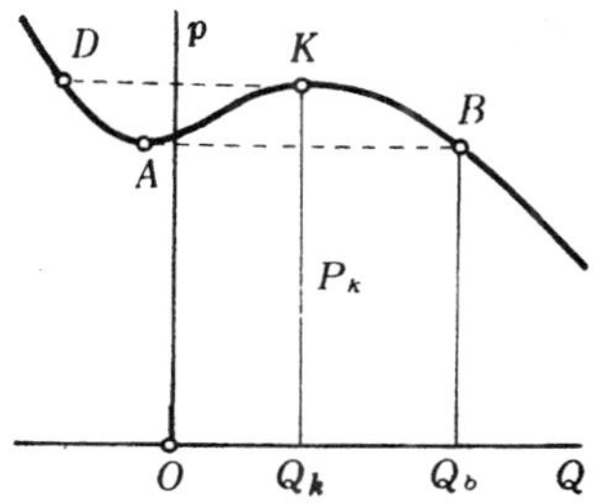

그림 2-74

2-5-2 서징현상

펌프의 양정은 대개 어떤 유량점에서 최고로 되며, 이와 같은 성질의 펌프에서는 운전상 지장을 일으키는 때가 있다.

특성곡선($H-Q$ 곡선)이 오른쪽으로 감소하는 경우에는 운전상태가 안정적이나, 유량이 적어서 특성곡선이 오른쪽으로 증가하게 되면 불안정하게 된다.

예컨대 그림 **2-74**에서 유량이 특성곡선의 최고점의 유량 Q_k보다 감소했을 때, 송출관측의 수두는 H_k인데 대하여 펌프의 토출수두는 그보다 낮다. 따라서 펌프에서 역류가 일어난다. 이때의 흐름은 비정상류이지만 정상류의 특성곡선이 그대로 적용된다면 역류가 시작됨과 동시에 운전 상태는 K에서 역류 부분의 특성곡선상의 점 D으로 갑자기 이동한다.

이 역류와 유량에 의하여 토출측의 수두가 A까지 낮아지면 역류는 정지하고, 펌프는 다시 토출을 시작하여 운전 상태는 B로 옮겨진다. 그러나 B의 유량은 과다하므로 운전 상태를 나타내는 점은 K쪽으로 이동하고, K에 달하면 또 역류가 시작된다.

이와 같이 하여 $BKDAB$로 상태 변화를 반복한다. 이 현상을 **서징**(surging)이라 하며, 서징이 일어나는 것은 K점의 Q_k 이하의 유량을 송수할 때이며 K를 **서징점**이라 부른다.

서징의 주기는 물의 경우 0.2~3 sec이며, 실험 결과에 의하면 서징을 일으킨 때의 수두와 유량의 관계는 그림 2-74에 표시하는 바와 같이 루프 (loop)를 그린다. 그리고 서징이 심하면 안전한 운전이 불가능하게 된다.

서징은 관로, 토출방향의 유량, 특성곡선의 형상 등에 따라 다르며, 펌프를 포함한 관로에서의 진동현상이다.

송풍기에서도 같은 현상이 일어나며 기체의 경우에는 압축성이므로 물의 경우보다 더욱 심하게 나타난다.

연습문제

2-1. $2.8\,m^3/min$의 수량을 $20\,m$의 높이에 양수하는 원심펌프의 축동력을 구하여라. 단, 펌프 효율은 75%이다.

2-2. 양정 70m, 수량 $1.2\,m^3/s$의 펌프를 1750 rpm의 회전 속도로 운전할 때, 비속도를 구하여 펌프 형식을 정하여라.

2-3. 문제 2-2에서 축동력과 펌프 회전차축의 지름을 구하고, 위험 속도를 계산하여라.

2-4. 양정 20 m, 유량 $3.0\,m^3/min$, 회전수 1180 rpm의 벌류트 펌프의 회전차의 바깥지름과 안지름을 구하여라.

2-5. 펌프의 축봉장치의 종류와 구조 그리고 특징을 설명하라

2-6. 회전수 290 rpm으로 양정 4 m에 $120\,m^3/min$의 수량을 양수하는 펌프의 비속도를 구하고, 펌프의 형식과 효율을 검토하여라.

2-7. 양정 3 m, 유량 $180\,m^3/min$의 프로펠러 펌프를 회전 속도 300 rpm으로 운전할 때, 소요 전동기 동력, 회전차 바깥지름, 안지름 및 익수를 구하여라.

2-8. 수량 $120\,m^3/min$을 축류펌프로 6 m의 높이에 양수하려고 한다. 12극의 교류전동기를 직결할 때, 이 펌프의 주요 치수를 설계하여라. 전원은 60 cycle이다.

2-9. 펌프의 진동, 소음 원인 그리고 각각의 대책을 기술하라

2-10. 단통 단동피스톤 펌프에서 실린더 안지름이 180 mm, 행정이 200 mm이고, 흡입관 안지름이 140 mm일 때, 수직 흡입관의 최대 높이를 구하여라. 단, 수온은 20℃이고, 연결봉의 길이는 40 mm이며, 펌프 회전수는 100 rpm으로 한다.

2-11. 단동 피스톤 펌프의 송출량이 $0.3\,m^3/s$일 때 피스톤 안지름 D와 스트로크 L은 얼마인가? 단, 회전수 $N = 100$ rpm, $L/D = 2$, 체적효율 $\eta_v = 0.92$이다.

2-12. 단동 피스톤 펌프의 송출량이 $0.5\,m^3/min$일 때, 송출압력이 $6\,kgf/cm^2$이라면 공기실의 크기는 얼마인가?

2-13. 펌프의 사고와 원인에 대하여 열거하라.

제3장 수 차

3-1 개 요

3-1-1 수력의 2요소

유체 에너지를 수차에 의하여 동력으로 이용함에 있어서 낙차 H(m)와 유량 Q(m^3/s)으로부터 수차의 이론동력 W_{HP}(수마력)가 다음과 같이 결정된다.

$$W_{HP} = \frac{\gamma QH}{75} = 13.3QH(\text{HP})$$
$$\frac{\gamma QH}{102} = 9.8QH(\text{kW}) \tag{3.1}$$

낙차는 상부 저수조의 상류면과 하류 방수로 수면의 수직 높이를 말하며, 평지의 하천에서는 비록 유량이 풍부하여도 기울기가 작아서 낙차를 형성하기 어려우므로 수력 발생이 부적당한데 반하여, 계곡의 폭포수에서는 유량이 적더라도 큰 낙차를 얻을 수 있어서 적은 유량으로 큰 동력을 얻을 수 있다.

그림 3-1은 수차설치의 개략도이며, **유효낙차**(effective head) H는 자연낙차 H_n에서 수압관의 손실수두 h_1과 흡출관 출구에서의 속도수두 $v_2{}^2/2g$을 뺀 것이다.

수력 발생의 필요조건으로는 연중 일정한 유량을 가질 것이며, 계절에 따라서 또는 홍수나 한발에 의하여 변하는 유량을 상류 또는 도수관의 중간에 저수지(storage reservoir)를 설치하여 조절한다.

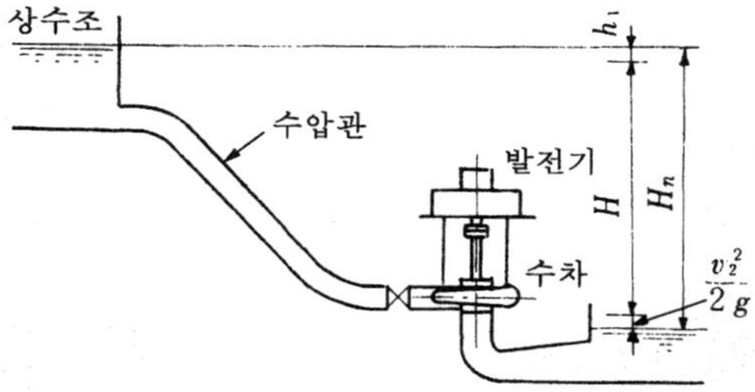

그림 3-1

3-1-2 수차의 분류

(1) 중력수차

유효낙차 H(m), 유량 Q(m^3/s)의 유체가 가지고 있는 중력만을 동력화하는 이른바 **중력수차**(gravity wheel)은 효율이 낮고, 회전이 느려 발전기의 운전에 부적당하여 현재는 원동기로서는 사용되지 않고 있다.

(2) 충격수차 ; 펠턴수차

유효낙차 H가 크고 유량이 적을 때는 그림 **3-2**와 같이 물을 노즐에서 속도 $v=\sqrt{2gH}$ 의 제트를 수차의 회전차 깃(runner vane)에 충돌시켜 운동에너지 $\gamma Qv^2/2g$의 형태로 출력을 얻는 충격수차(impulse turbine)를 사용한다.

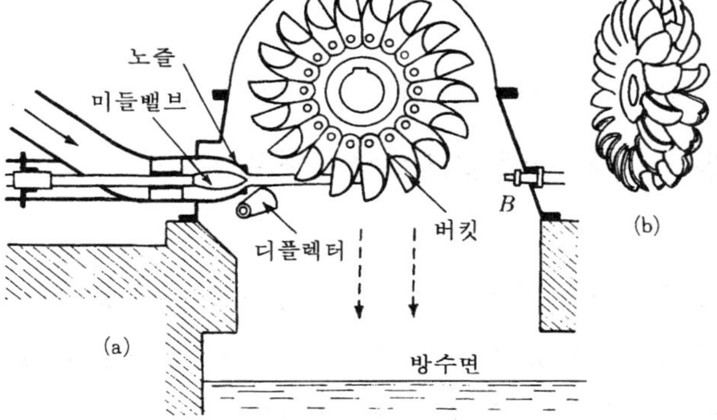

그림 3-2

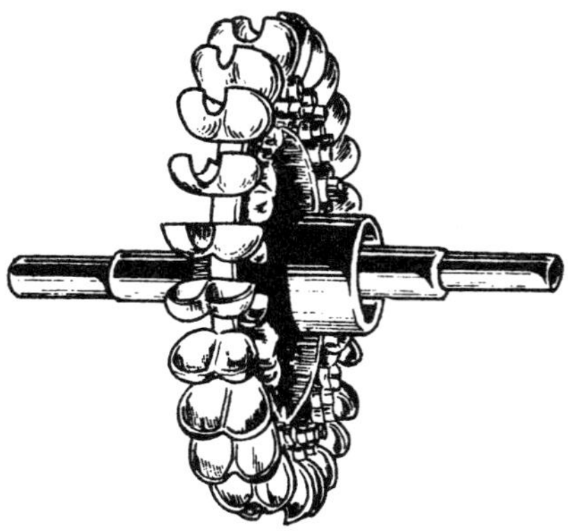

그림 3-3

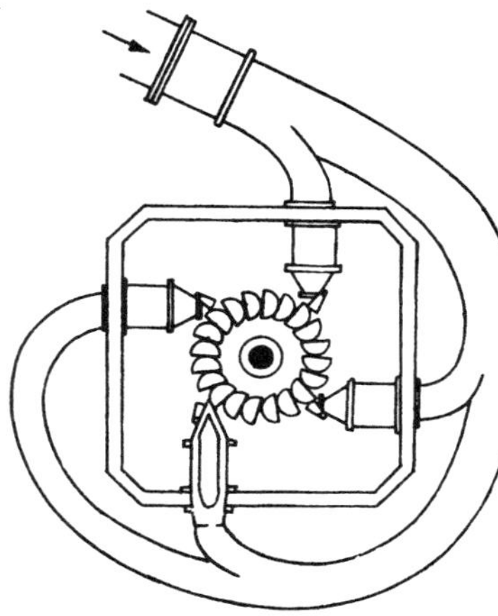

그림 3-4

이때 회전차 깃은 물받이 효과를 좋게 하기 위하여 그림 **3-2**의 (b) 및 그림 **3-3**과 같은 버킷(bucket)을 사용하며, 그림 **3-2**의 (a)는 충격수차의 대표적인 펠턴 수차(Pelton turbine)를 나타내고 있다. 이 수차의 경우 제트가 접선 방향으로 회전에 작용하므로 **접선수차**(tangential wheel)라고도 한다.

펠턴 수차는 낙차가 300m이상인 경우에 사용되며, 높은 경우에는 1300m의 경우도 있고 회전수는 200~600rpm 정도이다. 낙차가 1000m 이상인 경우는 노즐이 1개이지만 낮은 낙차에서 유량이 커지면 2개 이상의 노즐을 사용한다. 노즐 제트는 수평이나 하향으로 버킷에 작용하며, 횡축형 회전차에서 노즐을 3개 이상 사용하면 제트의 상호간섭으로 효율이 낮게 된다. 그러나 낙차가 700m 이하인 경우에는 종축형도 사용되며, 이때에는 회전차 주위에 4~6개의 노즐을 배치하는 경우도 있다.

그림 **3-4**는 종축형 펠턴 수차의 평면도를 나타내고 있다.

(3) 반동수차 ; 프랜시스 수차, 프로펠러 수차, 카플란 수차

유효낙차 H의 크기에 관계없이 유량이 풍부할 때는 유체가 $p=\gamma \cdot H$의 형태로 수차 내를 통과하는 동안 반동작용으로 에너지를 전달하는 반동수차(reaction turbine)를 사용한다.

그림 **3-5**는 반동수차 중에서 대표적인 프랜시스 수차(Francis turbine)를 나타내며, 50~500m의 낙차 범위에서 사용되고 출력이 큰 것은 200,000kW에 달한다.

프랜시스 수차의 경우 보통 10~20매의 깃을 가진 회전차가 축에 고정되어, 그 주위에 안내깃(guide vane)이 배치되며, 수압관의 유체는 스파이럴 케이싱(spiral casing)에 들어가서 정지깃

(stay vane) 사이를 통과하여 안내깃에 유입되며, 이 부분을 스피드 링(speed ring)이라 부른다. 유체는 안내깃을 통과하는 동안 유속이 증기하고, 방향도 회전차 깃 입구각에 맞춰져 회전차 반경 방향으로 유입되어 작용한다. 반경 방향으로 유입된 유체는 회전차 내에서 축방향으로 뱡향을 바꾸어, 흡출관(draft tube)을 통하여 방수로에 배출된다.

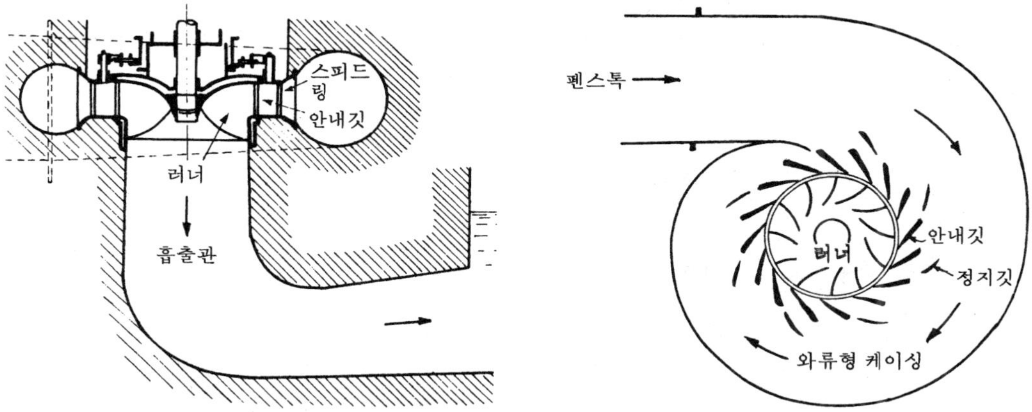

그림 3-5

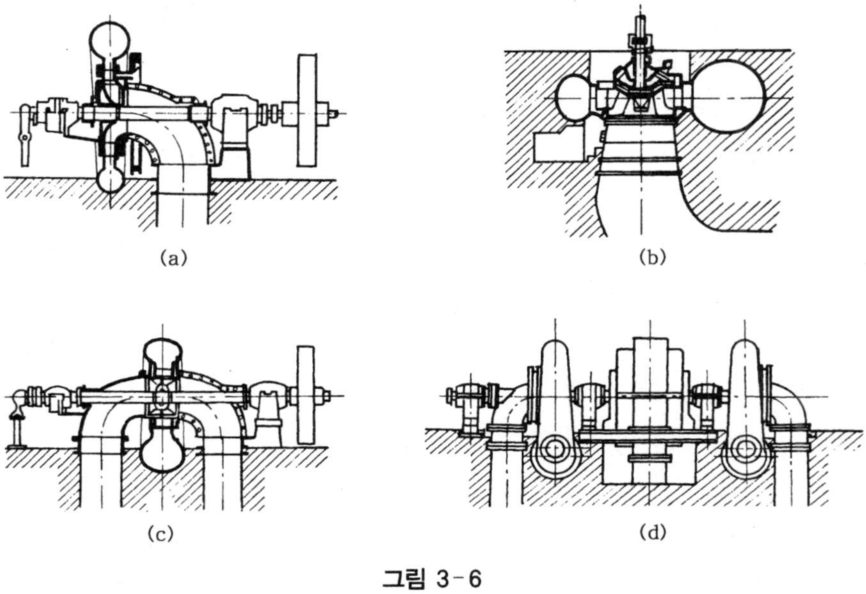

그림 3-6

프랜시스 수차의 케이싱은 와류형(spiral type) 이외는 효율도 낮고 취급상 많은 불편이 뒤따라 현재는 거의 사용되지 않고 와류형 케이싱(spiral casing)이 사용된다.

프랜시스 수차는 구조상 (a) 횡축 단륜 단류 와형수차 (b) 종축 단륜 단류 와형수차 (c) 횡축 단륜 복류 와형수차 (d) 횡축 2륜 단류 와형수차 등으로 분류되며 그림 **3-6**에 각각 나타나 있다.

또한 반동수차로서 구조는 프랜시스 수차와 같으나, 그림 **3-7**에서 보는 바와 같이 안내깃을 통하여 흐르는 유체가 회전차의 축 방향으로 유입하는 수차로서 프로펠러 수차(propeller turbine)가 있다.

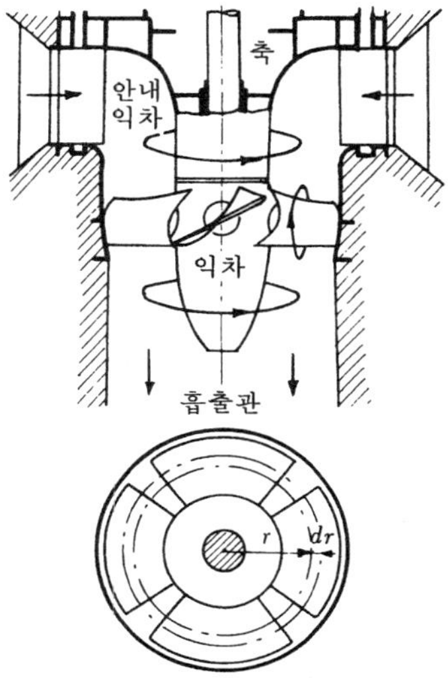

그림 3-7

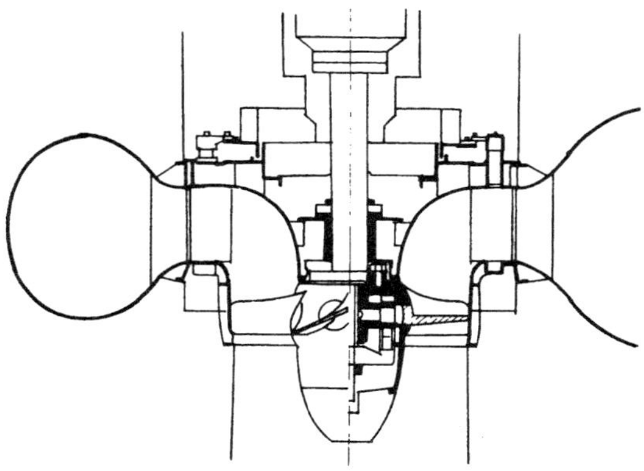

그림 3-8

유체가 회전축 방향으로 통과하며 작용하기 때문에 깃 수를 많이 설치할 수 없으며, 보통 3~8매 정도로 한다. 그리고 이와 같은 수차는 유동방향 때문에 **축류수차**(axial turbine)라 부르기도 한다.

프로펠러 수차의 회전차 깃은 프랜시스 수차와는 달리 익형 단면으로 하며, 유체 에너지를 회전동력으로 변화시키는 원리는 익형의 프로펠러 법칙에 의하며 회전차의 호칭도 **익차**라 한다.

또 이와 같은 축류수차에서는 유량과 익차 깃의 경사각과의 관계가 수차효율에 큰 영향을 미친다. 그러므로 낙차 70m 이하의 대용량 수차에서는 유량이 크기 때문에 익차 깃의 경사각을 임의로 조정할 수 있는 가동익을 사용한다. 이와 같은 수차를 발명자의 이름으로 **카플란 수차**(Kaplan turbine)라 부른다. 그림 **3-8**은 카플란 수차를 나타내며, 그림 **3-9**는 카플란 수차의 익차를 보여주고 있다.

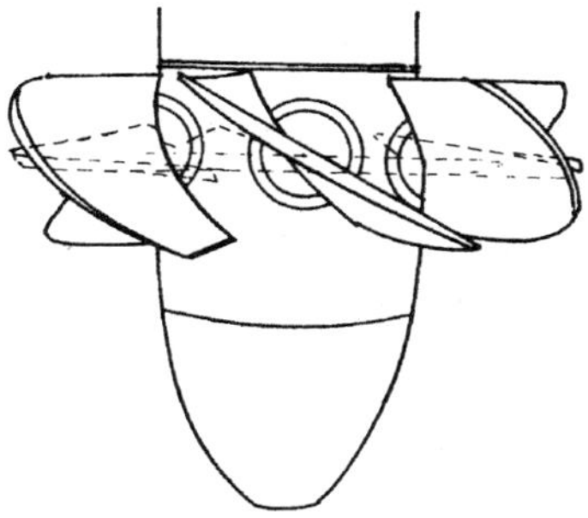

그림 3-9

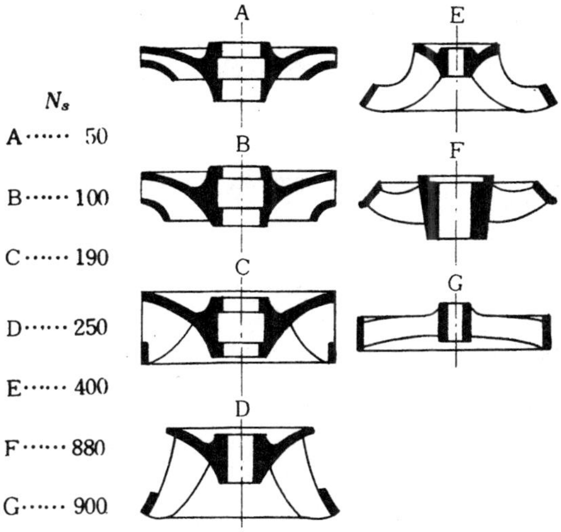

그림 3-10

【예제 3·1】 유효낙차가 100m이며 $Q=1.5(m^3/s)$의 수량을 갖는 수차에서 얻을 수 있는 축동력은 얼마인가? 단 수차의 체적효율은 0.76이다.

해 축동력 즉 제동마력(brake horse power)은 식 (3.1)로부터

$$L_{HP}=\frac{\gamma}{75}Q\cdot H\cdot\eta_h=13.3\cdot Q\cdot H\cdot\eta_h=13.3\times1.5\times100\times0.76=1500(\text{HP})$$

$$L_{kW}=\frac{\gamma}{102}Q\cdot H\cdot\eta_h=9.8\cdot Q\cdot H\cdot\eta_h=9.8\times1.5\times100\times0.76=1117(\text{kW})$$

3-1-3 수차의 비속도

수차에는 여러 가지 형식이 있으나, 앞서 기술한 바와 같이 펠턴 수차는 고낙차와 저유량의 수력에 적합하고, 카플란 수차는 저낙차와 고유량의 경우에 사용하는 등 낙차, 유량에 따라 그에 적합한 형식, 형상이 있다.

동일 출력, 동일 회전수의 프랜시스 수차의 경우, 낙차는 높으나 수량이 적을 경우 유체의 속도는 $2gH$의 제곱근에 비례하므로 회전차에 유입하는 속도는 크다. 따라서 회전차의 원주속도도 유입속도에 따라 지나치게 빨라지므로 회전수를 억제하기 위하여 회전차 지름은 커진다. 지름이 크고 외주가 긴데 비하여 유량이 적으므로 회전차의 폭은 작게 된다.

이러한 종류의 회전차 형상은 그림 3-10의 A와 같으며 깃 입구의 반지름 r_1은 출구의 반지름 r_2에 비하여 크다. 그러나 이것이 극단적으로 되면 깃 폭이 대단히 좁아져서 깃 사이 유로의

마찰손실, 회전차 외측면의 마찰손실 등이 증대하여 효율이 저하된다. 따라서 이와 같은 경우에는 유체를 회전차의 전 둘레가 아닌 부분적으로 작용하도록 하는 펠턴수차로 사용하는 것이 유리하다.

반대로 낙차가 작고 수량이 많을 때는 유체의 속도가 작으므로 회전차의 원주속도를 가급적 크게 하기 위하여 입구 반지름 r_1을 작게 하게 되는데 많은 유량을 통과시키기 위하여 깃 폭을 넓게 해야 하고 입구보다 출구의 반지름 r_2가 더 큰, 그림 **3-10**의 D, E와 같은 회전차로 되며, 더욱 변형하면 그림 G와 같은 축류형의 회전차로 된다.

이와 같이 수차의 형식과 형상은 낙차, 수량, 그리고 회전수에 따라 다양하다. 따라서 서로 다른 것을 하나의 양으로 표시하여, 그것이 수차형식 선정의 지표가 되도록 하는 것이 비속도이다.

주어진 수차와 기하학적으로 상사인 모형 수차가 낙차 1m에서 1마력의 출력을 내는 경우, 그 모형수차의 회전수를 주어진 수차의 **비속도**(characteristic speed, specific speed)라 부른다.

주어진 수차의 낙차를 H(m), 출력을 L(HP), 회전수를 N(rpm)으로 하면 비속도 N_s는 상사법칙에 의하여 유도되며, 기하학적으로 상사형인 두 수차에 1, 2의 첨자를 붙이고 유량을 Q, 회전차 지름을 D라 하면 속도 3각형이 상사이므로 $N_1D_1/H_1{}^{1/2} = N_2D_2/H_2{}^{1/2}$이다. 그러므로

$$\frac{H_1}{H_2} = \frac{N_1{}^2 D_1{}^2}{N_2{}^2 D_2{}^2} \tag{3.2}$$

또 유량 Q는 속도와 단면적에 비례하고 속도는 N과 D에 그리고 단면적은 D^2에 비례하므로

$$\frac{Q_2}{Q_1} = \frac{N_2 D_2{}^3}{N_1 D_1{}^3} \text{ 또는 } \frac{Q_2}{Q_1} = \left(\frac{N_1}{N_2}\right)^2\left(\frac{H_2}{H_1}\right)^{3/2} \tag{3.3}$$

동력에 관하여는 두 회전차의 효율이 같다고 가정하여

$$\frac{L_2}{L_1} = \frac{Q_2H_2}{Q_1H_1} = \left(\frac{N_1}{N_2}\right)^2\left(\frac{H_2}{H_1}\right)^{5/2} \tag{3.4}$$

식 (3.5)의 H_1, L_1, N_1대신에 H, L, N을 놓고 $H_2 = 1$m, $L_2 = 1$HP, $N_2 = N_s$로 놓으면

$$N_s = N\frac{L^{1/2}}{H^{5/4}} \tag{3.5}$$

비속도 N_s가 동일하면 그들 수차는 기하학적으로 상사, 즉 동일 형식임을 표시하는 것이다. 표 **3-1**은 각 형식의 수차에 대하여 비속도의 범위이며, 그 범위 외에서는 효율이 좋은 수차를

설계할 수 없다.(그림 3-11 참조).

표 3-1

회전차의 형식		N_s	
		m단위	inch, pound 단위
펠 턴 수 차	단 노 즐	10~25	2~5.5
	양 노 즐	20~40	4.5~8.5
프랜시스 수차	저 속 차	60~100	13~22
	정 상 차	100~200	22~45
	고 속 차	200~350	45~80
	초 음 속 차	350~450	80~100
프로펠러 수차		400~700	90~150
카 플 란 수차		450~1000	100~220

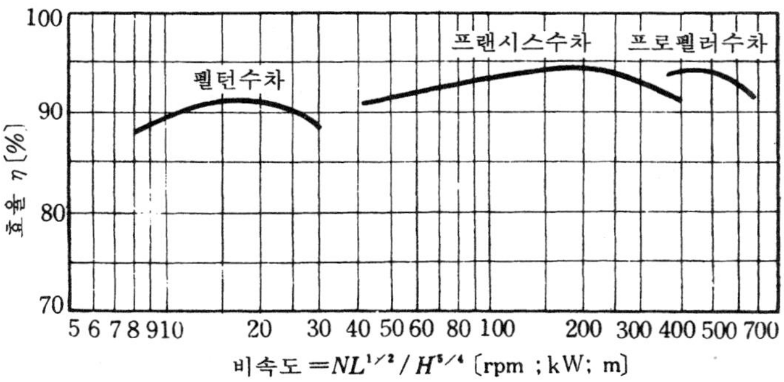

그림 3-11

【예제 3·2】 유효낙차 $H=175$m, 유량 $Q=9.5(\text{m}^3/\text{s})$, 1000rpm의 회전하는 수차의 비속도를 계산하여라. 단 회전차의 체적효율은 0.75이다.

해 식 (3.2)에 의하여 비속도 $N_s = N\dfrac{L^{1/2}}{H^{5/4}}$ 이며

$$L_{HP} = \frac{\gamma}{75}Q \cdot H \cdot \eta_h = 13.3 \cdot Q \cdot H \cdot \eta_h = 13.3 \times 9.5 \times 175 \times 0.75 = 16583(\text{HP})$$

$$N_{s=100}\frac{16583^{1/2}}{175^{5/4}} = 202.5$$

【예제 3·3】 예제 3·2에서 수차의 형식을 정하여라.

해 표 3-1에서 m단위로 계산된 $N_s=200$에 대한 수차는 프랜시스 수차의 정상형 또 고속형 어느 것이든지 적합하다.

3-1-4 수차의 효율

수차에 유입한 유량을 Q로 하고, 그 중에서 수차 내의 간격 등으로 누설되는 유량을 Q_l이라 하면

$$\eta_v = \frac{Q - Q_l}{Q} \tag{3.6}$$

을 **체적효율** 또는 **용적효율**이라 부르고, 1에 가까운 수이다.

수차 내를 물이 흐를 때 마찰, 유로 굴곡, 단면적의 변화 또는 충돌 등으로 수두의 손실이 일어난다. 이들 손실의 합을 H_l이라하면 수차에 이용되는 실제 낙차는 $H - H_l$이다.

$$\eta_h = \frac{H - H_l}{H} \tag{3.7}$$

을 **수력효율**이라 부르며, 이것은 수차 내에서 일어나는 수두손실의 정도를 표시한다.

수차가 발생하는 동력의 일부는 회전하는 회전차의 외측의 유체마찰 저항에 대하여 소비되고, 또 베어링 등의 마찰로 손실된다. 수차의 출력을 L, 마찰 등으로 소비된 동력을 L_f로 하면 회전차가 발생한 동력은 $L + L_f$이다.

$$\eta_m = \frac{L}{L + L_f} \tag{3.8}$$

을 **기계효율**이라 부르며, η_m도 1에 가까운 수이다. L을 kgf·m/s로 표시하면

$$L + L_f = \gamma(Q - Q_l)(H - H_l)$$

이며, 식 (3.8)에서 $L_f = L(1/\eta_f - 1)$이므로 수차의 전효율 η는

$$\eta = \frac{\gamma(Q - Q_1)(H - H_1) - L_f}{\gamma QH} = \eta_v \eta_h - \eta \frac{1 - \eta_m}{\eta_m}$$

윗 식으로부터 다음 관계가 구해진다.

$$\eta = \eta_v \eta_h \eta_m \tag{3.9}$$

3-2 펠턴수차

3-2-1 펠턴 수차의 이론

노즐에서 분사되는 제트가 버킷에 충돌하면 그 방향이 바뀌어 유출하며, 이 방향변화에 의하여 버킷에 힘이 발생하여 회전한다. 버킷에 작용한 제트는 방수면에 자연 낙하하므로 버킷에서 방수면까지의 높이에 상당한 에너지는 이용되지 못하고 손실된다.

수압관에서 노즐에 유입한 물의 수두가 H_1이면, 제트의 속도는 손실이 없을 때 $v_1 = \sqrt{2gH_1}$이다.

회전차의 회전에 의한 버킷의 원주속도를 u로 하면, 제트는 버킷에 대하여 $v_1 - u$의 속도로 유입한다. $w_1 = v_1 - u$는 상대속도, v_1은 절대속이다. 이때 유체는 대기압하에 있으므로, 버킷에서 유출하는 물의 상대속도 w_2는 이론적으로 w_1과 같다.

그림 **3-12**는 버킷에 대한 유체의 흐름을 점선으로, 정지 좌표계에서 본 유체의 흐름을 1점 쇄선으로 나타내고 있다.

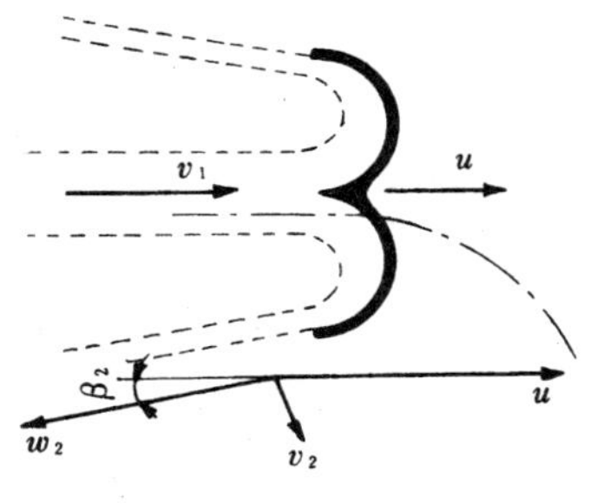

그림 3-12

노즐에서 분사되는 유체의 유량을 Q라 하면, 버킷이 받는 운동방향의 분력은 운동량 법칙에 의하여 $\rho Q(w_1 + w_2 \cos\beta_2) = \rho Q w_1(1 + \cos\beta_2)$이다. 여기서 β_2는 버킷 출구에서의 제트의 방향을 나타낸다.

또한 v_2의 u방향의 성분 $u - w_2 \cos\beta_2$를 v_{2u}라 하면, 운동량 법칙에 의하여 버킷이 받는 힘은 $\rho Q(v_1 - v_{2u})$로 된다. 회전차축으로부터의 거리를 r이라하면 회전차축의 토크(torque) T는

$$T = \rho Q w_1(1 + \cos\beta_2) r = \rho Q r(v_1 - u)(1 + \cos\beta_2) \qquad (3.10)$$

회전차에서 발생하는 동력을 L, 회전차축의 각속도를 ω로 하면 $L = T\omega$, $u = \omega r$이므로

$$L = \rho Q u(v_1 - u)(1 + \cos \beta_2) \tag{3.11}$$

여기서 Q, v_1이 일정하다면 $dL/du = 0$의 조건으로부터 $v_1 = 2u$일 때 L이 최대로 되고

$$L_{\max} = \rho Q u^2(1 + \cos \beta_2) \tag{3.12}$$

노즐에서의 수두손실을 고려하면 $v_1 = C_v\sqrt{2gH_1}$이며, C_v는 1보다 작은 0.96~0.98정도이다. 또 유체가 버킷 내를 흐를 때에도 마찰이 있으면 출구의 속도 w_2의 평균값은 w_1보다 작다. $w_2 = \phi w_1$으로 놓으면 ϕ는 1보다 작으며, 버킷 표면의 가공이 잘 되어 있을 때는 0.9 이상이다. 따라서

$$L = \rho Q u(C_v\sqrt{2gH_1} - u)(1 + \phi \cos \beta_2) \tag{3.13}$$

로 된다. 이 경우에도 $C_v\sqrt{2gH_1} = 2u$일 때 $L_{\max}$은

$$L_{\max} = \rho Q u^2(1 + \phi \cos \beta_2) \tag{3.13$'$}$$

로 되며, 수력효율의 최대값은 식 (3.13)′ 를 $\frac{1}{2}mv^2 = \frac{1}{2}\rho Q(\sqrt{2gH})^2$으로 하여

$$\eta_{h\max} = (C_v^2 H_1/2H)(1 + \phi \cos \beta_2) \tag{3.14}$$

이다. 회전차에서는 회전차의 공기저항, 베어링의 마찰 등의 손실이 있으므로 효율은 식 (3.14)보다 약간 낮다.

토크 T, 출력 L, 수력효율 η_h, 회전수 N과의 관계는 그림 **3-13**과 같은 변화를 보이며, 실제의 펠턴 수차에서는 $u = (0.41 \sim 0.48)\sqrt{2gH}$로 정한다.

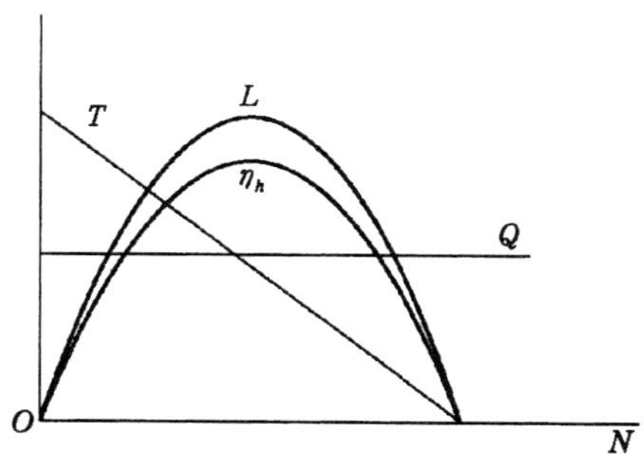

그림 3-13

3-2-2 버킷 피치

펠턴 수차에 있어서 제트의 전 유량이 버킷에 작용하고, 헛되게 없어지는 물이 없도록 회전차 주위에 버킷을 같은 간격으로 배치해야 한다. 그렇게 하기 위해서는 그림 **3-14**에서 B 버킷이 제트를 완전히 차단하는 순간에 이 버킷의 이면쪽에 있는 물방울 X가 다음 버킷 C에 유입할 수 있는 간격에 C 버킷을 배치하면 된다.

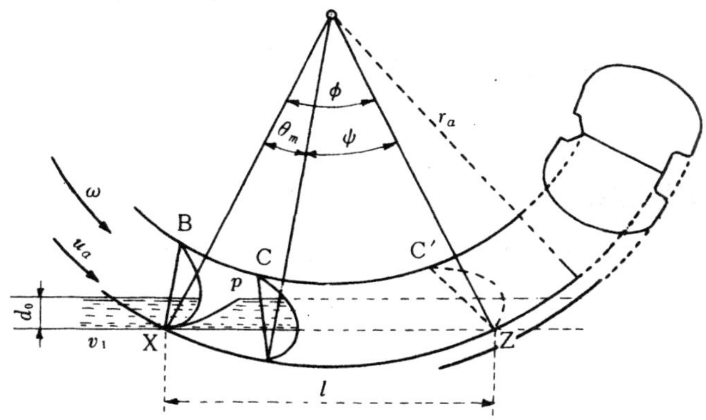

그림 3-14

물방울 X가 v_1의 속도로 전진하는 동안 버킷은 u_a의 속도로 회전하는데 물방울 X가 직선 XZ에 따라서 Z점에 도달하기 이전에 마지막 물방울인 X가 버킷 C의 중앙에 도착하도록 하는 것이 필요한 조건이다. 극단의 경우로서 물방울 X가 Z 점에 도달한 시각에 버킷 C가 C′ 의 위치에 도달하여 물방울이 버킷의 끝에 접촉하는 것으로 가정하고 계산을 한다.

즉 물방울 X가 현재 그림의 위치에서 전진하여 Z점에 도달하는 데 요하는 시간은 $t=l/v_1$이며 버킷 C가 현재의 위치에서 회전하여 C′ 의 위치에 도달하기까지의 시간은 $t=\psi/\omega$이다 단, ω는 차체가 회전하는 각속도이며 회전차 축 중심에서 버킷의 끝단까지의 반지름을 r_a로 하면 $\omega=u_a/r_a$이다. 쌍방의 시간 t를 등식으로 놓으면 다음 관계가 성립한다.

$$\frac{\psi}{\omega}=\frac{l}{v_1} \quad \therefore \quad \psi=\omega\times\frac{l}{v_1}=\frac{u_a}{r_a}\times\frac{l}{v_1}=\frac{u_a}{v_1}\times\frac{l}{r_a}$$

그림 **3-14**에서 $l=2\times r_a\sin\frac{\phi}{2}$이며 $\theta_m=\phi-\psi$이므로 다음 식을 얻는다.

$$\theta_m=\phi-2\times\frac{u_a}{v_1}\sin\frac{\phi}{2} \tag{3.15}$$

버킷의 끝단이 그리는 원주를 물방울이 절단하는 호의 길이 l의 회전차 축심에 대한 원주각 ϕ는 도면상에서 쉽게 구할 수 있다. 그러므로 서로 인접하는 2 버킷의 축심에 대한 원주각 θ_m은 식 (3.15)에 의하여 계산할 수 있다.

그러나 이 식으로 산출되는 각 θ_m은 물방울 X가 C 버킷에 접하는 순간을 생각한 최대 극한의 피치각이므로, 버킷에 진입하는 물방울이 완전히 버킷에 작용하도록 하기 위해서는 최후의 물방울 X가 C′ 위치보다도 이전의 위치에서 버킷에 유입해야 한다. 따라서 식 (3.15)로 산출한 각 θ_m의 0.8 전후를 실제의 피치각으로 정하여 버킷 수도 $z=\dfrac{2\pi}{0.8\times\theta_m}$에 가까운 상수로 한다.

3-2-3 펠턴수차의 효율

펠턴수차의 수력손실은 노즐에서와 버킷에서 일어난다. 따라서 노즐효율 η_n은

$$\eta_n=\frac{{v_1}^2/2g}{H} \tag{3.16}$$

이며 H는 노즐에 유입한 물의 수두, v_1은 노즐에서 분출하는 제트의 속도이다. 또 버킷효율 η_b는

$$\eta_b=\frac{L_b}{\gamma Q(v_1^2/2g)} \tag{3.17}$$

이며 L_b는 제트가 버킷에 부여하는 동력이다. 그러므로 펠턴 수차의 전효율 η는 기계적 효율을 $\eta_m=L/L_b$이라하면

$$\eta=\eta_h\cdot\eta_m=\eta_n\cdot\eta_b\cdot\eta_m=\frac{v_1^2/2g}{H}\,\frac{L_b}{\gamma Q(v_1^2/2g)}\,\frac{L}{L_b} \tag{3.18}$$

L은 펠턴수차의 순 출력이며 식 (3.13)으로부터 계산된다. 이것을 대입하여 식 (3.18)을 다시 쓰면

$$\eta=\frac{v_1^2/2g}{H}\,\frac{\rho Qu(C_v\sqrt{2gH_1}-u)}{\gamma Q(v_1^2/2g)}(1+\phi\cos\beta_2)$$

$C_v\sqrt{2gH_1}=2u$의 상황에서 윗 식을 다시 쓰면

$$\eta = \frac{C_v^2 H_1}{2H}(1 + \phi\cos\beta_2) \tag{3.14}$$

지금 버킷 내에서의 손실계수를 ζ라 하면

$$\frac{w_1^2}{2g} = \frac{w_2^2}{2g} + \zeta\frac{w_2^2}{2g}$$

즉 $w_2 = \dfrac{w_1}{\sqrt{1+\zeta}}$ 으로 놓으면 제트가 버킷을 회전방향으로 미는 힘 P는 운동량의 법칙에 의하여(그림 3-12 참조),

$$P = \frac{\gamma}{g}Q\{w_1 - w_2\cos(\pi - \beta_2)\} = \frac{\gamma}{g}Q(w_1 + w_2\cos\beta_2)$$

$$= \frac{\gamma}{g}Q\left(w_1 + \frac{w_2\cos\beta_2}{\sqrt{1+\zeta}}\right) = \frac{\gamma}{g}Q(v_1 - u)\left(1 + \frac{\cos\beta_2}{\sqrt{1+\zeta}}\right)$$

따라서 수차 내의 물이 버킷에 부여하는 출력 L_b 및 버킷 효율 η_b는 다음과 같이 표시된다.

$$L_b = P \cdot u = \frac{\gamma}{g}Qu(v_1 - u)\left(1 + \frac{\cos\beta_2}{\sqrt{1+\zeta}}\right) \tag{3.19}$$

$$\eta_b = \frac{L_b}{\gamma Q(v_1^2/2g)} = 2\frac{u}{v_1}(1 - \frac{u}{v_1})\left(1 + \frac{\cos\beta_2}{\sqrt{1+\zeta}}\right) \tag{3.20}$$

3-2-4 펠턴수차의 설계

펠턴수차의 설계에서 다음과 같은 기호로 각 치수를 표시하기로 한다.

D: 회전차의 지름(버킷 피치원 지름) (m)

d_0 : 노즐에서 분출하는 제트의 지름 (m)

v_1 : 노즐에서 분출하는 제트의 속도 (m/s)

u: 버킷 피치원의 원주속도 (m/s)

z: 회전차의 버킷 수

(1) 펠턴수차의 비속도

주어진 유량 Q(m³/s)와 유효낙차 H(m)에 대한 펠턴수차를 설계할 때 먼저 $N_s = \dfrac{N}{H}\sqrt{\dfrac{L}{\sqrt{H}}}$ 로 계산되는 비속도 N_s가 표 3-1의 범위에 맞도록 회전수 N을 정한다.

주어진 유효낙차 H에 의하여 노즐에서의 제트속도 v_1이 계산되며, 회전차의 원주속도 u는 앞에 설명한 것처럼 최적 조건에서 $u=\frac{1}{2}v_1$으로 정해진다.

이와 같이 H가 주어지면 회전차의 원주속도 u가 정해지며, 회전차의 지름 D를 크게 하면 회전수 N은 적어지고, D를 작게 하면 N이 커진다.

다음에 유량 Q가 주어지면 $\frac{Q}{v_1}=\frac{\pi}{4}d_0$의 관계로부터 제트의 지름 d_0를 결정할 수 있다. 차축의 회전수 N을 크게 정하여 지름 D를 작게 하면 지름비 $S=D/d_0$는 작은 수치로 되지만, N이 크기 때문에 비속도 N_s는 큰 값으로 된다.

D/d_0의 비가 작으면 d_0에 대하여 D가 작으므로 제트의 중심선이 버킷 피치원을 절단하는 원호의 곡면 경사가 급하게 되어 버킷이 제트를 받으면 회전하는 동안에 버킷 중앙에 충돌하는 제트에 대한 경사각이 급격히 변화하여, 그림 **3-15**에서 보는 바와 같이 버킷의 내면에 따라서 흐르는 수로가 현저하게 경사져서 버킷의 회전방향에 충분한 운동량을 작용 시킬 수 없다. 그러므로 D/d_0의 비가 작고 N_s의 값이 큰 펠턴수차의 효율은 매우 낮게 된다.

다음에 버킷의 크기는 제트의 지름 d_0를 기준으로 하여 길이, 폭 및 깊이를 정하는 것이므로 제트가 큰 지름이면 버킷도 대형으로 된다. 따라서 회전차의 지름 D에 비하여 제트의 지름 d_0가 크면 그림 **3-14**의 현 XZ의 길이 l이 짧아져서 버킷 피치각 θ_m이 작아지고, 그 결과 다수의 버킷을 회전차 둘레에 부착하게 된다. 따라서 버킷 내에서의 유체마찰손실이 증대하고 공기저항이 크게 된다.

이러한 사실도 D/d_0의 비가 작고 N_s가 큰 펠턴수차의 효율을 저하시키는 원인이 된다. 그러므로 N_s는 표 **3-1**에 표시한 범위에서 제한되어야 한다.

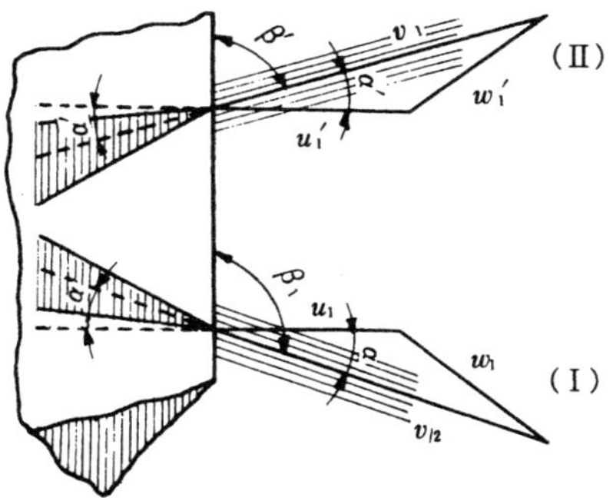

그림 3-15

(2) 펠턴수차의 설계 계산식

노즐에서 분출하는 물의 실제의 속도는

$$v_1 = (0.95 \sim 0.98)\sqrt{2gH} \tag{3.21}$$

노즐의 지름은 제트의 지름 d_0를 기준으로 정하며, 분출유량이 Q(m^3/s)이면 d_0(m)는

$$d_o = \sqrt{\frac{Q}{0.785\ v_1}} \tag{3.22}$$

버킷 피치원의 지름 D(m)는

$$D = \frac{60 \times u}{\pi N} \tag{3.23}$$

앞의 (1)항에서 언급한 바와 같이 D/d_0와 N_s와는 밀접한 관계가 있으며, $D/d_0 = 10 \sim 15$의 범위에서 D를 미리 결정하여 회전수 N을 정하기도 한다.

다음에는 식 (3.15)로 버킷 피치각 θ_m을 산정하여 버킷의 총수 z를 다음 식으로 결정한다.

$$z \fallingdotseq \frac{2\pi}{0.8 \times \theta_m} \tag{3.24}$$

그러나 버킷의 총수를 결정하는 일은 간단하지 않으며, 다음 경험식이 대체적인 버킷수를 계산하는데 이용되고 있다.

$$z = (1.2 \sim 1.5)\left\{0.35\frac{D}{d_0} + 12\right\} \tag{3.25}$$

단, 대형버킷의 회전차에서는 1.2에 가까운 계수 d_0에 대하여 비교적 소형버킷의 경우에는 1.5에 가까운 계수를 채택한다.

유량 Q가 많을 때 단일노즐을 사용하면 제트의 지름 d_0가 커지므로 버킷 피치원의 지름 D도 커지며, 회전수 N이 작아져 운전은 쉽게 되지만 수차와 발전기가 대형으로 되고 고가로 된다. 이와 같은 경우는 양 노즐로 하여 각각의 제트지름 d_o'를 작게 하고, D'도 작게 하면 회전수가 증대함과 동시에 시설비도 저렴하게 된다. 양 노즐을 사용할 경우에는

$$2\left(\frac{\pi}{4} d'^2_0 \times v_1\right) = Q,\ \ d_0'(\text{m}) = \sqrt{\frac{1/2Q}{0.785 v_1}} \tag{3.26}$$

로 되어, $d_0' = \frac{1}{\sqrt{2}} d_0$이다.

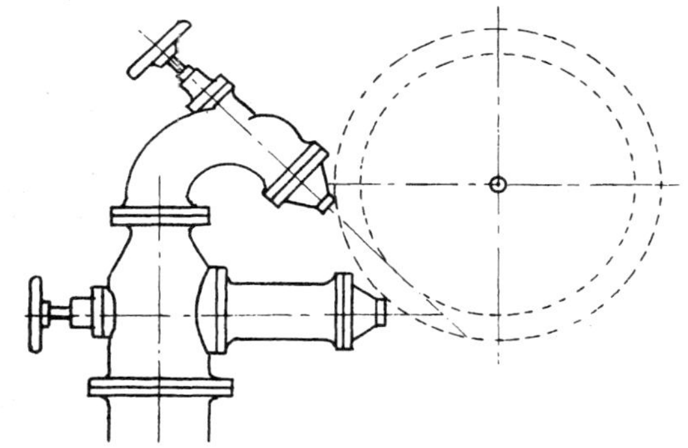

그림 3-16

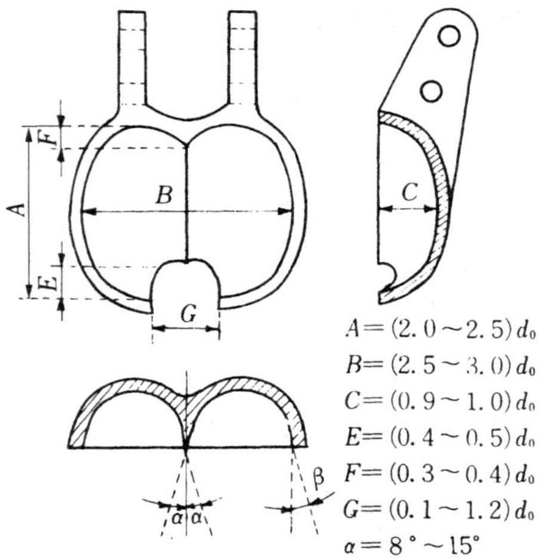

그림 3-17

그림 **3-16**은 양노즐 펠턴 수차를 표시하며, 양노즐에서 분출한 유체의 상호 간섭을 피하기 위하여 45~90° 의 경사로 배치한다.

유량 Q(m^3/s) 유효낙차 H(m)에서 제트가 버킷에 작용하여 회전차축에 전달하는 동력은 다음과 같다.

$$S_{HP} = 13.3QH \times \eta = 13.3QH \times (0.80 \sim 0.85) \tag{3.27}$$

(3) 버킷의 형상과 크기

버킷의 길이 A, 폭 B 및 깊이 C 등 각 부의 치수는 그림 **3-17**에 표시한 바와 같이 제트의 최대지름 d_0를 기준으로 정하며 A, B는 각각 $3d_0$ 그리고 $C = d_0$ 정도로 하는 것이 통례이며, 원활한 곡면으로 내부는 스푼(spoon)형으로 한다. 그리고 버킷외편은 그림에서 E, G와 같이 절단하여 제트가 버킷에 작용하는 초기에서는 그대로 통과하도록 한다.

버킷은 저낙차에서는 강철, 고낙차에서는 주강제로 하며, 때로는 청동(포금)으로 주조되기도 한다.

버킷의 내면 조도는 수차효율에 2~3%의 영향을 미치므로, 주조 후 연마가공을 잘 하거나 페인트를 칠한다.

볼트(bolt)에 의하여 버킷을 회전차 원반의 둘레에 장착하며, 소형수차에서는 차반과 일체로 주조하기도 하지만 그 때에는 버킷 내면가공이 어려워진다.

(4) 노즐 및 니들 밸브

현재에는 대부분 원형 노즐을 사용하며, 그 안에 니들 밸브(needle valve)를 설치한다.

앞에 설명한 바와 같이 노즐에서의 제트속도 v_1은 유효낙차 H의 크기에 따라 다르며, 유량 $Q(m^3/s)$에 대한 제트의 지름 d_0는 식 (3.22)에 의하여 계산된다.

노즐구경 d는 d_0를 기준으로 하여 계산되며, 니들 밸브를 완전히 열었을 때 밸브 끝단이 노즐 관로면적의 약 10%를 차지한다고 가정하고 다음과 같이 정한다.

$$d = d_0 \times \frac{1}{\sqrt{0.9k}} \tag{3.28}$$

Weisbach는 실험 결과에 의하여 $k = 1 - 0.22 \times \tan\frac{\theta}{2}$를 주장하고 있으며, θ는 그림 **3-18**에서와 같이 노즐 출구의 내벽에 그은 접선이 중심선상의 한 점 O에서 만나는 원추각이다.

독일 대학의 Reichel 교수 및 Wagenbach 박사는 각종 노즐 및 원추형 니들 밸브에 관한 실험 결과에 의하면, 그림 **3-18**에 나타내는 바와 같은 형상이 가장 좋은 성능을 나타내는 것으로 보고하였다. 노즐의 관 단면은 내벽 접촉선의 교점 O를 중심으로 하는 구면으로 절삭가공하여 구면에 수직으로 물이 유출하게 한다.

니들 밸브의 확대부는 $G = (1.15 \sim 1.25)d$로, 확대부 중심에서 끝단까지의 거리 L은 $(1.40 \sim 1.72)d$로 하며, 완전히 열었을 때에 니들 밸브 끝단이 노즐출구에서 돌출하는 거리 l은 $(0.5 \sim 1.0)d$가 적당하다.

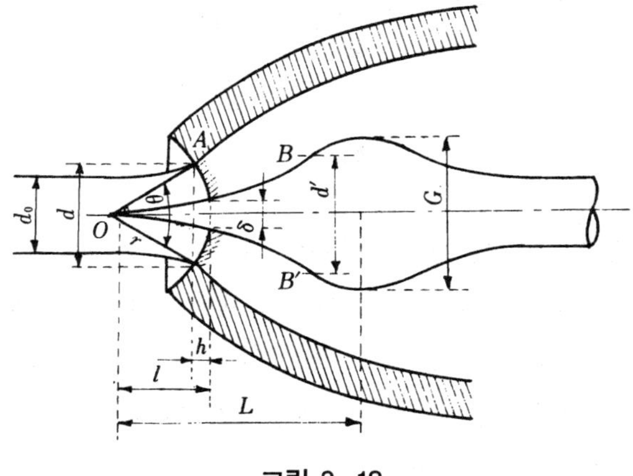

그림 3-18

관입구의 원추각 θ는 70° ~80° 범위에서 노즐이 최대효율을 내는 것으로 확인되고 있다.

노즐은 대개 주강으로 주조되며 그림 3-16에서 볼 수 있는 바와 같이 출구를 교체할 수 있는 2부분으로 하며, 내면이 손상되었을 때에 바꾸어 끼도록 되어 있다.

니들 밸브 공작상을 제작할 때 특히 주의할 것은 그림 3-18의 BB' 부의 지름 d'를 d보다 약간 크게 하여 니들 밸브를 전진시켜 관입구를 닫을 때 그림 3-19와 같이 되고, 니들 밸브를 후퇴시켜서 관입구를 약간만 열 때도 유체가 항상 밸브면에 따라 흐르도록 하여야한다.

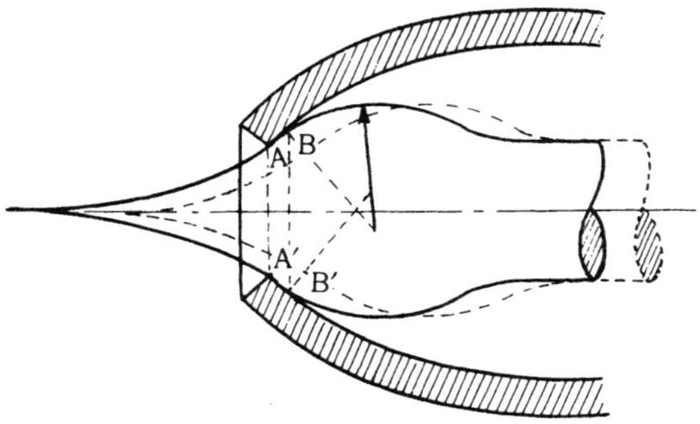

그림 3-19

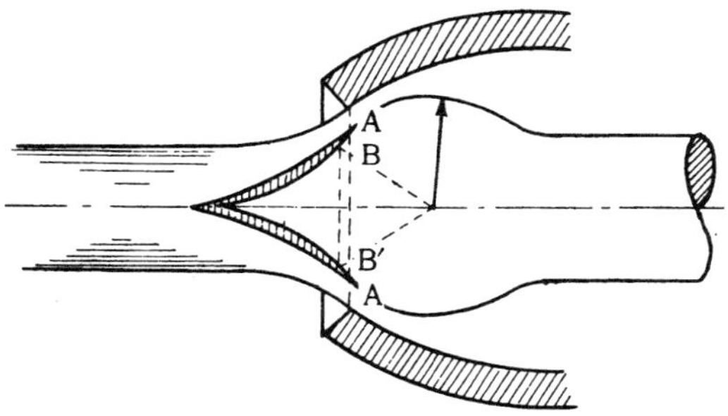

그림 3-20

약간 d'를 d보다 작게 할 경우는 그림 3-20에 나타낸 바와 같이 관입구를 좁힐 때 유체가 원추표면에서 이탈하여 이른바 공동현상이 발생하여 니들 밸브의 선단부가 부식된다.

또한 펠턴수차의 니들 밸브 표면은 고속도로 분출하는 유체에 소량이나마 토사가 혼입되어 있으므로 손상되기 마련이다. 따라서 니들 밸브의 재질로서 특수청동 또는 공구강 등을 사용하기도 하나 고가이므로 보통 연강 혹은 청동 등을 사용한다.

【예제 3·4】 낙차 500m에서 출력 65,00kW를 내는 펠톤 수차가 300rpm이라면 노즐수는 몇 개가 적당한가?

해 먼저 식 (3.2)으로 비속도 N_s를 계산하면

$$N_s = 300\frac{65000^{1/2}}{500^{5/4}} = 32.3$$

표 3-1에 의하면 $N_s = 32.3$의 경우 펠톤 수차의 노즐 2개로 하는 것이 적절하다.

3-2-5 펠턴 수차의 설계 예

낙차 $H = 120$m, 유량 $Q = 0.23$m3/s의 수력을 개발할 수 있는 펠턴수차를 설계한다. 단, 회전차 축은 60 사이클의 교류발전기에 직결된다.

노즐에서 분출하는 유속은 식 (3.21)에서

$$v_1 = 0.95\sqrt{2gH} = 0.95\sqrt{19.6\times 120} = 46.0(\text{m/s})$$

v_1에 적응하는 회전차의 원주속도는

$$u = v_1/2 = 23.0(\text{m/s})$$

제트의 지름은 식 (3.22)로 계산하여

$$d_0 = \sqrt{\frac{Q}{0.785v_1}} = \sqrt{\frac{0.23}{0.785\times 46.0}} = 0.08 = 80(\text{mm})$$

다음에 버킷의 피치원 지름을 제트지름의 12배로 하면 $D = 12$, $d_0 = 0.96$m로 된다. 식 (3.23)으로 회전수 N을 계산하면

$$N = \frac{60u}{\pi D} = \frac{60\times 23.0}{0.96\pi} = 457(\text{rpm})$$

그러나 회전차축을 교류발전기에 직결하므로, 회전수를 발전기에 맞추어야 한다. 주파수와 회전수와의 관계를 고려하여 그림 3-21에서 N, S를 자극으로 하고 극수를 P개로 한다.

발전자 A에 감아 놓은 강선은 θ각만큼 회전할 때, 이 강선을 흐르는 교류전기가 1사이클을 마치고 강선이 1회전하는 동안 교류 $\frac{2\pi}{\theta} = \frac{P}{2}$ 사이클을 마친다.

교류의 주파수를 매초 f회로 하고 발전자 A의 매분의 회전수를 N이라하면 $f = \frac{P}{2}\times\frac{N}{60}$의 관계로 되며 N은

$$N = 120 \times \frac{f}{P} \tag{3.29}$$

이다.

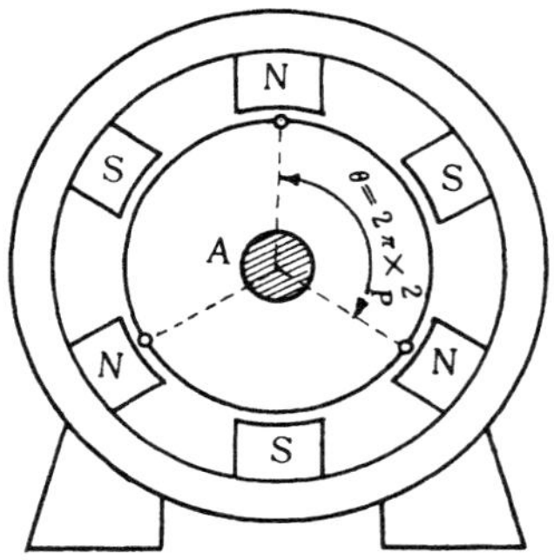

그림 3-21

표 3-2

자극총수 P	교류발전기의 회전수	
	$f=50\sim$	$f=60\sim$
6	1000	1200
8	750	900
10	600	720
12	500	600
14	428.5	514
16	375	450
18	333.3	400
20	300	360
24	250	300
28	214	257
32	187.5	225
36	167	200

표 **3-2**는 식 (3.29)에 의하여 계산된 교류발전기 또는 교류전동기의 회전수이다. 본설계의 회전차회전수는 $N=450$rpm으로 하여 다시 식 (3.23)으로 피치원 지름을 계산하면

$$D' = \frac{60u}{\pi N} = \frac{60 \times 23.0}{450 \times \pi} = 980(\text{mm})$$

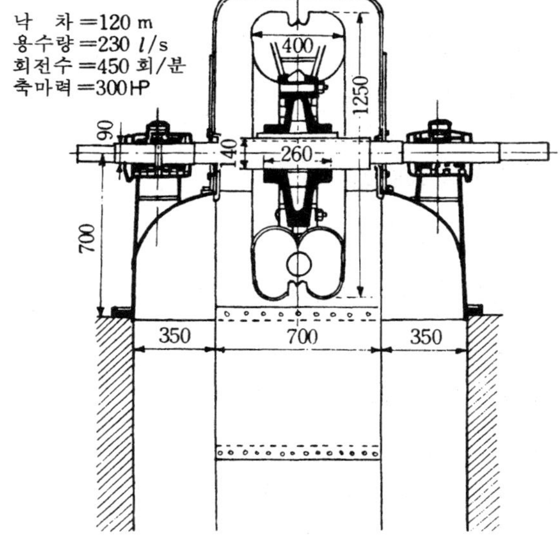

그림 3-22

회전차축에 전달되는 축마력은 식 (3.27)에서 효율을 $\eta = 0.82$로 하면

$$S_{HP} = 13.3QH \times \eta = 13.3 \times 0.23 \times 120 \times 0.82 = 300$$

으로 되고, 이 펠턴수차의 비속도는 다음과 같다.

$$N_s = \frac{N}{H}\sqrt{\frac{HP}{\sqrt{H}}} = \frac{450}{120}\sqrt{\frac{300}{\sqrt{120}}} = 19.6$$

그림 **3-22**는 본 설계의 펠턴 수차 주요부의 치수를 보여주고 있으며, 노즐 분출구에 접근하여 편류판(deflector)을 장치하며, 주속기의 작동을 보조하게 한다.

【예제 3·5】 유효낙차 $H = 500$m, 유량 $Q = 60\text{m}^3/\text{s}$의 펠톤 수차를 설계하여라. 단, 주파수 $f = 60\left(\frac{1}{\sec}\right)$이며, 발전기의 극수 $P = 18$이다.

해 수차 효율은 식 (3.26)에서 0.82로 하여 수차 출력을 축마력으로 계산하면

$$S_{HP} = 13.3\,QH\eta_h = 13.3 \times 10 \times 500 \times 0.82 = 54530(\text{HP})$$

수차 회전수는 표 **3-2**에서 $N = 400$rpm으로 정하고 비속도를 식 (3.2)에 의하여 계산하면

$$N_s = 400\,\frac{54530^{1/2}}{500^{5/4}} = 39.5$$

표 **3-1**에 의하여 수차의 형식은 더블 펠톤 수차로 결정한다.

노즐에서의 제트 속도 v_1은 식 (3.21)에 의하여

$$v_1 = (0.95 \sim 0.98)\sqrt{2gH} = 0.95\sqrt{2\times 9.8\times 500} = 94(\text{m/s})$$

제트의 지름 d_0는 식(3.32)에서 $Q/2$로 하여

$$d_0 = \sqrt{\frac{Q/2}{0.785 v_1}} = \sqrt{\frac{5}{0.785\times 94}} = 0.26$$

버킷 피치원의 지름 D(m)는 식 (3.23)에 의하여

$$D = \frac{60\times u}{\pi N} = \frac{60 v_1/2}{3.14\times 400} = 2.25(\text{m})$$ (u는 원주 속도이며 $\frac{1}{2}v_1$을 취한다)

버킷의 주요 치수는 그림 **3-17**에 의하여

$$\text{A} = (2.0\sim 2.5)\,d_0 = 2.3\times 0.26 = 0.6(\text{m})$$

$$\text{B} = (2.5\sim 3.0)d_0 = 2.8\times 0.26 = 0.73(\text{m})$$

$$\text{C} = (0.9\sim 1.0)d_0 = 0.95\times 0.26 = 0.25(\text{m})$$

$$\text{E} = (0.4\sim 0.5)d_0 = 0.45\times 0.26 = 0.12(\text{m})$$

$$\text{G} = (1.0\sim 1.2)d_0 = 1.1\times 0.26 = 0.29(\text{m})$$

$$\alpha = 8^\circ \sim 15^\circ = 10^\circ$$

$$\beta = 4^\circ \sim 8^\circ = 6^\circ$$

버킷의 원판에 부착하는 부분의 치수도 고려하여 버킷의 선단원 반지름을 1.4m로 하고 분사류가 그 버킷 선단 원주를 차단하는 원호에 대한 원주각 ϕ를 작도에 의하여 구하면 $\phi = 0.942$(rad)이며 버킷 피치각은 식 (3.15)에 의하여

$$\theta_m = \phi - 2\times\frac{u_a}{v_1}\sin\frac{\phi}{2} = 0.942 - 2\times\frac{47}{94}\times 0.454 = 0.488(\text{rad}) = 28℃$$

따라서 버킷 수는

$$z = \frac{360^\circ}{28^\circ}\times\frac{1}{0.8} = 16$$

3-3 프랜시스수차

3-3-1 프랜시스수차의 이론

도수관에서 유출하는 유체는 스파이럴 케이싱(spiral casing) 및 안내깃을 통과하여, 회전차의 입구로부터 유입하여 출구에서 유출하는 동안에 주로 물의 운동 에너지가 기계적 에너지로 변환되어 축동력으로서 회전차축을 통하여 전달된다.

회전차의 출구에서 나온 유체는 계속하여 흡출관을 지나서 방수로에 방출되며, 흡출관 내에서

유수의 에너지 일부가 회수되지만 이에 관해서는 다음으로 미루고, 본절에서는 회전차 내의 에너지변환의 이론을 각 운동량 정리에 의하여 설명하기로 한다.

운동하고 있는 물체는 운동량을 가지고 있으며, 이 운동량은 물체의 질량 m과 속도 v를 곱한 mv로 표시된다. 물체의 운동방향 및 속력이 변할 때에는 일정점에서 물체의 운동량이 변한다. 역학 이론에 의하면, 운동하고 있는 물체의 각 운동량을 하나의 고정점의 주위에 취하면 이 각 운동량이 단위시간에 증감하는 양은 그 물체에 작용하는 외력의 모멘트와 같다고 한다. 이것을 **운동량의 모멘트에 관한 정리**(theorem of angular momentum)이며, 이 정리를 수차 내를 통과하는 유체에 적용한다.

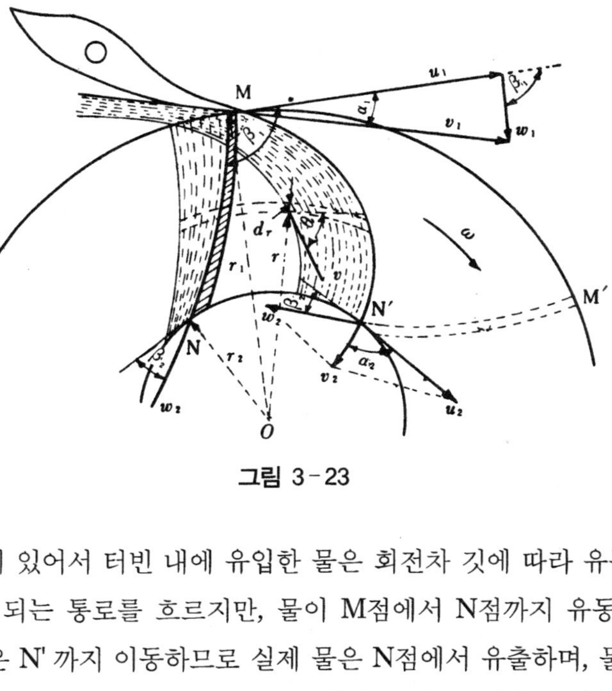

그림 3-23

그림 **3-23**의 M점에 있어서 터빈 내에 유입한 물은 회전차 깃에 따라 유동하므로 상대적으로는 곡선 MN으로 표시되는 통로를 흐르지만, 물이 M점에서 N점까지 유동하는 동안에 회전차 자신도 회전하여 N점은 N' 까지 이동하므로 실제 물은 N점에서 유출하며, 물의 통과하는 상대적인 통로는 MN' 로 표시되는 것과 같다. 물론 그 동안에 M점도 M' 까지 이동하여 회전차 깃 MN은 점선위치 M'N' 에 오는 것이다.

입구 M점에서는 물이 안내깃에 따라 α_1각, v_1의 절대속도로 유입한다. 출구에서는 물은 안내깃에 따라서 w_2의 속도로 유출하지만 출구에서 회전차 깃이 u_2의 속도로 회전하고 있으므로 출구에서 물이 유출하는 절대속도는 그림의 속도선도와 같이 v_2로 되고, 이 v_2는 회전차 원의 접선과 δ각을 이룬다.

반지름 r의 원주를 통과하는 물의 축심에 대한 각 운동량은 $\frac{\gamma Q}{g} \times v \cos\theta \times r$이다.

반지름이 $(r+dr)$의 원주에서는 물의 속도 v와 경사각 θ가 약간 다르므로 그 원주를 통과하는 물의 운동량의 모멘트는 반지름 r의 그것과는 다르다. 그 차이를 $\frac{\gamma Q}{g} d(v \cos\theta \times r)$라 하면 유체가 반지름 $(r+dr)$에서 dr만큼 안쪽으로 이동하는 동안에 회전차로부터 전달받는 힘의 모멘트 dT와 같다.

회전차의 입구에서 출구까지 $\frac{\gamma Q}{g} d(v \cos\theta \times r)$를 dr에 관하여 적분하면, 유체가 회전차를 통과하는 동안 받는 힘의 모멘트를 구할 수 있다.

$$T = \int_2^1 dT = \int_2^1 d(v \cos\theta \times r)$$

$$\therefore\ T = \frac{\gamma Q}{g}(v_1 \cos\alpha_1 \times r_1 - v_2 \cos\alpha_2 \times r_2)$$

회전차는 이 모멘트를 받으면서 각속도 ω(radian)로 회전하므로, 회전차가 유체로부터 전달받는 동력 L(kgf·m/s)은

$$L = T \cdot \omega = \frac{\gamma Q}{g}(v_1 \cos\alpha_1 \times r_1 - v_2 \cos\alpha_2 \times r_2)\,\omega$$

$$\therefore\ L = \frac{\gamma Q}{g}(v_1 u_1 \cos\alpha_1 - v_2 u_2 \cos\alpha_2) \tag{3.30}$$

이 동력을 물 1kgf·m에 대한 낙차 h(m)로 나타내면

$$h = \frac{1}{g}(v_1 u_1 \cos\alpha_1 - v_2 u_2 \cos\alpha_2) \tag{3.31}$$

로 되며, 이것은 회전차의 수력효율이 η_h일 때 유효낙차 H(m) 중에서 회전차에 전달되어 유용한 일을 한 낙차는 h(m)라는 것이며, $h = \eta_h H$의 관계가 있으므로

$$H \cdot \eta_h \cdot g = (v_1 u_1 \cos\alpha_1 - v_2 u_2 \cos\alpha_2) \tag{3.32}$$

이다. 이 식에서 $\alpha_2 = 90°$일 때 대략 최고효율을 얻으며, 윗 식은

$$g \cdot \eta_h \cdot H = v_1 u_1 \cos\alpha_1 \tag{3.33}$$

로 된다. 또 속도선도에 있어서

$$w_1^2 = u_1^2 + v_1^2 - 2u_1 v_1 \cos \alpha_1$$

$$w_2^2 = u_2^2 + v_2^2 - 2u_2 v_2 \cos \alpha_2$$

이므로

$$u_1 v_1 \cos \alpha_1 = (u_1^2 + v_1^2 - w_1^2)/2$$

$$u_2 v_2 \cos \alpha_2 = (u_2^2 + v_2^2 - w_2^2)/2$$

으로 되며, 식 (3.32)는

$$\eta_h \cdot H = \frac{v_1^2 - v_2^2}{2g} + \frac{u_1^2 - u_2^2}{2g} - \frac{w_1^2 - w_2^2}{2g} \qquad (3.34)$$

으로 된다.

식 (3.22), 식 (3.34)는 원심펌프에서도 언급된 바와 같이 수력기계의 기초 방정식이다.

3-3-2 흡출관

(1) 흡출관의 효능

흡출관(draft tube)은 반동수차의 회전차 출구에 설치되어 유출수를 방수로까지 도출시키는 부분을 말한다. 그러나 흡출관의 본래의 목적은 흡출관에 충만된 수주의 무게에 의하여 수차의 회전차 출구에 진공을 발생시켜 회전차 내의 유체를 아래 방향으로 빨아냄으로써 유효낙차(수두)를 증대시키는 것이다.

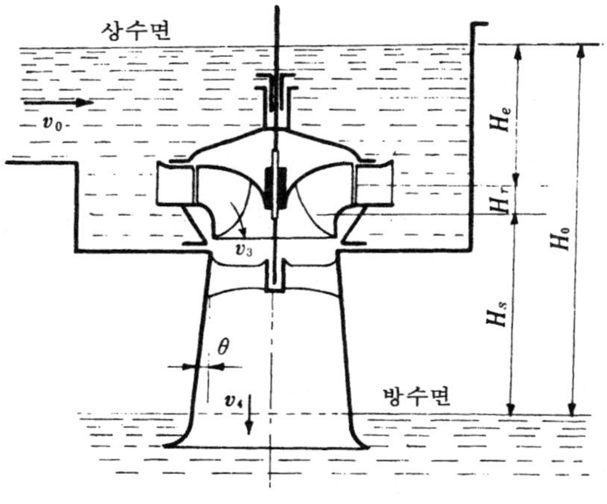

그림 3-24

그림 3-24에서 만약에 흡출관을 설치하지 않으면 회전차 출구에서 유출하는 물은 방수면까지 쓸모없이 자연 낙하하므로 유효낙차는 (H_e+H_r)(m)이다.

그러나 회전차 출구에 흡출관을 부착하면 관 내의 수주는 자중에 의하여 강하하려고 하므로, 수주 H_s에 상당한 흡출압력이 작용하게 된다. 따라서 수차에는 위쪽에서 (H_e+H_r)에 해당하는 압력수두와 아래 방향으로의 흡출압력수두 H_s를 동시에 받는다. 즉 총유효낙차 H는

$$H=(H_e+H_r)-(-H_s)=H_e+H_r+H_s \tag{3.35}$$

그림 3-24와 같은 수차설계에서는 식 (3.35)와 같이 전유효낙차가 조금도 손실 없이 이용되는 셈이다. 그러므로 흡출관의 접착부 등에서 공기가 새지 않도록 함으로써 수주의 자중으로 생긴 진공이 전부 흡출압력에 이용되도록 해야 한다.

또 하나의 흡출관의 사용목적은 회전차 출구에서 쓸모없이 버려지는 속도수두를 감소시키는 일이다. 따라서 흡출관을 나팔형으로 만들어 점차 그 단면적을 끝으로 갈수록 확대하여 흐름속도를 감소시킨다.

회전차 출구의 유속 v_2, 방수면에서의 흡출관내 유속을 v_4라 하면 $(v_2^2-v_4^2)/2g$의 수두가 흡출관 내에서 서서히 유체압력으로 전환되어 수차의 유효압력에 더해진다. v_4의 감소에는 흡출관의 확대율을 크게 하면 되지만, 너무 급격한 확대는 경계층 박리(separation)를 발생시키며, 이는 결국 흡출관내 유체의 분산을 초래하여 역효과를 내므로 원추각이 6° 를 넘지 않게 하여야 하며 보통 4~5° 로 한다.

(2) 흡출관의 최대높이

흡출관은 원래 수주의 크기에 의하여 흡출 작용을 일으키는 것이므로 대기압에 상당하는 수두, 즉 10(m)이상 높이로 해도 동력을 얻는데 도움이 되지 않는다.

지금 흡출관 입구와 출구의 유속을 v_3, v_4, 압력을 p_3, p_4라 하고 관 내의 마찰손실수두를 $f\dfrac{v_4^2}{2g}$, 흡출관의 높이를 H_s라 할 때 베르누이 정리를 적용하면 다음과 같다.

$$H_s+\frac{p_3}{\gamma}+\frac{{v_3}^2}{2g}=\frac{p_4}{\gamma}+(1+f)\frac{{v_4}^2}{2g}$$

p_4는 방수면의 압력으로서 대기압 p_a와 같다.

$$\therefore\ H_s=\frac{p_a}{\gamma}-\frac{p_3}{\gamma}-\frac{{v_3}^2}{2g}+(1+f)\frac{{v_4}^2}{2g} \tag{3.36}$$

윗 식에서 대기압수두 P_a/γ는 지방에 따라서 약간 다르지만 대략 10(m)이다. P_3/γ는 회전차 출구에 완전 진공이 생겼다고 하더라도 영으로 될 수는 없다. 이는 수차에서 유출하는 수온이 보통 10~20℃이며, 이에 상당한 포화증기가 물에서 발생하기 때문이다. 10~20℃의 포화증기압력의 수두는 0.1~0.23(m)이며, 이 저압부에서 유동하는 유체 속에 함유된 공기 등으로 흡출관 정상부의 p_3/γ는 최저 0.5~1.0(m) 정도이다. 그리고 수차의 회전차에서 물이 유출할 때의 절대속도는 대개 $v_2 = 4$~8(m/s)이며, $v_3 = v_2$이다.

흡출관에서 방수면에 유입하는 수속 v_4는 2~3(m/s)이며, 마찰계수 $f = 0.5$~1.0정도이다. 지금 $v_3 = 7.5$(m/s), $v_4 = 3$(m/s), $f = 1.0$을 대입하면 식 (3.36)에 의하여

$$\therefore\ H_s = \frac{p_a}{\gamma} - \frac{p_3}{\gamma} - \frac{{v_3}^2}{2g} + (1+f)\frac{{v_4}^2}{2g} = 10 - 1 - 2.9 + 0.9 = 7(\mathrm{m})$$

그러나 수차의 유량 Q가 갑자기 증가할 때는 $\frac{{v_3}^2}{2g}$도 증대하므로, 아무래도 흡출관의 최대 높이는 6(m)이상으로 할 수는 없을 것이다.

수백 미터의 고낙차를 이용하는 펠턴 수차는 흡출관에서 얻는 수두 5~6(m)가 유효낙차에 큰 영향을 주지 않으므로 흡출관을 설치하지 않으나, 프랜시스수차를 비롯하여 프로펠러수차, 카플란수차 등 반동수차에서는 수십 미터의 저낙차의 경우가 허다하므로 흡출관에서 이용되는 수m의 수두도 전 유효낙차에 대하여 큰 비율을 차지한다.

3-3-3 프랜시스 수차의 효율

프랜시스 수차의 효율은 회전차의 형식에 따라 다르며, 회전차 형식은 그림 3-11과 표 3-1에 나타낸 바와 같이 비속도에 의하여 저속형, 정상형, 고속형, 초고속형으로 분류된다.

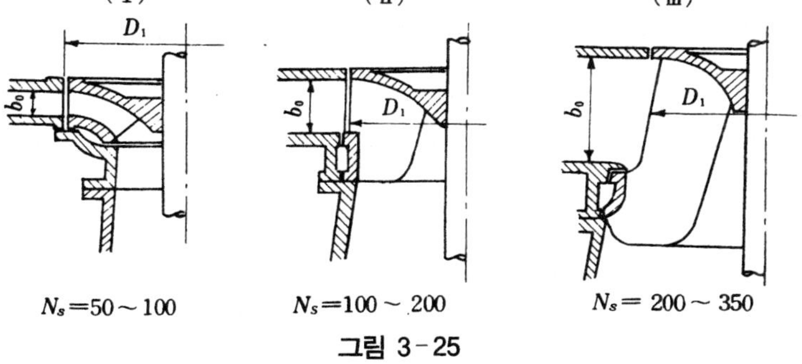

그림 3-25

그림 3-25의 (Ⅰ)에 나타낸 바와 같은 저속형에서는 안내깃의 경사각 $\alpha_0(=\alpha_1)$가 극히 작다. 식 (3.33)에 의하면 회전차의 수력효율은 $\eta_h = \frac{v_1 u_1}{gH} \times \cos\alpha_1$로 되며, 각 α_1이 작을수록 η_h가 커진다.

그러나 저속형에서는 회전차 바깥지름이 커서 양 외측면의 면적이 넓은 까닭에 회전할 때에 큰 원판 마찰(disc friction)을 받고, 얇고 긴 회전차내를 물이 유동하는 동안에 큰 유체마찰(hydraulic friction)을 받으며 좁은 유입면적에 대하여 격간의 면적이 비교적 넓어서 체적효율을 좌우하는 유출손실이 많은 것 등으로 인하여 각 α가 작음으로 얻는 이익보다 오히려 손실이 커서 결국 저속형의 효율이 정상형보다 떨어진다.

그림 3-25의 (Ⅱ)에 표시하는 정상형에서는 안내깃 출구의 유출각 α_0가 저속차보다 크므로 효율은 감소하는 경향이 있지만, 회전차외측면의 면적이 좁고 유로가 짧아 원판마찰과 유체마찰이 저속형보다 적다. 또한 유입구의 면적이 넓으므로 격간에서의 유출손실 비율이 적어서 저속형보다도 대체로 수차효율이 높다.

그림 3-25의 (Ⅲ)에 나타낸 고속형에서는 원판마찰, 유체마찰 및 유출손실이 적지만, 안내깃의 경사각 α_0가 너무 크고 유출 속도가 빨라 에너지가 회전차에 전달되지 못하여 효율은 극히 낮다(그림 3-11 참조).

프랜시스 수차의 효율은 그 형식뿐 아니라 출력 그리고 낙차의 크기에 따라서도 달라진다. 대체로 고낙차와 대출력의 경우가 저낙차와 소출력의 것보다 효율이 높다.

앞에서 기술한 수력효율 η_h, 체적효율 η_v 외에 베어링, 스터핑 박스 등으로 인한 기계효율 η_m은 일반 수력기계의 경우와 동일하며, 전효율 $\eta = \eta_h \cdot \eta_v \cdot \eta_m$은 대략 표 3-3에 나타난 바와 같다.

3-3-4 프랜시스수차의 설계

프랜시스수차를 설계함에 있어서는 먼저 주어진 낙차 H, 유량 Q, 출력 L 및 회전수 N으로부터 수차의 비속도 N_s를 식 (3.2)로부터 산출하여 문제의 회전차 형식을 결정해야 한다.

다음에는 회전차 출구에서 유출하는 물의 절대속도 v_2를 정하며, v_2는 다음 식에 의하여 구한다.

$$v = \sqrt{2gH\varepsilon} \tag{3.37}$$

여기서 ε은 경험적인 계수이며, 표 3-3과 같다.

표 3-3

회전차 형식	ε	δ	η_h	χ	a_1	a_2
저속회전차	0.02~0.25	1.25~1.75	0.80~0.83	0.05~0.15	15°~20°	60°~90°
정상회전차	0.05~0.08	1.05~1.15	0.83~0.85	0.15~0.25	20°~30°	90°
고속회전차	0.08~0.12	0.75~0.95	0.75~0.80	0.25~0.45	30°~50°	90°~150°

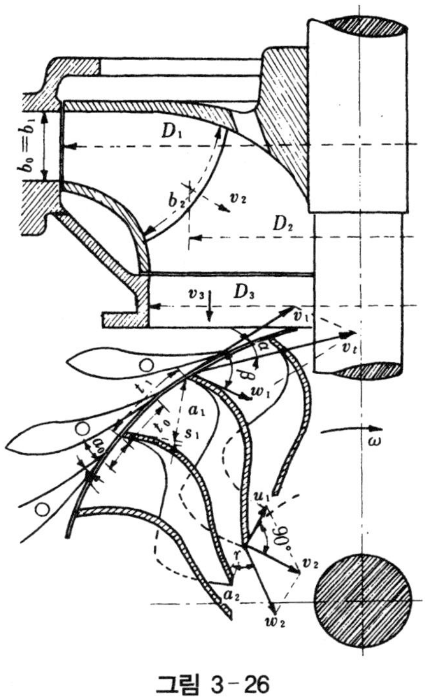

그림 3-26

유효면적 $A_2(\mathrm{m}^2)$를 회전차의 유출구 원추면적으로 하여, 그림 3-26에서 $A_2=\pi D_2 b_2$라 하면

$$\left(A_2 \times \frac{a_2}{a_2+s_2}\right) v_2 = Q$$

$$\therefore\ A_2 = \frac{a_2+s_2}{a_2} \times \frac{Q}{v_2} \tag{3.38}$$

$(a_2+s_2)/a_2$의 값은 유출구에 있어서 회전차 깃 두께 s_2가 v_2에 수직인 깃 간격 a_2에 대한 비에 의하여 정해지며, 회전차 깃을 연강판으로 할 때는 $\dfrac{a_2+s_2}{a_2}=1.10\sim1.15$, 회전 차체와 일체로 주조할 때는 $\dfrac{a_2+s_2}{a_2}=1.15\sim1.20$범위로 한다.

유체가 회전차 깃 출구에서 v_2로 유출한 후, 그 방향을 바꾸어 축방향으로 유동할 때의 유속 v_3는 v_2와 같은 것이 가장 바람직한 것이다. 이렇게 하기 위해서는 회전차 출구면적(그림 3-26에서 $\pi/4 \cdot D_3{}^2$이며, 이것은 흡출관의 상편 단면적과 같다)에서 그 중심부를 지나는 축 또는 회전차 보스의 단면적 A_{sb}를 뺀 나머지 면적이 A_2와 같으면 된다.

A_{sb}는 $\pi/4 \cdot D_3^2$의 2~5%에 상당하므로

$$D_3 = \sqrt{\frac{4}{\pi}(1.02 \sim 1.05)A_2} \qquad (3.39)$$

D_3는 위에 언급한 바와 같이 흡출관의 상단지름이다.

회전차 유입구의 지름 D_1은 D_3를 기준으로 표 3-3의 δ에 의하여 산정된다. 회전차 입구의 속도선도에서 회전차 깃 입구각 β_1, 유입각 α_1, 유입속도 v_1 및 원주속도 u_1들의 상호 관계는

$$v_1 \sin(\beta_1 - \alpha_1) = u_1 \sin\beta_1$$

$$v_1 = u_1 \frac{\sin\beta_1}{\sin(\beta_1 - \alpha_1)}$$

또한

$$u_1 = v_1 \frac{\sin(\beta_1 - \alpha_1)}{\sin\beta_1}$$

이며, 이 2관계를 식 (3.33)에 대입하면

$$u_1 \frac{\sin\beta_1}{\sin(\beta_1 - \alpha_1)} \times u_1 \cos\alpha = g \cdot \eta_h \cdot H$$

$$\therefore\ u_1 = \sqrt{g\eta_h H \frac{\sin(\beta_1 - \alpha_1)}{\sin\beta_1 \cos\alpha_1}} = \sqrt{g\eta_h H\left(1 - \frac{\tan\alpha_1}{\tan\beta_1}\right)} \qquad (3.40)$$

그리고

$$v_1 \times v_1 \frac{\sin(\beta_1 - \alpha_1)}{\sin\beta_1} \times \cos\alpha_1 = g\,\eta_h H$$

$$\therefore\ v_1 = \sqrt{a\,\eta_h H \frac{\sin\beta_1}{\sin(\beta_1 - \alpha_1)\cos\alpha_1}} = \frac{1}{\cos\alpha_1}\sqrt{\frac{g\eta H}{1 - \frac{\tan\alpha_1}{\tan\beta_1}}} \qquad (3.41)$$

표 3-3에서 η_h, α_1, β_1을 정하여 u_1을 산출하면 다음 식으로 회전차의 회전수 N을 계산할 수 있다.

$$N = \frac{60\,u_1}{\pi D_1} \tag{3.42}$$

만일 회전수가 주어지면 식 (3.42)에 의하여 회전차의 지름 D_1을 계산한다. 또한 회전차 형식에 따라 표 3-3의 δ에 의하여

$$D_1 = \delta D_3 \tag{3.43}$$

로 D_1을 정하기도 한다.

다음에 회전차 입구에서의 유체의 유입면적 A_1은 입구폭 b_1, 깃두께 s_1 깃수 z에 의하여

$$A_1 = b_1\left(\pi D_1 - z \times \frac{s_1}{\sin\beta_1}\right)$$

으로 계산되며, 깃두께로 인한 원호의 전길이, 즉 $z \times \frac{s_1}{\sin\beta_1}$은 전원주 πD_1의 약 10% 정도이며

$$A_1 = b_1 \times \pi D_1 \times 0.9 \quad \text{즉} \quad b_1 = \frac{A_1}{0.9 D_1 \pi}$$

이다. 그런데 $A_1 = \frac{Q}{v_1 \sin\alpha_1}$ 이므로 입구 폭 b_1은

$$b_1 = \frac{Q}{v_1 \sin\alpha_1} \times \frac{1}{0.9\pi D_1} \tag{3.44}$$

로 계산된다.

한편 경험적 계수 k에 의하여 입구 폭 b_1을 지름 D_1에 대하여 다음 식 (3.45)로 정하여도 이론값보다 더욱 좋은 결과를 얻는다(표 3-3 참조).

$$b_1 = k D_1 \tag{3.45}$$

안내깃 출구에서의 치수도 회전차의 경우와 마찬가지로 그림 3-26에서 안내깃 피치 t_0, 수직간격 a_0및 깃폭 b_0는 각각 다음과 같다.

$$t_0 = \frac{\pi D_0}{z_0} \quad a_0 = t_0 \sin\alpha - s_0$$

$$b_0 = \frac{1}{z_0 a_0} \times \frac{Q}{v_1} = \frac{1}{z_0(t_0 \sin \alpha_1 - s_0)} \times \frac{Q}{v_1}$$

$$= \frac{1}{\pi D_0 - z_g \dfrac{s_0}{\sin \alpha_1}} \times \frac{Q}{v_1 \sin \alpha_1} \tag{3.46}$$

안내깃의 두께에 의한 원호의 전길이 $z_g \times \frac{s_0}{\sin\alpha_1}$ 를 전 원주 πD_0의 10% 정도로 간주하면

$$b_0 = v_1 \sin\alpha_1 = \frac{Q}{v_1 \sin \alpha_1} \times \frac{1}{0.9\pi D_0} \tag{3.47}$$

D_0가 D_1보다 약간 크기 때문에 $b_1 > b_0$이나, 실제 설계에서는 $b_1 = b_0$로 하며, 안내깃에서의 유출각 α_0는 회전차에의 유출각 α_1과 같다.

다음에 회전차축의 지름은 회전차가 발생하는 출력 L을 축마력 $S \cdot HP = 13.3QH\eta$로 계산하여 회전차축이 받는 비틀림 모멘트 T_0를 같게 놓고 계산된다. 즉

$$d(\text{cm}) = \sqrt[3]{\frac{16}{\pi} \times \frac{T_0}{\tau}} = 71.5 \sqrt[3]{\frac{S \cdot HP}{N \times \tau}} \tag{3.48}$$

τ는 축의 단면에 작용하는 허용단면응력이며, 300~500(kgf/cm^2)으로 하나 횡축형 수차에서는 회전차 중량에 의한 굽힘 모멘트도 동시에 받으므로 τ는 300(kgf/cm^2) 정도가 적당하다.

다음에 회전차 깃은 저낙차용에서는 주철로 주조되고, 고낙차용에서는 인청동 또는 망간 브론즈로 주조된다. 이들 청동은 강도가 높고 마멸과 부식에 대하여 강하다.

안내깃도 저낙차에 대하여는 주철로 주조되고, 고낙차용에는 주강으로 한다. 토사가 많은 물이 있는 경우는 니켈강을 단조하여 가공한다.

회전차깃 수와 안내깃 수는 동수로 하는 것을 피해야 하고, 보통 앞의 것을 홀수, 뒤의 것을 짝수로 하며, 회전차 입구지름에 따른 깃수를 표 3-4에 나타내었다.

표 3-4

회전차 입구 지름 D_1(m)	회전차깃 수 z					안내깃 수 z_o		
	$\beta_1 \fallingdotseq 40°$	$\beta_1 \fallingdotseq 60°$	$\beta_1 \fallingdotseq 90°$	$\beta_1 \fallingdotseq 120°$	$\beta_1 \fallingdotseq 140°$	$\alpha_0 < 20°$	$20° < \alpha_0 < 30°$	$\alpha_0 > 30°$
0.25~0.75	17	15	13	11	9	10	12	16
0.75~1.00	21	19	15	13	9	12	16	20
1.00~1.50	25	21	17	15	11	16	20	24
1.50~2.00	29	25	19	15	11	20	24	28

【예제 3·6】 유효낙차 $H=60\text{m}$, 유량 $Q=2.5(\text{m}^3/\text{s})$, 출력 1200kW을 내는 프란시스 수차를 설계할 때 캐비테이션을 발생하지 않는 한도에서 최대의 흡출관 높이를 구하라. 단, 회전차회전수는 900rpm이며, 수온은 20℃이다.

해 수차의 비속도는

$$N_s = 900\frac{1200^{1/2}}{60^{5/4}} = 187$$

$N_s=187$에 대한 캐비테이션계수 σ는 그림 **3-48**에 의하여 $\sigma=0.075$이다. 수온 20℃의 포화 증기압은 238kgf/m^2으로서 식(3.65)에 대입하여

$$H_s = \frac{10330-238}{998.2} - 0.075\times60 = 5.61(\text{m})$$

3-3-5 프랜시스 수차의 설계예

(1) 저속형

낙차 $H=120(\text{m})$, 유량 $Q=18(\text{m}^3/\text{s})$의 수력을 개발하는 수차의 설계 : 단, 수차축은 60 사이클 교류발전기에 직결된다.

저속형이라는 명명은 낙차가 커서 흐름속도가 빠르고, 따라서 회전차의 회전이 과속으로 되기 때문에 회전차 지름을 크게 하는 등으로 가급적 속도를 저감시키는 구조로 하는 데서 온 것이다. 본 예제에서는 유량도, 낙차도 크므로 저속형으로 설계해야 한다.

표 **3-3**에서 회전차의 수력효율을 $\eta_h=0.83$으로 하여 출력을 계산하면

$$L = 13.3QH\eta_h = 13.3\times18\times120\times0.83 = 23850(\text{HP}) = 17570(\text{kW})$$

표 **3-2**에서 $N=257(\text{rpm})$으로 정하면

$$N_s = \frac{N}{H}\sqrt{\frac{\text{HP}}{\sqrt{H}}} = \frac{257}{120}\sqrt{\frac{23850}{\sqrt{120}}} = 100$$

회전차 깃에서의 흐름속도 v_2는 $\varepsilon=0.03$으로 하여

$$v_2 = \sqrt{2gH\varepsilon} = \sqrt{16.6\times120\times0.03} = 8.4(\text{m/s})$$

식 (3.38)에서 $\dfrac{a_2+s_2}{a_2}=1.1$로 가정하면, 회전차 깃 유출면적은

$$A_2 = \frac{a_2+s_2}{a_2}\times\frac{Q}{v_2} = 1.10\times\frac{18.0}{8.4} = 2.36(\text{m/s})$$

회전차 출구(축방향 출구)의 지름은 식 (3.39)에 의하여

$$D_3=\sqrt{\frac{4}{\pi}\times 1.02\,A_2}=\sqrt{\frac{4}{\pi}\times 1.02\times 2.36}=1.75(\text{m})=1750\text{mm}$$

표 3-3에서 $\alpha_1=20°$, $\beta_1=75°$로 정하여 식 (3.40), 식 (3.41)에 의하여 u_1 및 v_1을 계산하면 다음과 같다.

$$u_1=\sqrt{gH\eta_h\left(1-\frac{\tan 20°}{\tan 75°}\right)}=\sqrt{9.8\times 120\times 0.83}\times\left(1-\frac{0.364}{3.732}\right)=30(\text{m/s})$$

$$v_1=\frac{1}{\cos 20°}\sqrt{\frac{gH\eta_h}{1-\left(\frac{\tan 20°}{\tan 75°}\right)}}=\frac{1}{0.940}\times 32.0=34.0(\text{m/s})$$

회전차 입구 지름 D_1과 입구 폭 b_1은 식 (3.42), 식 (3.44)에 의하여

$$D_1=\frac{60u_1}{\pi N}=\frac{60\times 30.0}{\pi\times 257}=2.23(\text{m})=2230(\text{mm})$$

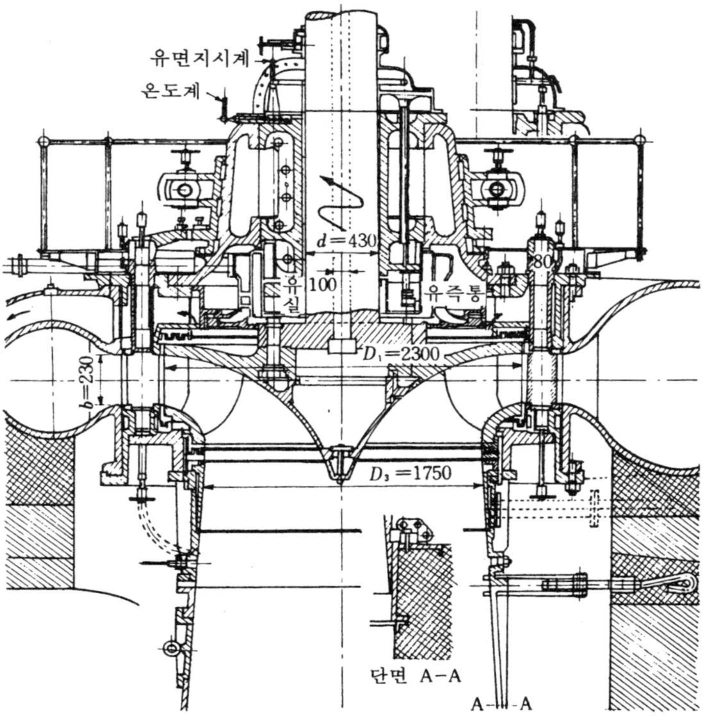

그림 3-27

$$b_1 = \frac{Q}{v_1 \sin 20°} \times \frac{1}{0.9\pi D_1} = \frac{18.0}{34\times0.342} \times \frac{1}{0.9\pi\times2.23}$$
$$= 0.246(\text{m}) = 246(\text{mm})$$

그러므로 $\frac{b_1}{D_1} = k\frac{0.246}{2.23} = 0.11$로 된다.

회전차축의 지름 d는 종축형으로써 비틀림 모멘트에 대한 허용전단응력 $\tau = 450(\text{kgf/cm}^2)$을 취하여

$$d = 71.5\sqrt[3]{\frac{S\cdot \text{HP}}{N\cdot\tau}} = 71.5\sqrt[3]{\frac{23850}{257\times450}} \fallingdotseq 430(\text{mm})$$

회전차깃 수 z와 안내깃 수 z_g는 표 **3-4**에서 $z=23$, $z_g=26$ 정도로 정하는 것이 좋다.

그림 **3-27**은 이 예제에 대하여 설계한 종축형 스파이럴 케이싱의 프랜시스수차 종단면도이다.

(2) 정상형

낙차 $H=40(\text{m})$, 유량 $Q=1.4(\text{m}^3/\text{s})$의 수력을 개발할 프랜시스 수차의 설계 : 단, 회전차축은 직류발전기에 직결되므로 제한이 없다.

회전차 수력효율을 $\eta_h = 0.83$으로 가정하면

$$L = 13.8QH\eta_h = 13.3\times1.4\times40\times0.83 = 610(\text{HP})$$
$$= 9.8\times1.4\times40\times0.83 = 455(\text{kW})$$

이며, 회전차 회전수를 $N=600(\text{rpm})$으로 가정하면 이 수차의 비속도는

$$N_s = \frac{600}{40}\sqrt{\frac{610}{\sqrt{40}}} = 147$$

로서 정상차형이 적당하다.

식 (3.37)에서 $\varepsilon = 0.08$라 하면 회전차깃 출구의 유속은

$$v_2 = \sqrt{2gH\varepsilon} = \sqrt{19.6\times40\times0.08} = 7.9(\text{m/s})$$

로 되고, 깃출구의 유출면적 A_2는 식 (3.38)에서 $\frac{a_2+s_2}{a_2} = 1.10$으로 하면

$$A_2 = \frac{a_2+s_2}{a_2}\times\frac{Q}{v_2} = 1.10\times\frac{1.4}{7.9} = 0.195(\text{m}^2)$$

회전차 출구(축방향)의 지름 D_3는 식 (3.39)에 의하여

$$D_3 = \sqrt{\frac{4}{\pi} \times 1.05 \times 0.195} = 0.51(\text{m}) = 510(\text{mm})$$

이다. 회전차 입구에서 유입각 $\alpha_1 = 20°$, 입구각 $\beta_1 = 90°$라 하면 식 (3.40), 식 (3.41)에 의하여 회전차 입구 원주속도 u_1과 유입속도 v_1은 다음과 같다.

$$u_1 = \sqrt{gH\eta_h} = \sqrt{9.8 \times 40 \times 0.83} = 18.0(\text{m/s})$$

$$v_1 = \frac{1}{\cos 20°} \times \sqrt{gH\eta_h} = \frac{1}{0.94}\sqrt{325} = 19.0(\text{m/s})$$

식 (3.43)에 있어서 δ를 1.10으로 하면 유입구의 지름은

$$D_1 = 1.10 D_3 = 1.1 \times 0.51 = 0.56(\text{m}) = 560(\text{mm})$$

으로 되고, 식 (3.42)에 의하여 회전차 회전수는

$$N = \frac{60 u_1}{\pi D_1} = \frac{60 \times 18.0}{0.56\pi} = 614 \fallingdotseq 600(\text{rpm})$$

회전차 유입구폭 b_1은 식 (3.44)의하여 계산된다.

$$b_1 = \frac{Q}{v_1 \sin 20°} \times \frac{1}{0.9} \times \pi D_1$$

$$= \frac{1.4}{19.0 \times 0.34} \times \frac{1}{0.9 \times \pi \times 0.56} = 0.137(\text{m}) = 137(\text{mm})$$

따라서 $\frac{b_1}{D_1} = k = \frac{0.137}{0.56} \fallingdotseq 0.25$가 되고, 안내깃 출구폭 b_0는 회전차 입구폭 b_1과 거의 같게 하여 140(m)로 정한다.

회전차축의 지름은 가로축으로 하는 관계로 굽힘 모멘트를 동시에 받는 것을 고려하여, 허용 전단응력 τ를 300(kgf/cm^2)으로 해서 다음과 같이 계산한다.

$$d = 71.5 \sqrt[3]{\frac{S \cdot \text{HP}}{N\tau}} = 71.5 \sqrt[3]{\frac{610}{600 \times 300}} = 10.7(\text{cm})$$

베어링부의 축지름을 11(cm)로 정하고, 그 외 부분의 축지름을 15(cm)로 한다. 회전차깃 수와 안내깃 수는 표 **3-4**에서 $z = 13$, $z_g = 12$로 정한다.

그림 **3-28**은 이 예제의 설계도이며 횡축수차이다.

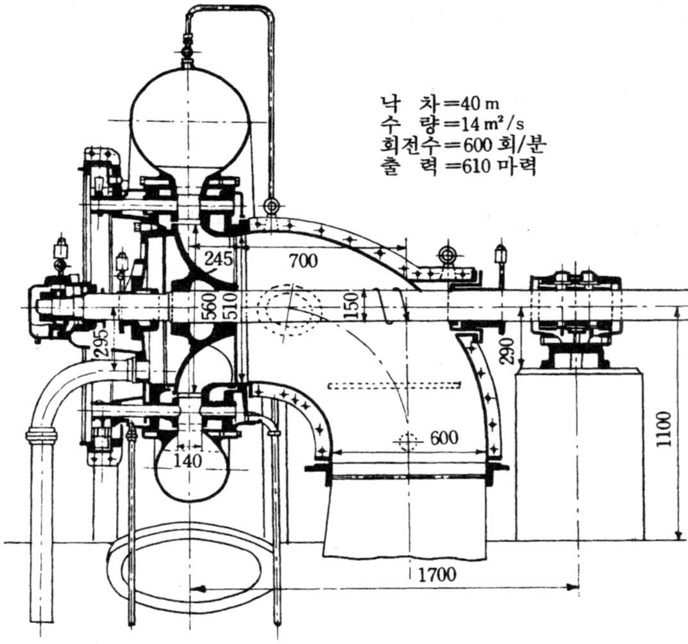

그림 3-28

(3) 고속형

낙차 $H=3\text{m}$, 유량 $Q=0.85(\text{m}^3/\text{s})$의 수력을 개발하는 데 사용할 프랜시스수차의 설계 : 단, 수차축은 교류발전기에 직결되며 가급적 고속 회전하도록 한다.

낙차가 대단히 작으므로 종축형의 노출식 수차를 채용하기로 한다. 노출식은 스파이럴 케이싱이 없고 수차를 수중에 설치하는 식이다.

수차의 수력효율을 $\eta_h=0.75$로 하면 출력은

$$L=13.3QH\eta_h=13.3\times0.85\times3\times0.75=25(\text{HP})$$

$$=9.8QH\eta_h=9.8\times0.85\times3\times0.75=18(\text{kW})$$

회전수를 200~300(rpm)으로 취하면, 이 수차의 비속도는

$$N_s=\frac{H}{H}\sqrt{\frac{\text{HP}}{\sqrt{H}}}=\frac{200\sim300}{3}\sqrt{\frac{25}{\sqrt{3}}}=253\sim380$$

고속형으로는 표 **3-2**에서 $N = 257(\text{rpm})$을 취하여

$$N_s = \frac{257}{3}\sqrt{\frac{25}{\sqrt{3}}} = 325$$

로 정한다.

식 (3.37)에서 $\varepsilon = 0.12$로 정하여 회전차에서 유출하는 물의 절대속도를 계산한다.

$$v_2 = \sqrt{2gH\varepsilon} = \sqrt{19.6 \times 3 \times 0.12} = 2.7(\text{m/s})$$

식 (3.38)에서 $\dfrac{a_2 + s_2}{a_2} = 1.20$로 하여

$$A_2 = \frac{a_2 + s_2}{a_2} \times \frac{Q}{v_2} = 1.20 \times \frac{0.85}{2.7} = 0.38(\text{m}^2)$$

다음에 흡출관 상단지름 D_3는 식 (3.39)에 의하여

$$D_3 = \sqrt{\frac{4}{p} \times 1.02 A_3} = \sqrt{\frac{4}{\pi} \times 1.02 \times 0.38} = 0.7 = 700(\text{mm})$$

로 되며, 고속형에서는 회전차깃 출구지름 D_2와 D_3가 같지 않다.

회전차의 회전수를 가급적 크게 하기 위해서는 유입구의 지름 D_1을 작게, 그리고 안내깃의 경사각 $\alpha_0(= \alpha_1)$ 및 회전차깃 입구각 β_1을 가급적 크게 해야 한다.

식 (3.43)의 δ를 표 **3-3**에서 0.78로 하면

$$D_1 = 0.78 D_3 = 0.78 \times 0.7 = 0.546(\text{m}) = 546(\text{mm})$$

이다. 표 **3-4**를 참작하여 안내깃의 경사각 $\alpha_0(= \alpha_1)$을 40°, 회전차 입구각을 $\beta_1 = 150°$로 정하고, u_1 및 v_1을 식 (3.40), 식 (3.41)에서 계산하면

$$u_1 = \sqrt{gH\eta_h\left(1 - \frac{\tan\alpha_1}{\tan\beta_1}\right)} = \sqrt{9.8 \times 0.75 \times 3}\sqrt{\left(1 - \frac{\tan 40°}{\tan 150°}\right)}$$

$$= 4.7\sqrt{1 + \frac{\tan 40°}{\tan 150°}} = 4.7 \times 1.566 = 7.4(\text{m/s})$$

$$v_1 = \frac{1}{\cos\alpha_1}\sqrt{\frac{gH\eta_h}{\left(1 - \dfrac{\tan\alpha_1}{\tan\beta_1}\right)}} = \frac{1}{\cos 40°} \times \frac{4.7}{1.566} = 4.0(\text{m/s})$$

수차 회전수 N은

$$N = \frac{60u_1}{\pi D_1} = \frac{60 \times 7.4}{0.546\pi} = 259(\text{rpm})$$

으로 계산되어, 앞에서의 $N = 257(\text{rpm})$은 적합하다.

회전차 입구의 폭은 식 (3.44)에 의하여

$$b_1 = \frac{Q}{v_1 \sin 40°} \times \frac{1}{0.9 \times \pi D_1} = \frac{0.85}{4.0 \times 0.643} \times \frac{1}{0.9\pi \times 0.546}$$

$$= 0.21(\text{m}) = 210(\text{mm})$$

로 되며, 따라서 회전차 입구 지름 D_1과 유입구 폭 b_1과의 비 k는

$$\frac{b_1}{D_1} = k = \frac{210}{546} = 0.38$$

로 된다.

회전차깃 수 z, 안내깃 수 z_g는 표 3-4에서 각각 13, 16으로 정한다. 그림 3-29는 본 예제의 설계도이며, 고속형의 주요부 치수를 나타낸다.

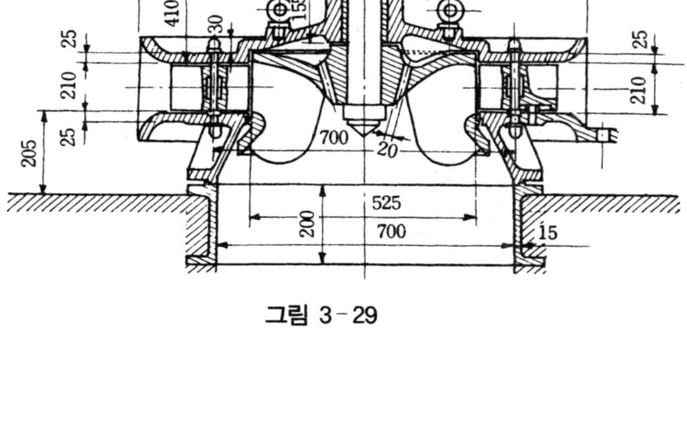

그림 3-29

3-4 프로펠러 수차

3-4-1 프로펠러 수차의 이론

저낙차에 적합한 반동수차로서 축류형인 프로펠러수차에서는 안내깃을 지나는 유체가 수차축의 주위를 돌면서 축방향으로 회전차에 유입한다.

그림 3-30에 나타낸 바와 같이 3~8매의 익형깃을 가진 회전차를 통과한 물은 흡출관을 통하여 방수로에 배출된다.

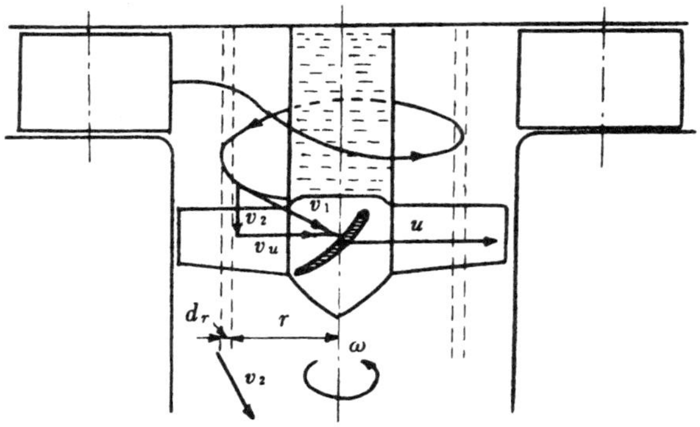

그림 3-30

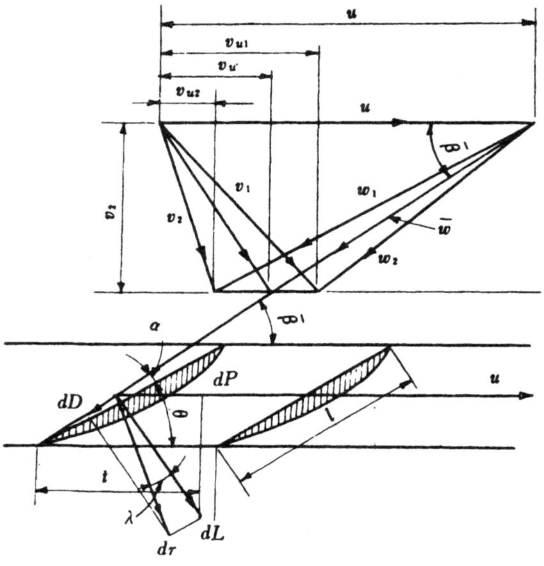

그림 3-31

그림 3-31은 반지름 r의 원통으로 그림 3-30의 익형을 절단한 전개도에 속도선도를 나타낸 것이다.

와류가 v_1의 절대속도로 익형에 유입하여 v_2의 절대속도로 익렬에서 유출할 때, 회전차의 회전속도 u에서 v_1 및 v_2를 각각 벡터 감산하면 입구 및 출구에서의 익렬에 대한 유동의 상대속도 w_1 및 w_2를 얻는다. 즉 유체는 익렬에 상대적으로 w_1의 속도로 진입하여 w_2의 속도로 유출한다.

w_1과 w_2의 평균속도 $\overline{w}$를 $v_u=(v_{u1}+v_{u2})/2$ 관계에서 구하여, 유체가 익렬에 유입 전 유출 후에도 동일한 상대속도 $\overline{w}$로 $\overline{\beta}$의 경사각으로 익렬을 통과한다고 가정하여, 회전차 입출구에서 상대속도의 변화가 없는 것으로 가정한다.

이때 익형은 유속 $\overline{w}$에 수직 방향으로 양력 dL을 받고, 유동 방향으로 항력 dD를 받는다. 양력 및 항력은 제2장에서 설명한 바와 같이 익폭 dr 에 대하여 $dL=C_L\times\frac{\gamma}{2g}\overline{w}^2\times l\times dr$ 및 $dD=C_D\times\frac{\gamma}{2g}\overline{w}^2\times l\times dr$이다.

폭 dr의 분할회전차가 회전 방향으로 받는 힘 dP는 다음과 같다.

$$dP=dL\cdot\sin\overline{\beta}-dD\cdot\cos\overline{\beta}=dL(\sin\overline{\beta}-\lambda\cos\overline{\beta})$$

단, $\tan\lambda=\frac{dD}{dL}=\frac{C_D}{C_L}$ 이며, λ가 작을 때에는 $\tan\lambda\fallingdotseq\lambda$이다.

회전차 깃수가 z, 익렬의 회전속도가 u, 반지름이 r 이면 폭 dr 의 분할회전차가 유체로부터 받는 동력 dE 는 다음 식으로 주어진다.

$$dE=z\times C_L\frac{\gamma}{2g}\overline{w}^2\times l\times dr(\sin\overline{\beta}-\lambda\cos\overline{\beta})\times u \tag{3.49}$$

그런데 그림 3-31에서 $\sin\overline{\beta}=\frac{v_m}{w}$ 및 $\cos\overline{\beta}=\frac{u-v_u}{\overline{w}}$ 이므로, 식 (3.49)에 대입하면

$$dE=z\times\frac{\gamma}{2g}C_L\overline{w}l[v_m-\lambda(u-v)]udr \tag{3.50}$$

로 된다. 폭 dr의 분할회전차가 축방향으로 받는 추력 dF는 다음과 같이 된다.

$$dF=z\times\frac{\gamma}{2g}\overline{w}^2l(\cos\overline{\beta}+\lambda\sin\overline{\beta})dr \tag{3.51}$$

다음에 유효낙차가 H인 물이 위의 dr의 분할회전차를 통과할 때 발생하는 이론동력 dE는 $\gamma HdQ = \gamma H \times 2\pi r dr \times v_m$이며, 이것을 식 (3.50)에 대입하면

$$gH = z \times C_L \frac{\overline{w}l}{4\pi r} \times \frac{v_m - \lambda(u - v_u)}{v_m} \times u \tag{3.52}$$

로 된다. 이 식을 다시 쓰면

$$C_L \frac{\overline{w}}{v_m} \times \frac{lz}{2\pi r} \times \frac{1}{2gH} = \frac{1}{u[v_m - \lambda(u - v_u)]} \tag{3.53}$$

이다. 그런데 $\frac{\overline{w}}{v_m} \times \frac{1}{\sin\beta}$ 및 $\frac{z}{2\pi r} = \frac{1}{t}$이므로 식 (3.53)은 다음과 같이 쓸 수도 있다.

$$C_L \frac{1}{\sin\beta} \times \frac{1}{t} \times \frac{1}{2gH} = \frac{1}{u[v_m - \lambda(u - v_u)]} \tag{3.54}$$

반지름이 r이며, 폭 dr의 분할회전차에 있어서 에너지 손실은 $dD \times \overline{w}$이므로, 분할회전차의 수력효율 η_h는 다음과 같다.

$$\begin{aligned}\eta_h &= \frac{dE}{dE + dD \cdot \overline{w}} = \frac{u \cdot dL(\sin\overline{\beta} - \lambda\cos\overline{\beta})}{u \cdot dL(\sin\overline{\beta} - \lambda\cos\overline{\beta}) + \overline{w} \cdot \lambda dL} \\ &= \frac{1}{1 + \lambda\frac{\overline{w}}{u} \times \frac{1}{\sin\overline{\beta} - \lambda\cos\overline{\beta}}} = \frac{1}{1 + \frac{\lambda\,\overline{w}^2}{u[v_m - \lambda(u - v_u)]}}\end{aligned} \tag{3.55}$$

식 (3.55)의 분모에 식 (3.54)를 대입하면 다음과 같이 된다.

$$\eta_h = \frac{1}{1} + \frac{l}{t} \times \frac{C_L \lambda \overline{w}^2}{2gH\sin\beta} \tag{3.56}$$

이상의 효율은 반지름 r의 위치에서 dr의 분할회전차에 대한 것이므로, 회전차 전체에 대하여는 회전차 보스의 반지름 r_b에서 익차 깃 외단의 반지름 r_a까지 합산한 것이 된다.

$$\sum \eta_h = \frac{\sum_{r_b}^{r_a} dE}{\sum_{r_b}^{r_a} dE + \sum_{r_b}^{r_a} dD \cdot \overline{w}} \tag{3.57}$$

식 (3.56)에서 수차효율 η_h에 관하여 다음 사항을 알 수 있다.

① 익형으로는 λ가 작을수록 효율이 좋다. 즉 얇은 익형일수록 좋은 수력효율을 얻을 수 있다.

② 주어진 낙차 H에서는 익현의 길이가 짧고 피치가 길수록 효율 η_h가 높다. 즉 깃 수가 적고 표면적이 좁은 것일수록 수력효율이 좋다.

③ 유량 Q가 변화하면 그에 따라서 유속 $\overline{w}$가 변화하며, 그에 대응하여 깃의 경사각 θ를 변화시키고 유입각 $\overline{\beta}$ 및 앙각 α를 적당한 크기로만 하면 수력효율 η_h는 거의 변하지 않는다.

④ 회전차의 수력효율이 회전 속도 u에 의하여 변하는 것은 식 (3.55)에 주어진 바와 같으나, u에 대응하여 $\overline{\beta}$각을 적당히 조정해 주면 수력효율의 변화는 적다. 즉 u에 대한 $\overline{w}$ 유입각(익형의 경사각) $\overline{\beta}$를 조정하는 것이다.

3-4-2 카플란수차

프로펠러수차에 있어서 안내깃의 개도에 따라 유량을 변화시킬 때 수차의 출력 및 효율이 심하게 변화한다.

그림 3-32에서 실선은 회전차깃 S의 입구와 출구에서의 속도선도이며, 유입각이 β인 경우이다.

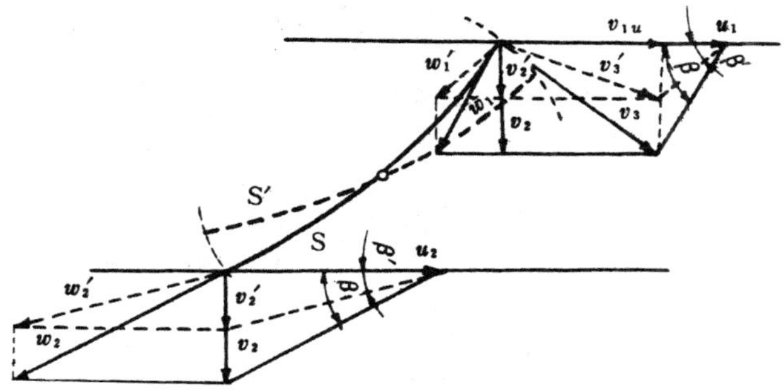

그림 3-32

지금 안내깃을 절반만 열면 유량이 약 절반 감소하여 $v_m' = \frac{1}{2} v_m$으로 되었다고 가정한다. 이때 터빈깃의 경사가 실선의 위치 그대로 있으면 속도 w'의 유체가 깃면 S에 대하여 양력을 낼 수 없을 만큼 앙각 α가 커지고, 또한 깃 사이의 유로가 너무 넓어서 유체가 충만되지 못하여 반동작용을 일으키지 못하게 된다. 이때 깃 곡면을 점선으로 표시하는 S′의 위치에 경사시키면 유체속도 w'에 대하여 적합한 영각으로 되고, 깃 사이도 좁아져서 유체가 충만하게 통과하여 충분한 반동작용을 할 수 있게 된다.

회전차깃을 고정하여 그 경사각을 변화시킬 수 없는 프로펠러수차의 효율이 안내깃의 개도를 줄였을 때 급저하 하는 것은 이 때문이다.

카플란수차는 고정깃을 가진 프로펠러수차보다 그 구조가 복잡하지만, 근래에는 프로펠러수차의 대부분을 카플란식으로 제작하고 있다.

그림 **3-33**은 독일 Voich사의 카플란 수차에 설치한 안내깃 및 회전차깃의 개폐기구를 보여주고 있다. 조속기가 작용하여 서보 모터(servo moter) M_g의 피스톤이 좌우로 이동하면 직립 g가 돌아서 K통을 이전하므로 안내깃 G가 동시에 개폐하여 유량조절을 한다.

또한 g축이 돌면 동시에 그 상단의 캠(cam) C가 M_g의 피스톤 로드와 함께 좌우로 이동한다. 캠 C의 경사면에 접촉하는 롤러(roller)가 상하로 움직여서 연결보 L의 이동량이 정해지고, 그에 따라 배유통 E 내의 배유 피스톤의 위치가 결정된다. 배유 피스톤의 위치에 따라 차축에 붙어 있는 서보 모터 M_b의 피스톤이 상하로 운동하여 익차깃 전부를 동시에 돌려서 그 경사각을 변화시킨다.

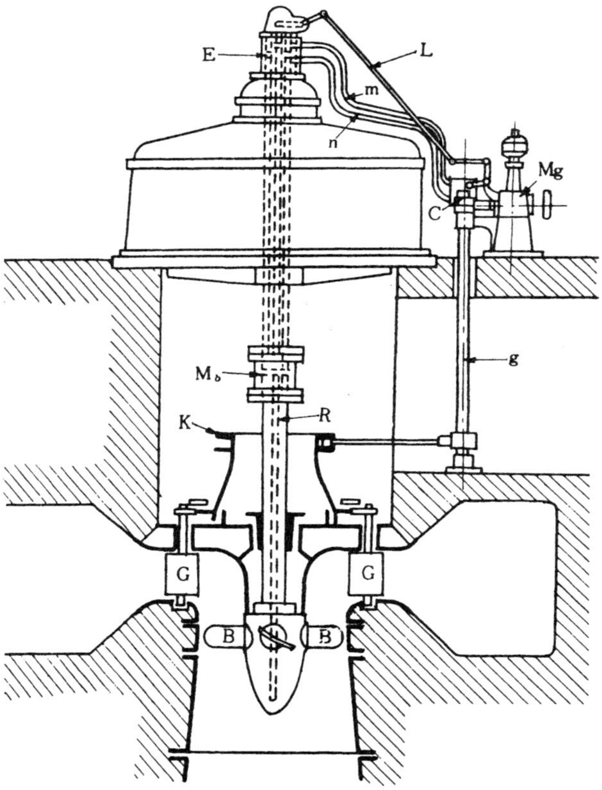

그림 3-33

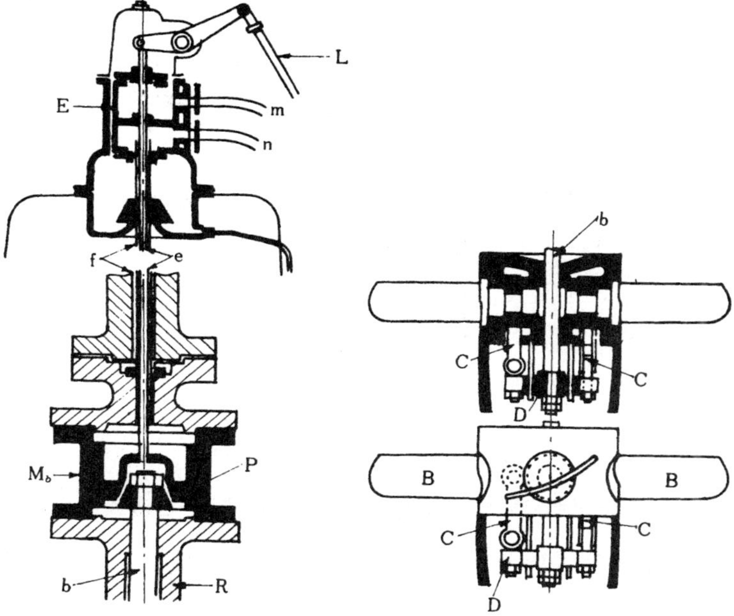

그림 3-34

그림 **3-34**는 배유통 E, 서보 모터 M_b 및 회전차 보스의 단면을 보여주고 있다.

중심축 b의 상부에 피스톤 P를 고정하고 피스톤의 하부측에 배유하는 한 개의 중공관 e를 피스톤 상단에 고정하고 있다. e관을 내장하는 제2의 중공관 f를 장비하여 양관의 간격으로부터 피스톤 P의 상측에 급유한다.

피스톤 P의 상측 또는 하측의 어느 한쪽에 압력유를 송입하고 타측에서 폐유하느냐 하는 것은, 배유통 E의 상측 또는 하측의 어느 쪽에 압력유가 유입하느냐에 따라서 결정된다.

중심축 b의 아래쪽에는 지반 D를 고정하고 이 반에 링크(link) c에 의하여 각 회전차깃의 연결간을 결부하여 b축의 오르내림에 따라서 깃 B의 경사각을 변화시키는 기구이다.

3-4-3 프로펠러 수차의 설계

(1) 주요치수의 결정

그림 **3-35**는 프로펠러 수차(또는 카플란 수차)의 주요 치수를 표시하는 부호를 보여주고 있다.

D_a는 회전차의 바깥지름, D_b는 보스의 바깥지름, D_0는 안내깃 출구원의 지름, B는 안내깃의 높이이다.

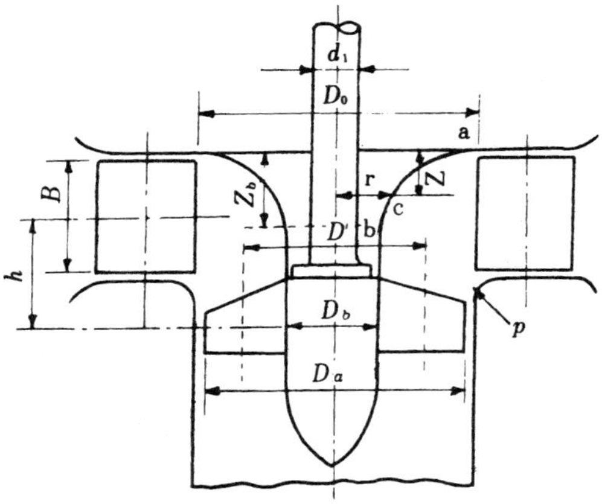

그림 3-35

프로펠러 수차 또는 카플란 수차를 설계할 때에는 그 최대출력 L(kW), 유효 낙차 H(m), 유량 Q(m^3/s) 및 회전수 N(rpm)이 주어지기 때문에 수차의 비속도 N_s는 식 (3.2)에 의하여 계산된다.

[회전차의 설계]

바깥지름 D_a의 결정은 식 (3.58)에 의한다.

$$u_1 = \frac{\pi D_a N}{60} = K_a \sqrt{2gH}$$

또는

$$u_1 = \frac{\pi D_a N}{60} = K_a \sqrt{2gH}$$

또는

$$D_a = \frac{60}{\pi N} K_a \sqrt{2gH} \tag{3.58}$$

이 식에서 저수 K_a는 비속도 N_s의 크기에 따라 그림 **3-36**에 주어진 K_a곡선으로 정해진다. 흡출관의 지름 D_1은 회전차 외단과 관벽과의 간격을 c로 하여 $D_1 = D_a + 2c$로 하고, D_a의 크기에 따라 $2c = 3 \sim 6$(mm)로 한다.

보스의 지름 D_b는 $D_b = K_b D_a$로 하여 N_s의 크기에 따라 그림 **3-36**의 K_b곡선에서 0.4~0.6의 범위로 K_b값을 정한다. 그리고 회전차를 통과하는 유체의 축방향 유속 v_m은 다음 식으로 계산한다.

$$v_m = \frac{Q}{\frac{\pi}{4} D_a^2 (1 - K_b^2) K_m} \tag{3.59}$$

여기서 K_m은 유출계수로 깃수, 깃 경사각, 익형에 의하여 다르나 대략 0.8~0.9의 범위에 있다.

식 (3.59)로 계산한 축방향 속도성분 v_m은 $(0.5 \sim 0.7)\sqrt{2gH}$ 의 정도가 적합하며, 만약 이 범위 밖의 유속이 계산될 때는 안내깃으로부터의 유속 v_1을 적절히 조절하여 위의 범위 내의 값이 되도록 해야 한다.

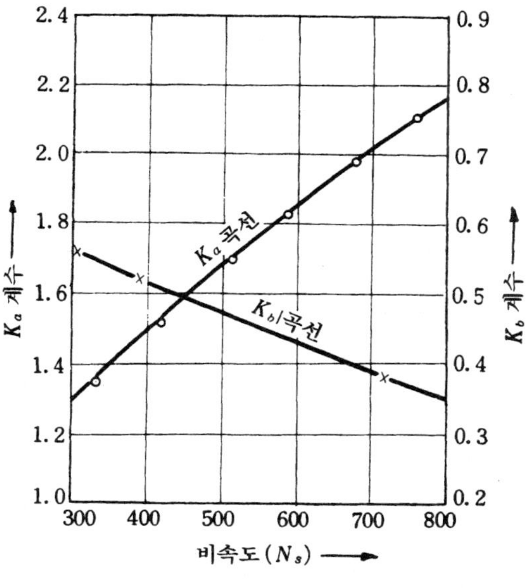

그림 3-36

[안내깃 치수]

안내깃 치수는 프랜시스수차에서와 같이 주어진 유량으로부터 다음과 같이 설계된다.

안내깃을 최대로 열었을 때의 출구면적 A_0는 그 때의 안내깃 경사각 α_0에 대하여 $A_0 = B\left(\pi D_0 - z_g \dfrac{s_0}{\sin \alpha_0}\right)$이다. 이 식 중의 z_g는 안내깃의 총수, s_0는 출구에서의 안내깃 두께이다. 두께 s_0에 의한 폐원호의 길이 $z_g \times \dfrac{s_0}{\sin \alpha_o}$를 πD_0의 10%로 간주하면 $A_0 = B \times \pi D_0 \times 0.9$로 된다.

안내깃으로부터 유출속도를 v_0로 하면 $A_0 \times v_0 \sin \alpha_0 = Q$이므로

$$B \times D_0 = \frac{Q}{0.9\pi v_0 \sin \alpha_0} \tag{3.60}$$

로 된다. 이 식 중의 v_0는 $v_0 = (0.35 \sim 0.45)\sqrt{2gH}$의 범위로 정하여 $B \times D_0$를 산출하고, 출구의 지름 D_0는 안내깃을 최대로 열었을 때에 $D_0 = (1.0\ 1.1)D_a$로 한다. 안내깃 높이 B는 익차지름 D_a에 대하여 $B = (0.5\ 0.7)D_a$의 범위에서 취한다.

프로펠러 수차는 저낙차에 사용되므로 최대로 열었을 때의 안내깃의 경사각은 프랜시스수차에서보다 크게 하여 $\alpha_0 = 45 \sim 50°$ 로 한다.

[외각의 형상]

외각의 형상으로서 그림 **3-35**의 곡면 ab는 안내깃 높이 B에 의하여 결정되는 천장으로부터 임의의 거리 Z에 c점의 반지름을 r 이라하면, $r^2 Z = \left(\frac{D_b}{2}\right)^2 \times Z_a$의 관계에서 구해진다. 식 중의 D_b는 보스 지름, Z_a는 b점의 높이이다.

안내깃 아래에서 흡출관으로 연속되는 관벽의 곡률반경 ρ는 $\rho = \left(\frac{1}{8} \sim \frac{1}{10}\right)D_a$로 계산하면 된다. 또 안내깃 높이의 중앙에서 회전차의 중앙선까지의 거리 h는 $h = (0.36 \sim 0.37)D_a$로 하면 익렬의 설치 위치가 정해진다.

[수차의 깃수]

프로펠러수차의 안내깃 수 z_g는 표 **3-4**에서 $D_1 = D_a$로 하여 $\alpha_0 > 30°$로 정하고, 깃수는 표 **3-5**에서와 같이 유효낙차 H의 높낮이와 비속도 N_s의 크기에 따라 매수를 채택한다.

표 3-5

유효낙차 H(m)	익차 깃수 z	비속도 N_s
5~15	4	500 이상
15~20	5	400~500
20~30	6	300~400
30~40	7~8	300 이하

[회전차축의 지름]

프랜스시 수차의 회전차축 설계는 차축설계와 같은 요령으로 하나, 카플란수차에서는 축을 중공으로 하기 때문에 축의 바깥지름 d_1(cm), 안지름 d_0(cm), 축재의 허용비틀림응력 τ(kgf/cm^2)에 의하여 다음과 같이 계산한다.

운전 중에 회전차축이 받는 비틀림 모멘트 T(kgf·cm)는

$$T = \tau \times \frac{\pi}{16}\left(\frac{d_1^{\ 4} - d_o^{\ 4}}{d_1}\right) = \tau \times \frac{\pi}{16}\ d_1^{\ 3}\left\{1 - \left(\frac{d_o}{d_1}\right)^4\right\} \tag{3.61}$$

의 관계가 성립되며, 따라서 축지름 d_1는 다음 식으로 산출된다.

$$d_1 = \sqrt[3]{\frac{16}{\pi} \times \frac{1}{\tau} \times \frac{95,000\,(\mathrm{kW})}{N}} \times \left\{1 - \left(\frac{d_0}{d_1}\right)^4\right\}^{-1} \tag{3.62}$$

축의 안지름 d_0는 바깥지름 d_1의 1/2정도이므로 $1 - \left(\frac{d_0}{d_1}\right)^4 = \frac{15}{16}$로 되어, d_0는 무시해도 좋다. 식 (3.62)에 있어서 $\tau = 500$kgf/cm^{2}로 놓으면 다음과 같이 된다.

$$d_1 \fallingdotseq \sqrt[3]{1000\frac{(\mathrm{kW})}{N}} = 10\sqrt[3]{\frac{(\mathrm{kW})}{N}}$$

카플란 수차의 축은 자중 외에 회전차와 보스의 무게를 지탱하면서 회전하므로 축에는 굽힘응력이 작용한다. 그리고 축의 위험속도가 카플란 수차의 경우 가장 높으므로 윗 식의 d_1은 경험식으로서 다음의 식이 많이 사용되고 있다.

$$d_1 = (12 \sim 14)\sqrt{\frac{(\mathrm{kW})}{N}} \tag{3.63}$$

(2) 익형의 결정

프로펠러수차의 회전차 설계는 앞에 기술한 바와 같이 바깥지름 D_a와 안지름(보스 지름) D_b를 먼저 결정한 후에, 그 양 지름의 중간 면적을 n등분(회전차 지름의 크기에 의하여 $n = 5\sim3$) 한 각 분할회전차(익소)에 관하여 익형 등을 정해 나가면서 이루어진다.

프로펠러수차에 있어서 익소의 길이 l과 깃피치 t와의 비 m은 실용적으로 표 **3-6**과 같은 값이다. 깃수를 z로 하면 $t = \pi D/z$로 되어 $l = m \times t = m \times (\pi D/z)$로 된다.

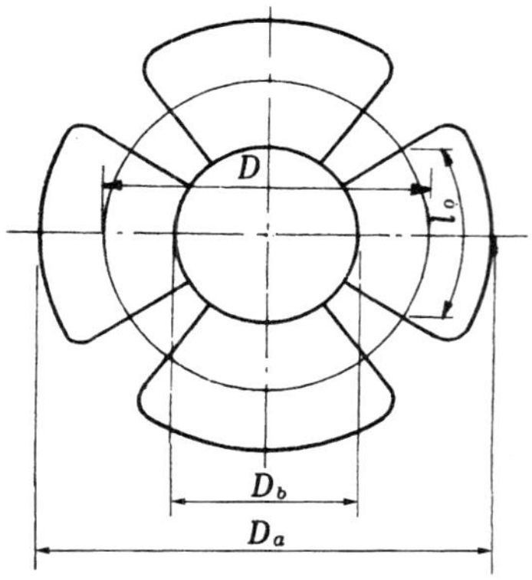

그림 3-37

표 3-6

z	$m=l/t$
4	0.65
5	0.65~0.89
6	1.00~1.33
7	1.13~1.20
8	1.20~1.25

회전차깃은 그림 3-37에서 보는 바와 같이 부채꼴로 하므로, 익소(지름 D)의 길이를 투영한 길이 l_0는 도면상에서 얻을 수 있고, 투영 전의 관길이 l은 $l=L_0\times\dfrac{1}{\cos\theta}$에 의하여 산출된다. 이 식 중에서 경사각 θ는 그림 3-31과 같은 속도선도에서 구한 $\overline{\beta}$로부터 $\theta=\overline{\beta}-\alpha$로 정해진다.

이와 같이 하여 익소 길이 l을 결정하면 식 (3.49)로부터 C_L을 알 수 있고, 익형의 형상에 따라 영각 α 및 경사각 θ를 결정할 수가 있다. 즉 식 (3.49)는 깃수 z인 회전차의 이론출력이며, 깃 1개에 대하여 n등분한 익소의 경우에는

$$dE=\frac{\gamma QH}{n}\times\eta_h=\frac{\gamma}{2g}\overline{w}^2C_L\cdot l(\sin\overline{\beta}-\lambda\cos\overline{\beta})u\cdot dr$$

이며, $C_L\cdot l$ 값을 계산하면 다음과 같다.

$$C_L\cdot l=\frac{2gQH\cdot\eta}{n}\times\frac{1}{\overline{w}^2}\frac{\times 1}{(\sin\overline{\beta}-\lambda\cos\overline{\beta})u\cdot dr} \tag{3.64}$$

식 (3.64) 중 $\overline{w}$ 및 $\overline{\beta}$는 그림 3-38에 표시하는 바와 같이 속도선도를 각 분할회전차에 대하여 따로따로 그리면 구해진다. dr는 각 분할회전차에 대한 미소의 반지름 폭이며 λ는 0.01~0.03이다.

그림 3-38에서 각 분할회전차에 대한 유입속도 v_1은 와류 속도성분 $\left(v_{u1}'=v_u\times\dfrac{D_a}{D}\right)$와 수직 속도성분 v_m과의 합성속도로이다. 그리고 회전차에서 유출한 물이 와류 속도성분을 소실하여 v_2가 수직 방향으로 유출하는 $v_2=v_m$의 상태가 가장 양호한 유체의 작용상태이다.

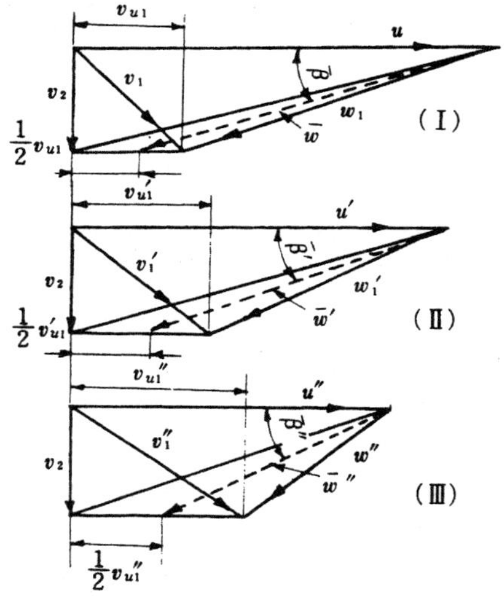

그림 3-38

그림 **3-38**의 (I)은 분할회전차의 외단($D=D_a$), (II)는 중앙부의 분할회전차, (III)은 내측($D=D_b$)의 속도선도이다. 내측으로 갈수록 상대속도 $\overline{w}$의 경사각이 커지므로 그에 따라 익면을 세워서 설치하여 그 경사각 θ가 커진다. 수차가 최대출력을 낼 때에는 외단의 θ는 15~20° 이며, 영각 α는 0~5° 가 적당하다.

[깃두께]

깃 두께는 분할회전차별로 그림 **3-39**의 $y_{\max}$를 다음과 같은 비율로 정하고, 내측일수록 두껍게 하여 유체로부터 받는 굽힘 모멘트에 대비한다. 즉 5등분하였을 때 외측($D=D_a$)으로부터

$$y_{\max}=\frac{1}{2}l,\ \frac{1.5}{12}l,\ \frac{2.0}{12}l,\ \frac{2.5}{12}l,\ \frac{3.0}{12}l$$

로 한다.

익형은 그 성능을 조사한 연구 기관의 명칭을 앞에 붙여서 부른다. 예컨대 NACA(미, National Advisory Committee for Aeronautics), RAF(영, Royal Air Force)등이며, 가령 NACA4312 익형이라면 그림 **3-39**에 있어서 l에 대한 비율이 선단에서 최대두께의 부위까지의 거리가 $x=0.4l$, 휨이 0.03 l이며, $y_{\max}=\frac{12}{100}l$인 익형을 말한다.

그림 **3-40**은 NACA 4306, 4309, 4312, 4315, 4318, 4321의 6단의 익형에 대한 형상을 나타낸다.

표 3-7은 그림 3-39의 기호에 따라서 그림 3-40의 익형 중, No. I , No.III, No. V 의 치수를 표시한 것이다.

표 3-7

$\frac{x}{l}$ %	No. I 4306		No.III 4312		No.V 4318	
	$\frac{y}{l}$ %	$\frac{-y}{l}$ %	$\frac{y}{l}$ %	$\frac{-y}{l}$ %	$\frac{y}{l}$ %	$\frac{-y}{l}$ %
0	—	0	—	0	—	0
1.25	1.39	−0.57	2.64	−1.29	4.07	−1.90
2.5	2.05	−0.64	3.63	−1.75	5.36	−2.74
5.0	3.10	−0.54	5.10	−2.19	7.20	−3.68
7.5	3.33	−0.35	6.22	−2.34	8.56	−4.25
10	4.83	−0.12	7.12	−2.39	9.64	−4.58
15	5.72	0.34	8.46	−2.31	11.22	−4.92
20	6.44	0.68	9.34	−2.17	12.55	−5.01
25	6.85	0.89	9.82	−2.07	12.80	−5.04
30	7.00	1.00	10.00	−2.00	13.00	−5.00
40	6.82	1.02	9.75	−1.88	12.64	−4.77
50	6.33	1.03	8.98	−1.51	11.65	−4.24
60	5.56	0.99	7.85	−1.28	10.15	−3.55
70	4.54	0.86	6.39	−0.95	8.24	−2.76
80	3.28	0.65	4.62	−0.64	5.95	−1.94
90	1.79	0.34	2.54	−0.38	3.29	−1.08
95	0.97	0.15	1.38	−0.25	1.79	−0.54
100	0.06	−0.06	0.13	−0.16	0.19	−0.19
r	$\frac{0.4}{100}l$		$\frac{1.58}{100}l$		$\frac{3.56}{100}l$	

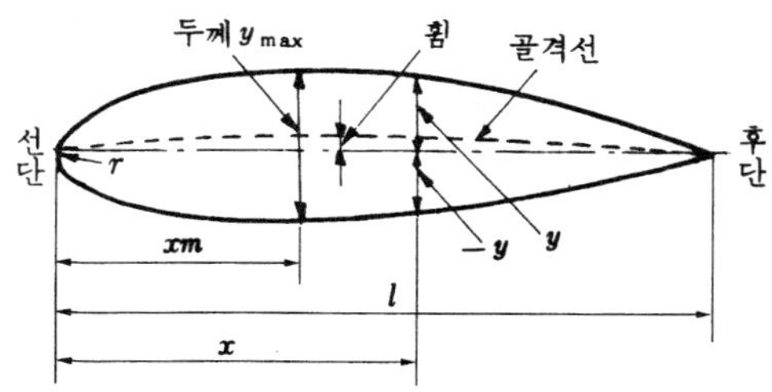

그림 3-39

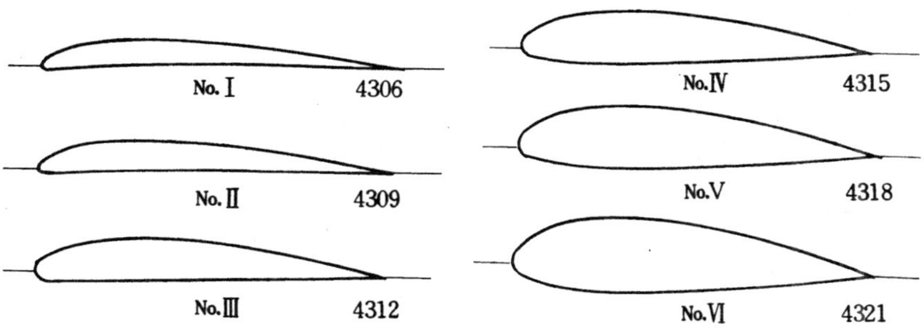

그림 3-40

【예제 3·7】 유효낙차 $H=20\text{m}$, 유량 $Q=120(\text{m}^3/\text{s})$의 프로펠러 수차를 설계하라. 단, 전원주파수는 $60\left(\frac{1}{\sec}\right)$이다.

해 표 **3-1**에서 프로펠러 수차의 비속도가 400~700이고, 카플란 수차가 450~1000이므로 본 설계에서는 $N_s=400\sim450$으로 개략적으로 정하고 수차의 회전수를 계산한다.

식 (3.2)로부터 회전수 N은

$$N = N_s \frac{H^{5/}}{L^{1/2}}$$

이며 출력 L은 회전차의 체적효율을 0.82로 하여

$$L_{kW} = \frac{\gamma}{102} Q \cdot H \cdot \eta_h = 9.8 \cdot Q \cdot H \cdot \eta_r = 9.8 \times 120 \times 20 \times 0.82 = 19286(\text{kW})$$

이므로

$$N = (400 \sim 450)\ \frac{20^{5/4}}{19286^{1/2}} = 122 \sim 137 = 138(\text{rpm})$$

발전기의 극수를 $p=52$로 하면 $N=138.46(\text{rpm})$으로 되며 $N=138$로 한다. 따라서 비속도는

$$N_s = N\frac{L^{1/2}}{H^{5/4}} = 138\frac{19286^{1/2}}{20^{5/4}} = 453$$

이 결과는 표 **3-5**에 비추어 타당하다.

회전차의 치수 : 식 (3.58)에 의하여

$$D_a = \frac{60}{\pi N} K_a \sqrt{2gH} = \frac{60}{\pi \times 138} \times 1.6 \times \sqrt{2 \times 9.8 \times 20} = 4.4(\text{m})$$

K_a는 그림 **3-36**에서 구한다.

익차의 보스 지름 $D_b = K_b D_a$이며 K_b는 그림 **3-36**에서 $N_s=453$에 대하여 $K_b=0.49$로 한다.

$$D_b = K_b D_a = 0.49 \times 4.4 = 2.16(\text{m})$$

익차를 통과하는 축류속도 v_m은 식 (3.59)에 의하여

$$v_2 = v_m = \frac{Q}{\frac{\pi}{4} D_a{}^2(1 - K_b{}^2)K_m}$$

$$= \frac{120}{0.785 \times 4.4^2(1 - 0.49^2) \times 0.85} = 12.22(\text{m})$$

계수 K_m은 0.8~0.9의 범위에서 정하는 것이 보통이므로 0.85로 하였다.

익차의 깃 수 : 표 **3-5**에서 $z = 6$으로 택한다.

따라서 깃의 피치 t는

$$t = \frac{\pi D_a}{z} = \frac{3.14 \times 4.4}{6} = 2.30(\text{m})$$

깃(익수)의 길이 l은 표 **3-5**에서 상수 $m = 1.1$로 하여

$$l = m \cdot t = 1.1 \times 2.3 = 2.53$$

그림 **3-38**의 (I)에서 $v_1 \sin 45^o = v_2$로부터 $v_1 = \frac{v_2}{\sin} 45° = \frac{12.22}{0.707} = 17.3(\text{m/s})$를 얻으며, 본 설계에서 깃을 3개 익으로 분할하여 익형을 결정한다. 또

$$v_{u1} = \sqrt{v_1^2 - v_2^2} = \sqrt{17.3^2 - 12.2^2} = 12.27(\text{m/s})$$

$$v_{u1}{}' = v_{u1} \frac{D_a}{D_1{}'} = 12.27 \frac{4.4}{3.28} = 16.46(\text{m/s})$$

$$v_{u1}{}'' = v_{u1} \frac{D_a}{D_1{}''} = 12.27 \frac{4.4}{2.16} = 25.0(\text{m/s})$$

D_1'' 는 회전차 보스 지름과 일치하며, 이 D_1'는 D_a와 D_1'' 의 중앙이다.

$$u = \frac{\pi D_a N}{60} = \frac{\pi \times 4.4 \times 138}{60} = 31.78(\text{m/s})$$

$$u' = \frac{\pi D_a{}' N}{60} = \frac{\pi \times 3.28 \times 138}{60} = 23.69(\text{m/s})$$

$$u'' = \frac{\pi D_a{}'' N}{60} = \frac{\pi \times 2.16 \times 138}{60} = 15.6(\text{m/s})$$

또 $\tan \overline{\beta} = \frac{v_2}{u - \frac{v_{u1}}{2}} = \frac{12.22}{31.78 - 12.27/2} = 0.477$

$$\therefore \overline{\beta} \fallingdotseq 25°30'$$

$$\tan \overline{\beta}' = \frac{v_2}{u' - \frac{v_{u1}{}'}{2}} = \frac{12.22}{23.69 - 16.46/2} = 0.79$$

$$\therefore \overline{\beta}' = 38°18'$$

$$\tan\overline{\beta}'' = \frac{v_2}{u'' - \frac{v_{u1}''}{2}} = \frac{12.22}{15.6-25/2} = 3.942$$

$$\therefore\ \overline{\beta}'' = 75°30'$$

영각을 $\alpha = 5°$로 하면 깃 선단의 경사각 $\theta = \overline{\beta} - \alpha = 25°30' - 5° = 20°30'$으로 된다.

익형 : 그림 **3-40**과 같은 익형을 분할회전차의 각 단면을 익형으로 정하여 그 중에서 No. I, No. III , No. V의 익형을 그림 **3-39**와 같은 기호에 따라서 표 **3-6**의 수치를 취한다.

(3) 카플란수차의 설계 예

낙차 16.5(m), 유량 68(m^3/s)의 수력에 사용할 회전수 180(rpm)의 카플란수차의 설계 : 회전차의 수력효율을 85%로 가정하면 최대출력은

$$L = 13.3QH\eta_h = 13.3\times68\times16.5\times0.85 = 12,500(\mathrm{HP}) = 9500(\mathrm{kW})$$

그러므로 이 수차의 비속도는 식 (3.2)에 의하여 계산하면

$$N_s = \frac{N}{H}\sqrt{\frac{\mathrm{HP}}{\sqrt{H}}} = \frac{180}{16.5}\sqrt{\frac{12500}{\sqrt{16.5}}} = 606$$

이다. 안내깃을 최대로 열었을 때의 유출속도 v_0는

$$v_0 = 0.4\sqrt{2gH} = 0.4\sqrt{19.6\times16.5} = 7.2(\mathrm{ms})$$

로 된다. 식 (3.60)에서 $\alpha_0 = 45°$로 하면

$$B\times D_0 = \frac{Q}{0.9\pi\times v_0\sin\alpha_0} = \frac{68}{0.9\pi\times7.2\times\sin45°} = 4.70(\mathrm{m}^2)$$

그림 **3-36**에서 $N_s = 600$에 대하여 $K_a = 1.85$를 취하면 식 (3.58)에 의하여 익차 바깥지름 D_a는 다음과 같이 계산된다.

$$D_a = \frac{60}{\pi N}\times K_a\sqrt{2gh} = \frac{60}{180\pi}\times1.85\times\sqrt{19.6\times16.5} = 3.53(\mathrm{m})$$

안내깃의 안지름 D_0는 최대로 열었을 때 $D_0 = 1.05$, $D_a = 3.70$(m)로 하면, 안내깃의 높이는 앞 식에 의하여

$$B = \frac{4.70}{D_0} = \frac{4.70}{3.70} = 1.27(\mathrm{m})$$

안내깃과 익차의 각 중앙선 거리 h는

$$h = (0.36 \sim 0.37) D_a = 0.37 \times 3.53 = 1.31(\text{m})$$

그림 3-36에서 $N_s = 600$에 대한 K_b는 0.44이므로 보스 지름 D_b는

$$D_b = 0.44 D_a = 1.55(\text{m})$$

이며, 식 (3.59)의 유출계수 K_m을 0.85로 취하면

$$v_m = \frac{Q}{\frac{\pi}{4} \times D_a{}^2 (1 - 0.44^2)} = \frac{68}{0.785 \times 3.53^2 (1 - 0.44^2) \times 0.85} = 10.0(\text{m/s})$$

회전차의 외주의 원주속도는 $u_1 = \pi D_a \times \dfrac{N}{60} = 33.3(\text{m/s})$이다.

안내깃에서 유출한 유체의 속도 v_0는 방향만 바꾸어서 그대로 회전차에 유입하므로 $v_1 = v_0$로 하여 그림 3-38의 속도선도를 그릴 수 있으며, 회전차 외단의 분할회전차에 대한 (Ⅰ)은 $u = 33.3(\text{m/s})$, $v_2 = v_m = 10.0(\text{m/s})$, $v_{u1} = v_1$, $\cos\alpha \times 7.2 \times \cos 45° = 5.1(\text{m/s})$로 한다. 이렇게 함으로써 이 속도선도에서 평균 유입각 $\overline{\beta}$가 정해진다.

보스의 지름 D_b를 0.44 D_a로 했으나, 보스에 인접한 $\dfrac{1}{2} D_a$의 분할수차에 대한 속도선도는 그림 3-38의 (Ⅲ)과 같이 그려진다.

즉 $u'' = \dfrac{1}{2} u = 16.65$, $v_{u1}'' = 2 v_{u1} = 2 \times 5.1 = 10.2(\text{m/s})$로 한다.

중간의 지름 D의 원주단면의 분할수차(익소)에 대한 속도선도도 그림 3-38의 (Ⅱ)와 같이 그려서 $\overline{\beta}''$를 구한다.

다음에는 식 (3.64)에 의하여 $C_l \cdot l$을 산출하며, 그 때 dr는 익차 깃을 5개 분할회전차로 할 때는 $dr = \dfrac{D_a - D_b}{2 \times 5} = \dfrac{3.53 - 1.55}{10} = 0.196(\text{m})$이며, $\lambda = 0.02$정도로 하면 된다.

회전차의 깃수는 표 3-6에서 $z = 5$로 정하고, 중공축의 바깥지름 d_1은 식 (3.63)에 의하여 계산된다.

그림 3-41은 카플란 수차의 설계도이며, 그림 3-42 및 그림 3-43은 분할회전차의 익단면이다.

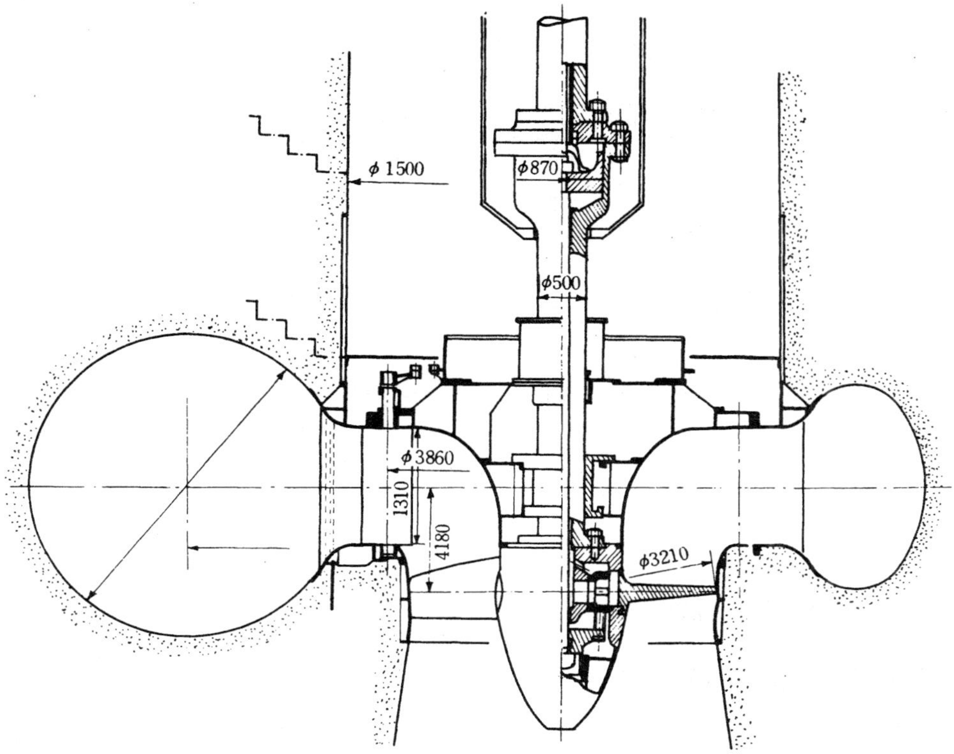
φ 1500
φ870
φ500
φ3860
1310
4180
φ3210

그림 3-41

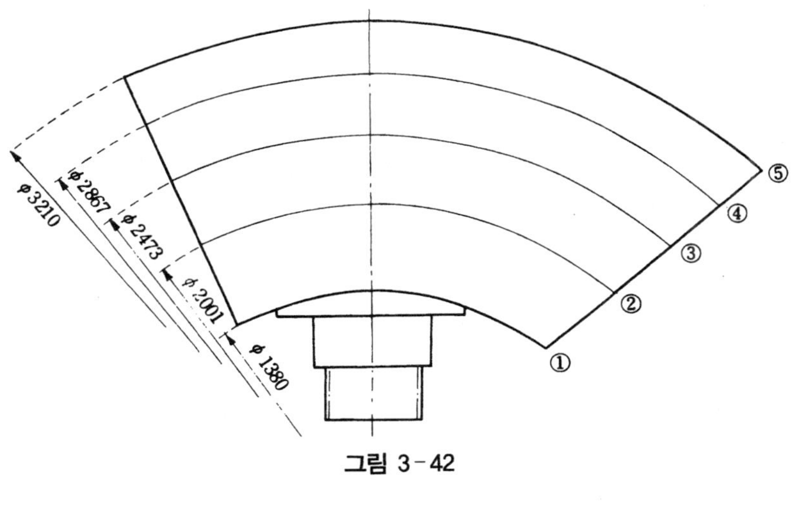
φ3210
φ2867
φ2473
φ2001
φ1380
①
②
③
④
⑤

그림 3-42

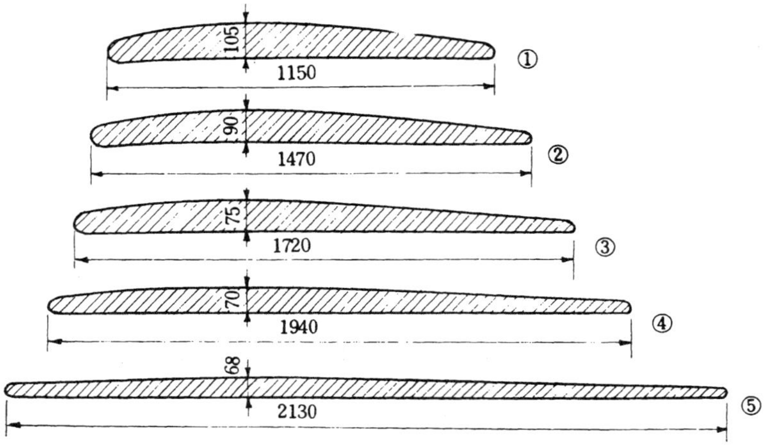

그림 3-43

3-5 수차의 특성과 제현상

3-5-1 수차의 성능곡선

낙차 H가 일정할 때 펠턴수차에서는 노즐의 열림 정도가 일정하면 유량이 일정하지만, 프랜시스수차 및 축류수차의 경우에는 안내깃의 개도가 일정하여도 회전수에 따라 그림 3-44의 (a)에서 보는 바와 같이 변한다.

다음에 토크 T는 펠턴수차와 마찬가지로 회전차 깃이 회전하지 않을 때 최대이며, 회전수 증가에 따라 감소하여 결국 어느 일정 회전수에 달하면 $T=0$으로 된다. 이에 따라서 출력 L, 수력효율 η_r는 반동수차도 펠턴수차와 비슷하게 변하지만, 유량이 회전수에 따라 변하므로 L이 최대일 때와 η이 최고일 때의 회전수가 같지 않다. 회전수가 설계점에서 벗어남에 따라 효율이 저하하는 것은 펠턴수차의 경우에는 버킷에서 유출하는 흐름이 접선방향의 속도성분을 가짐으로써 손실되기 때문이다.

프랜시스수차에서도 회전차 깃을 나온 유체가 접선 속도성분을 가지고 있어서 이것이 손실원인 중의 하나이지만, 그 밖에 회전차의 입구에서 충돌 손실이 일어나는 것도 하나의 원인이다.

$T=0$, $L=0$일 때의 회전수를 **무구속속도**(run away speed)라 부르며, N_{max}로 표시하고 규정 회전수를 N_0로 표시하면 Q가 N에 관계없이 일정한 펠턴수차에서는 $N_{max}=2N_0$이다. 실제의 수차에서도 거의 같으며, 펠턴수차는 $N_{max}=(1.8\sim1.9)N_0$, 프랜시스수차에서는

$N_{\max} = (1.6 \sim 2.2) N_0$, 축류수차에서는 $N_{\max} = (2.2 \sim 2.7) N_0$이다.

다음에 낙차와 회전수도 일정한 때 안내깃에 의하여 유량을 조절했을 때의 토크, 체적효율의 변화는 그림 **3-44**의 (c)에서 알 수 있다. 어느 정도의 유량까지는 $T=0$이지만, 유량이 많아지면 토크는 유량에 비례하여 증대한다.

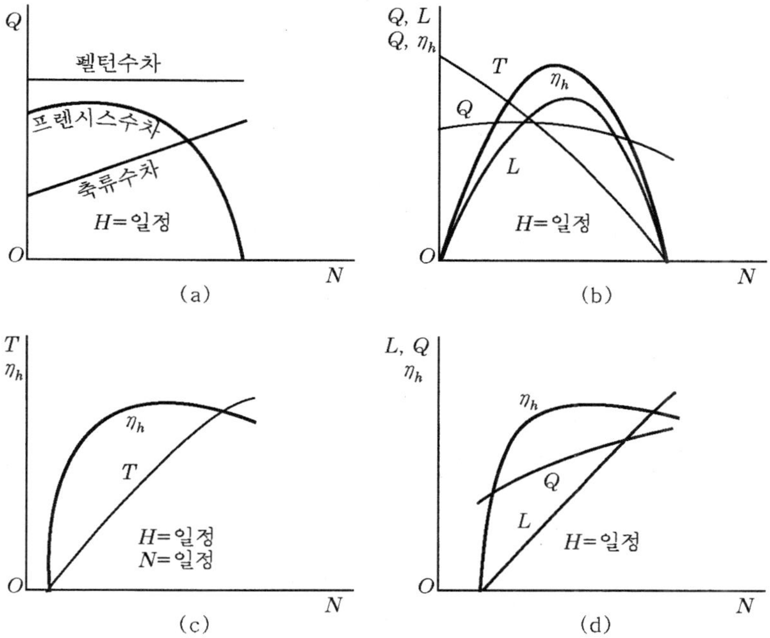

그림 3-44

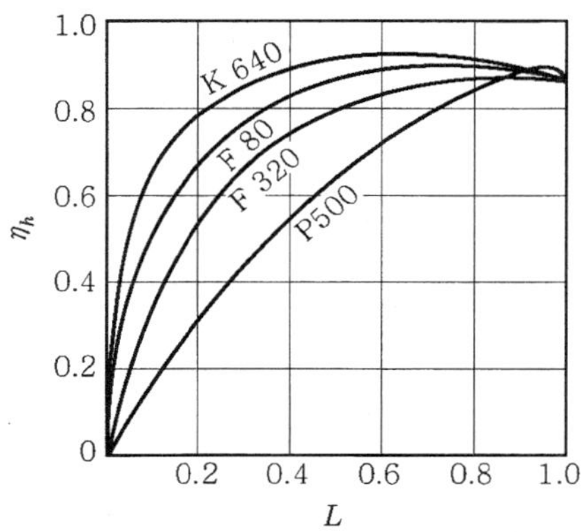

그림 3-45

그림 **3-45**는 회전수가 일정한 경우 출력 L과 체적효율 η_r의 관계를 최대출력을 1.0으로 하여 나타낸 것이다. F는 프랜시스 수차, P는 프로펠러수차, K는 카플란수차이며, 숫자는 비속도이다. 또한 펠턴 수차에서는 카플란수차에서와 마찬가지로 넓은 범위출력의 η_h가 좋다.

회전수가 일정한 때에 낙차의 변화에 대한 수량, 출력, 효율의 변화를 그림 **3-44**의 (d)는 보여주고 있다. 어느 낙차부터 출력은 선형적으로 증대하고, 유량은 거의 $H^{0.5}$에 비례하여 증가한다.

3-5-2 공동현상

수차내의 최저압력이 포화증기 압력까지 저하할 때 **공동현상**(cavitation)이 발생한다. 회전차 입구에서 발생할 수도 있지만 고속으로 회전하는 경우는 회전차 출구 부근에서도 발생한다.

그림 **3-46**은 카플란수차의 익면의 압력분포를 예로 나타낸 것이며, p_k는 공동현상이 발생하는 국소 최저압력이며, 표면압력을 p_l, 배면의 압력을 p_u로 표시한다.

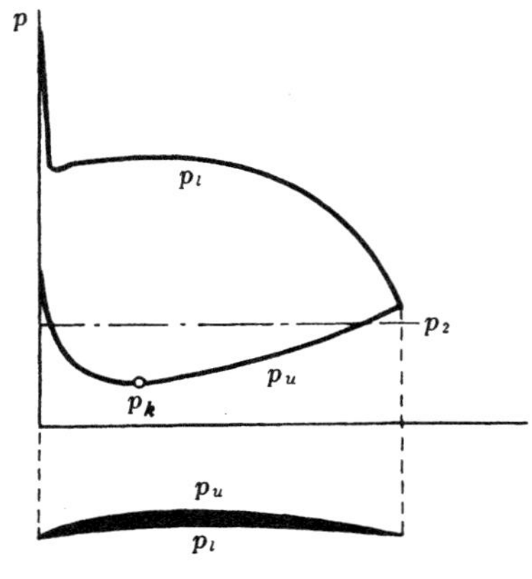

그림 3-46

회전차 깃 출구의 압력 p_2와 p_k의 차 $p_2 - p_k$는 유입속도가 w_1일 때 $\rho w_1^2/2$에 비례하고, w_1은 $\sqrt{2gH}$에 비례하므로 $p_2 - p_k$는 H에 비례한다. 이 관계를 $(p_2 - p_k)/\gamma = k_1 H$로 표시하여 식 (3.36)에 대입하면(단, $p_2 = p_3$, $v_2 = v_3$이다)

$$\frac{p_2}{\gamma} = \frac{p_a}{\gamma} - H_s - \frac{v_2^{\,2} - v_4^{\,2}}{2g} + f\frac{v_4^{\,2}}{2g}$$

으로 되며 $v_2^{\,2}$, $v_4^{\,2}$, $f\dfrac{v_4^{\,2}}{2g}$은 각각 H에 비례하므로, $\dfrac{(v_2^{\,2} - v_4^{\,2})}{2g} + f\dfrac{v_4^{\,2}}{2g} = k_2 H$로 표시하면

$$\frac{p_k}{\gamma} = \frac{p_a}{\gamma} - H_s - (k_1 + k_2)H \tag{3.65}$$

압력 p_k가 포화증기압 p_s까지 저하하면 공동현상이 발생하기 시작한다. 그러므로 공동현상이 발생하기 위한 수두는 다음 식으로 주어진다.

$$H_s = \frac{p_a - P_s}{\gamma} - (k_1 - k_2)H$$

지금 대기압 p_a, 포화증기압 p_s에 상당한 수두를 각각 $H_{\alpha 0}$, H_t로 하고, $H_a = H_{\alpha 0} - H_t$, $k_1 + k_2 = \sigma_c$로 표시하면

$$H_s = H_a - \sigma_c H \tag{3.66}$$

로 된다. 이것은 Thoma 교수의 캐비테이션 발생의 조건을 표시하는 식이며, σ을 Thoma의 캐비테이션계수라 부른다.

지금 식 (3.66)과 같이 $H_s = H_a - \sigma H$로 표시하고, σ에 대한 출력, 유량, 효율을 표시하면 그림 **3-47**과 같으며, 어떤 σ의 한계값에서 급격히 출력과 효율이 저하한다. 이것은 캐비테이션의 영향이 나타나기 때문이며, 그 때의 σ가 σ_c이다.

실제의 수차에서는 σ_c 대신에 $\sigma_0 = (1.1 \sim 1.4)\sigma_c$를 취하여, $H_s = H_a - \sigma_0 H$에 의하여 흡출관의 높이를 정한다. σ_0는 수차의 형상에 의하여 다르지만, 실제에는 비속도에 의하여 정해진다. 이것이 그림 **3-48**에 나타나 있으며, N_s가 크면 σ_0도 크다.

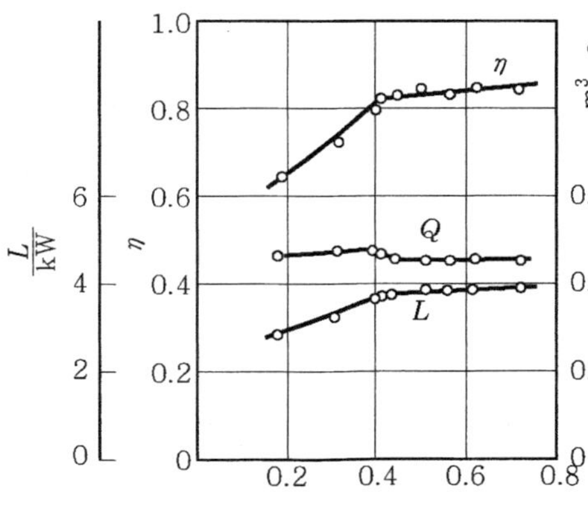

그림 3-47

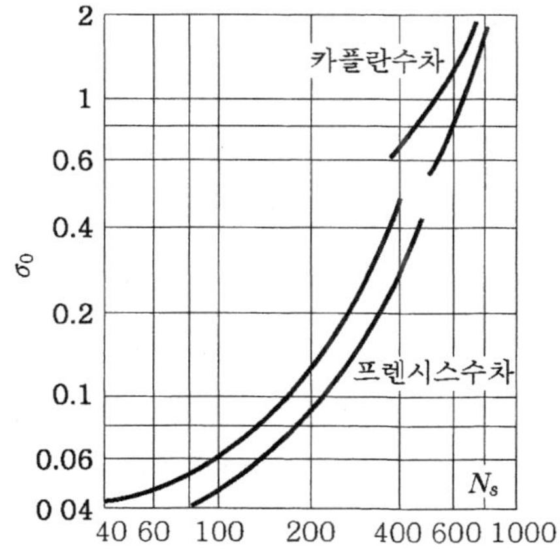

그림 3-48

캐비테이션이 발생하면 수차의 성능은 저하하고, 소음이 발생하며, 때로는 심한 진동을 일으켜서 수차 운전이 위험한 상태에 빠진다. 뿐만 아니라 발생부위는 부식과 침식을 일으켜서 수차의 수명을 단축시킨다.

캐비테이션 발생의 방지에는 위에 언급한 흡출관의 높이 H_s를 적정히 설계할 것이며, 동시에 이 흡출관의 상단부에 공기를 도입하여 포화증기압 이하의 저압이 발생하지 못하도록 한다.

3-5-3 수차의 조속기

펠턴수차의 유량조절은 노즐 내의 니들 밸브에 의하여, 반동수차에는 안내깃 회전을 통해서 이루어진다.

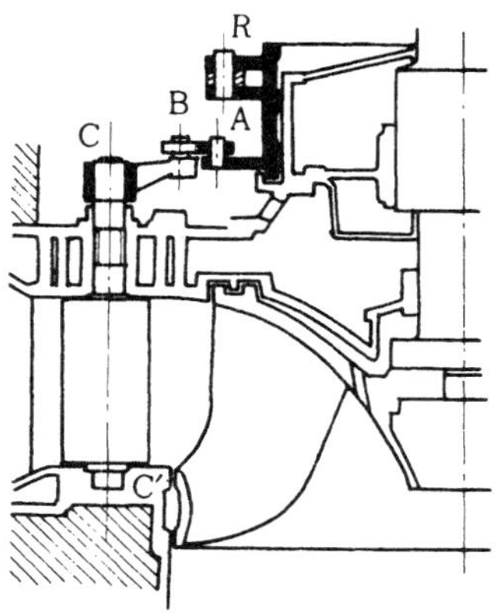

그림 3-49

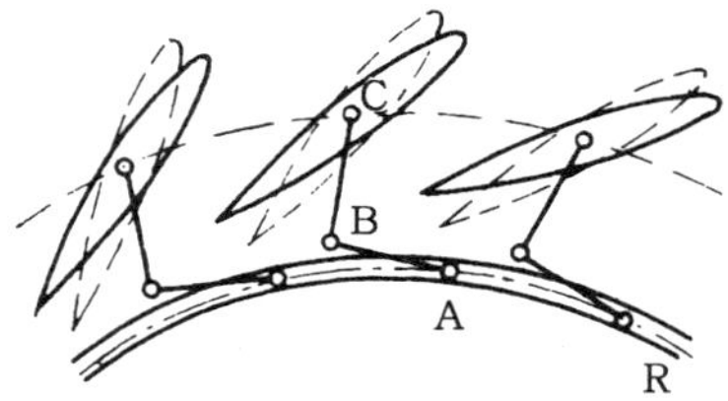

그림 3-50

그림 3-49과 그림 3-50은 안내깃의 개도조절장치의 예를 보여주고 있으며, 안내깃은 양단의 핀 C, C'의 둘레를 돈다. C에는 암(arm) BC가 달렸고, B는 링크 BA에 의하여 회전차축을 중심으로 하는 안내링(guide ring) R에 연결된다. R를 돌리면 A의 위치가 이동하여 그에 따라 안내깃의 각도가 변한다. R를 돌리는 데는 큰 힘이 필요하므로 그림 3-51에 나타낸 바와 같이 유압실린더 S의 피스톤 K에 연결된 레버 IH, 링크 DE, FG에 의하여 유압작용으로 회전된다. 이 유압기구를 **서보 모터**(servo motor)라 부른다.

카플란수차의 경우에는 부하의 변화에 따라 안내깃의 열림 정도를 변화시킴과 동시에 회전차의 각을 조절한다. 그림 3-52는 그 기구를 나타내며 A는 깃, B는 회전차 보스에 달린 베어링에 지지되어 돌게 되어 있으며, B에 달려 있는 암 C는 링크 D, 암 E에 의하여 중공의 회전차축 H를 관통하는 봉 F에 연결된다. F는 축에 설치된 서보 모터 S의 피스톤 P에 연결된다. 유압을 M

혹은 L에 통하면 피스톤 P는 아래로 혹은 위로 움직여서 회전익 각을 변화 시킨다. 서보 모터에 압력유를 보내는 조작은 조속기에 의하여 이루어진다.

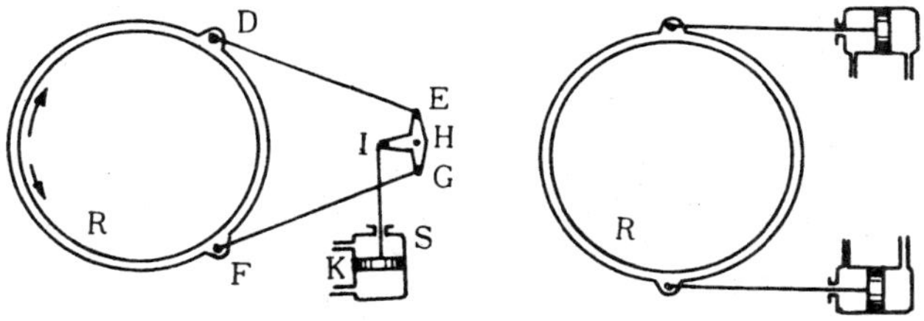

그림 3-51

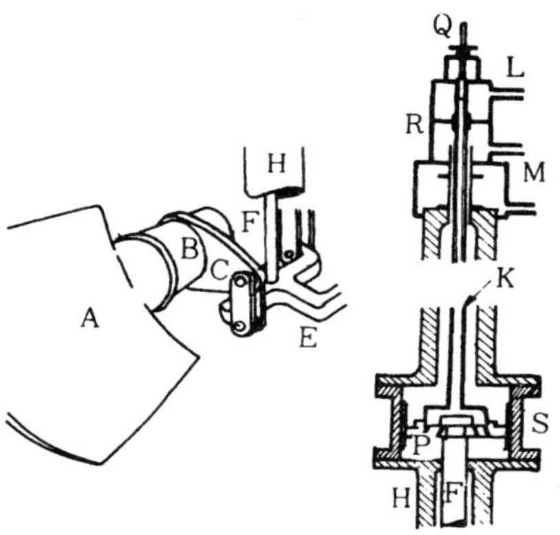

그림 3-52

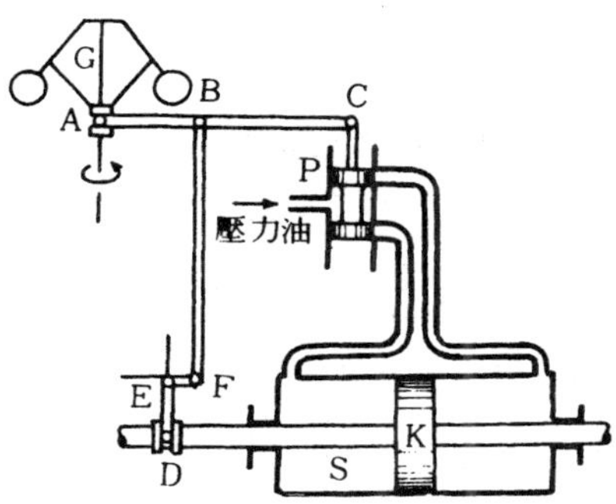

그림 3-53

그림 **3-52**은 조속기의 원리를 나타내며, 배유밸브 P가 하강하면 압력유는 서보 모터의 피스톤 K의 좌측에 작용하여 오른쪽 방향으로 밀고, 피스톤 P가 상승하면 K는 왼쪽 방향으로 밀려서 유압력으로 안내깃의 개도를 조절한다.

속도 검출에는 기계식과 전기식이 있으며, 그림 **3-53**은 기계식의 예로서 스피더 G는 회전차 축으로부터 벨트(belt) 또는 기어에 의하여 회전되든가, 발전기 축단에 연결된 교류발전기를 통하여 회전된다. 하중이 감소하면 회전수가 증가하여 스피더 G의 슬리브 A가 상승하고, 레버 AC는 이동하여 안내깃을 닫는다. 그러나 밸브는 내려온 그대로 있을 것이므로, 피스톤 K의 운동을 이용하여 레버 DEF에 의하여 FB는 밀어 올려져 C, P는 상승하게 되고, P는 이전의 위치로 복귀하여 피스톤 K는 적당한 곳에서 정지한다. 하중이 증대했을 때도 같은 요령으로 안내깃이 열린다.

그림 **3-54**는 수력 조속기와 이에 연결되는 안내깃의 개폐기구를 나타내는 개략도이다.

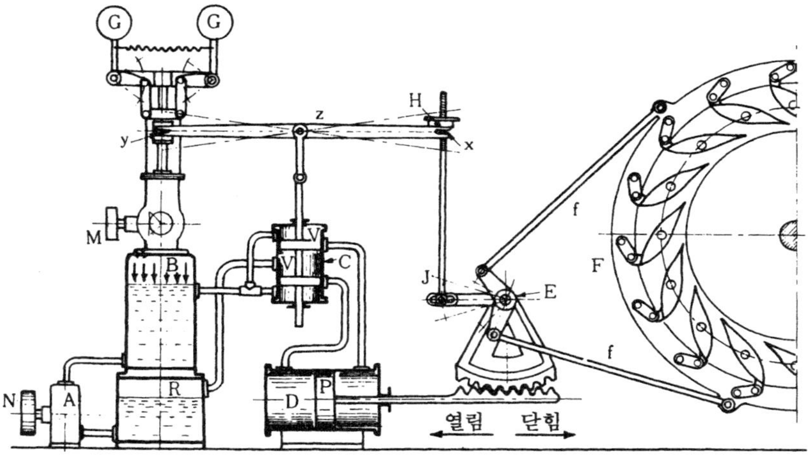

그림 3-54

3-5-4 수차의 조압장치

긴 도수관에 연결된 수차의 수두가 조속기의 작용으로 급히 닫혔을 때는 도수관에 충만된 유체의 타력이 수격작용을 일으켜 수압이 급상승한다. 또한 수차의 수두가 급히 열렸을 때는 도수관에 충만된 정수의 타력에 의하여 수압의 급격한 강하가 일어난다.

이와 같은 현상은 도수관의 파열 또는 압궤의 원인이 되므로 압력의 급변을 사전에 방지해야 한다. 앞 부분의 압력상승에 대해서는 도수관의 끝부분에 제압기(pressure regulators)를 설치하여 압력수를 방출시켜 수압상승을 방지한다. 그러나 뒷 부분의 압력강하에 대해서는 제압기가 아무런 구실을 못하여 긴 도수관에 연결된 수차는 안내깃를 완전히 열어도 급속히 전출력을 발생할 수 없다.

이와 같은 수차에 대해서는 도수관의 아래 부위에 직립관(stand-pipe)을 설치하여 수차의 입구를 급하게 열 때는 직립관 내에 충만한 물이 급히 하강하여 수차에 유입하고, 이어서 도수관 내의 정수가 서서히 수차에 작용하기 시작하므로 출력의 발생에 지장이 없다. 그리고 안내깃을 급히 닫았을 때도 타력을 가진 도수관의 유체의 일부가 직립관에 진입하여 큰 압력상승이 일어나지 않는다.

수차의 물 공급구를 급히 열거나 수차 운전 중에 위쪽의 수문을 급히 닫을 때에는 도수관 내에 진공이 발생하여 관벽의 얇은 상부의 도수관이 대기압에 의하여 압궤작용을 한다. 이와 같은 현상을 예방하기 위하여 그림 3-55의 (a)와 같은 통풍관(vent pipe)을 세워서 압궤에 의한 관의 파괴를 방지하기도 한다.

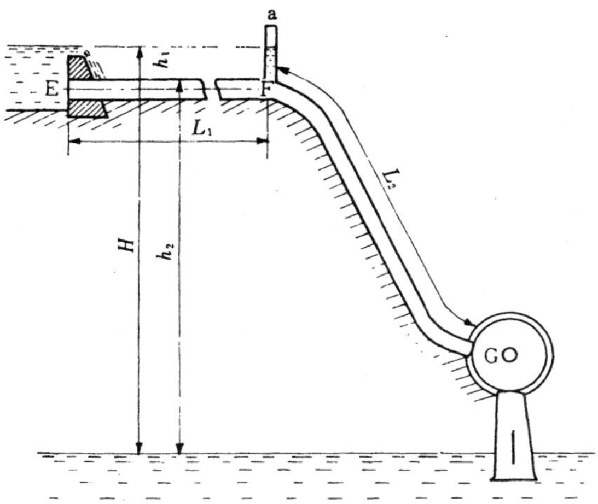

그림 3-55

그림 **3-55**에서 상수조에 접속한 도수관의 수평부 EF가 길 때에는 F에 통풍관 a를 세우는 대신에 큰 지름의 수조탑을 건설하여 수차의 물 공급구를 열고, 닫을 때 일어나는 유체의 과부족을 수조탑 내에 저장된 물로 완화시킨다. 이와 같은 때에는 직립탑이라 부르지 않고 **조압수조**(surge tank)라 부른다.

직립관과 조압수조는 본래의 목적과 작용은 동일하지만, 직립관은 수차 가까운 위치에 설치하고, 조압수조는 상수조와 거의 수평상에 있는 위치에 건립하여 상수조와는 콘크리트관이나 압력 터널로 연결한다.

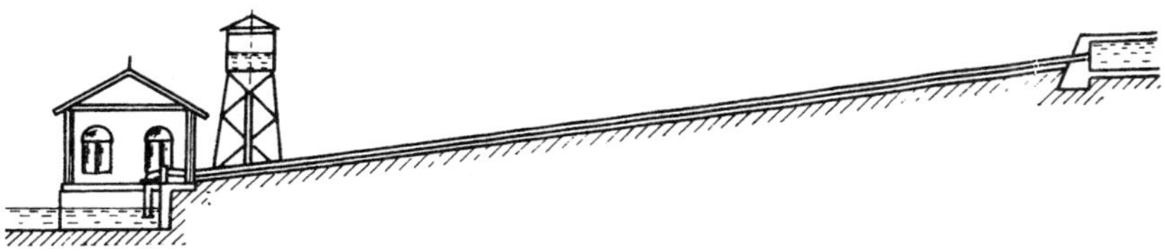

그림 3-56

그림 **3-56**은 직립관의 정상에 수조를 설치하여 상부의 단면적을 확대한 차동 직립관(differential stand-pipe)이며, 수차의 물 공급구 개폐에 따른 수면의 변화를 원활히 하도록 한 것이다.

그림 **3-57**은 Voith 제압기이며, A관은 도수관에 연결되고 평시에 제압밸브 C는 닫혀져 있다. L쪽의 조속기에 의하여 안내깃이 닫히면 크랭크 K를 통하여 전달되는 힘으로 M실 내의 분배밸브가 작동하여 B실 내의 압유가 b를 경유, 폐유실 F에 토출하므로 피스톤 P가 오른쪽으로 운동하고 C밸브가 열려서 A의 압력수가 E로부터 방출되어 수압상승을 막는다.

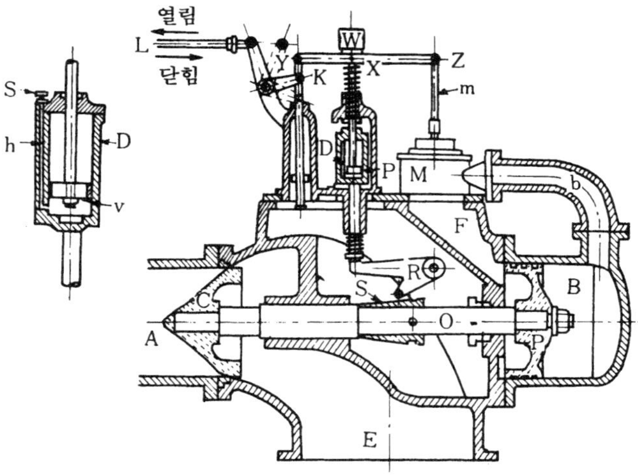

그림 3-57

3-5-5 양수발전

화력발전에서는 부하의 크기에 따라 출력을 조절하는 것은 운전상 어려운 일이다. 그러므로 야간에는 생산된 전력이 남게 되고 주간의 최대 사용량(peak)에는 부족하다. 야간에 남은 전력을 이용하여, 펌프로 물을 높은 곳에 올려 피이크시에 높은 곳에 저장된 물로 발전하여 전력 부족을 보충한다.

이것을 **양수발전**이라 부르며, 수차와 펌프를 따로 설치한 경우도 있으나 수차와 펌프를 동일 축에 연결하여 펌프를 구동할 때는 발전기를 전동기로 사용하는 경우도 있다.

최근에는 프랜시스수차의 회전차를 역전하여 펌프로서 사용하는 경우도 있으며, 이것을 **펌프수차**라 부른다.

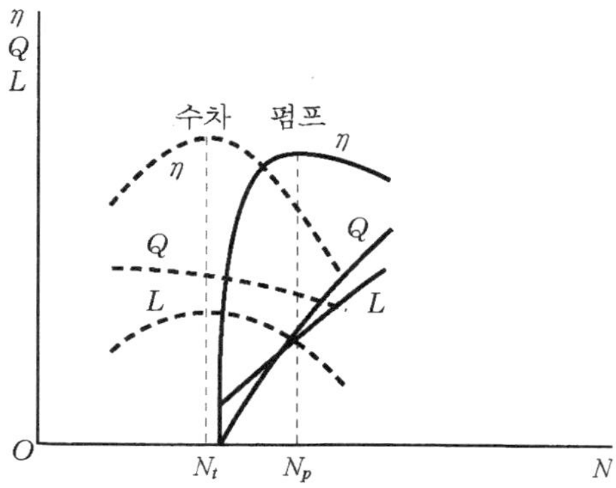

그림 3-58

그림 3-58은 낙차가 일정한 수차로서의 출력, 펌프로서의 입력, 유량, 효율과 회전수의 관계를 보여주고 있다.

수차의 성능은 파선으로 펌프의 경우에 대해는 실선으로 표시되어 있다. 수차로서 작동할 때와 펌프로 작동할 때의 최고효율의 회전수 N_t와 N_p는 다르다. 그러므로 수차, 펌프 어느 경우에도 최고 효율로 작동하게 하기 위해서는 극수의 변환을 통해서 회전수를 바꿀 필요가 있다. 그러나 극수변환은 고가이므로 동일 회전수로 운전할 때도 있으며, 그 때에는 효율은 약간 희생될 수 밖에 없다.

연습문제

3-1. 유효낙차 $H=200\text{m}$, 유량 $Q=2\text{m}^3/\text{s}$, 580rpm의 회전으로 수차의 비속도 및 형식을 정하라.

3-2. 유효낙차 $H=45\text{m}$, 유량 $Q=78.4\text{m}^3/\text{s}$을 이용하여 28,700kW의 출력을 내는 수차의 효율을 계산하라.

3-3. 유효낙차 $H=500\text{m}$, 유량 $Q=15\text{m}^3/\text{s}$의 수력을 이용할 펠턴 수차의 회전차의 버킷 피치원의 지름을 계산하라.

3-4. 문제 3-3에서 쌍 노즐을 채택할 때의 버킷 수 및 버킷의 주요 치수를 설계하라.

3-5. 프란시스 수차에서 회전차 입구의 유입각 $\alpha_1=30°$, 유입 절대속도 $v_1=30(\text{m/s})$, 원주속도 $u_1=3.5(\text{m/s})$일 때 회전차의 이론동력 L_{th}을 구하라.

3-6. 유효낙차 $H=200\text{m}$, 유량 $Q=15.2\text{m}^3/\text{s}$의 펠톤 수차를 설계하여라. 단, 주파수 $f=60\left(\frac{1}{\text{sec}}\right)$이다.

3-7. 유효낙차 $H=50\text{m}$, 출력 85,000kW, 회전수 139rpm의 반동 수차의 캐비테이션 발생에 대하여 안전한 흡입관의 높이를 구하라.

3-8. 유효낙차 $H=30\text{m}$, 유량 $Q=120\text{m}^3/\text{s}$의 카플란 수차를 설계하라. 단, 주파수 $f=60\left(\frac{1}{\text{sec}}\right)$이다.

3-9. 가용수량이 1000kgf/h이고 유효낙차로서 20m까지 얻을 수 있는 수원을 이용하는 데 적합한 수차의 형식과 대수를 결정하라. 단 전원의 주파수는 $60\left(\frac{1}{\text{sec}}\right)$이다.

3-10. 유효낙차 $H=120\text{m}$, 출력 8400kW, 회전차 회전수는 712rpm을 내는 프란시스 수차의 흡입관 높이의 허용값을 구하고, 흡입관 효율을 계산하라. 단, 수온은 20℃, 대기압은 10mAg로 한다.

제4장 공기기계

4-1 개 요

4-1-1 공기기계의 분류

공기기계를 크게 구별하면 다음과 같다.

① 기체에 에너지를 부여하여 그 압력이나 속도를 증가시키는 기계로서 송풍기(blower) 및 압축기(compressor)

② 기체의 속도 및 압력의 에너지를 동력으로 변환시키는 풍차(windmill)와 가스 터빈(gas turbine)

공기기계의 작동원리나 구조는 액체를 취급하는 펌프, 수차 등의 수력기계와 기본적으로 동일하다. 다만 취급하는 유체의 특성이 크게 다르며, 기체의 비중량은 액체에 비해서 대단히 작아서 20℃ 공기의 경우 물의 약 1/830이고, 또 압축성의 기체가 압축이나 팽창을 하면 유동조건에 따라서는 기체온도가 변할 수 있다.

송풍기 및 압축기는 압력과 작동원리에 따라 분류되며, 송풍기를 압력 크기에 따라 팬(fan)과 송풍기로 다시 나눈다. 팬의 압력한계는 약 1000mmAq이며, 송풍기의 경우는 압력범위가 1000~10000mmAq($=$ 10mAq $=$ 1kgf/cm^2)이다.

압축기는 보통 압력 상승이 1kgf/cm^2 이상의 것을 말하며, 온도 상승이 크므로 냉각을 고려하여야 한다. 그러나 송풍기의 범위에서는 일반적으로 냉각을 고려하지 않는다. 그리고 대기압 이하, 절대진공 부근의 저압의 기체를 대기압까지 압축하는 기계를 **진공펌프**(vacuum pump)라 부르며, 이것도 압축기의 일종이다.

4-1-2 풍량과 풍압

각종 공기기계에 관하여 설명하기 전에, 공통적이며 성능의 기본이 되는 용어에 대한 정의를 설명하기로 한다.

[풍량]

일반적으로 흡입상태로 환산한 토출 풍량을 표시한다. 공기의 경우 보통 흡입상태는 **표준공기**(온도 20℃, 상대습도 *75%, 대기압, 비중 1.2kgf/m^3)의 상태로 하며, 그 외에 **기준상태**(0℃, 760mmHg에서 건조 기체의 상태)로 환산하기도 한다.

단위는 m^3/min, m^3/h가 보통이며, 중량유량으로서 kgf/min도 사용된다.

여기서 **상대 습도** ϕ는 온도 t(℃)에서 1m^{3}의 공기 중에 포함된 수증기의 비중량을 γ_w(kgf/m^3), 같은 온도의 포화 수증기의 비중량을 γ_s(kgf/m^3)로 할 때 $\phi = \frac{\gamma_w}{\gamma_s} \times 100(\%)$이다.

[압력]

단위는 mmAq, mmHg이며, 고압에서 kgf/cm^{2}을 사용할 때는 절대압력 kgf/cm^2 abs, 계기압력(gauge pressure) kgf/cm^2 g과 같이 구별하여 표시하고 토출과 흡입의 압력비가 사용된다.

송풍기가 기체에 부여한 전압(total pressure), 즉 정압(static pressure)과 동압(dynamic pressure)의 대수합의 증가량을 **송풍기 전압**이라 부르고, 송풍기 전압에서 토출구의 동압을 뺀 나머지를 **송풍기 정압**이라 부른다. 즉 그림 **4-1**에서

$$\text{송풍기전압} \quad p_t = p_{t2} - p_a = (p_{s2} - p_{s1}) + (p_{d2} - p_{d1}) \tag{4.1}$$

$$\text{송풍기정압} \quad p_s = p_t - p_{d2} = (p_{s2} - p_{s1}) - p_{d1} \tag{4.2}$$

여기서 첨자 t는 전압, s는 정압, d는 동압을, 또 첨자 1은 흡입측, 2는 토출측을 의미한다.

또한 흡입구 및 토출구에서의 동압은 각각에서의 풍속을 v_1 및 v_2, 비중량을 γ_1 및 γ_2라 하면 다음 식으로 표시된다.

$$p_{d1} = \frac{\gamma_1}{2g} v_1^2, \quad p_{d2} = \frac{\gamma_2}{2g} v_2^2$$

$\gamma_1 \fallingdotseq \gamma_2$ 일 때는 비중량을 γ로 하여 다음 식으로 표현된다.

$$p_{d1} = \frac{\gamma}{2g} v_1^2, \quad p_{d2} = \frac{\gamma}{2g} v_2^2 \tag{4.3}$$

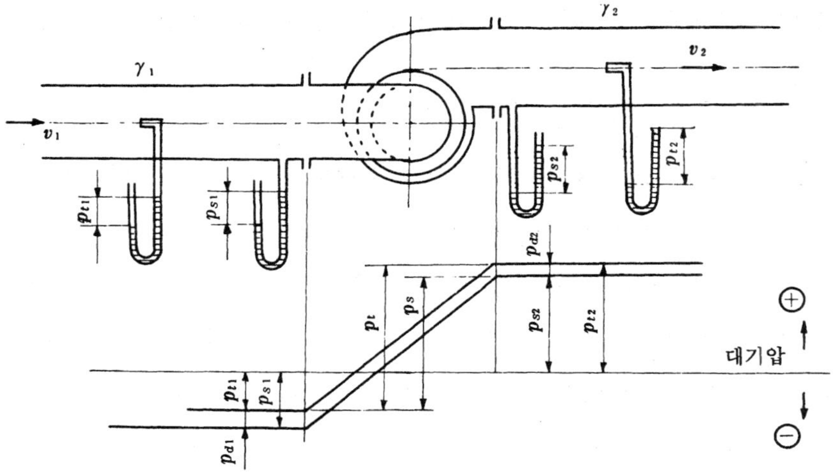

그림 4-1

일반적으로 송풍기 및 압축기에서는 토출동압 p_{d2}가 송풍기 정압에 비하여 무시될 수 있을 정도로 작으며 송풍기 정압 대신에 풍압이라 부르는 때가 많다.

4-1-3 동력과 효율

기체의 압축성을 고려할 필요가 없을 정도의 압력상승이면, 펌프의 경우와 마찬가지로 동력을 계산한다. 즉 압력비가 1.03 이하일 때 전압 이론공기동력 L_t, 정압 이론공기동력 L_s 는 각각 다음 식으로 표시된다.

$$L_t = \frac{Q_1 p_t}{60 \times 102} = \frac{Q_1}{6120}\{(p_{s2} - p_{s1}) + (p_{d2} - p_{d1})\}(\text{kW}) \tag{4.4}$$

$$L_s = \frac{Q_1 p_t}{60 \times 120} = \frac{Q_1}{6120}\{(p_{s2} - p_{s1}) - p_{d1}\}(\text{kW}) \tag{4.5}$$

압력비 1.03 이상일 때는 다음 식에 의한다.

$$L_t = \frac{Q_1}{6120}\left\{(p_{s2} - p_{s1}) \times \left(1 - \frac{p_{s2} - p_{s1}}{2kp_{s1}'}\right) + (p_{d2} - p_{d1})\right\}(\text{kW}) \tag{4.6}$$

$$L_s = \frac{Q_1}{6120}\left\{(p_{s2} - p_{s1}) \times \left(1 - \frac{p_{s2} - p_{s1}}{2kp_{s1}'}\right) - p_{d1}\right\}(\text{kW}) \tag{4.7}$$

식 중 p_{s1}'는 흡입측 절대정압, Q_1은 흡입상태의 풍량(m^3/min), 압력의 단위는 mmAq(= kgf/cm^2), k는 C_p / C_v 즉 비열비(=단열계수)이다.

실제의 축동력을 L(kW)이라 하면 전압효율 η_t와 정압효율 η_s는 각각 다음과 같다.

$$\eta_t = \frac{L_t}{L} \times 100(\%), \quad \eta_s = \frac{L_s}{L} \times 100(\%) \tag{4.8}$$

압력비가 1.07 이상이 되면 기체의 밀도나 온도의 변화가 크게 나타나며, 이때에는 이론 단열동력 L_{ad}, 또는 이론 등온동력 L_{is}가 이론동력으로 된다.

냉각이 없는 송풍기 및 압축기에서는 일반적으로 유효 일량으로 기체를 단열 압축하는 경우의 일량을 취하여 L_{ad}를 비교의 기준으로 한다. 한편 냉각을 하는 압축기에는 압축에 의하여 발생하는 열을 완전히 제거하여 항상 흡입온도로 유지하는 등온압축을 이론적으로 하여 L_{is}를 기준으로 한다. 그러나 냉각의 정도에 따라서는 L_{ad}를 사용하기도 한다.

단위중량의 기체를 단열압축 할 때 필요한 일량은

$$\frac{k}{k-1} p_1 V_{s1} \left\{ \left(\frac{p_2}{p_1} \right)^{(k-1)/k} - 1 \right\} \tag{4.9}$$

로 V_{s1}은 단위중량당 체적이다. 흡입유량이 Q_1(m³/min)일 때 이론 단열동력 L_{ad}는

$$\begin{aligned} L_{ad} &= \frac{k}{k-1} \frac{p_1 Q_1}{6120} \left\{ \left(\frac{p_2}{p_1} \right)^{(k-1)/k} - 1 \right\} \\ &= \frac{k}{k-1} \frac{GRT_1}{6120} \left\{ \left(\frac{p_2}{p_1} \right)^{(k-1)/k} - 1 \right\} (\text{kW}) \end{aligned} \tag{4.10}$$

이다. 식 중 p_1은 흡입압력(kgf/m² abs), p_2는 토출압력(kgf/m² abs), G는 기체의 흡입중량(kgf/min), R은 기체상수(kgf·m/kgf° K) (° K = 273 + t ℃)이다.

식 (4.10)에서

$$p_{ead} = \frac{k}{k-1} p_1 \left\{ \left(\frac{p_2}{p_1} \right)^{(k-1)/k} - 1 \right\} \tag{4.11}$$

로 놓으면

$$L_{ad} = \frac{p_{ead} Q_1}{6120} (\text{kW}) \tag{4.12}$$

로 표시되며, p_{ead}는 비압축성 유체로 가정할 때의 압력에 해당되기 때문에 **평균유효 단열압력**(mean effective adiabatic pressure)이라 부른다. 또

$$H_{ad} = \frac{p_{ead}}{\gamma_1} = \frac{k}{k-1}\frac{p_1}{\gamma_1}\left\{\left(\frac{p_2}{p_1}\right)^{(k-1)/k} - 1\right\}$$

$$= \frac{k}{k-1} RT_1\left\{\left(\frac{p_2}{p_1}\right)^{(k-1)/k} - 1\right\} \tag{4.13}$$

로 놓으면

$$L_{ad} = \frac{H_{ed}G}{6120}\,(\mathrm{kW}) \tag{4.14}$$

로 표시된다. 여기서 H_{ed}를 **단열헤드**(adiabatic head)라 부르며, p_2/p_1와 H_{ad}/RT_1와의 관계를 $p_2/p_1 = 1.0$~1.9의 범위에 대해 그림 **4-2**에 나타내었다.

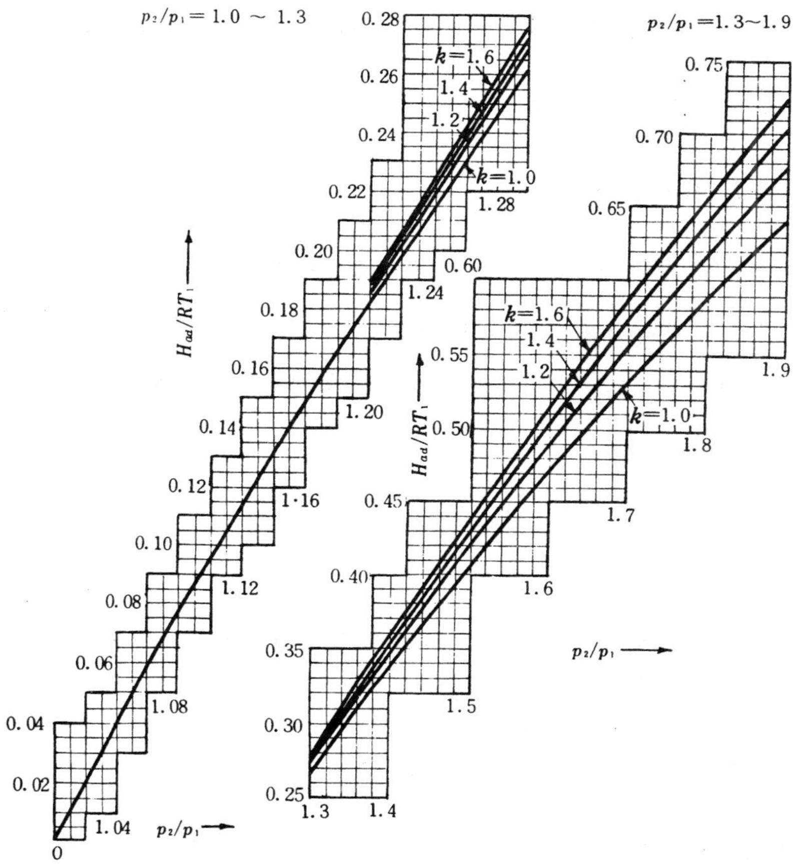

그림 4-2

축동력을 L(kW)이라 하면 효율은 $\eta_{tad}=\dfrac{L_{ad}}{L}$ 이며 **전단열효율**(overall adiabatic efficiency)이라 부른다. η_{tad}는 대략 0.60~0.85의 범위에 있다.

단위중량의 기체를 등온압축 할 때의 일량은 $p_1 V_{s1} \log_e(p_2/p_1)$이며, 흡입풍량이 Q_1(m³/min)일 때의 이론 등온동력 L_{is}는

$$L_{is}=\frac{p_1 Q_1}{6120}\log_e\left(\frac{p_2}{p_1}\right)=\frac{GRT_1}{6120}\log_e\left(\frac{p_2}{p_1}\right)(\text{kW}) \qquad (4.15)$$

이다. 이 식에서 $p_{eis}=p_1\log(p_2/p_1)$로 놓으면

$$L_{is}=\frac{p_{eis}Q_1}{6120} \qquad (4.16)$$

로 표시되며, p_{eis}는 **평균 유효등온압력**(mean effective isothermal pressure)이라 부른다. 또

$$H_{is}=\frac{p_{eis}}{\gamma_1}=\frac{p_1}{\gamma_1}\log_e\left(\frac{p_2}{p_1}\right)=RT_1\log_e\left(\frac{p_2}{p_1}\right) \qquad (4.17)$$

로 놓으면 $L_{is}=H_{is}G/6120$(kW)이다.

축동력을 L(kW)이라 하면 효율은 $\eta_{tis}=\dfrac{L_{is}}{L}$ 로 표시되며, η_{tis}를 **전등온효율**(overall isothermal efficiency)이라 부르고, 대략 0.50~0.70의 범위에 있다.

완전한 등온압축이나 단열압축이 아닌 경우 이론 폴리트로프동력(theoretical polytropic power) L_{pol}은

$$L_{pol}=\frac{Q_1 p_{epol}}{6120}=\frac{G_1 H_{pol}}{6120}(\text{kW})$$

로 표시된다.

다음에 흡입중량에서 토출중량을 제한 것이 누설중량이며, 전자와 후자의 비를 **체적효율**이라 부르고 η_v로 표시하면 $\eta_v=\dfrac{G}{G+\Delta G}$ 이다.

축동력을 L, 기계손실동력을 L_m이라 하고, 누설손실이 없다고 하면 $L_i=L-L_m$으로 표시되는 L_i를 **내부동력**이라 부르고, 기계효율은 $\eta_m=\dfrac{L_i}{L}=\dfrac{L-L_m}{L}$ 이다.

내부동력은 기체가 압축기를 통과할 때 얻는 전에너지 증가이며 다음 식으로 표시된다.

$$L_i = \frac{k}{k-1}\frac{P_1 Q_1}{6120}\left\{\left(\frac{p_2}{p_1}\right)^{(n-1)/n} - 1\right\}(\mathrm{kW})$$

이론 등온동력 L_{is}와 내부동력 L_i와의 비를 **등온효율**(isothermal efficiency)이라 부르고,

$$\eta_{is} = \frac{L_{is}}{L_i} = \frac{\log_e\left(\frac{p_2}{p_1}\right)}{\frac{k}{k-1}\left\{\left(\frac{p_2}{p_1}\right)^{(n-1)/n} - 1\right\}}$$

로 표시되며, 이론 단열동력 L_{ad}와 내부동력 L_i의 비를 η_{ad}라 하면

$$\eta_{ad} = \frac{L_{ad}}{L_i} = \frac{\left(\frac{p_2}{p_1}\right)^{(k-1)/k} - 1}{\left(\frac{p_2}{p_1}\right)^{(n-1)/n} - 1} \tag{4.18}$$

로 된다.

지금 T_1을 흡입온도(전온), T_{2th}를 단열압축 때의 이론 토출온도, T_2를 실제의 토출온도로 하면 $T_{2th} = T_1(p_1 - p_2)^{(k-1)/k}$, $T_2 = T_1(p_2/p_1)^{(n-1)n}$이며, $\eta_{ad} = \frac{T_{th} - T_1}{T_2 - T_1}$로 된다. 이 η_{ad}를 **단열 등온효율**(adiabatic thermal efficiency)이라 부른다.

또한 이론 폴리트로프 동력 L_{pol}과 내부동력 L_i와의 비, 즉 폴리트로프 효율은 다음 식과 같다.

$$\eta_{pol} = \frac{L_{pol}}{L_i} = \frac{n}{n-1}\,\frac{k-1}{k}$$

이 식과 식 (4.18)로부터 다음 식을 얻는다.

$$\eta_{ad} = \frac{\left(\frac{p_2}{p_1}\right)^{(k-1)/k} - 1}{\left(\frac{p_2}{p_1}\right)^{1-\eta_{pol}(k-1)/k} - 1} \tag{4.19}$$

이 식은 p_2/p_1, η_{ad} 및 η_{pol}의 관계를 나타내며, 이것이 그림 **4-3**에 나타나 있다.

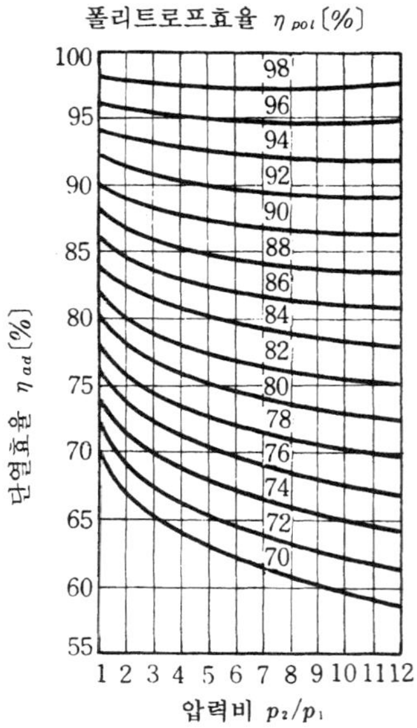

그림 4-3

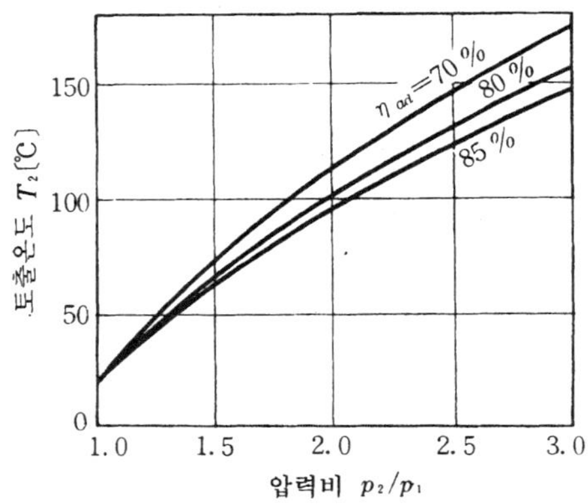

그림 4-4

펌프에서와 같이 $\eta = \eta_i \eta_v \eta_m$으로 놓고 η를 **전효율**이라 부르며, η_i는 전효율 중에서 누설손실과 기계손실을 제외한 다른 모든 유체손실(원판마찰손실도 포함)에 의한 효율의 저하를 의미한다.

이 밖에 이론동력과 원동기입력과의 비를 가지고 효율을 표시하는 수도 있으며, 이것을 **전효율**(overall efficiency)이라 부른다.

4-1-4 온도상승

4-1-3에서 논술한 바에 의하여 실제의 토출온도 T_2는

$$
\begin{aligned}
T_2 &= T_1 + \frac{T_{2th} - T_1}{\eta_{ad}} \\
&= T_1 + \frac{T_1\left\{\left(\dfrac{p_2}{p_1}\right)^{(k-1)/k} - 1\right\}}{\eta_{ad}} \\
&= T_1\left\{1 + \frac{\left(\dfrac{p_2}{p_1}\right)^{(k-1)/k} - 1}{\eta_{ad}}\right\}
\end{aligned}
\tag{4.20}
$$

로 주어진다.

일의 열당량 A 및 정압비열 C_p를 가지고 나타내면

$$T_{2th} - T_1 = AH_{ad}/C_p \tag{4.21}$$

의 된다.

그림 4-4는 η_{ad} 가 70%, 80%, 85%인 경우의 압력비 p_2/p_1와 토출온도(흡입온도는 20℃)의 관계를 나타내고 있다.

【예제 4·1】 흡입풍량 180m³/min, 흡입 공기의 압력 1.033kgf/cm² abs, 토출압력(전압) 3500mmAq의 송풍기의 축동력이 128kW일 때 전단열효율 η_{tad}를 구하라.

해 식 (4.10)에서 $p_2/p_1 = \dfrac{1.033\times10^4 + 3500}{1.033\times10^4} = 1.339$

$$\frac{k}{k-1}\left\{\left(\frac{p_2}{p_1}\right)^{(k-1)/k} - 1\right\} = \frac{1.4}{1.4-1}\{1.339^{0.4/1.4} - 1\} = 0.3045$$

식 (4.10)에 대입하여

$$L_{ad} = 1.033\times10^4\times180\times\frac{0.3045}{6120} = 92.2(\text{kW})$$

그러므로

$$\eta_{tad} = \frac{L_{ad}}{L} = \frac{92.2}{128} = 0.72$$

【예제 4·2】 터보 송풍기에서 온도 20℃, 압력 1.033kgf/cm² abs 의 공기를 흡입하여 압력을 300mmAq까지 상승시킬 때, 단열온도효율을 75%로 하면 토출공기의 온도는 얼마인가?

해 $\dfrac{p_2}{p_1} = \dfrac{1.033\times10^4 + 3000}{1.033\times10^4} = 1.29$

식 (4.20)으로부터

$$T_2 = (273+20)\left\{1 + \frac{1.29^{1.4-1/1.4} - 1}{0.75}\right\} = 322.7(°\text{K}) = 4.97(℃)$$

【예제 4·3】 흡입풍량 200m³/min, 토출압력(전압) 3500mmAq를 만족하는 2단 터보 송풍기의 발생하는 전압수두를 구하라. 단, 흡입 공기의 온도는 20℃, 압력은 1.033kgf/cm² abs로 하고, 또 단열효율을 74%로 한다.

해 압력비 $\dfrac{p_2}{p_1} = \dfrac{1.033\times10^4 + 3500}{1.033\times10^4} = 1.339$

송풍기 전체의 단열헤드 H_{ad}는 식 (4.13)으로부터

$$H_{ad} = \frac{1.4}{1.4-1}\times29.27\times(273+20)\{1.339^{1.4-1/1.4} - 1\} = 2620(\text{kgfm/kgf})$$

식 (4.19)에 $p_2/p_1=1.339, \eta_{ad}=0.74$를 대입하여

$$1.339^{\,1.4-1/1.4\cdot 1/\eta_{ad}}=\{1.339^{1.4-1/1.4}-1/0.74\}+=1.1175$$

$$\frac{1.4-1}{1.4}\frac{1}{\eta_{pol}}=0.381 \qquad \therefore\ \eta_{pol}=0.75(\text{그림 4-3에서 구할 수 있다})$$

지금 단열효율과 폴리트로프효율의 비를 $1+f_\infty=\eta_{plo}/\eta_{ad}$로 놓고 n단일 때의 f_∞에 상당한 값을 f로 놓으면

$$f=f_\infty\left(1-\frac{1}{n}\right)$$

위의 계산 결과를 대입하면

$$t=\left(\frac{\eta_{pol}}{\eta_{ad}}-1\right)\left(1-\frac{1}{n}\right)=\left(\frac{0.75}{0.74}-1\right)\left(1-\frac{1}{2}\right)=0.0068$$

그러므로 전압헤드는

$$\Sigma H=2620\times(1+0.0068)=2637.8(\text{m})$$

4-2 원심 송풍기 및 압축기

4-2-1 분류와 구조

원심형 송풍기 및 압축기의 작동원리는 원심펌프와 같으며, 케이싱 내의 회전차의 회전에 의하여 기체에 주어지는 원심력을 이용하여 기체를 압송하는 기계이다.

원심송풍기는 압력에 따라 다시 원심팬(centrifugal fan)과 터보 송풍기(turbo blower)로 구분된다.

(1) 원심팬

그림 **4-5**는 원심팬의 구조를 보여주고 있으며 흡입구로부터 유입한 공기는 흡입케이싱, 흡입통을 거쳐 축방향으로 회전차에 흡입된다. 회전차에 의하여 원심력을 받은 공기는 회전차 외주로부터 와형실에 유입하며, 와형실에서 감속되며 속도 에너지 일부가 압력 에너지로 전환되어 토출구에서 배출된다. 회전차 축은 양측에서 베어링으로 지지되며, 커플링으로 전동기와 직결된다.

그림 **4-5**는 회전차의 양방향에서 흡입하는 양흡입형이며 그림 **4-6**은 단흡입형을 나타내고 있다. 단흡입형에서 회전차는 축 끝에 설치된다.

송풍기의 케이싱은 강판제이며, 분해가 편리하도록 여러 개로 분할하여 조립된다.

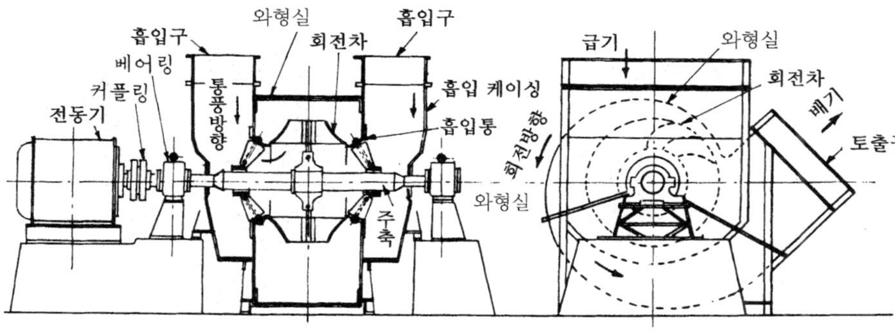

그림 4-5

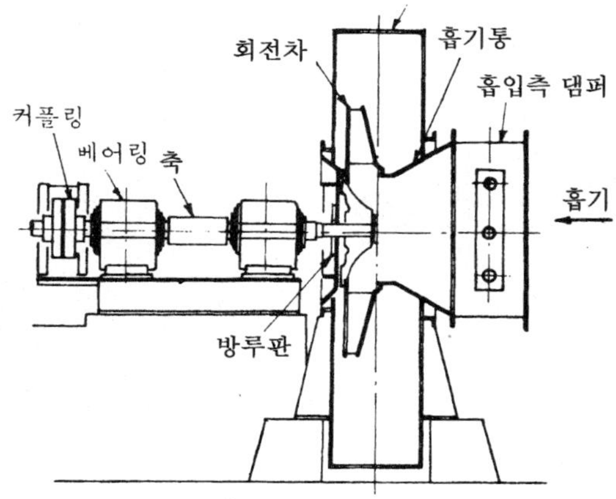

그림 4-6

회전차는 그림 4-7과 같이 그 단면형에 따라 크게 세 가지로 분류된다. 그림 4-7의 a는 깃 출구각 β_2가 회전 방향에 대하여 90° 이하일 때의 터보팬(turbo fan)이며, b의 경우와 같이 β_2가 90° 의 것을 **레이디얼팬**(radial fan)이라 부른다. 또 c와 같이 β_2가 90° 이상인 것을 **다익팬**(multiblade fan)이라 부른다.

그림 4-8, 그림 4-9, 그림 4-10은 터보팬, 레이디얼팬, 다익팬의 회전차를 보여주고 있다. 터보팬의 경우 깃 출구각 β_2는 35~45° , 깃 수는 8~24매이며, 깃 내부의 흐름에 무리가 없으므로 가장 효율이 좋다. 터보팬은 보일러의 강제통풍, 광산의 환기 등에 널리 사용되고 있다.

레이디얼팬의 깃 수는 12~16매 정도이며, 깃 내부의 상대속도가 작으므로 마멸이 심한 용도에 사용되고, 그림 4-9와 같이 라이너(liner)를 깃에 부착시켜서 마멸을 방지하며, 이 라이너를 교환하기 쉬운 구조로 되어 있다.

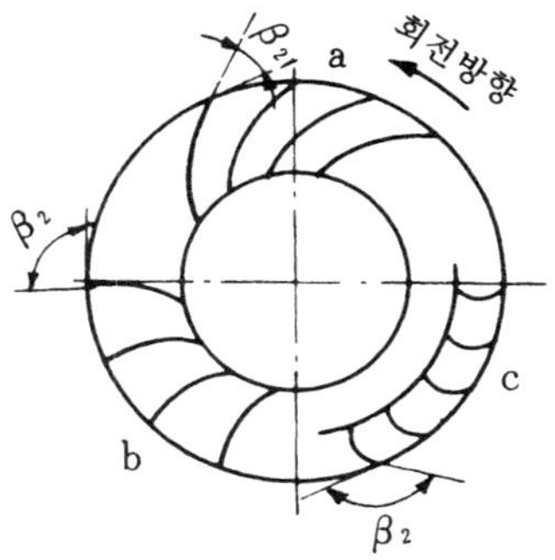

그림 4-7

그림 4-8

그림 4-9

그림 4-10

다익팬은 그림 **4-10**과 같이 깃의 폭이 넓고 옅은 것으로, 깃 수는 48~64매, 깃 출구각 β_2는 120~150° 이다. 다른 송풍기보다 주속도를 작게 설계 할 수 있으므로 소형으로 되어 고층 건물 내의 환기 등에 사용된다.

(2) 터보송풍기

그림 **4-11**은 일방향 흡입 1단 터보송풍기를 나타내며, 이미 설명한 바와 같이 회전차는 전동기의 축 끝에 연결되어 있다.

그림 **4-12**는 양흡입 터보송풍기의 구조도를 나타내며, 그 형상은 원심팬과 유사하지만 회전차와 와형실의 사이에 디퓨저를 두어 회전차에서 유출하는 공기를 감속시켜 효율을 좋게 하고 있다. 케이싱은 강판제도 있으나 보통은 주철제이다.

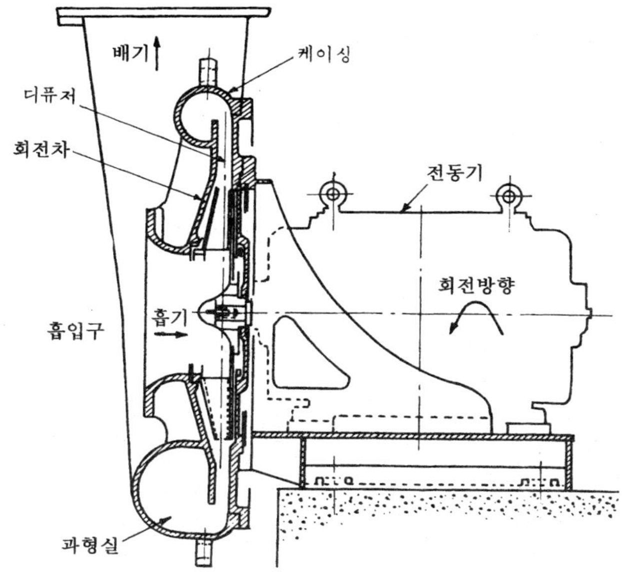
토출구
배기
케이싱
디퓨저
회전차
전동기
회전방향
흡기
흡입구
과형실

그림 4-11

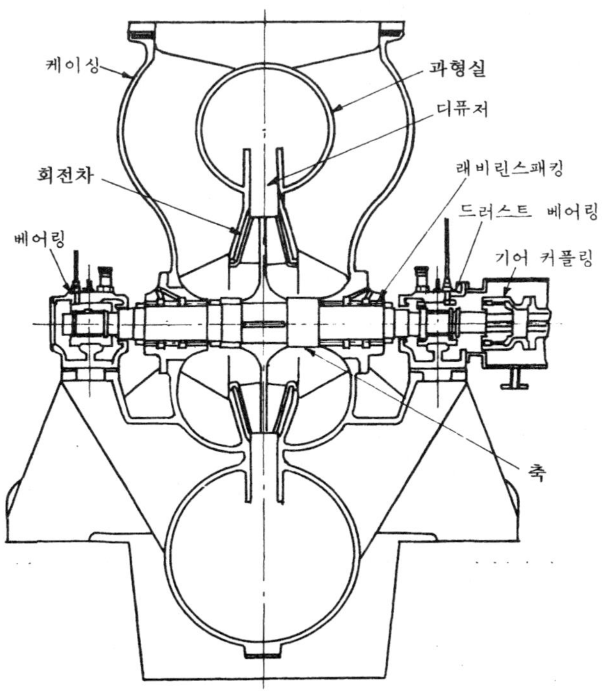
케이싱
과형실
디퓨저
회전차
래비린스패킹
드러스트 베어링
베어링
기어 커플링
축

그림 4-12

그림 **4-13**은 다단 터보송풍기의 구조를 보여주고 있으며, 다단 송풍기에서는 대개 디퓨저에 안내깃을 두어 흐름의 감속에 따른 압력전환이 효율적으로 이루어지도록 하고 있다.

제1단 디퓨저에서 나온 유체를 그림 **4-14**에서 볼 수 있는 바와 같이 다음 단의 회전차에 완전한 축방향으로 흡입시키기 위하여 통로 내에 유도 안내깃을 두고 있다.

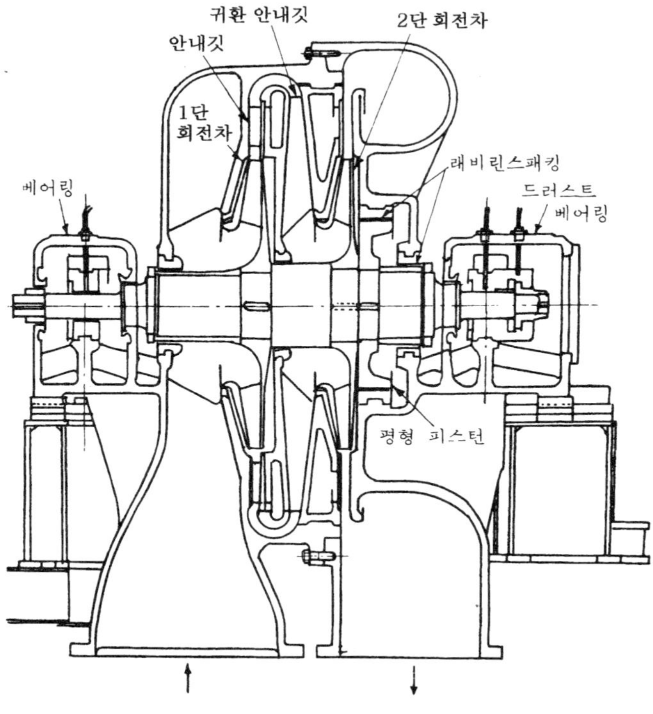

그림 4-13

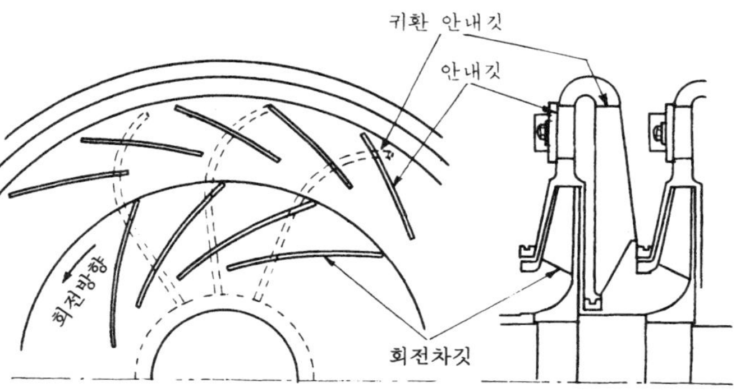

그림 4-14

(3) 원심압축기

터보송풍기보다 압력비가 높고 온도 상승이 큰 경우에는 다단 원심압축기를 사용하며, 이 경우 케이싱에 냉각수통(water jacket)이나 중간 냉각기(inter cooler)를 사용한다.

그림 **4-15**는 다단식 원심 압축기와 2단마다 설치된 중간 냉각기를 보여주고 있다.

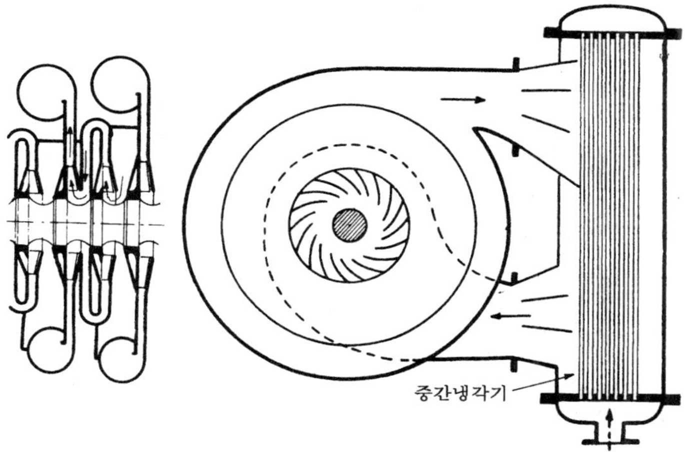

그림 4-15

4-2-2 원심형 회전차의 원리

원심형 송풍기 및 압축기의 이론은 원심펌프에서와 같이 운동량 법칙에 의하며, 먼저 완전유체로서 회전차 깃 수가 무한대일 때의 압력상승, 속도 및 각도 등을 기준으로 한다.

그림 **4-16**은 각속도 ω로 회전하는 $\beta_2 < 90°$의 회전차의 단면 및 깃 입구와 출구에서의 속도선도를 보여주고 있다. 여기서 u는 회전차의 원주속도(m/s), v는 흐름의 절대속도(m/s), v_u는 v의 원주 방향 성분(m/s), v_m은 v의 반지름 방향 성분(m/s), w는 흐름의 상대속도(m/s), β는 w와 음의 u가 이루는 각, α는 u와 v가 이루는 각, r은 반지름(m), b는 깃 폭(m)이다. 첨자 1, 2는 깃 입구 및 출구를 의미한다.

회전차가 유체에 부여하는 힘의 모멘트와 회전차의 토크가 같으므로, 이론 전압수두 $H_{th\infty}$에 대하여 다음의 식이 성립한다(원심펌프 참조).

$$H_{th\infty} = \frac{\omega}{g}(r_2 v_{u2} - r_1 v_{u1}) = \frac{1}{g}(u_2 v_{u2} - u_1 v_{u1}) \tag{4.22}$$

이론 전압 상승은

$$p_{th\infty} = \frac{\gamma}{g}(u_2 v_{u2} - u_1 v_{u1}) \tag{4.23}$$

유체가 반경 방향으로 유입할 때는 $v_{u1} = v_1 \cos\alpha_1 = 0$이므로

$$H_{th\infty} = \frac{1}{g}(u_2 v_{u2}) \tag{4.24}$$

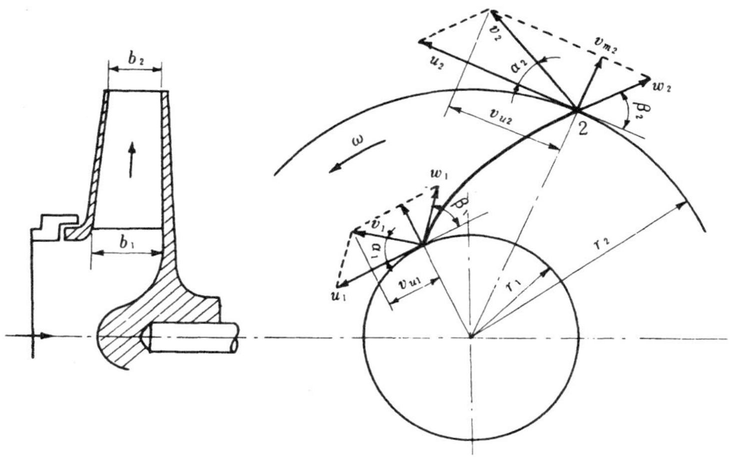

그림 4-16

그림 4-16의 속도선도에서

$$w_1^2 = v_1^2 + u_1^2 - 2u_1 v_1 \cos\alpha_1 = v_1^2 + u_1^2 - 2u_1 v_{u1}$$

$$w_2^2 = v_2^2 + u_2^2 - 2u_2 v_2 \cos\alpha_2 = v_2^2 + u_2^2 - 2u_2 v_{u2}$$

$$\therefore\ u_1 v_{u1} = (v_1^2 + u_1^2 - w_1^2)/2$$

$$= u_2 v_{u2} = (v_2^2 + u_2^2 - w_2^2)/2$$

이와 같은 관계를 식 (4.22) 및 식 (4.23)에 대입하면

$$H_{th\infty} = \frac{1}{2g}\{(v_2^2 - v_1^2) + (u_2^2 - u_1^2) + (w_1^2 - w_2^2)\} \tag{4.25}$$

$$p_{th\infty} = \frac{\gamma}{2g}\{(v_2^2 - v_1^2) + (u_2^2 - u_1^2) + (w_1^2 - w_2^2)\} \tag{4.26}$$

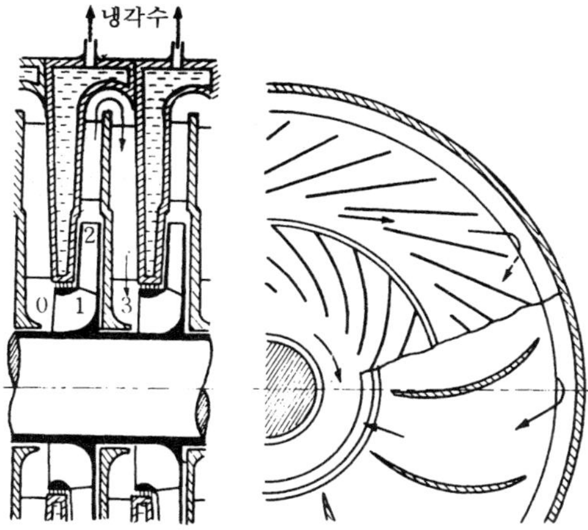

그림 4-17

식 (4.25) 및 (4.26)은 식 (4.22) 및 (4.23)과 함께 원심형 회전차의 기본식임을 원심펌프 이미 언급하였다.

식 (4.25)의 1항은 운동 에너지의 증가분이며 이 에너지의 일부는 회전차를 나온 후 디퓨저, 와형실 등에서 감속되어 정압으로 전환된다. 2항은 원심력에 의한 정압의 증가분이며, 원심 회전차에서 가장 중요한 항이다. 축류 회전차에서는 이 항이 없으며, 이 점에서 원심 회전차가 정압상승에 유리하다. 다음 제3항은 깃 사이를 유체가 통과할 때 유속이 변화함에 따라서 정압이 변화하는 양이며, 원심형 회전차에서는 보통 감속되므로 그 양 만큼 정압상승이 얻어진다.

냉각을 하지 않는 원심형 공기기계에서 압축은 등엔트로피(isentropic) 하에서 이루어지며, $pV^k =$ 일정이므로

$$\frac{k}{k-1} p_0 V_0 \left\{ \left(\frac{p_3}{p_0} \right)^{(k-1)/k} - 1 \right\} = \frac{u_2 v_{u2} - u_1 v_{u1}}{g} \tag{4.27}$$

이며, p_0, V_0는 그림 **4-17**에서 보는 바와 같이 기체가 회전차에 흡입되기 직전의 압력, 비체적이며, p_3는 제2단(단단에서의 토출구)에 흡입되는 기체의 압력이다.

압력상승을 Δp로 하면 $p_3/p_0 = (p_0 + \Delta p)/p_0$이므로

$$\Delta p = p_0 \left\{ \left[\frac{k-1}{kp_0 V_0} \left(\frac{u_2 v_{u2} - u_1 v_{u1}}{g} \right) + 1 \right]^{k/(k+1)} - 1 \right\} \tag{4.28}$$

이다. 이 Δp는 1단의 이론 압력상승이며, 실제에는 그 양이 매우 적으므로 흡입 전과 토출 후의 단위중량당의 체적의 평균값을 $V_m (= 1/\gamma_m)$이라 하면 근사적으로 다음과 같이 쓸 수 있다.

$$\Delta p = \frac{u_2 v_{u2} - u_1 v_{u1}}{g V_m} \tag{4.29}$$

다음에 기체가 회전차를 통과하는 동안 압력손실이 발생하며, 이 손실은 열에너지로 바뀐다. 이 열량을 기체의 단위중량당 q_l로 표시하고, 냉각할 때 단위중량의 기체로부터 흡열되는 열량을 q_c라 하면, 온도상승 ΔT는 다음과 같다.

$$C_p \cdot \Delta T = A \frac{u_2 v_{u2} - u_1 v_{u1}}{g} - q_c \tag{4.30}$$

윗 식의 우변은 회전차가 기체에 행한 일을 열량으로 나타낸 것으로 냉각에 의하여 q_c만큼 회전차에 필요한 열에너지가 줄어듦을 알 수 있다.

위에 논술한 이론전압수두 $H_{th\infty}$는 깃 수가 무한인 경우이고, 흐름의 각도는 깃의 각도와 일치할 때이며, 깃 출구각 β_2에 따른 $H_{th\infty}$의 변화는 그림 **4-18**과 같다.

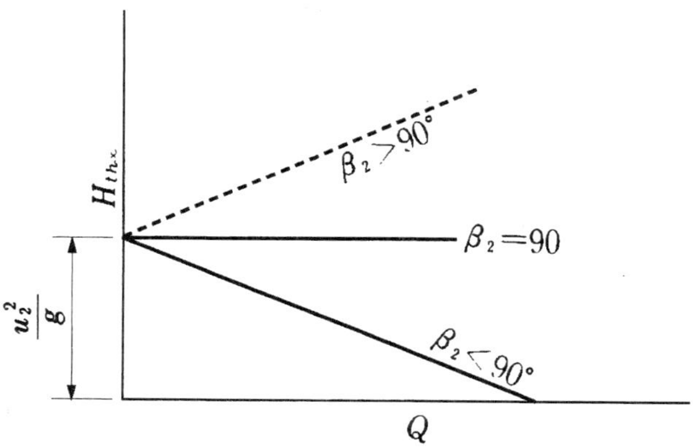

그림 4-18

깃 수 유한의 이론전압수두를 H_{th}라 하면, $H_{th} = \mu H_{th\infty}$로 놓을 때 $\mu = 1$이다. μ를 **미끄럼 계수**(slip coefficient)라 부르며, 회전차의 형상, 회전속도, 유량에 따라 다르지만 대략 0.8~0.9의 범위에 있다.

깃 수 무한인 때와 유한인 때의 비교를 예로써, $\beta_2 < 90°$의 경우에 대하여 속도선도를 표시하면 그림 **4-19**와 같다.

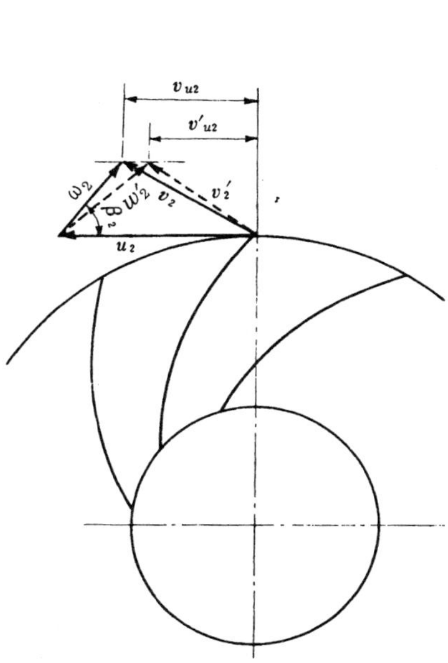

그림 4-19

$\mu = \dfrac{v_{u2}'}{v_{u2}}$ 로 되며, 회전차의 미끄럼계수를 구하는 식은 여러 가지 있으나, 한 예로서 다음의 Pfleiderer 식이 가장 많이 사용되고 있다.

$$H_{th\infty} = H_{th}\left(1 + \frac{\Psi r_2^2}{zs}\right) = H_{th\infty}(1+p) \cdots$$

【예제 4·4】 회전차 바깥지름이 790mm, 회전수가 3520rpm, 풍량이 130m³/min, 깃 출구폭이 22mm, 깃 출구각이 44° 인 원심송풍기의 이론전압헤드 $H_{th\infty}$를 구하라.

해 $u_2 = \dfrac{\pi D_2 N}{60} = 3.14\times0.79\times\dfrac{3520}{60} = 145.5\text{(m/s)}$

$$v_{m2} = \frac{Q}{60\pi D_2 b_2} = \frac{130}{60\times3.14\times0}0.79\times0.022 = 39.7\text{(m/s)}$$

$$v_{u2} = u_2 - v_{m2}\cot\beta_2 = 145.5 - 39.7\times1.0355 = 104.3$$

식 (4.24)로부터

$$H_{th\infty} = \frac{1}{g}u_2 v_{u2} = \frac{1}{9.8}\times145.5\times104.3 = 15.50\text{(m)}$$

4-2-3 비속도와 효율

원심펌프의 경우와 같이 상사법칙이 성립하여 비속도는 다음과 같이 주어진다.

$$N_s = N\frac{Q^{1/2}}{H^{3/4}} = N\frac{Q^{1/2}}{(P_e/\gamma)^{3/4}} \tag{4.31}$$

여기서 Q는 흡입상태로 환산한 토출풍량(m^3/min), P_e는 평균유효압력(kgf/m^2), N은 회전수, γ는 흡입기체의 비중량(kgf/m^3)이다.

양방향 흡입형에서는 Q대신 $Q/2$를 취할 것이며, P_e에 대해서는 보통 전압을 취한다. 송풍기의 기종에 따라서 적당한 N_s를 얻을 수 있도록 회전수를 선정하며, 크기나 무게를 줄이기 위하여 회전수를 크게 하면 적정한 N_s보다 높아져서 효율이 다소 저하되는 수도 있다.

터보송풍기의 N_s는 150~500의 범위이며 N_s와 효율의 관계가 그림 **4-20**에 원심팬의 N_s와 효율이 표 **4-1**에 나타나 있다.

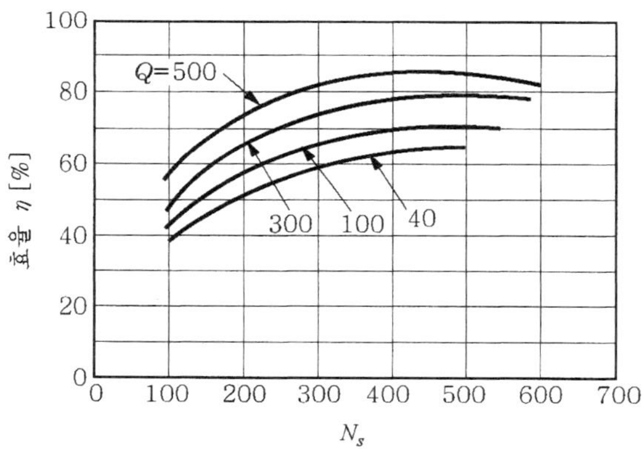

그림 4-20

표 4-1

기종	전압(mmAq)	N_s	효율최대의 N_s	전압효율(%)	정압효율(%)
turbo fan	75~500	200~700	350~650	65~82	60~77
fadial fan	50~300	250~600	300~500	55~70	50~65
multi-fan	15~150	400~900	600~800	45~60	40~55

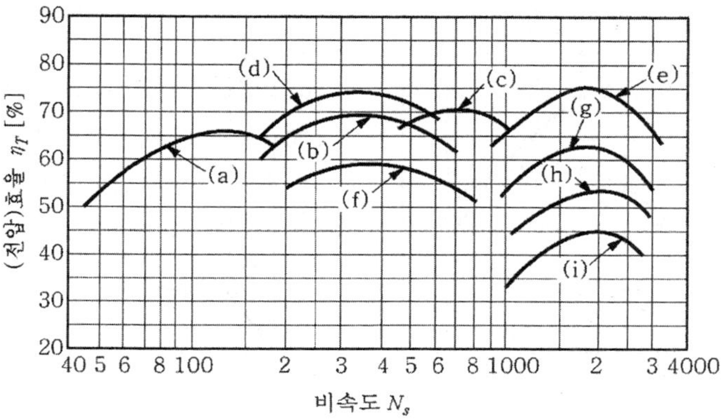

그림 4-21

그림 **4-21**은 각종 송풍기의 전압효율 η_t와 비속도 N_s의 관계를 보여주고 있으며, (a)는 직선깃 원심팬, (b)는 레이디얼팬, (c)는 터보팬, (d)는 터보송풍기, (e)는 유선형 안내깃을 가진 축류팬, (f)는 다익팬, (g)는 안내깃을 가진 축류팬, (h)는 관상축류팬, (i)는 프로펠러팬의 경우이다.

4-2-4 원심형 회전차의 특성

그림 **4-22**는 일반향흡입 터보팬의 특성곡선을 나타내며, 일반적으로 가로축에 풍량, 세로축에 송풍기 전압 또는 정압, 축동력, 전압효율 또는 정압효율로 하여 송풍기의 특성을 나타낸다.

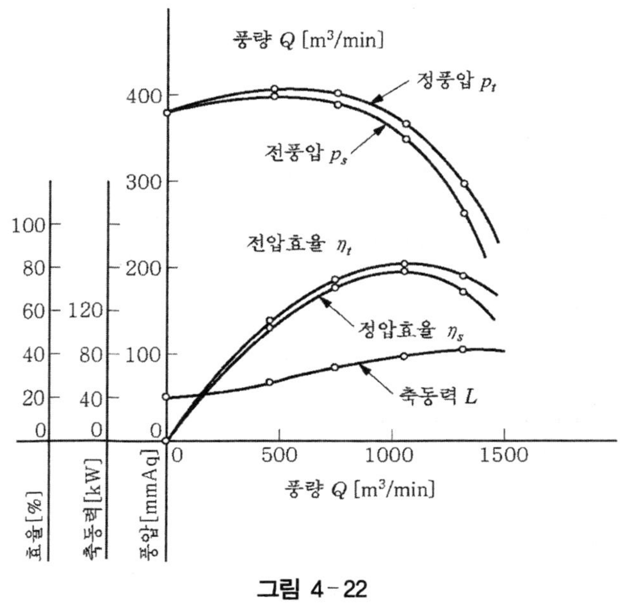

그림 4-22

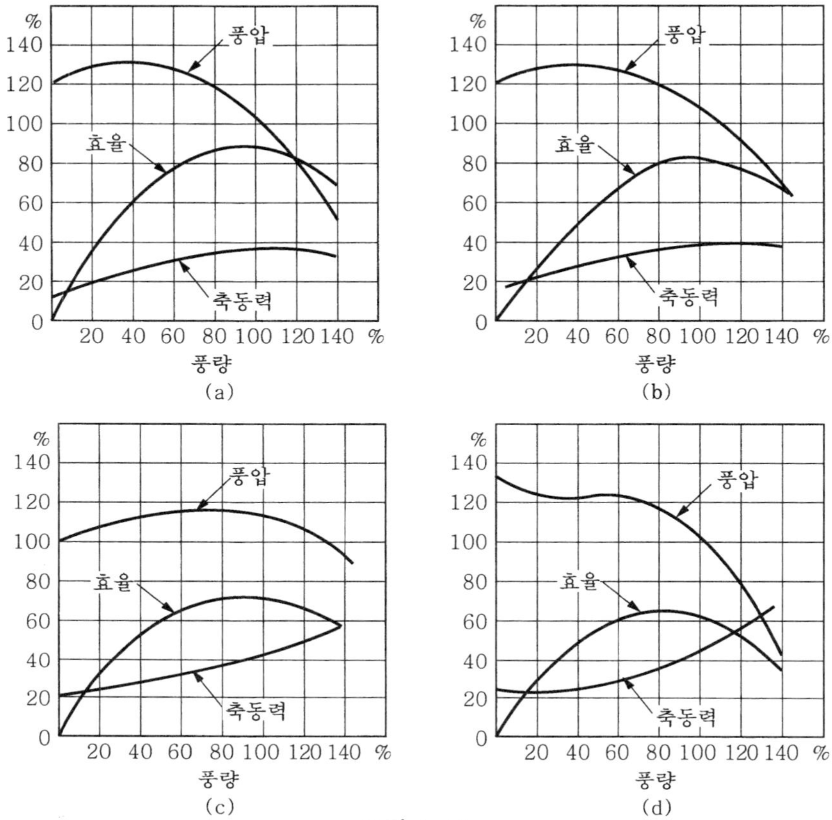

%
140
120
100
80
60
40
20
0
풍압
효율
축동력
20 40 60 80 100 120 140 %
풍량
(a)
(b)
(c)
(d)

그림 4-23

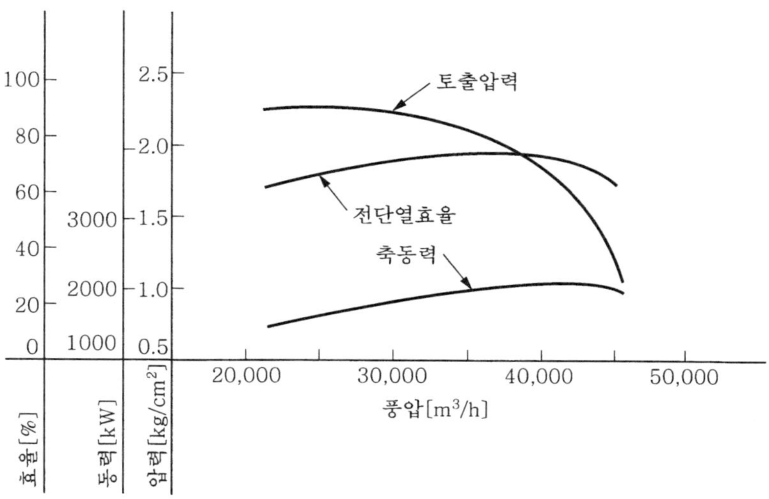

토출압력
전단열효율
축동력
100
80
60
40
20
0
3000
2000
1000
2.5
2.0
1.5
1.0
0.5
20,000
30,000
40,000
50,000
풍압[m3/h]
효율[%]
동력[kW]
압력[kg/cm2]

그림 4-24

그림 **4-23**의 깃 단면을 익형으로 하여 효율의 향상을 도모한 익형 터보팬 (a)와 레이디얼 팬 (c)의 특성을 보면 임의의 풍량에서 극대값을 나타내며, (d)의 다익팬에서는 풍량이 적을 때 회전차 내의 부분흐름 때문에 일시 풍압 저하를 보인다. 축동력의 경우는 (b)는 효율 최대점 보다 약간 풍량이 큰 데서 축동력이 최대값을 나타내지만, (c) 경우는 풍량의 증가와 더불어 축동력이 증대하며, 특히 다익팬에서는 차이가 뚜렷하다.

터보송풍기의 특성곡선 형상은 터보팬의 경우와 유사하며, 전단열효율이 60~80%의 범위에 있다. 그림 **4-24**는 원심압축기의 특성곡선의 한 예를 보여주고 있으며, 전등압효율이 55~65%의 범위에 있다. 4단 원심압축기의 전효율 및 효율분석의 한 예가 표 **4-2**에 제시되어 있다.

표 4-2

단열온도효율	η_{ad}	1단 0.83 2단 0.83 3단 0.81 4단 0.78
내 부 효 율	η_t	0.70
체 적 효 율	η_v	0.985
기 계 효 율	η_m	0.945
전효율(등온)	η	0.65

4-2-5 원심형 공기기계의 설계

(1) 송풍기의 주요치수 결정

1) 회전차

주어진 조건, 즉 송풍기 전압 p_r(kgf/m^2), 풍량 Q(m^2/min), 회전수 N(rpm)에 의하여 먼저 비속도 N_s를 계산하여 송풍기의 종류를 결정하고, 이 N_s에 대하여 송풍기 각 요소의 설계치수를 실험적으로 또는 경험적으로 구하여 설계에 사용한다.

그림 **4-25**에 레이디얼 팬을 예로 나타냈으며, 그림 **4-26**에 이들 관계를 나타냈다.

그림 **4-26**에서 N_s가 주어지면 K_u가 결정되며, 레이디회전축 바깥지름 D_2는 다음 식으로 계산된다.

$$D_2 = \frac{60K_u\sqrt{2gp_T/\gamma}}{\pi N} \tag{4.32}$$

이렇게 D_2가 결정되면 그림 **4-26**로 부터 회전차 깃 입구 폭 b_1, 출구 폭 b_2를 정할 수 있다.

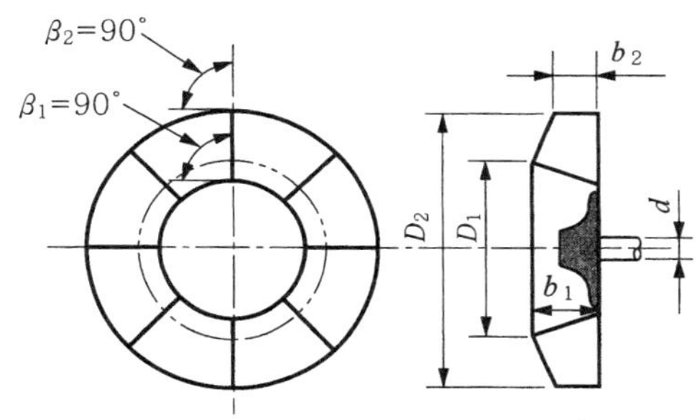

그림 4-25

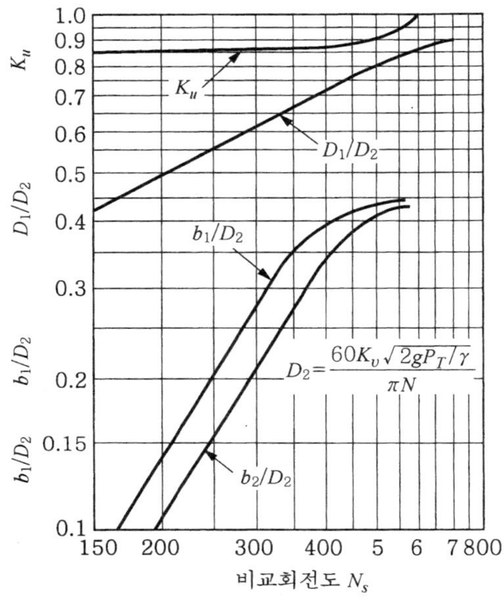

그림 4-26

표 4-3

팬의 종류	깃 수 z
터 보 팬	14~24
레 이 디 얼 팬	6~12
다 익 팬	32~48~66

2) 깃수와 효율

전압효율 η_T는 그림 **4-21**에서 N_s에 대해 송풍기 종류와 함께 결정되며, 회전차 깃 수 z는 송풍기의 종류 즉 터보팬, 레이디얼팬, 다익팬에 따라 다르다. 통례적으로 깃 수 z는 표 **4-3**에 주어진 바에 따라 사용되고 있으나, 회전차 안지름과 바깥지름과의 비 D_1/D_2 (<1)에 따라 달라지며 그 비가 1에 가까워질수록 깃 수는 많아지게 된다.

깃 수를 점차 증가시키면 효율, 풍압, 풍량이 처음에는 급격히 증대하지만, 어느 깃 수 이상부터는 거의 증가하지 않는다. 이와 같은 현상은 그림 4-27에서 보는 바와 같이 다양한 깃 출구의 설치 각 β_2에 대해서도 공통적으로 일어난다.

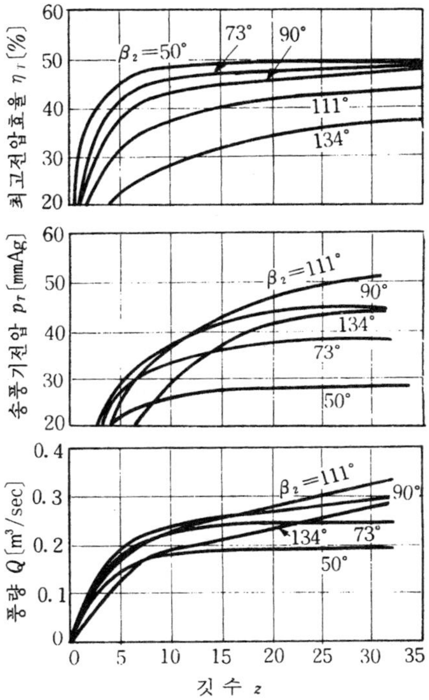

그림 4-27

3) 축동력과 축지름

다음 식으로 축동력 L은 계산하고, 원동기 동력 L_d는 표 4-4에서 고정의 k값을 선택함으로써 아래 식에 의해 정해진다.

$$L = \frac{p_r \times Q}{75 \times 60} \tag{4.33}$$

$$L_d = k \cdot L \tag{4.34}$$

회전차의 비틀림 모멘트 $T = 71620 \times \dfrac{L}{N}$ 이며, 축 지름은

$$d = c \sqrt[3]{\frac{16}{\pi} \frac{T}{\tau}} \tag{4.35}$$

단, c는 안전계수, τ는 허용 비틀림 응력이다.

표 4-4

전동방식	k
직결	1.10~1.20
V 벨트	1.15~1.25
헬리컬기어	1.15~1.25
평기어	1.20~1.25
평벨트	1.25~1.35

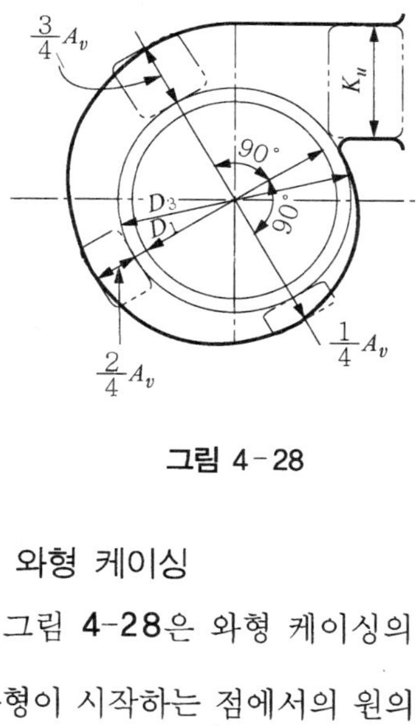

그림 4-28

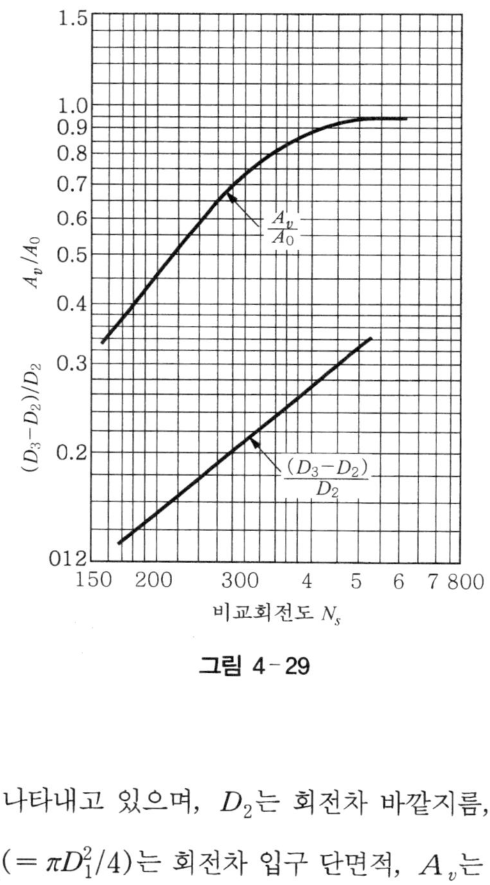

그림 4-29

4) 와형 케이싱

그림 **4-28**은 와형 케이싱의 개략도를 나타내고 있으며, D_2는 회전차 바깥지름, D_3는 와형이 시작하는 점에서의 원의 지름, $A_0(=\pi D_1^2/4)$는 회전차 입구 단면적, A_v는 케이싱 출구 단면적이다. 이들과 N_s와의 관계가 그림 **4-29**에 나타나 있으며, 와형 케이싱의 설계 자료가 된다.

(2) 원심 압축기의 설계

그림 **4-30**은 원심 압축기의 한 예를 보여주고 있으며, 원심송풍기와 대체로 같으나 다만, 고압을 내기 위하여 고속으로 운전되므로 이에 견딜 수 있는 구조로 해야 한다.

압축기 상승압력의 약 50%는 회전차 내에서 얻지만, 나머지 50%정도는 디퓨저에서 회전차로부터 송출되는 기체의 운동 에너지 일부를 압력 에너지로 전환함으로써 얻어진다. 그러므로, 적절한 디퓨저 설계는 압축기 전체 성능에 큰 영향을 준다. 특히 단단으로 큰 압력비를 내는 경우에는 회전차에서 송출되는 기체가 초음속유동이 되므로, 이것을 압력으로 전환하는 데는 보다 깊은 주의를 요한다.

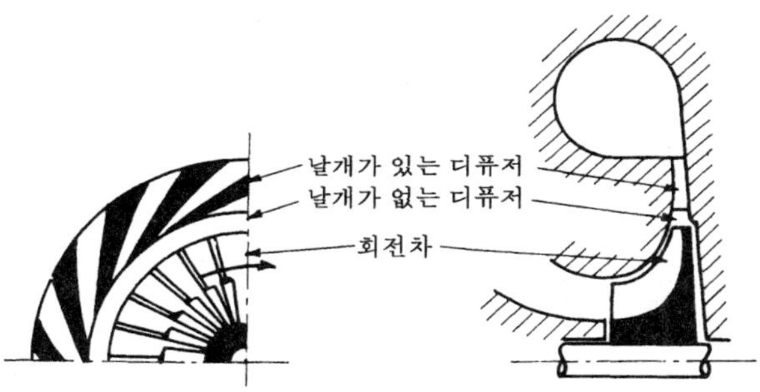

그림 4-30

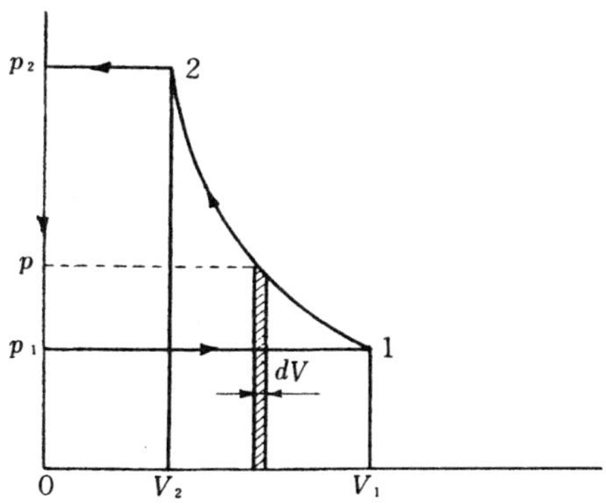

그림 4-31

그림 **4-31**에서 단위중량당의 공기가 압축기에 의하여 상태 1의 압력 p_1(kgf/m^2), 단위중량당의 체적 V_1(m^3/kgf)에서 상태 2의 p_2(kgf/m^2), V_2(m^3/kgf)까지 단열압축($pV^k = C$)될 때 1~2 간의 압축일량은

$$[1\sim2\text{ 경로의 단열압축일량}] = \int_{V1}^{V2} p(-dV) = -c\int_{V1}^{V2}\frac{dV}{V^k}$$
$$= \frac{1}{k-1}(p_2V_2 - p_1V_1)$$
$$= (\text{단면 } 12V_2V_1)$$

압축기에 투입된 일 위의 압축 외에 기체를 토출하는데도 소요된다. 따라서

[공기단위중량당의 압축기 일량]

$$= (\text{면적 } 12V_2V_1) + (\text{토출일량}) - (\text{흡입일량})$$
$$= (\text{면적 } 12V_2V_1) + (\text{면적 } 2p_2OV_2) - (\text{면적 } 1p_1OV_1)$$
$$= \frac{1}{k-1}(p_2V_2 - p_1V_1) + p_2V_2 - p_1V_1$$
$$= \frac{k}{k-1}(p_2V_2 - p_1V_1) = \frac{k}{k-1}p_1V_1\left(\frac{p_2V_2}{p_1V_1} - 1\right)$$
$$= \frac{k}{k-1}p_1V_1\left[\left(\frac{p_2}{p_1}\right)^{(k-1)/k} - 1\right]$$

그런데, H_{ad}를 단열수두라 하면, 이것은 단열압축에 의한 단위중량당의 공기에 부여되는 일량이므로, H_{ad}는 위의 압축기 일량과 동등하다. 즉,

$$H_{ad} = \frac{k}{k-1}p_1V_1\left[\left(\frac{p_2}{p_1}\right)^{(k-1)/k} - 1\right](\text{kgf·m/kgf 또는 m}) \quad (4.36)$$

냉각을 하지 않는 단단의 원심, 축류압축기에서 발생한 전압수두는 이 단열수두 H_{ad}로 간주될 수 있다.

1) 회전차 주요치수 결정법

원심 압축기의 비속도는 $N_s = 240$이 표준이며, $N = \dfrac{N_sH_{ad}^{3/4}}{Q^{1/2}}$ 으로부터 회전수를 구한다.

회전차 바깥지름 $D_2 = \dfrac{60K_u\sqrt{2gH_{ad}}}{\pi N}$

회전차 흡입구 지름 $D_0 = (1.0\sim1.1)\sqrt{D_b{}^2 + 10.6\left(\dfrac{Q}{60N}\right)^{2/3}}$

D_b는 회전차 보스 지름이며, 0.4 D_0내외에 있다.

회전차 안지름 $D_1 = D_0 + 0.02(\mathrm{m})$

회전차 바깥지름 및 안지름에서의 반지름 방향 유속을 v_{r2}, v_{r1}로 하면

$$v_{r2} = 0.26 u_2 = 0.26 \sqrt{\frac{\pi D_2 N}{60}} (\mathrm{m/s})$$

$$v_{r1} = (0.95 \sim 1.3)\, v_{r2} (\mathrm{m/s})$$

회전차의 출구 폭, 입구 폭 b_2, b_1은

$$b_2 = \frac{Q}{\pi D_2 v_{r2}} \frac{t_2}{t_2 - \sigma_2} (\mathrm{m})$$

$$b_1 = \frac{Q}{\pi D_1 v_{r1}} \frac{t_1}{t_1 - \sigma_1} (\mathrm{m})$$

원심압축기에서는 깃 폭을 송풍기의 경우와 같이 넓게 하지 않으며, 깃 폭이 너무 좁으면 유로가 좁으므로 마찰 등에 의한 손실이 크게 되고, 깃 폭을 너무 넓게 하면 유로 확대에 따른 와류 등으로 손실이 커진다.

그림 **4-32**는 회전차 바깥지름과 출구 폭과의 비 b_2/D_2를 변화시켰을 때의 단열 압축효율을 보여주고 있다.

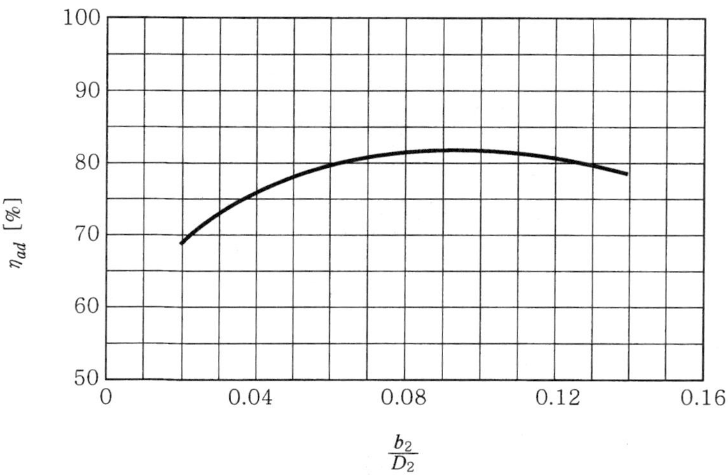

그림 4-32

2) 깃수, 깃 출구각

원심압축기에서 회전차의 깃 수 z, 깃 출구각 β_2 등의 설계치수는 비속도 $N_s=$ 195~350의 범위에서 표 4-5와 같이 하는 것이 일반적인 방법이다.

표 4-5

회전차	β_2	원주속도 u_2(m/s)	K_u $\left(D_2=\dfrac{60K_u\sqrt{2gH_{ad}}}{\pi N}\right)$	v_{r2}/u_2	깃 수 z
양측판회전차	35~45	≤350	0.96~1.04	0.25~0.32	12~24
〃	90	≤350	0.86~0.94	0.22~0.30	16~32
후측판회전차	90	≤500	0.84~0.88	0.20~0.88	16~32

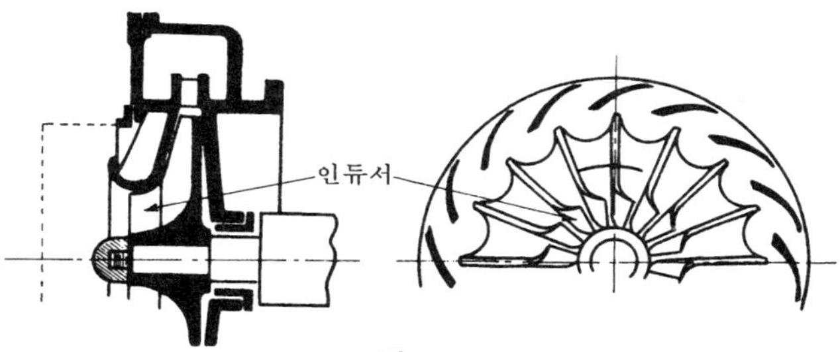

그림 4-33

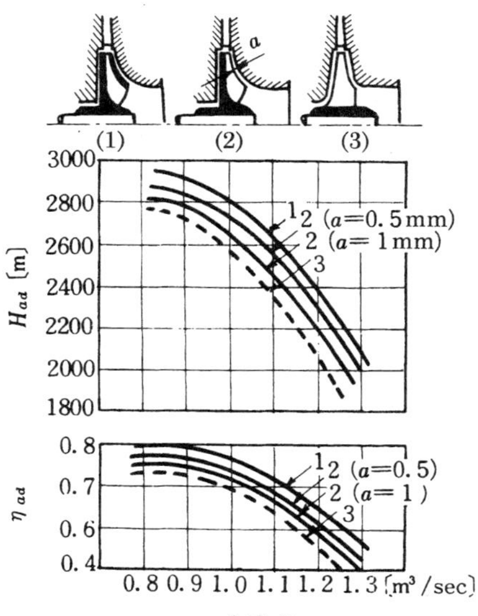

그림 4-34

표 4-5의 회전차는 인듀서(inducer), 베인이 있는 디퓨저(vaned diffuser)가 있는 경우로 (그림 4-30, 그림 4-33), 측판(impeller eye)의 유무는 그림 4-33에 표시한다.

그림 4-34에서 보는 바와 같이 측판의 유무가 원심 압축기의 성능에 미치는 영향은 (1), (2), (3)의 순서로 줄어드나, 케이싱과의 간격을 작게 하면 (2)의 구조로도 성능이 좋아져 널리 사용되고 있다.

3) 공기동력 및 축동력

흡입구에서의 절대온도를 T_1, 풍량을 Q_1, 공기압력을 p_1으로 하면 비중량 γ_1은

$$\gamma_1 = \frac{p_1}{RT_1}$$

이며, R은 기체상수이다. 공기동력 L_{ad}는

$$L_{ad} = \frac{\gamma_1 Q_1 H_{ad}}{102 \times 60}$$

이며, 축동력 L은 다음과 같다.

$$L = \frac{L_{ad}}{\eta_{ad}}$$

4-3 축류 송풍기 및 압축기

4-3-1 분류와 구조

원심형과는 달리 축류송풍기(axial blower) 및 축류압축기(axial compressor)에서는 기체가 축방향으로 유입하여 축방향으로 유출한다. 압력비에 따라 단단 또는 다단식이 있으며, 단마다 1개의 회전차와 그 뒤에 놓인 안내깃, 또는 1개의 회전차와 그 앞에 놓인 안내깃으로 구성된다.

기체는 익렬을 통과하는 동안 감속에 의한 압력상승을 얻으며, 익렬에서 나온 기체는 다시 디퓨저에서 속도 에너지의 일부가 압력 에너지로 전환되어 더욱 정압상승을 얻게 된다.

축류 송풍기는 다시 저압의 축류팬(axial flow fan)과 축류 송풍기(axial blower)로 분류된다.

(1) 축류팬

그림 4-35는 정익(stator blade)이 동익(rotor blade) 뒤에 놓인 경우 1단 축류팬의 예를 보여주고 있다. 보통 N_s가 1000~2500 범위에 있으며, 그림 4-36에 나타낸 바와 같은 2단을 사용하기도 한다.

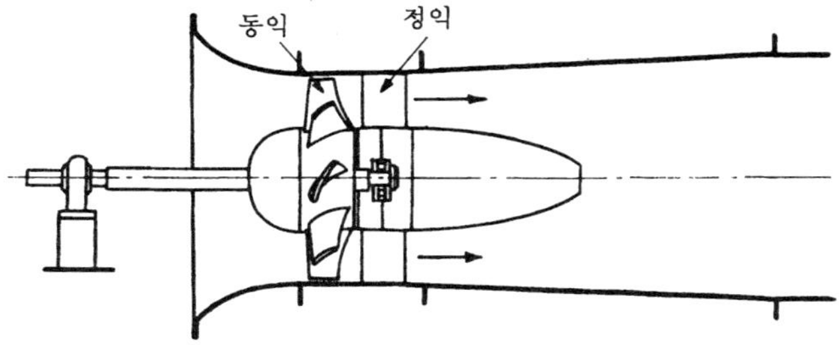

그림 4-35

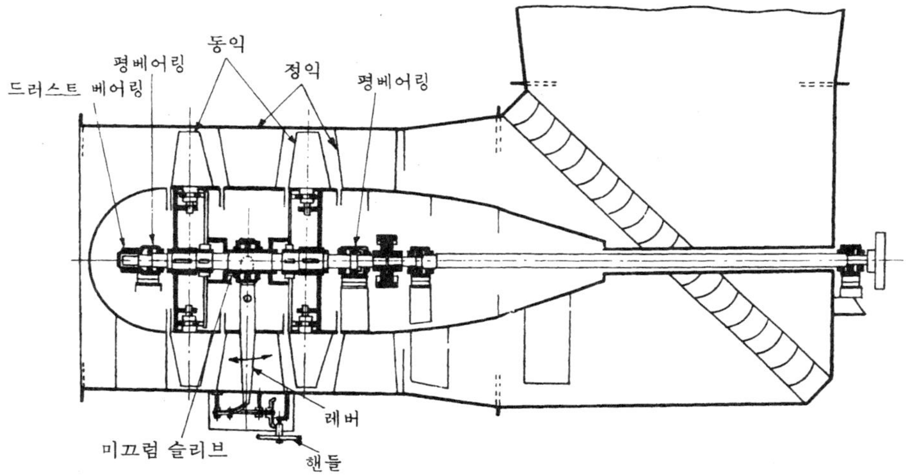

그림 4-36

그림 **4-36**의 핸들(handle)은 레버, 미끄럼 슬리브를 사용하여 동익의 각도를 변화하여 풍량을 조절하는 장치이다.

회전차 깃(동익)수는 보통 2~10매, 내외 지름비 D_1/D_2는 압력비에 따라 다르나, 대개 0.3~0.5, 효율은 0.6~0.8정도의 범위에 있다.

회전차는 일반적으로 경합금 주물의 익형단면의 동익을 주철제, 주강제, 또는 강판제의 보스에 장착된다. 케이싱, 내통, 정익은 강판의 용접 구조이다. 또한 정익의 각도를 변경하여 풍량을 조절하는 구조도 있으며, 동익이 각도를 가동익으로 하는 것보다 구조가 간단하다.

(2) 축류 송풍기

압력이 1000mmAq에서 1kgf/cm^2 g의 범위에 있는 축류형 공기기계를 **축류 송풍기**라 부르고, 그 구조는 축류팬 또는 축류 압축기 구조와 유사하며 풍량의 다소에 따라 정해진다.

(3) 축류 압축기

그림 **4-37**은 다단 축류 압축기의 한 예를 보여주고 있으며, 이는 로터(rotor)에 고정된 동익과 동익 사이에 정익을 조합한 익렬(blade row)로 되어 있다. 압축기 내의 유로는 흡입구에서 익렬 전까지의 증속구간, 익렬에서의 에너지 증가구간, 익렬 뒤의 디퓨저에서 토출구까지의 감속구간으로 나뉠 수 있다.

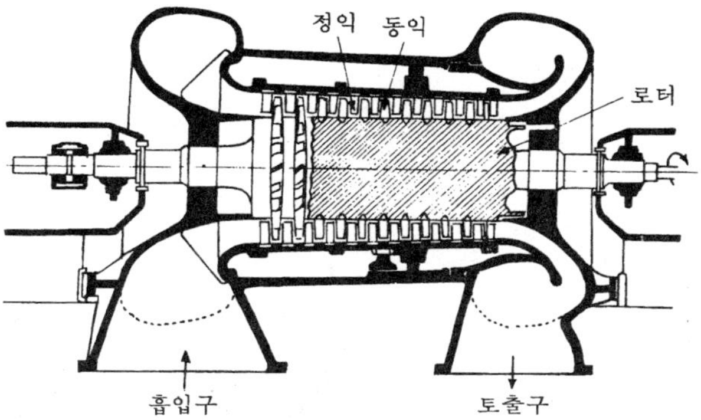

그림 4-37

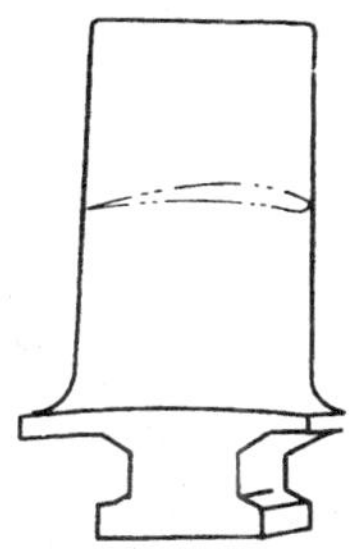

그림 4-38

동익은 로터에, 정익은 케이싱 내벽에 홈을 파서 고정시되며, 그림 **4-38**에 동익의 형상을 보여주고 있다. 정익은 인청동의 정밀 주조, 동익은 특수강 또는 듀랄루민(duralumin)의 정밀 단조로 제작된다.

다단 압축기에서는 압축이 진행됨에 따라서 기체의 밀도가 증대하므로, 질량보존의 법칙을 만족시키기 위해서는 깃의 길이를 감소시켜야 한다. 이때 로터의 지름을 일정하게 하고 케이싱 안지름을 변화시키는 것과, 케이싱 안지름을 일정하게 하고 로터의 지름을 변경시키는 것과, 양자의 지름을 변화시키는 것이 있다. 토출압력이 4(kgf/cm^2)이며 온도가 200℃정도로 상승하게 되면, 열에 의한 변형을 고려하여 케이싱을 이중으로 한다.

비속도 N_s는 800~1500, 축류속도 v_m은 110~130(m/s) 범위에 있으며, 항공용의 경우는 이것보다 크다. 1단에서의 압력상승을 Δp, 익선단의 원주속도를 $u_a(=u_2)$라 하면, $\phi=v_m/u_a=0.4\sim0.6$, $\psi=2\Delta p/\rho u_a^2=0.4\sim0.8$, 지름비 $r_i/r_a=0.5\sim0.8$의 범위로 한다. 깃 입구 앞에서의 마흐(Mach) 수는 0.7~0.75 이하, 1단의 압력비는 1.08~1.20 정도이다.

최근의 축류 압축기 토출압력은 2~4(kgf/cm^2), 유량은 350~13,000(m^3/min), 회전수는 3000~7000(rpm), 단열효율 η_{ad}는 0.83~0.9 범위에 있다.

4-3-2 축류 송풍기의 이론

(1) 압력상승에 관한 오일러(Euler)의 식

그림 4-39의 익렬에서 원주속도를 u, 절대속도를 v, 이론 전압수두를 H_{th}라 하면 축류펌프의 경우와 같이 다음 식이 얻어진다.

$$\frac{1}{g}u(v_{u2}-v_{u1})=H_{th}$$

$$\therefore \quad H_{th}=\frac{1}{g}u(v_{u2}-v_{u1})=\frac{1}{g}u\Delta v_u \tag{4.37}$$

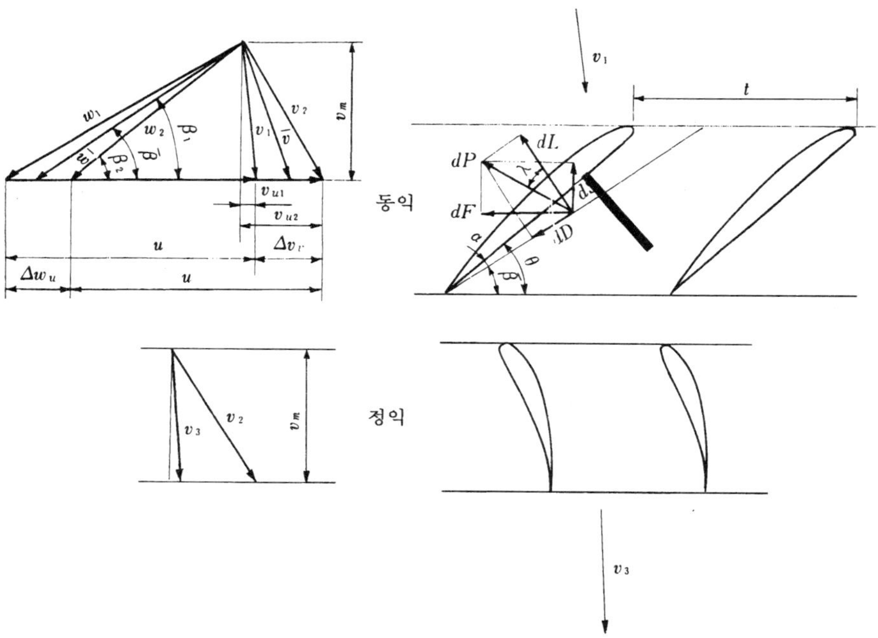

그림 4-39

이것이 압력상승에 관한 오일러의 식이며, 원심 회전차에서의 식 (4.22)와 같은 의미를 가진다. 속도선도를 사용하여 변형하면 식 (4.25)와 같은 식이 얻어진다. 축류형에서는 $u_1=u_2$이므로

$$H_{th}=\frac{1}{2g}\{(v_2{}^2-v_1{}^2)+(w_1{}^2-w_2{}^2)\} \tag{4.38}$$

으로 된다.

윗 식의 우변 제1항은 동익(회전차)에서의 운동 에너지 증가이며, 동익 앞에 설치된 정익의 경우를 제외하고는 정익(안내깃)에서의 감속에 의하여 압력으로 변환한다. 제2항은 동익 내의 감속에 의한 압력상승이다.

축류형에서는 원심력에 의한 정압 증가가 없으므로, 속도 에너지를 유효하게 압력으로 바꾸어 주도록 하는 고려가 특히 필요하다.

임의의 반지름에서 H_{th}를 결정하면 식 (4.37)으로부터 원주속도 u에 의한 Δv_u를 구할 수 있다. 송풍기의 실제 전압수두를 H로 하고, 이론 전압수두와의 비를 $H/H_{th}=\eta_M$으로 하면 Δv_u는 다음 식으로 표시된다.

$$\Delta v_u = \frac{gH}{\eta_M u} \tag{4.39}$$

다음에 하나의 관 내를 기체가 정상적으로 흐르고 있을 때 유관이 수평일 때 1, 2의 2점간의 에너지 방정식은 다음과 같다.

$$JE_1 + \frac{p_1}{\gamma_1} + \frac{v_1^2}{2g} = JE_2 + \frac{p_2}{\gamma_2} + \frac{v_2^2}{2g}$$

이 식에서 J : 열의 일당량(kgf·m/kcal), E : 내부 에너지(kcal/kgf), p : 압력(kgf/m^2), γ : 비중량(kgf/m^3), v : 평균유속(m/s)이다.

지금 엔탈피(enthalpy)를 i (kgf·m/kcal), 정압비율을 C_p(kcal/kgf℃), 정지상태에서의 정온도(static temperature)를 T_s(° K), 단위중량당의 체적을 V(m^3/kgf)으로 하면

$$JE + \frac{p}{\gamma} = JE + pV = Ji = JC_pT_s = \frac{k}{k-1}RT_s$$

$$\frac{k}{k-1}RT_{s1} + \frac{v_1^2}{2g} = \frac{k}{k-1}RT_{s2} + \frac{v_2^2}{2g}$$

으로 된다. 1, 2간에 외부로부터 일 H (kgf·m/kgf)가 가해졌다면

$$\frac{k}{k-1}RT_{s1} + \frac{v_1^2}{2g} + H = \frac{k}{k-1}RT_{s2} + \frac{v_2^2}{2g}\frac{k}{k-1}$$

그러므로

$$H = \frac{k}{k-1}R(T_{s2} - T_{s1}) + \frac{1}{2g}(v_2^2 - v_1^2)$$

윗 식에서 $\frac{1}{R}\frac{(k-1)}{k}\frac{v^2}{2g}$ 을 동온(dynamic temperature), $T_s\frac{(k-1)v^2}{2gRk}$ 을 전온(total temperature) T_t라 부른다.

위의 관계로부터 다음과 같은 식을 얻는다.

$$H=\frac{k}{k-1}R(T_{t2}-T_{t1}) \tag{4.40}$$

식 (4.40)과 식 (4.37)로부터 축류 압축기의 1개 단에 대하여 다음 식을 얻을 수 있다.

$$\frac{E}{g}(v_{u2}-v_{u1})=\frac{k}{k-1}R(T_{t2}-T_{t1}) \tag{4.41}$$

이것은 압력상승과 온도상승과의 관계식이다.

(2) 반동도

회전차(동익) 내에서의 이론 정압수두의 이론 전압수두에 대한 비를 **반동도**(reation degree)라고 하며, 축류 회전차의 이론 정압수두는 식 (4.37)에서의 정압상승분이며

$$h_{st}=\frac{1}{2g}(w_1^{\ 2}-w_2^{\ 2})=\frac{1}{g}\ \overline{w}_u\Delta w_u=\frac{1}{g}\ \overline{w}_u\Delta v_u \tag{4.42}$$

한편 이론 전압수두는 식 (4.37)으로부터

$$H_{th}=u\Delta v_u/g \tag{4.43}$$

그러므로 반동도 $\boldsymbol{r}$은 다음 식으로 주어진다.

$$\boldsymbol{r}=\ \overline{w}_u/u \tag{4.44}$$

(3) 익렬의 배열

동익렬(rotor blade row)과 정익렬(stator blade row)의 배열은 전치 정익렬식, 후치 정익렬식 및 전후치 정익렬식의 세 가지가 있다. 축방향 유입 및 유출을 만족시키는 세가지의 배열 방식의 속도선도는 그림 4-40과 같다.

전치 정익렬식에서는 정익렬으로 반회전 방향에 선회(whirl)를 주어 놓고 동익렬에서 감속할 때 다시 축방향으로 복귀시킨다. 후치 정익렬식에서는 이와 반대로 된다. 전후치 정익렬식에서는 단단의 경우는 (c)와 같고, 다단은 (d)와 같이 각 단의 동익렬과 정익렬을 조합하는 외에 최초와 최후에 입구 안내깃과 출구 안내깃이 붙는다. 보통 축류 압축기에 사용되는 것은 (d)에 표시하는 좌우 대칭 배열식이다.

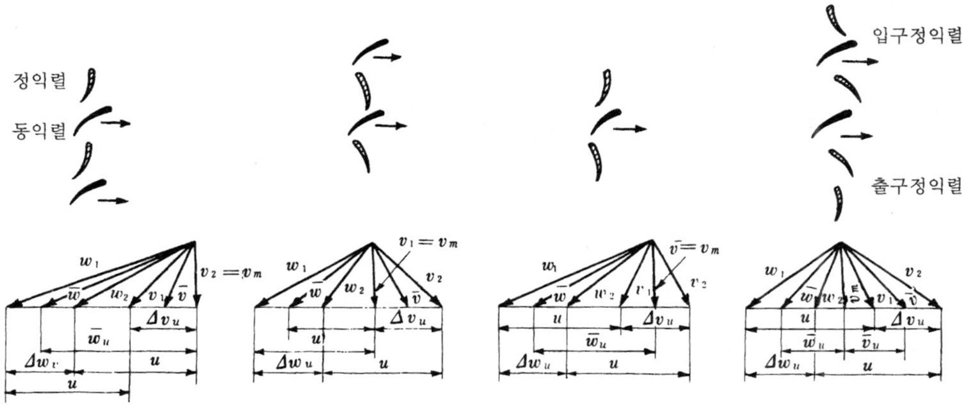

(a) 전치 정익렬식 $r>1$ (b) 후치 정익렬식 $r<1$ (c) 전후치 정익렬식 $r=1$ (d) 전후치 정익렬식 $r=0.5$

그림 4-40

그림 **4-40**에서 알 수 있는 바와 같이 상대속도 w_1과 음속과의 비 M(Mach 수)은 (a)의 경우 가장 크고, (d)의 경우 최소가 된다. (d)의 배열에서는 반동도가 $r=0.5$이므로 50% 반동도형이라고도 부른다. 축류 압축기에서는 50%반동도형이나 후치 정익렬식, 축류팬에서는 전치 정익렬식이나 후치 정익렬식이 보통 사용된다.

다음에 익렬의 효율에 관하여 고찰해보면, 그림 **4-39**에서 λ가 작고 $dF \fallingdotseq dL\sin\beta$로 놓으면, 하나의 동익이 항력을 이겨내는데 소비하는 일량은

$$dD\overline{w} = \frac{dD}{dL}\frac{dF}{\sin\beta}\overline{w} = \frac{dD}{dL}dF\frac{\overline{w}^2}{v_m}$$

으로 되고, 똑같이 생각하여 정익에 대하여는 g의 첨자를 붙여서 다음과 같이 표시한다.

$$dD_g\overline{v} = \frac{dD_g}{dL_g}dF_g\frac{\overline{v}^2}{v_m}$$

동익에 의하여 주어진 원주방향 분속도가 정익에 의하여 복귀된다고 가정하면 $dF = dF_g$, 그리고 $dD/dL = dD_g/dL_g = \lambda$로 가정하면, 동익과 정익에서 항력에 이겨내는 데 소비된 일량의 합은 $\lambda dF(\overline{w}^2 + \overline{v}^2)/v_m$으로 된다.

동익에서 소비된 일은 $dF \cdot u$이므로 동익과 정익의 1조의 배열의 효율 η_b는 다음 식으로 표시된다.

$$\eta_b = 1 - \lambda \frac{\overline{w}^2 + \overline{v}^2}{u \cdot v_m} \tag{4.45}$$

다음에 식 (4.44)에서 $\overline{w}_u = \boldsymbol{r} \cdot u$이므로 $\overline{w}^2 = v_m^2 + \boldsymbol{r}^2 u^2$, $\overline{v}^2 = v_m^2 + (1+\boldsymbol{r})^2 \cdot u^2$으로 되어

$$\eta_b = 1 - \lambda \frac{2u^2(\boldsymbol{r}^2 - \boldsymbol{r}) + u^2 + 2{v_m}^2}{u \cdot v_m}$$

$u \cdot v_m$이 일정하다면 η_b가 최대로 되므로

$$\frac{\eta_b}{d\boldsymbol{r}} = -\lambda \frac{2u^2(2\boldsymbol{r} - 1)}{u \cdot v_m} = 0$$

그러므로 $\boldsymbol{r} = 0.5$의 경우 $\overline{w}_u = \overline{v}_u = u/2$이므로

$$\lambda \frac{\overline{w}^2 + \overline{v}^2}{u \cdot v_m} = \lambda \frac{2{v_m}^2 + (u^2/2)}{u \cdot v_m} = \lambda \left(\frac{2v_m}{u} + \frac{u}{2v_m} \right)$$

로 되며, 이 식의 최소값은 $v_m = 0.5u$이며, 이 때 손실이 가장 작다. 그러나 $v_m = (0.3 \sim 0.8)u$의 사이에서는 그다지 변화하지 않는다.

(4) 익이론에 대한 공식

익단면의 이론은 축류펌프의 경우와 같으며, 양력 dL 및 항력 dD는 다음 식과 같다.

$$dL = C_L \frac{\gamma}{2g} \overline{w}^2 \, l \, dr \tag{4.46}$$

$$dD = C_D \frac{\gamma}{2g} \overline{w}^2 \, l \, dr \tag{4.47}$$

여기서도 C_L : 양력계수, C_D : 항력계수, $\lambda = dD/dL$: 함양비이다.

일반적으로 $dD \ll dL$, $\tan\lambda \fallingdotseq \lambda$이다. 압력 상승에 필요한 Δv_u와 양력계수와를 결합하면, 다음 식을 얻는다.

$$C_L \frac{l}{t} = \frac{2\Delta v_u}{\overline{w}} \frac{1}{1 + \lambda \, \overline{w}_u / v_m} \tag{4.48}$$

t/l을 **절현비**(pitch chord ratio), 그 역수 l/t를 **현절비**(solidity)라 부른다. 정익에 대하여는 식 (4.48)에서 $\overline{w}$는 $\overline{v}$로, $\overline{w}_u$는 v_u로, λ는 λ_g로 대체하면 된다.

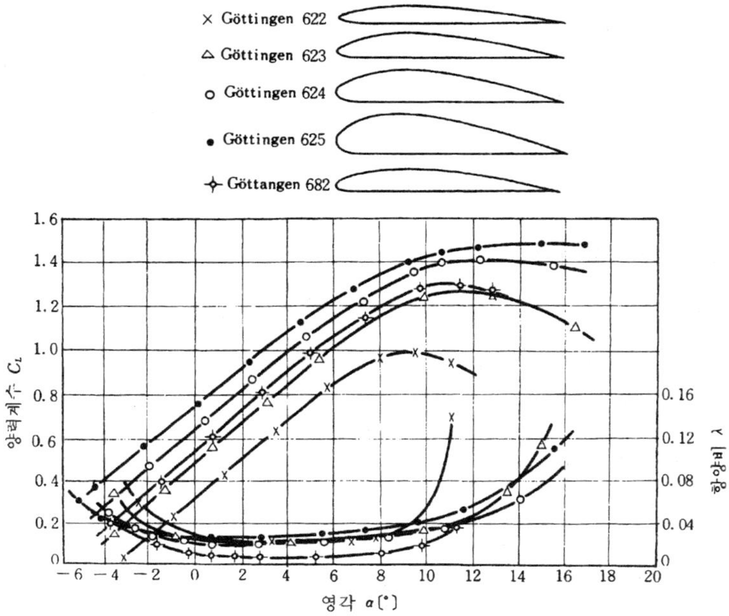
× Göttingen 622
△ Göttingen 623
○ Göttingen 624
● Göttingen 625
Göttangen 682
양력계수 C_L
항양비 λ
영각 α(°)
1.6
1.4
1.2
1.0
0.8
0.6
0.4
0.2
0
0.16
0.12
0.08
0.04
0
−6 −4 −2 0 2 4 6 8 10 12 14 16 18 20

그림 4-41

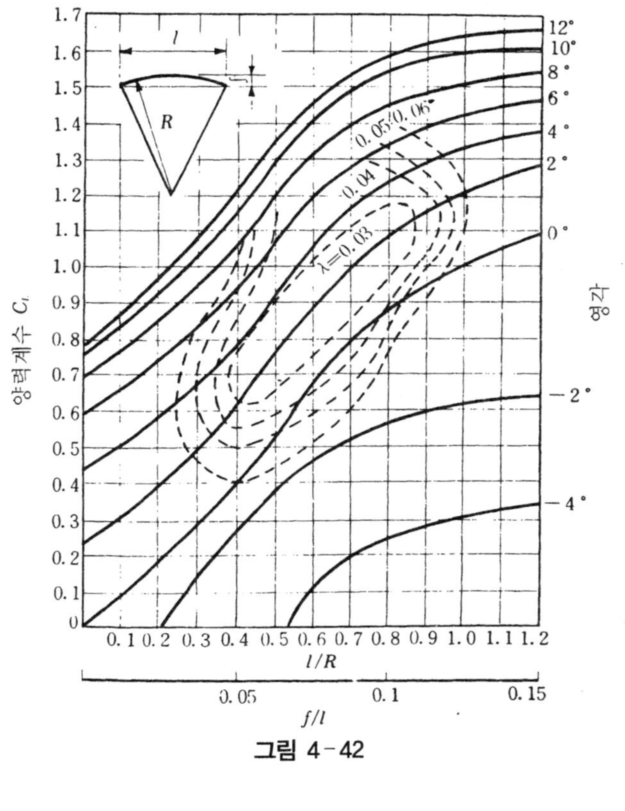
l
R
f
λ=0.03
0.04
0.05
0.06
양력계수 C_l
영각
12°
10°
8°
6°
4°
2°
0°
−2°
−4°
1.7
1.6
1.5
1.4
1.3
1.2
1.1
1.0
0.9
0.8
0.7
0.6
0.5
0.4
0.3
0.2
0.1
0
0.1 0.2 0.3 0.4 0.5 0.6 0.7 0.8 0.9 1.0 1.1 1.2
l/R
0.05 0.1 0.15
f/l

그림 4-42

저압의 축류팬에서는 절현비가 대략 1.2보다 크므로, 단독익의 특성을 설계에 이용할 수 있다. 그림 4-41은 Göttingen 익형을 나타내고, 그림 4-42는 원호 익의 종횡비(aspect ratio), 즉 깃의 스팬(span)과 현 길이의 비가 5~6인 경우의 실험값을 보여주고 있다. 식 (4.48)에서 얻은 $C_L \frac{l}{t}$ 값에 대하여 l/t을 결정하고 익형을 선정하면 C_L에 대응하는 각, 즉 영각 α가 결정되고 $\beta+\alpha$로부터 깃 설치각이 정해진다.

【예제4·5】 그림 4-40의 (b)와 같은 후치 정익식의 축류송풍기의 어느 반지름에서의 동익의 원주 속도 60.3m/s, 축류속도 36.55m/s로 익렬에서 91.2m의 헤드를 얻었다 한다. 항력과 양력의 비를 $\lambda=0.03$으로 하여 익형과 영각 α를 결정하라.

해 송풍기의 전압수두와 이론수두의 비 $\eta_M = H/H_{th} = 0.93$으로 가정하여, 식 (4.39)에서

$$\Delta v_u = \frac{98\times 91.2}{0.93\times 60.3} = 15.9(\mathrm{m})$$

그림 4-40의 (b)에서

$$\overline{w}^2 = \left(u - \frac{\Delta v_u}{2}\right)^2 + v_m^2 = (60.3-7.95)^2 + 36.55^2 = 4075$$

$$\therefore \ \overline{w} = 63.9(\mathrm{m/s})$$

$$\overline{v}^2 = 7.95^2 + 36.55^2 = 1398$$

$$\therefore \ \overline{v} = 37.4(\mathrm{m/s})$$

식 (4.45)로부터 동익과 정익의 1조의 배열에 대한 효율은

$$\eta_b = 1 - 0.03\times\frac{4075+1398}{60.3+36.55} = 0.926$$

$\eta_b = 0.926$으로써 다시 계산하면 $\Delta v_u - 15.8(\mathrm{m/s})$, $\overline{w} = 63.9(\mathrm{m/s})$, $\overline{w_u} = 60.3 - 7.9 = 52.4$ (m/s) 이며, 이들을 식 (4.48)에 대입하여

$$C_L \frac{1}{t} = \frac{2\times 15.8}{63.9}\ \frac{1}{1+0.03\times\frac{52.4}{36.55}} = 0.473$$

$\frac{l}{t} = 0.77$로 하여, $C_L = 0.615$

익형에서는 Göttingen 622를 사용하여 그림 4-41에서 $\alpha = 3°10'$을 얻는다.

4-3-3 축류송풍기 및 압축기의 특성

(1) 특성곡선

그림 4-43은 축류팬의 특성곡선을 보여주고 있으며, 설계점의 풍량을 점점 줄여 가면 깃의

영각 α의 증가에 인하여 풍압이 극대값으로 되고, 더욱 줄여 가면 실속에 의하여 압력의 증대가 멈추게 되어 불안정한 운전(surging)으로 된다. 차단지점에 다다르면 깃 입구의 보스측에서 출구의 외주측으로 향하는 3차원 유동의 원심작용에 의하여 다시 풍압은 상승한다. 대풍압으로 되면 풍압, 축동력 및 효율의 저하가 원심형보다 현저하다.

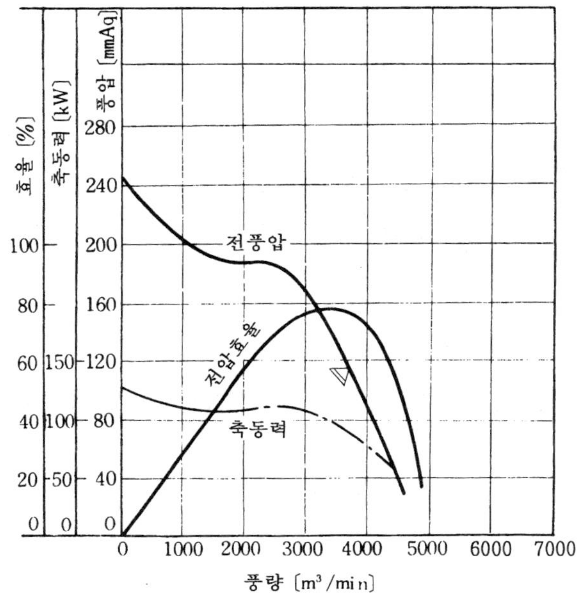

그림 4-43

그림 **4-44**는 여러 압력계수 ψ[회전차의 압력상승 p(mmAq)는 회전차의 원주속도 u_2(m/s)의 제곱에 비례하는 관계식 $p=\psi\frac{\gamma}{2g}u_2^2$ 또는 $\psi=\frac{p}{\gamma u_2^2/2g}=\frac{2gH}{u_2^2}$ 에서], 유량계수 ϕ[풍량 Q(m^3/min)는 회전차의 원주속도 u_2(m/s)와 출구면적 A_2(m^2)에 비례하는 관계식 $Q=60\phi A_2 u_2$ 또는 $\phi=\frac{v_{m2}}{u_2}=\frac{Q/60A_2}{u_2}=\frac{Q}{60\pi D_2 b_2 u_2}$ 에서]로 설계한 Ⓐ, Ⓑ, Ⓒ, Ⓓ 4종의 축류팬의 특성을 비교한 곡선을 나타내고 있다.

그림에서 Ⓐ 및 Ⓑ는 70~95(mmAq)의 설계 풍압에 대해 선단주속도가 44(m/s)인 경우이며, ϕ 및 ψ가 상당히 크다. ϕ, ψ를 크게 하면 팬 크기가 작아지지만 풍압의 저하가 심하고, ϕ와 ψ를 작게 하면 팬 크기가 커지지는 대신 서징(맥동현상)을 피할 수 있는 잇점이 있다. 축류팬의 효율은 대개 60~80% 정도이다.

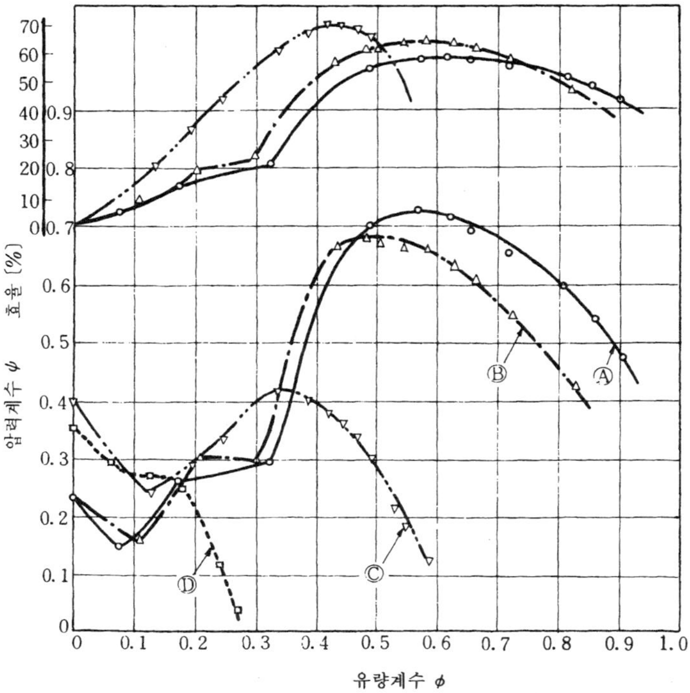

그림 4-44

(2) 서징 현상의 방지

항상 유량이 큰 상태에서 운전하는 동안에는 서징의 염려가 없으나, 풍량을 감소시킬 때에는 서징 방지책을 강구해야 한다. 그 방법에는 다음과 같은 것이 있다.

① 토출관에 밸브를 달아서 여분의 기체를 외부에 방출하는 방법

② 토출관에서 기체의 일부를 흡입관에 역류시키는 방법

③ 세번째는 기체가 독성이 있든가 고가여서 외부에 방출하는 것이 바람직하지 않을 때이며, 토출압력이 높으면 기체의 온도도 높으므로 흡입관에 역류되기 전에 도중에 냉각한다.

그림 **4-45**는 기체의 일부를 외부로 방출하는 구조의 개략도이다. 압축기 토출구에 달린 오리피스(orifice)에서 흡입된 기체의 전압력이 D를 통하여 실린더 A의 피스톤 P의 윗면에 작용하고, 토출압력이 P의 아랫면에 작용한다. 유량이 서징을 일으키는 한계에 오면, P의 위아래면에 작용하는 압력차는 감소하여 P는 윗방향으로 이동한다. 따라서 C가 위로 끌어 올려지면 토출측의 압력은 E, F를 통하여 G의 피스톤 H를 아래쪽으로 밀어 밸브 B가 열린다. 이때 밸브 B로부터 기체의 일부는 외부에 방출되는 것이다.

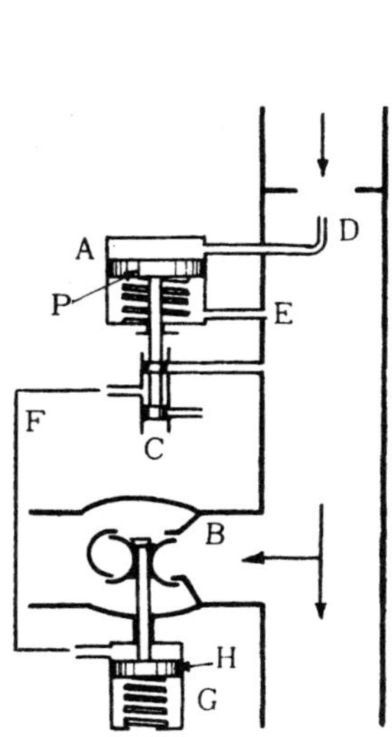

그림 4-45

4-4 왕복형 및 회전형 압축기

4-4-1 왕복 압축기의 작동원리

왕복 압축기는 왕복형 펌프와 마찬가지로 크랭크축, 연결봉에 의하여 운동하는 피스톤에 의하여 기체를 흡입하고, 압축하여 토출한다. 흡입측의 압력을 p_1, 토출압력을 p_2라 하면, 그림 4-46에서 알 수 있듯이 피스톤 P가 내측 사점으로부터 밖으로 향하여 운동하면, 흡입밸브 S가 열려서 p_1의 기체가 실린더에 흡입된다. 흡입관, 흡입밸브에 저항이 없다고 가정하면 실린더 내의 압력은 p_1이다.

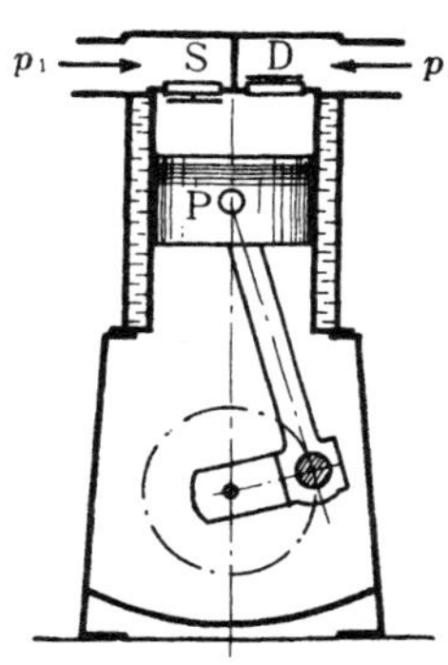

그림 4-46

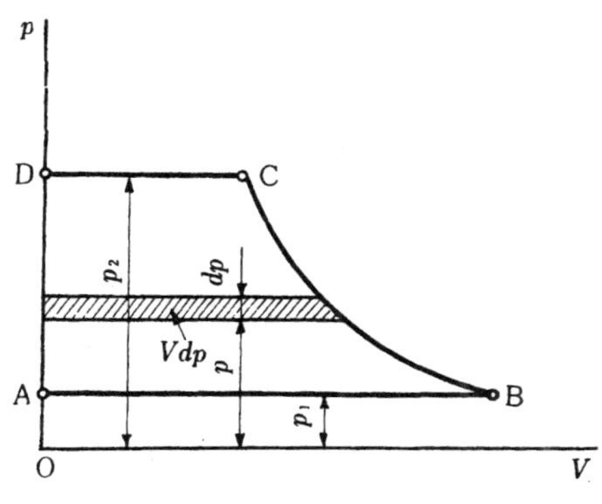

그림 4-47

다음에 피스톤이 외측 사점으로부터 안으로 향하여 진행하면 기체는 압축된다. 따라서 압력이 상승하면 비로소 토출밸브 D가 열려서 피스톤의 운동에 따라 실린더 내의 기체는 토출측으로 송출된다. 토출밸브, 토출관에 저항이 없다고 하면 밸브가 열려서 토출할 때의 압력은 p_2이다. 이것을 압력 p와 실린더 내의 기체의 체적 V을 취하여 지시선도로 표시하면 그림 **4-47**과 같다.

AB가 흡입, BC가 압축, CD는 토출을 나타내고, ABCDA의 면적은 피스톤의 1왕복하는 사이에 기체에 작용한 일량에 해당한다. 흡입행정 과정동안 실린더에 흡입된 기체의 중량을 G, 기체의 비체적을 V_s라 하면 BC에 대하여 $V=GV_s$이므로 ABCDA의 면적, 즉 일량 W는

$$W=\int_{p_1}^{p_2} V dp = G\int_{p_1}^{p_2} V_s dp \tag{4.49}$$

이다. 따라서 기체의 단위중량당의 일량을 W_0라고 하면

$$W_0=\int_{p_1}^{p_2} V_s dp \tag{4.50}$$

압축기에서 소비된 일량은 식 (4.49), (4.50)에 표시된 바와 같으나, 그 크기는 압축곡선 BC의 형상 즉 압축 중의 p와 V의 관계에 의하여 다르다.

만약 압축 중에 온도가 변화하지 않는다면 $pV_s=\text{const.}$가 성립한다. 따라서 압력 p_1일 때의 단위중량당의 체적을 V_{s1}, 온도를 T_1, 기체상수를 R로 하면

$$W_{0is}=p_1 V_{s1}\log_e(p_2/p_1)=RT_1\log_e(p_2/p_1) \tag{4.51}$$

압축이 $pV_s^n=\text{const.}$의 폴리트로프 변화의 경우에 p_2 일 때의 온도를 T_2로 하면

$$\begin{aligned} W_0 &= \frac{n}{n-1} p_1 V_{s1}\left\{\left(\frac{p_2}{p_1}\right)^{(n-1)/n}-1\right\} \\ &= \frac{n}{n-1} RT_1\left\{\left(\frac{p_2}{p_1}\right)^{(n-1)/n-1}-1\right\} \end{aligned} \tag{4.52}$$

$$T_2/T_1=(p_2/p_1)^{(n-1)/n} \tag{4.53}$$

이며, $n>1$인 경우에는 압축과 더불어 기체의 온도가 상승한다.

지금 정압비열을 C_p, 정적비열을 C_v, $k=C_p/C_v$로 놓으면 $n=k$일 때가 단열압축이다. 압축기에서는 그림 **4-46**과 같이 실린더 벽을 2중으로 하여 수각을 하지만, 압축 시간이 매우 짧아서 충분히 냉각되지 못하므로 압축은 단열압축에 가까운 $n\approx k$이다.

압축기가 중량유량 G(kgf/s)의 기체를 송출할 때 p를 (kgf/m²)으로 표시하고 $V_1 = V_{s1}G$로 하여 (m³/s)로 표시하면 소요동력은

$$L = \frac{n}{102}\frac{n}{n-1}p_1 V_1\left\{\left(\frac{p_2}{p_1}\right)^{(n-1)/n} - 1\right\}(\text{kW}) \tag{4.54}$$

이다.

진공펌프는 대기압보다 낮은 압력의 곳에서 기체를 빨아내는 기계로, 바꾸어 말하면 대기보다 낮은 압력의 기체를 대기압까지 압축하는 압축기라고 할 수 있다.

만약 압축이 같은 조건에서 이루어질 때는 단위중량의 기체를 1atm에서 10 atm까지 압축하는 일과, 0.1 atm에서 1 atm까지 압축하는 일은 식 (4.52)에서 알 수 있는 바와 같이 동일하다. 그러나 진공펌프를 운전할 때에는 단위시간에 흡입하는 기체의 체적 또는 단위체적의 기체에 대한 일량을 알아야 할 필요가 있다.

흡입측의 압력을 p_1, 비체적 V_{s1}으로 하고, 토출측의 압력이 대기압 p_0라 하면 압축은 $pV^n{}_s = \text{const.}$로, 단위체적에 대한 일량 W_1은 식 (4.51)에서

$$W_1 = \frac{n}{n-1}p_1\left\{\left(\frac{p_0}{p_1}\right)^{(n-1)/n} - 1\right\} \tag{4.55}$$

그러므로 W_1은 $p_1 = 0$ 및 $p_1 = p_o$에서 0이며, $p_1/p_0 = (1/n)^{(n/n-1)}$에서 최대가 된다.

$pV_s = \text{const.}$의 경우에는 $\log_e(p_0/p_1) = 1$, 즉 $p_1 = 0.368p_0$일 때 W_1이 최대로 된다. 이것은 W_1이 최대로 되는 압력 이하까지 압력을 낮추는 진공펌프의 동력을 결정하는 경우에 주의해야 할 점이다. 또한 대기의 기체상수 및 비중량은 다음과 같다.

$$R = \frac{29.27}{1 - 0.378\,x\,H_t/H_{ao}}(\text{m/℃})$$

$$\gamma = \rho g = 1.293\frac{273}{273 + l}\cdot\frac{H_{ao} - 0.378xH_t}{760}(\text{kgf/m}^3)$$

여기서 t는 온도 ℃, H_{ao}는 대기압, H_t는 포화증기의 압력이며, 다 같이 수은주 mm로 표시한 것이며, x는 상대습도이다.

압축기, 송풍기의 경우에는 $t = 20$℃, $H_{ao} = 760$mmHg, $H_t = 17.4$mmHg, 상대습도 75%의 공기를 **표준공기**라 부르고 $\gamma = 1.2$kgf/m³으로 하고 있다. 다른 기체의 경우에도 20℃, 760mmHg의 건조 상태를 표준상태로 하고 있다.

【예제 4·6】 1단 왕복 압축기에 있어서 $1kgf/cm^2$ abc의 공기를 $5kgf/cm^2$ abs까지 압축할 때, 틈새 체적비 $\varepsilon = 0.04$, 폴리트로프지수 $n = 1.4$로 하면 이론상의 체적효율은 얼마인가?

해 D점에서 흡입이 시작되므로, 실제의 흡입량은 $V_A - V_D = V_0$이다. 이것이 유효 흡입체적이다. 한편 피스톤의 행정체적(stroke volume)을 V_S로 하면 $V_S = V_A - V_C$이다. V_0와 V_S의 비가 이론상의 체적효율이다.

곡선 CD의 팽창을 폴리트로픽 변화로 하면 $V_D = V_C\,(p_2/p_1)^{1/n}$이며, 이론상의 체적효율 η_{vth}는

$$\eta_{vth} = \frac{V_0}{V_S} = \frac{V_A - V_D}{V_A - V_C} = 1 - \frac{V_D - V_C}{V_A - V_C} = 1 - \frac{V_C\{(p_2/p_1)^{1/n} - 1\}}{V_A - V_C}$$

여기서 $\varepsilon = \dfrac{V_C}{V_A - V_C}$ 로 놓고, 이것을 **틈새 체적비**라 한다.

$$\eta_{vth} = 1 - \varepsilon\left\{\left(\frac{p_2}{p_1}\right)^{1/n} - 1\right\}$$

이 식의 문제에 주어진 조건을 대입하면

$$\eta_{vth} = 1 - 0.04\{5^{1/1.4} - 1\} = 0.914 = 91.4\%$$

4-4-2 왕복압축기의 형상과 구조

왕복압축기에는 수평형과 수직형 등이 있으며, 각종 예가 그림 4-48에 나타나 있다.

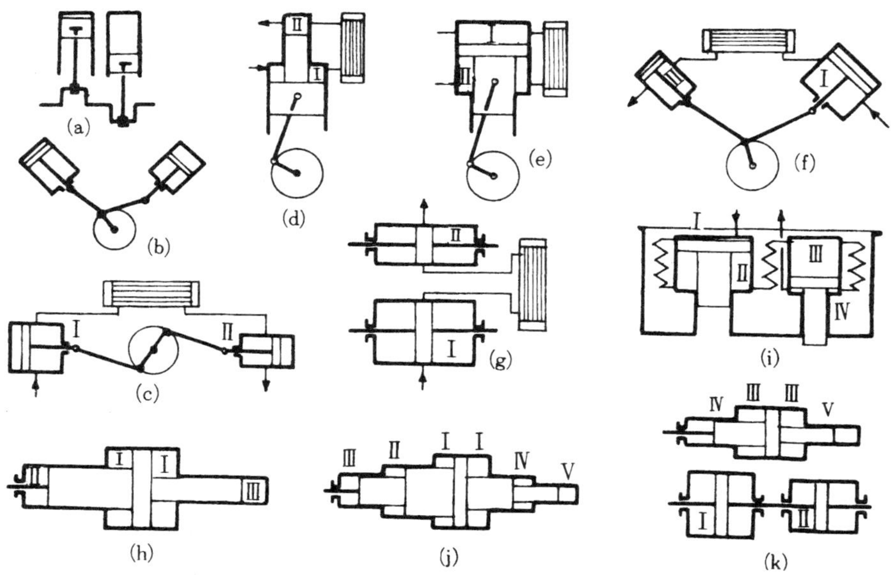

그림 4-48

단단으로서 소형 압축기는 수직형 단동으로 하나, (a)와 같이 실린더수가 많은 것도 있다. 대형은 그림 4-49와 같이 복동으로 하고, (b)는 V자형으로 한 것이며, 3실린더로 W자형, 4실린더로 X자형의 배열 등이 있다.

2단으로서 소형인 것은 (d), (e)와 같은 형식으로 하며, 그림 4-50은 그 예를 보여주고 있다. 대형의 경우에는 1단과 2단의 실린더를 별개로 한다.

그림 4-48의 (c)는 대향 평형형, (f)는 V자형, (g)는 복동 병렬형이다. 그리고 (h)는 3단의 예이며, 다단압축기에는 이와 같이 단이 있는 피스톤이 사용된다.

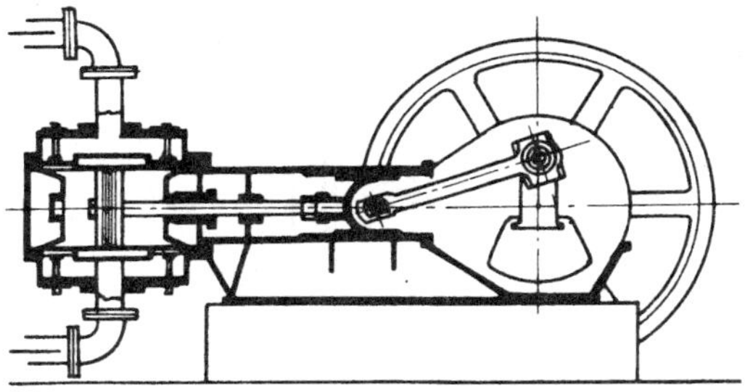

그림 4-49

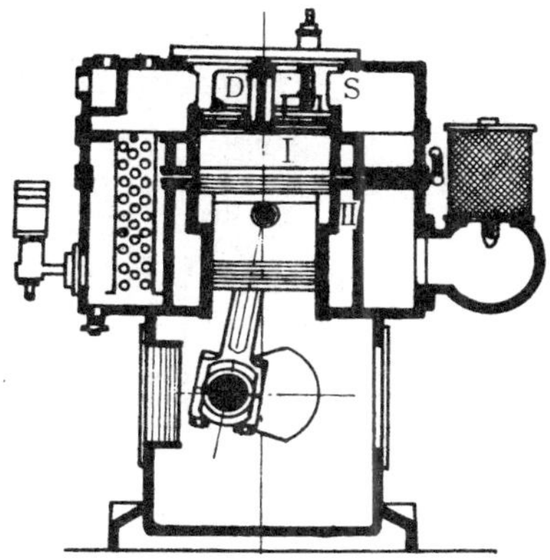

그림 4-50

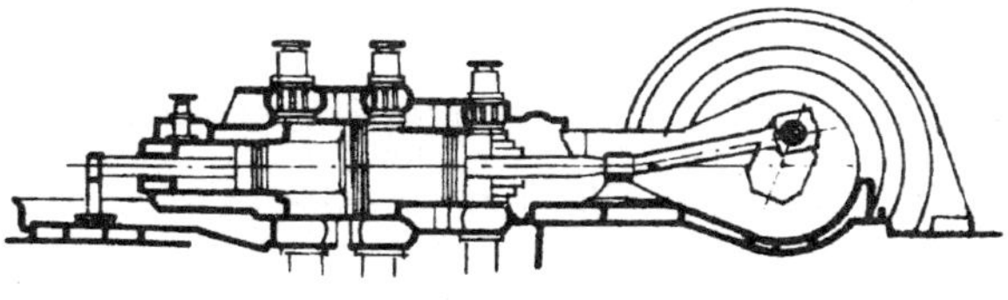

그림 4-51

그림 4-51은 단 피스톤의 예이며, 그림 4-48의 (i)는 4단 수직형의 배치 예이며, 실린더 주위를 워터재킷(water jacket)으로 하여 냉각한다.

중간 냉각기는 그림 4-50에서 보는 바와 같이 다관식으로 하나, 고압 부분은 코일(coil)로 된 관을 냉각수 중에 담그는 형식으로 한다. 또한 극히 소형인 것은 공기냉각으로 하는 것도 있다. 그리고 취급하는 기체에 따라 공기 압축기, 산소 압축기, 암모니아 압축기 등의 호칭을 사용하기도 한다.

왕복압축기는 압력 범위가 커서 압축기로서 가장 널리 사용되며, 20~30kgf/cm^2 이상에서는 왕복압축기가 가장 많이 사용된다. 다만 풍량이 너무 커 실린더의 지름이 커져서 제작, 보수, 취급이 어려운 관계로 흡입풍량은 250(m^3/min)이 한계이다.

그림 4-52은 대향 평형형 왕복압축기의 상세도를 표시한다.

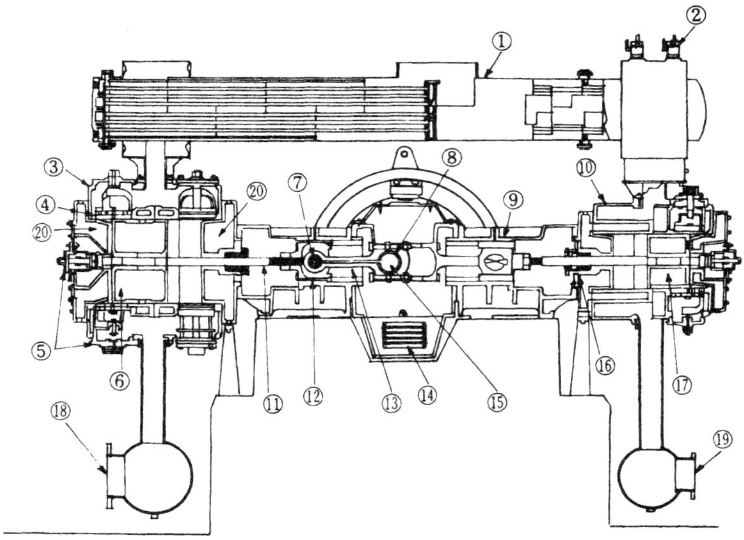

그림 4-52

다단 압축기의 각 단의 압력비는 소형(0.1~1.5m^3/min)에서는 6~12, 중형(1.5~15m^3/min)에서는 5~8, 대형(20m^3/min)에서는 2~4 정도이다. 압력으로는 7kgf/cm^2, 75kW 이하에서는 1단, 7~10kgf/cm^2, 150kW 이하는 2단, 20~60kgf/cm^2 이하에는 3단, 200kgf/cm^{2}까지는 4~5단, 300kgf/cm^{2}까지는 5~6단, 1000kgf/cm^{2}까지는 6~7단이다.

압력이 낮을 경우에는 피스톤, 실린더에 주철을 사용하는데, 압력이 높으면 주강, 단조강이 사용되며, 실린더에는 특수주철의 라이닝(lining)이 끼워진다. 피스톤에는 피스톤링을 끼우고, 또 피스톤 로드의 패킹으로서는 저압에도 무명, 삼(대마), 석면(asbestus), 고압의 경우에는 청동, 화이트 메탈(white metal)을 사용한다.

4-4-3 회전형 압축기

(1) 분류

회전형 압축기는 피스톤의 왕복운동과 똑같은 용적변화의 작용을 로터(rotor)의 회전운동에 의하여 수행하는 압축기이며, 압력비의 범위에 따라 회전송풍기와 회전압축기로 대별된다. 회전형 압축기는 왕복식에 비하여 경량, 소형이며, 설치 면적도 작게 차지한다. 토출 유동은 비교적 균일하며, 큰 맥동이나 서지 현상이 없어서 사용에 편리하다.

구조에 따라 루츠 송풍기(roots blower), 가동익 압축기(sliding vane compressor), 나사 압축기(screw compressor) 등으로 분류된다.

(2) 루츠 송풍기

루츠 송풍기는 회전형 송풍기의 대표적인 것이라 할 수 있으며, 그림 **4-53**과 같이 보통 누에고치형의 로터 2개가 90° 로 접촉하여 서로 반대 방향으로 회전한다. 케이싱 내의 로터는 케이싱 밖에 있는 1쌍의 기어에 의하여 로터 일정한 위상으로 회전하며, 로터의 바깥지름을 d, 길이를 l 이라 하면 축의 1회전으로 케이싱과 로터간(펌프 내부의 밀폐된 공간의 부피가 변하는 현상)에 폐입되어 배제되는 용적은 대략(0.78~0.85) $d^2 l$이다.

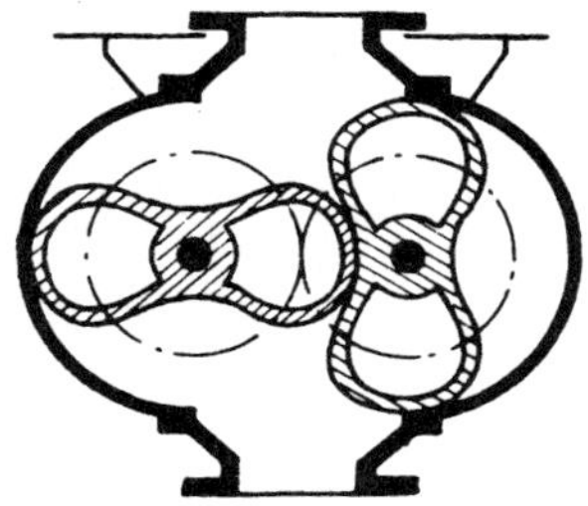

그림 4-53

체적효율은 압축기의 대소에 따라 다르며, 효율이 로터의 지름이 클수록 회전수가 증대할수록 좋아지나, 압력비가 커지면 감소하며 대체로 0.6~0.8의 범위에 있지만 좋은 경우는 0.9정도이다.

압력비가 1.8 이하인 경우 단열효율 η_{ad}는 대략 0.5~0.8이며, 압력이 높을 경우에는 2단으로 하지만, 토출압력은 1단에서 1000~8000mmAq, 2단에서도 2(kgf/cm^2) 이하이다. 로터의 원주속도는 22~28(m/s) 정도이며, 소형에서는 회전수가 3500(rpm), 대형에서는 600~1000(rpm), 풍량은 0.6~600(m^3/min)의 범위에 있다.

루츠 송풍기는 진공펌프로도 사용되며, 1단에서는 수은주가 450(mmAq), 2단에서 650(mmAg) 정도이다. 회전수에 따라 풍량을 조절할 수 있으며, 회전수가 일정할 때는 압력이 변화하여도 풍량에는 변화가 거의 없다.

로터간의 간격은 항상 0.1~0.5(mm)정도로 하며, 케이싱과 로터간은 그 간극의 1/2 쯤으로 유지한다.

이와 같이 루츠 송풍기에는 섭동부분이 없어 내부 윤활이 필요 없으며, 따라서 토출기체에 기름이 혼입되지 않는 잇점이 있다. 그러나 토출이 상당히 맥동적이고, 소음이 큰 것은 결점이다.

그림 4-54는 루츠 송풍기의 구조를 보여주고 있으며, 그림에서 타이밍 기어(timing gear)는 구동축의 회전을 다른 회전차에 전달함과 동시에 두 로터 간의 회전 위상을 일정하게 유지한다.

로터는 고급주철 또는 경합금제로 하며, 단조강의 축에 끼우고 로터는 주철 또는 경합금제의 케이싱과 사이드 커버와의 내부에서 회전하게 하고 축은 롤러 베어링으로 지지한다.

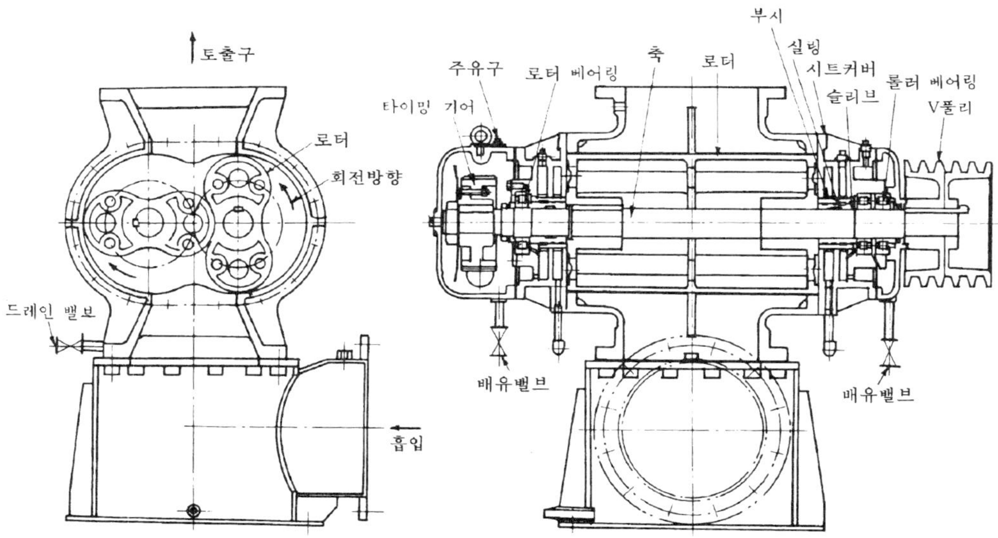

그림 4-54

1) 이론 압축 일량과 단열효율

그림 4-55에 나타낸 루츠 송풍기에서 공기의 누설, 마찰저항 등이 없다면 토출풍량 V_2가 흡입풍량 V_1에 비하여 충분히 커서 $V_2 \approx V_1$으로 되어, 압축에 요하는 이론적인 일량 W_{th}는 흡입과 토출압력을 p_1, p_2(kgf/cm^2 abc)라 하면 흡입 중량 1(kgf)에 대하여 다음과 같다.

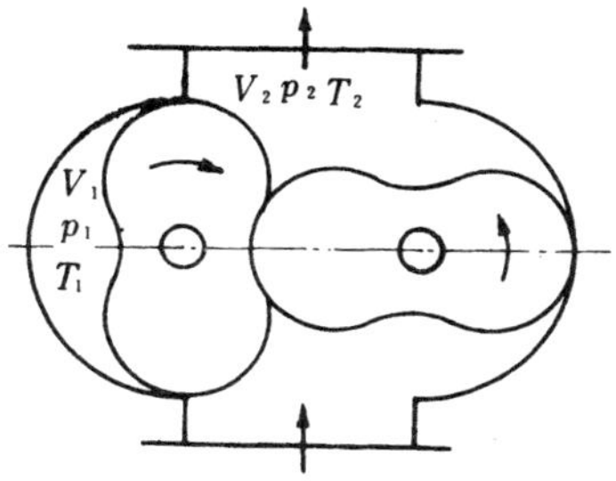

그림 4-55

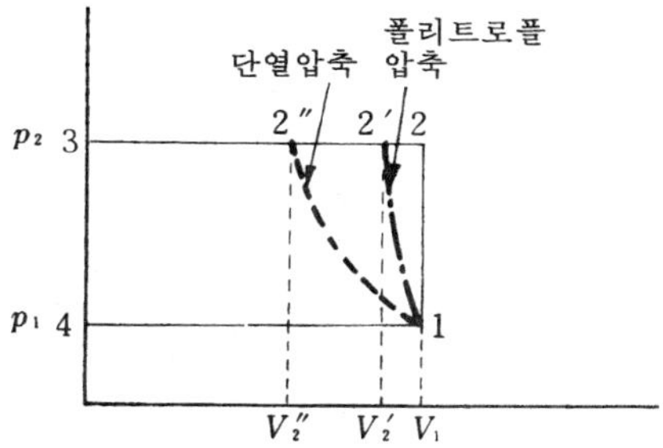

그림 4-56

$$W_{th}= V_1(p_2-p_1)=p_1 V_1\left(\frac{p_2}{p_1}-1\right) \tag{4.56}$$

이론 압축일량 W_{th}는 그림 **4-56**의 면적 12341로 표시되며, 한편 단열 압축일량 W_{ad}는 면적 12″341로 다음과 같이 표시된다.

$$W_{ad}=\frac{k}{k-1}\,p_1 V_1\left\{\left(\frac{p_2}{p_1}\right)^{(k-1)k}-1\right\}$$

W_{ad}와 W_{th}와의 비를 **이론 단열효율**이라 부르고 다음과 같다

$$\eta_{ad,\,th}=\frac{W_{ad}}{W_{th}}=\frac{\dfrac{k}{k-1}\left\{\left(\dfrac{p_2}{p_1}\right)^{(k-1)/k}-1\right\}}{\dfrac{p_2}{p-1}-1} \tag{4.57}$$

n을 폴리트로프 지수로 하면 단열 온도효율은 다음과 같다.

$$\eta_{ad}=\frac{\left(\dfrac{p_2}{p_1}\right)^{(k-1)/k}-1}{\left(\dfrac{p_2}{p_1}\right)^{(n-1)/n}-1} \tag{4.58}$$

그림 **4-57**은 압력비 (p_2/p_1)와 이론 단열효율 $\eta_{ad,\,th}$, 단열 온도효율 η_{ad}의 관계를 표시한 한 예이다. 그림에서

1은 로터 바깥지름 $D=241$(mm)

2은 로터 바깥지름 $D=120$(mm)

3은 로터 바깥지름 $D=78$(mm)

에 대한 전단열효율 η_{tad}의 실험값이다.

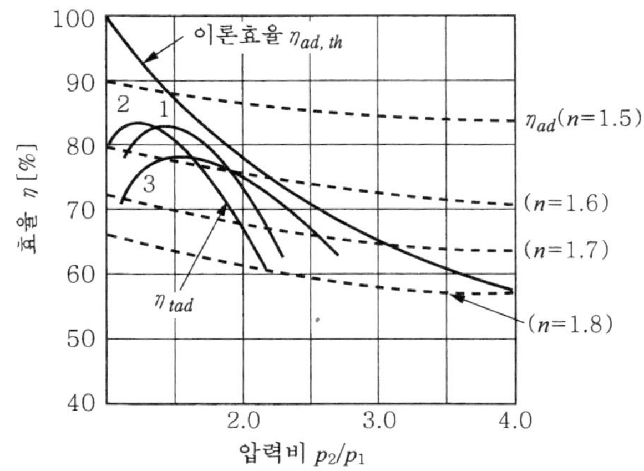

그림 4-57

또한 실제의 축동력을 L(kW)라 하면, 전단열효율 η_{tad}는 다음과 같이 계산된다.

$$\eta_{tad} = \frac{1}{6120}\frac{k}{k-1}GRT_1\left\{\left(\frac{p_2}{p_1}\right)^{(k-1)/k} - 1\right\} \tag{4.59}$$

그림 **4-57**에서 보는 바와 같이 이론효율에 가까운 η_{tad}곡선의 압력비 범위는 1.2~2.5정도이며, $p_2/p_1 \leq 2$에서는 보통 2단 압축으로 한다.

2) 이론 토출량

루츠 송풍기의 로터 단면 형상에는 사이클로이드형(cycloid type), 인벌류트형(involute type)및 엔벨로프형(envelope type) 등이 있으며, 1회전의 이론 토출풍량은 다음과 같다.

사이클로이드 로터 : $V_{th} = 0.7854\,d^2 1$

인벌류트 로터 : $V_{th} = 0.8545\,d^2 1$

엔벨로프 로터 : $V_{th} = 0.7967\,d^2 1$

로터 지름 d가 동일하면 인벌류트형의 이론 토출풍량이 가장 크다.

3) 체적 효율

루츠 송풍기의 체적효율은 다음 식으로 표현된다.

$$\eta_v = \frac{G}{V\gamma_a N} \tag{4.60}$$

여기서, G는 흡입공기 중량(kgf/min), V는 1회전에 대한 이론 토출량(m^3/rev), γ_a는 흡입공기의 비중량(kgf/m^3), N은 회전수(rpm) 이다.

4) 특성 곡선

그림 **4-58**은 소형 루츠 송풍기의 특성곡선의 한 예를 보여주고 있으며, 그림에서 알 수 있는 바와 같이 압력이 변하여도 토출 공기량의 변화는 그다지 크지 않다.

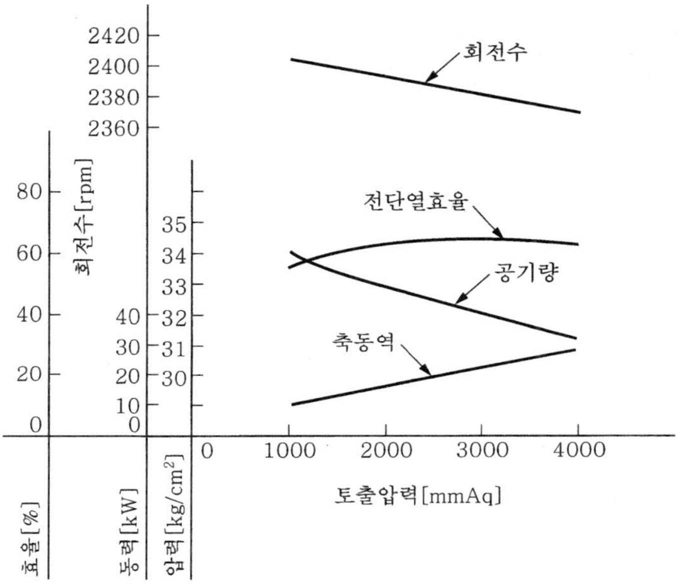

그림 4-58

【예제 4·7】 루츠 송풍기에서 공기를 1kgf/cm² abs에서 2.2kgf/cm² abs에 압송할 때의 이상 단열효율을 구하라.

해 식 (4.57)에 $p_1=1$, $p_2=2.2$를 대입하면

$$\eta_{adth}=\frac{\dfrac{1.4}{1.4-1}(2.2^{\,1.4-1/1.4}-1)}{2.2-1}=\frac{0.885}{1.2}=0.74=74\%$$

(3) 가동익 압축기

1) 구조와 성능

그림 **4-59**와 같이 중간 원통의 케이싱 내에 편심으로 조립된 원주형 로터가 회전하며, 로터 반지름 방향의 홈에 얇은 강판 깃이 끼워져 있다. 로터의 회전에 의하여 깃은 원심력으로 원통 케이싱 내벽에 접하고, 2장의 깃으로 둘러싸인 부분의 기체는 점점 압축되어 토출된다.

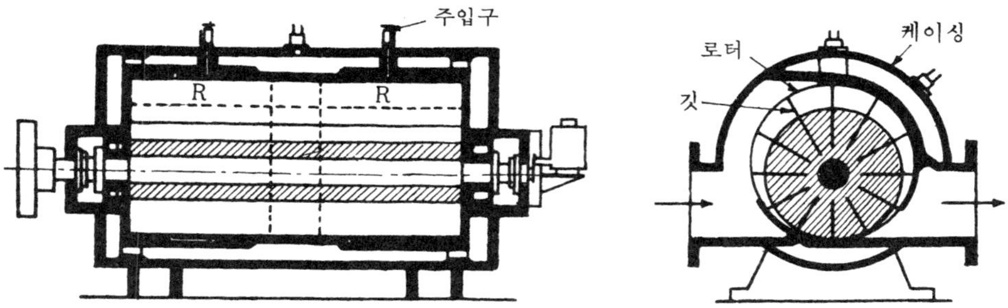

그림 4-59

회전깃과 내면이 직접 접촉하면 마멸이 심하므로, 케이싱에 대하여 회전하는 부동륜 R을 넣어서 깃이 R에 접촉하도록 되어 있다. 또 2중벽으로 된 케이싱은 물을 통해서 냉각된다.

이 형식의 압축기 체적효율은 0.8~0.9정도이며, 유량은 대략 70(m^3/min)이하, 압력은 1단에서 4(kgf/cm^2) 이하, 2단에서는 5~8.5(kgf/cm^2), 중간 냉각기를 설치할 때는 최고 15(kgf/cm^2)이다. 회전수는 대형에서 400~500rpm 정도로 한다.

가동익 압축기는 진공펌프로 사용되며, 1단에서 수은주 680(mmHg) 정도, 더욱 낮은 진공에 대해서는 2단으로 한다. 또한 강판 깃과 부동륜의 조합으로 하는 대신에 6~9(mm) 두께의 합성수지제 깃을 사용하고, 윤활유에 의하여 누설을 방지함과 동시에 냉각하도록 하는 것도 있으며, 최근에는 오히려 후자가 더욱 많이 사용되고 있다. 그러나 후자에 있어서 토출기체 중에 다량의 유분이 포함되므로 제거해야 한다.

2) 이론

그림 **4-60**에서 a, b, c, d 부분의 용적 V_{th}의 최대값은 $\alpha=0$의 위치에서 얻어지므로 흡입구를 이 위치에 정한다.

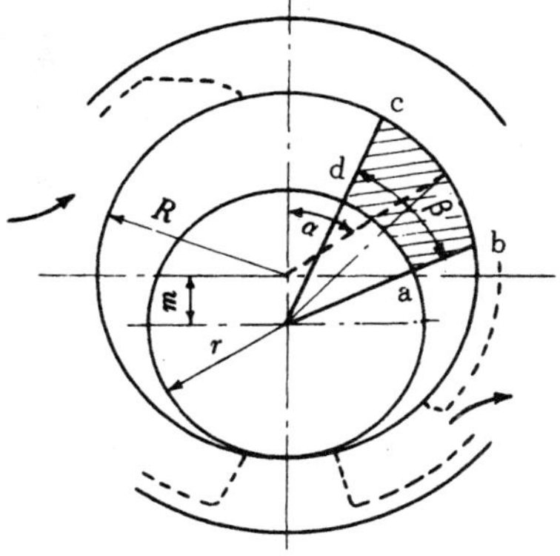

그림 4-60

깃 수를 z, 두께를 t(m), 원통 케이싱의 길이를 L(m), 케이싱 반지름을 R(m), 케이싱 중심과 로터 중심과의 거리를 m(m), 흡입 기체의 비중량을 γ_s(kgf/m^3)라 하면 이론 흡입량은 근사적으로

$$Q_{th} = 2mNL(2\pi R - tz)(\mathrm{m^3/min}) \tag{4.61}$$

또는

$$G_{th} = \frac{mNL}{30}(2\pi R - tz)\gamma_s(\mathrm{kgf/s}) \tag{4.62}$$

로 표시된다. 여기서, N은 회전수(rpm)이다.

다음에 누설이 없고 폴리트로프 압축을 한다면

$$\frac{V_{S2}}{V_{S1}} = \left(\frac{p_1}{p_2}\right)^{1/n}$$

이며, 여기서 p_1은 흡입압력(kgf/cm^2 abc), p_2는 토출압력(kgf/cm^2 abc), n은 폴리트로프 지수이며, 각 α를 가지고 근사적으로 다음과 같은 식을 얻는다.

$$\left(\frac{p_1}{p_2}\right)^{1/n} = \frac{1+\cos\alpha}{2} \text{ 또는 } \cos\alpha = 2\left(\frac{p_1}{p_2}\right)^{1/n} - 1 \tag{4.63}$$

공기의 경우 부동륜식 구조에 대해는 $n = 1.3 \sim 1.4$, 유냉식 구조에서는 $n = 1.1 \sim 1.2$정도로 한다.

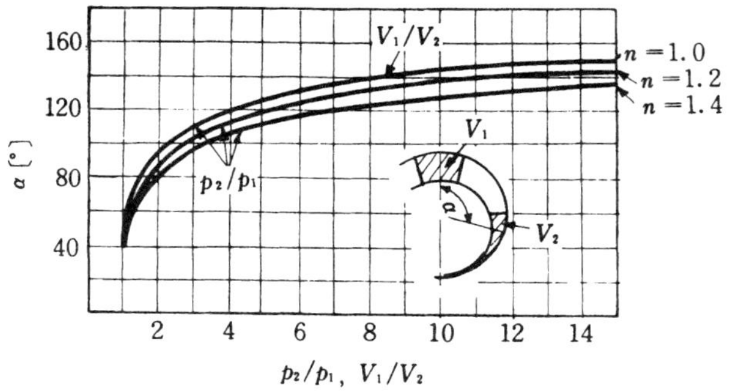

그림 4-61

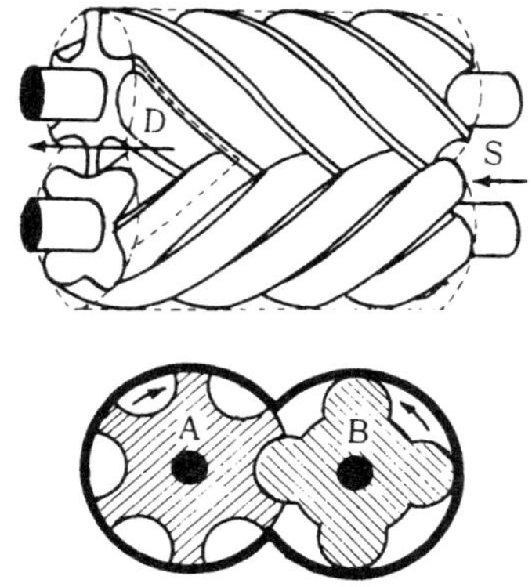

그림 4-62

그림 **4-61**은 각 α와 압력비 p_2/p_1, 용적비 V_2/V_1의 관계를 표시하며, $n=1$ 즉, 등온압축의 경우에는 p_2/p_1선과 V_2/V_1선이 일치한다.

또한 가동익 압축기의 체적효율은 85% 내외이며, 전단열 효율은 60~70% 정도이다.

(4) 나사 압축기

1) 구조와 성능

나사형 회전압축기는 고안자의 이름을 따서 Lysholm **압축기**라 부르기도 하며, 그림 **4-62**와 같이 1쌍의 나사형 로터와 외곽 케이싱으로 구성된다. 루우츠 송풍기와 다른 점은 로터의 회전과 더불어 압축이 진행되는 것이다.

로터 단면은 그림에 표시된 바와 같이 기어 모양이며, 보통 A 로터는 6, B 로터는 4개의 치형을 갖는다. 또한 고압용은 8과 6, 저압용은 4와 3으로 하며, 치형의 비틀림 각은 50~80°이며 200~325° 감는다.

로터 B가 동력에 의하여 회전됨과 동시에 케이싱 밖의 기어(timing gear)에 의하여 A로터가 회전된다. 케이싱의 1단 S의 흡입구를 통하여 흡입된 기체는 로터의 회전에 따라 반대편으로 밀려가면서 그 용적이 점차 감소하여 로터의 홈과 케이싱간의 공간에서 압축이 이루어진다.

케이싱의 반대편에는 점선으로 표시한 토출구 D가 있으며 압축된 기체는 D로부터 토출된다. 또한 3중 벽으로 된 케이싱은 물로 냉각되며, 로터 내부를 중공으로 하여 물 또는 기름으로 냉각하여 열변형을 방지한다.

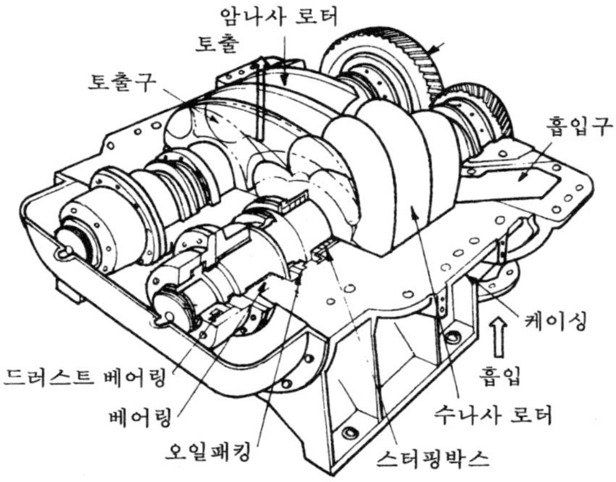

그림 4-63

나사 압축기는 토출기체가 맥동하지 않고 고속회전 할 수 있으며, 회전에 따른 진동도 발생하지 않는다. 또한 압축실 내에서의 기계적 마찰접합이 없어 윤활이 불필요하며, 토출되는 기체에 유분이 포함되지 않는 등의 잇점이 있다.

체적효율 η_v는 회전수가 클 때 양호하며 0.95정도이다. 또 회전수가 크고, 압력비가 2.5 이상일 때는 단열효율 η_{ad}가 0.85 이상까지도 된다.

1단의 압력은 최고 4(kgf/cm^2), 유량은 8~160(m^3/min)정도이다. 2단에서는 9(kgf/cm^2), 3단에서는 최고 압력이 17(kgf/cm^2) 정도이다.

그림 **4-63**은 정치식 나사 압축식의 내부구조를 보여주고 있다.

2) 이론

나사 압축기의 이론 토출량 Q_{th}는 수나사 로터의 지름을 D(m), 길이를 l(m), 회전수를 N(rpm)이라 하면

$$Q_{th} = C_u D^2 lN(\text{m}^3/\text{min}) \tag{4.64}$$

으로 주어지며, C_u는 치형에 의한 정수로 보통 0.441~0.062정도이다.

다음에 이론동력 L_{adth}는 토출량이 Q_{th}(m^3/min), 또는 중량유량으로 G_{th}(kgf/min)일 때

$$L_{adth} = \frac{1}{6120}\frac{k}{k-1}G_{th}RT_1\left\{\left(\frac{p_2}{p_1}\right)^{(k-1)/k} - 1\right\}(\text{kW}) \tag{4.65}$$

이다.

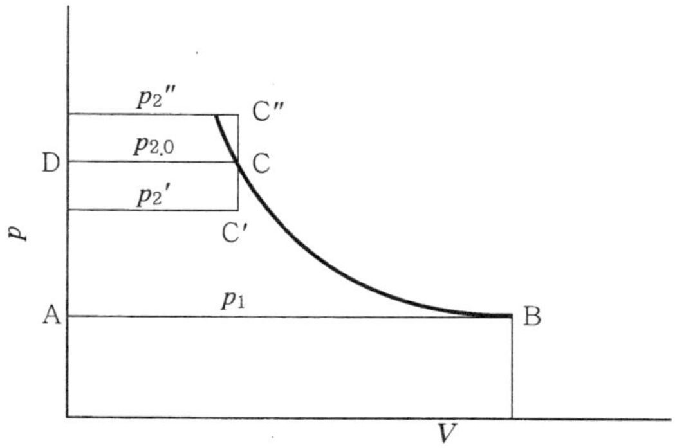

그림 4-64

누설이 없는 나사 압축기의 $p-V$ 선도는 그림 4-64와 같으며, 압력 p_1으로 흡입행정 AB가 끝나면 압축이 B에서 시작되어 $p_{2.0}$까지 된다. 이 압력은 로터 공간이 토출구에 접촉하기 직전의 압력이며, 토출측의 압력에 관계없이 한 압축기에서는 일정하다. 로터 공간이 토출구에 접촉하면 토출압력이 p'_2 또는 p''_2로 된다. 토출압력이 $p_{2.0}$일 때는 ABCD의 사이클을 그리며, 체적효율 100%이고 $p_2=p_{2.0}$으로 되어 식 (4.65)가 성립한다.

축동력 L은 손실동력을 L_m이라 하면 $L=L_{adth}+L_m$이며, 전단열효율 η_{tad}은

$$\eta_{tad}=\frac{L_{adth}}{L}\eta_v \tag{4.66}$$

이다. η_v는 체적효율이며 대개 75~98%이며, η_{tad}는 60~85% 정도이다.

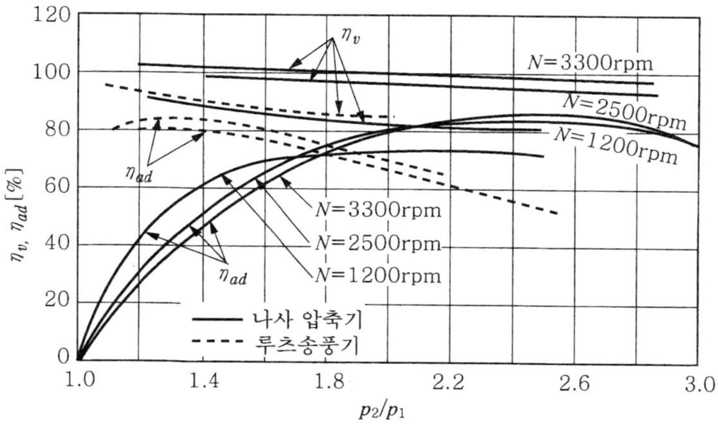

그림 4-65

3) 특성 곡선

그림 4-65는 풍량이 같은 나사 압축기와 루츠 송풍기의 특성을 비교하는 한 예이며, 압력비 1.1~1.7의 범위에서 루츠 송풍기가 우수한 단열온도효율을 나타내고 있으며, 나사 압축기는 압력비 2~3 간에서 고성능을 나타낸다.

4-4-4 진공펌프

진공펌프는 기체를 대기압 이하의 저압에서 대기압까지 압축하는 기계이며, 압축기의 일종이지만 일반 압축기와 다른 점은 다음과 같다.

① 흡입과 토출의 압력차는 불과 1(kgf/cm^2)이지만, 흡입압력을 진공으로 함에 따라서 압력비는 상당히 커지므로 격간용적, 기체누설을 가급적 줄여야 한다.

② 진공화에 따라서 외부의 액체, 증기, 기체를 빨아들이기 쉬우므로 진공도를 저하시킨다.

③ 기체의 밀도가 낮으므로 실린더 용적은 동력에 비하여 크게 된다. 다단압축기의 경우에는 고압으로 될 수록 실린더 지름을 작게 하는데, 진공펌프의 다단에서는 일반적으로 같은 치수가 사용된다.

진공펌프에는 많은 종류가 있으나 대체로 왕복 진공펌프는 왕복압축기, 가동익 진공펌프는 가동익 압축기, 루츠 진공펌프는 루츠 압축기와 각각 동일한 구조를 가지고 있으므로 여기서는 생략하기로 하고, 너슈 진공펌프(Nush vacuum pump), 유회전 진공펌프, 확산펌프에 관하여 간단히 설명한다.

진공펌프의 진공도는 대기압을 기준으로 하여 부의 방향으로 측정한 압력이며, 절대진공을 100%로 표시하는 것과, 절대진공을 760mmHg로 하여 수은주로 표시하는 것이 있다.

진공도 V_c(%)와 절대압력 p(kgf/cm^2)와의 관계는 다음 식으로 표시한다.

$$p = p_a\left(1 - \frac{H_g}{760}\right) = p_a\left(1 - \frac{V_c}{100}\right) \tag{4.67}$$

여기서 p_a는 대기압(kgf/cm^2 abc), H_g는 진공도(mmHg) 이며, 이 관계가 그림 4-66에 표시되어 있다.

풍량 표시에는 피스톤의 행정용적을 표시하는 경우, 흡입상태 즉 진공층 내의 상태(압력 및 온도)에서의 풍량을 표시하는 경우와 실제 흡입량을 대기의 상태로 환산한 풍량으로 표시하는 경우 등이 있다.

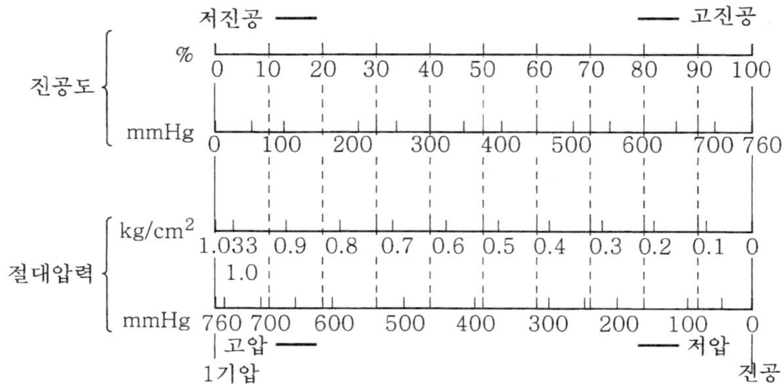

그림 4-66

(1) 너슈 진공펌프

그림 **4-67**에서 보는 바와 같이 실린더와 편심된 회전차로 된 너슈 진공펌프는 실린더에 미리 일정량의 물을 담고 있으며, 회전차 운동에 의하여 물은 실린더와 동심의 원을 형성하므로 회전차와 순환유체와의 사이에 저압부 및 고압의 공간이 생긴다. 따라서 이와 같은 부분에 각각 기체 흡입구, 토출구를 두면 기체는 저압의 흡입구로부터 고압의 토출구로 압축되면서 용적 이동을 한다.

너슈 진공펌프는 진공용으로 널리 사용되며, 그림 **4-68**은 그 성능곡선의 한 예이다.

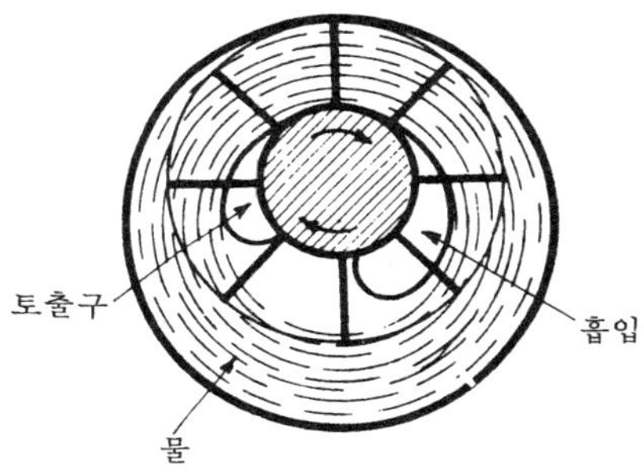

그림 4-67

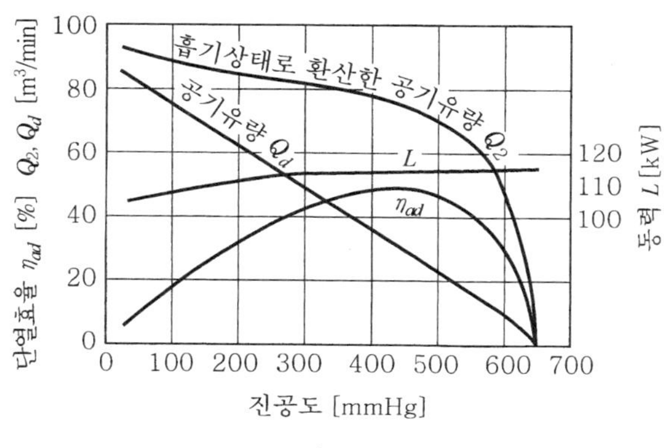

그림 4-68

(2) 유회전 진공펌프

유회전 진공펌프에는 센코(Cenco)형, 게데(Gaede)형, 키니(Kinney)형 등이 있다. 센코형은 그림 **4-69**와 같이 원형 케이싱 내벽에 따라 회전하는 로터 R에 의하여, 케이싱 내벽과 로터 및 상하로 운동하는 칸막이판으로 형성되는 공간의 체적이 변하면서 흡입 및 토출작용을 한다.

그림 **4-70**은 게데형의 유회전 진공펌프의 설명도이며, 이 펌프는 케이싱 내에서 편심 로터가 회전하면 로터의 홈에 스프링으로 장치된 2매의 깃이 케이싱 내벽에 접하여 회전운동하면서 흡입 및 토출작용을 한다.

그림 4-69

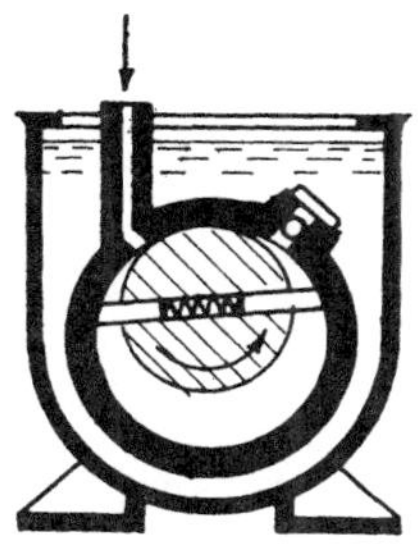

그림 4-70

키니형(그림 **4-71**)은 케이싱 중심을 축으로 하여 회전하는 편심 로터 R이 있으며, R이 케이싱 외벽면에 접하여 회전하면서 H에 고정시킨 밸브 V의 상하요동으로 밸브 개폐작용을 하여 흡입행정을 한다. 그림 (a)의 H면과 케이싱 내면, 그리고 V판에 의한 체적 변화로 압축된 기체는 토출밸브를 열고 송출된다.

이들 각각의 진공펌프는 어느 것이나 일정량의 기름이 실린더 내에 주입되어 있으며, 접촉하여 운동하는 부분이 기름으로 밀봉(sealing)되어 기체의 누설을 막음으로써 고진공을 발생시킨다. 유회전 진공펌프의 이름도 여기서 붙여진 것이며, 기름의 증기압이 진공펌프의 성능에 큰 영향을 미친다. 그러므로 기체함유가 적고 증기압이 낮은 기름을 사용할 필요가 있다.

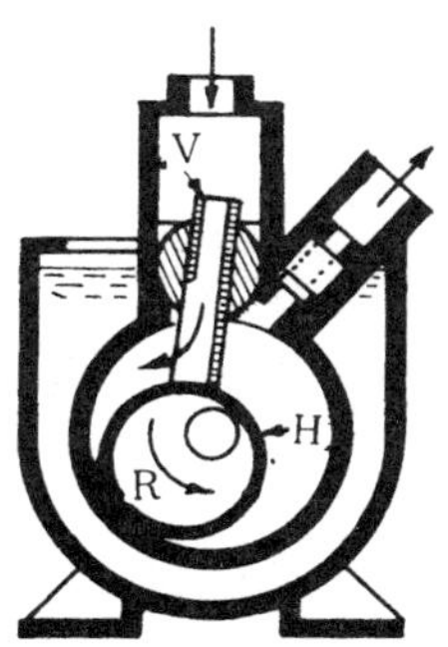

(a) (b)

그림 4-71

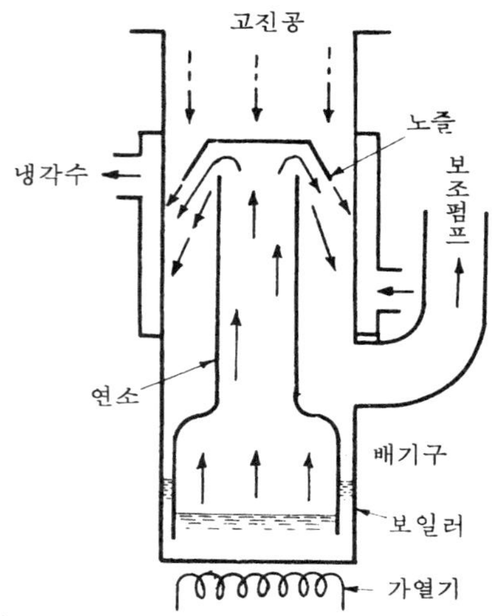

그림 4-72

(3) 확산펌프

특히 높은 진공도용으로는 확산펌프가 적합하며, 이 펌프는 반드시 보조진공펌프(일반적으로 유회전 진공펌프)를 필요로 한다.

확산펌프의 작동과정을 보면 다음과 같다. 먼저 보조펌프에 의하여 0.1mmHg 정도의 예비 진공을 유지하면서 펌프 밑바닥에 있는 작동액(수은 또는 기름)을 가열기로 가열하여 연돌 내에 증발 상승시켜, 노즐에서 교축되어 원통 내를 하향으로 고속도 분출시킨다. 분출 증기 흐름에 보조진공의 기체분자가 혼입되어, 혼합된 유체가 냉각된 실린더 내벽에 부딪쳐 유증기는 응결하여 액체로 되어, 벽면을 따라 펌프 밑바닥의 작동액으로 돌아온다. 이와 같은 작용을 계속하며 흡입된 기체는 보조 진공펌프에 의하여 배기구로부터 배출된다.

4-5 추진장치 및 풍차

4-5-1 프로펠러 운동량이론

선박, 비행기의 추진에 사용되는 프로펠러(propeller)는 그 회전으로 유체를 축방향으로 밀어냄으로써 축방향의 힘, 즉 추진력을 얻는 장치이다.

프로펠러가 회전하면서 그리는 면을 **회전면**이라 부르고, 프로펠러의 임의의 반지름 r 에서 절단면을 취하여 그 단면의 익형의 익현이 회전면과 이루는 각 θ를 **익각**이라 부른다.

지금 프로펠러가 익현방향으로 나사와 같이 진행한다고 하면 1회전 동안 진행하는 거리 H는 $H=2\pi r\tan\theta$이며, 이것을 **기하학적 피치**라 부른다. 기하학적 피치는 프로펠러의 보스에서 외단까지 일정한 것도 있고, 약간 변화하는 것도 있다. 프로펠러가 유체 속을 진행할 때 프로펠러가 1회전하는 동안에 진행하는 거리는 기하학적 피치와 일치하지는 않는다. 프로펠러의 진행 속도를 u, 회전수를 N으로 했을 때 $NH-u$를 **슬립** 또는 **미끄럼**이라 하며, $S=1-u/NH$를 **미끄럼률**이라 한다.

이론적으로 운동량의 법칙을 이용하여 프로펠러의 효율을 계산할 수 있다.

유체의 점성은 무시되고, 프로펠러의 추력은 회전면에 균등하게 분포하고, 또한 회전면 상에서는 흐름의 속도가 균일한 것으로 가정한다. 프로펠러의 회전면을 통과한 흐름을 **프로펠러 후류**(wake)라 부르며, 여기서는 후류 내의 속도가 균일하고, 또한 그 흐름에는 비틀림 운동이 없는 것으로 가정한다.

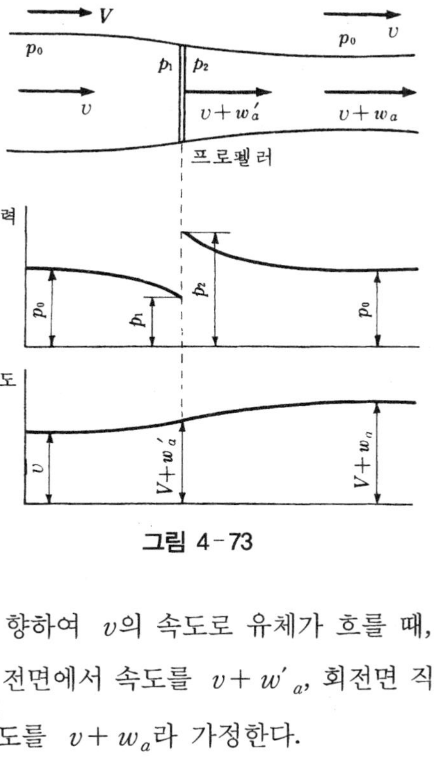

그림 4-73

그림 **4-73**에서 프로펠러에 향하여 v의 속도로 유체가 흐를 때, 프로펠러 전면에서 떨어진 곳의 속도를 v, 압력을 p_0, 회전면에서 속도를 $v+w'_a$, 회전면 직전의 압력을 p_1, 직후의 압력을 p_2, 프로펠러 후류의 속도를 $v+w_a$라 가정한다.

지금 회전면 직전과 먼 전방, 회전면 직후와 후류에서 먼 후방의 사이에 근사적으로 Bernoulli의 정리를 적용한다. 먼 후방에서는 후류 내의 압력도 p_0이므로

$$p_0 + \frac{\rho}{2} v^2 = p_1 + \frac{\rho}{2}(v + w_a')^2$$

$$p_2 + \frac{\rho}{2}(v + w_a')^2 = p_o + \frac{\rho}{2}(v + w_a)^2$$

이 관계로부터

$$p_2 - p_1 = \frac{\rho}{2}[(v + w_a)^2 - v^2]$$

그러므로 프로펠러의 추력 T는

$$T = \frac{\pi}{4} D^2(p_2 - p_1) = \frac{\pi}{4} D^2 \rho w_a \left(v + \frac{w_a}{2}\right) \tag{4.68}$$

단, D는 프로펠러의 지름이다.

한편 회전면을 단위시간에 통과하는 유체의 질량유량은 $(\pi D/4)^2 \rho (v + w_a')$이며, 이것은 후류를 단위 시간에 통과하는 질량유량과 같다. 후류에서는 속도가 $v + w_a$, 프로펠러 전방에서는 v 이므로 운동량의 법칙에 의하여

$$T = \frac{\pi}{4} D^2 \rho (v + w_a')(v + w_a - V) = \frac{\pi}{4} D^2 \rho w_a (v + w_a') \tag{4.69}$$

식 (4.68)과 식 (4.69)에서 다음 관계를 얻는다.

$$w_a' = w_a/2 \tag{4.70}$$

다음에 회전면을 통과하는 유체는 단위체적에 대하여 운동 에너지가 $(\rho/2)[(v + \omega_a)^2 - v^2]$만큼 증가한다. 이것은 프로펠러를 통하여 유체에 부여된 것이므로 프로펠러가 소비한 동력 P는

$$P = \frac{\pi}{8} D^2 \rho (v + w_a')(2Vw_a + w_a^2) = T(v + w_a') \tag{4.71}$$

이며, 이 중에서 유효하게 이용된 부분은 Tv이므로 효율은

$$\eta = \frac{Tv}{P} = \frac{1}{1 + w_a/2v} \tag{4.72}$$

로 된다. 후류의 속도 $v + w_a$와 v와의 비를 λ로 표시하면 식 (4.72)는

$$\eta = \frac{2}{1 + \lambda} \tag{4.73}$$

로 된다. η와 λ의 관계는 그림 **4-74**에 주어져 있으며, $\lambda>1$일 때 효율은 λ의 증가와 더불어 점차 저하한다. 또한 $\lambda<1$일 때는 프로펠러로는 풍차로 되며 작용하지 않는다.

이와 같이 하여 효율이 구해지지만, 실제의 프로펠러에서는 추력이 회전면에 균등하게 분포하는 것은 실현될 수 없고, 또 후류는 프로펠러의 회전 때문에 비틀림 운동을 하고, 점성의 영향도 받는다. 그러므로 위에서 말한 효율은 이상적인 프로펠러의 효율이라 할 수 있으며, 실제의 효율은 이것보다 낮다.

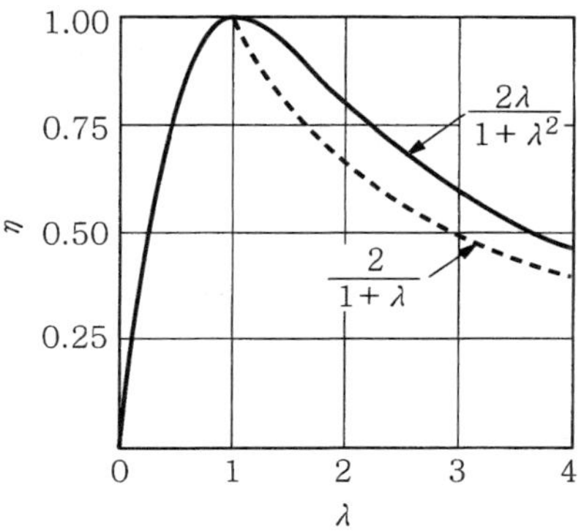

그림 4-74

4-5-2 제트 엔진 및 로켓 이론

제트 엔진(jet engine)의 경우에는 전방의 흡입구로부터 공기를 흡입하여, 이것을 압축기로 압축하여 연료를 불어넣어서 연소시킨다. 연소가스는 압축기를 구동하는 터어빈을 통과하여 노즐을 통하여 후방으로 분출된다.

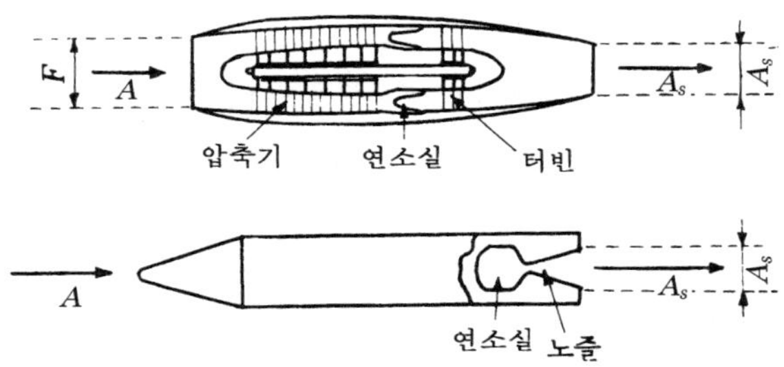

그림 4-75

그림 4-75에서 보는 바와 같이 속도 v의 균일 평행류 중에 제트 엔진이 놓여 있을 때, 엔진에 흡입되는 공기의 흐름단면적을 A, 밀도를 ρ로 하고, 노즐에서 분출한 제트의 단면적을 A_S, 속도를 v_s, 밀도를 ρ_s로 한다. 제트의 압력은 외부의 압력과 동일하므로 운동량의 법칙에 의하여 추력 T는 다음과 같다.

$$F = \rho_s A_s v_s^2 - \rho A v^2$$

단위시간에 연소시되는 연료의 하중과 단위시간에 엔진을 통과하는 공기의 중량의 비를 b라 하면 $\rho_s A_s v_s = (1+b)\rho A v$이다. 여기서 b는 0.02 정도의 작은 값이다. 따라서

$$T = \rho_s F_s v_s [v_3 - v/(1+b)] \approx \rho_s A_s v_s (v_3 - v) \tag{4.74}$$

$w_a = v_s - v$로 놓으면 이것은 프로펠러 후류의 속도 증가분이며, w_a에 상당하는 운동 에너지는 이용되지 못하고 손실되는 량이다. 따라서 제트 엔진의 효율은

$$\eta = \frac{Fv}{TV + \rho_s A_s v_s w_a^2/2} = \frac{1}{1 + w_a/2v} \tag{4.75}$$

로 되어, $v_s/v = \lambda$로 놓으면 프로펠러에서와 똑같이 $\eta = 2/(1+\lambda)$이다.

로켓(rocket)의 경우도 같은 방법으로 생각할 수 있으며, 로켓에서 연료는 로켓에 적재한 산화제에 의하여 연소되며, 연소실 내의 가스압력이 높으므로 Laval노즐을 통하여 분출된다. 제트의 단면적을 A_s, 속도를 v_s, 밀도를 ρ_s로 하면 추력은 v에 무관하며

$$F = \rho_s A_s v_s^2 \tag{4.76}$$

이다. 이 경우에도 $w_a = v_s - v$에 상당한 운동 에너지는 손실되므로

$$\eta = \frac{TV}{TV + \rho_3 F_3 V_3 w_a^2/2} = \frac{2\lambda}{1+\lambda^2} \tag{4.77}$$

로 되어, 그림 4-74에서 알 수 있는 바와 같이 프로펠러와 제트 엔진의 경우가 다르다.

배의 경우에도 펌프에 의하여 배 아래로부터 물을 흡입하여, 후방에 제트로 분출함으로써 추력을 발생하는 추진장치가 특수한 경우에 사용된다.

4-5-3 프로펠러의 익형이론

프로펠러는 축류형의 펌프 또는 송풍기와 동일한 방법으로 취급할 수도 있다. 축류펌프와 프로펠러와의 다른 점은, 전자의 경우는 회전차의 전방과 후방과의 사이에 압력차에 대하여, 프로

펠러에서는 전방에서 후방에로 흐름의 속도가 증대하는 것이다.

프로펠러의 회전면의 반지름 r에서 dr의 익소 부분을 통과하는 유체의 속도를 $v+w_a'$, 이 부분에 작용하는 추력을 dF라 하면 단위시간에 통과하는 유체의 질량은 $2\pi\rho r(v+w_a')dr$이며, 이것이 $w_a=2w_a'$의 속도변화를 받음으로 운동량의 법칙에 의하여

$$dF=2\pi\rho(v+w_a')w_a r dr$$

w_a', w_a는 보통 v에 비하여 작으므로

$$w_a' \approx \frac{1}{4\pi\rho r v}\cdot\frac{dF}{dr} \tag{4.78}$$

반지름 r의 dr 부분에서 유체에 가하는 토크를 dT로 하고, 이것에 의하여 후류에서 유체에 접선속도 w_u가 주어졌을 때, w_u에 의한 프로펠러축 주위의 모멘트는 $2\pi\rho(v+w_a')W_u r^2 dr$이므로, 운동량 모멘트의 법칙에 의하여

$$dT=2\pi\rho(v+w_a')W_u r^2 dr$$

프로펠러 전방에서 접선속도는 0, 후방에서는 w_u이므로, w_u'는 전후의 평균값과 같고 $w_u'=w_u/2$이다. 따라서

$$w_u' \approx \frac{1}{4\pi\rho v r^2}\cdot\frac{dT}{dr} \tag{4.79}$$

그림 **4-76**에 표시하는 바와 같이 프로펠러의 진행속도를 V, 회전의 각속도를 ω로 하고, 반지름 r의 위치에 대하여 생각한다.

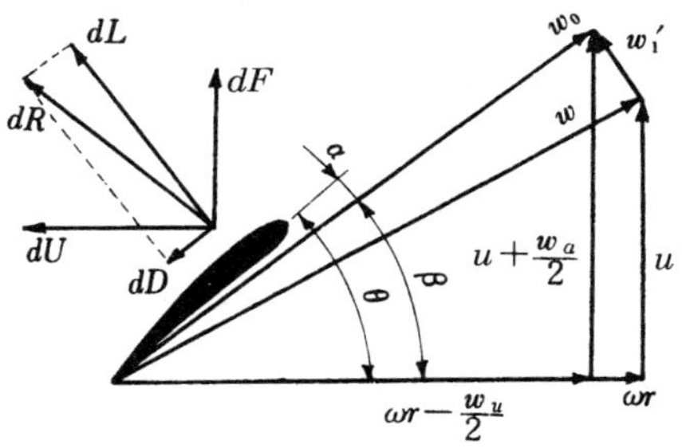

그림 4-76

u와 ωr의 합성속도를 w, $u+w_a{}'$와 $wr-w_u{}'$의 합성속도를 w_0로 하면 익소의 속도는 w_0이다. w_0와 접선방향과의 각을 β, 익각을 θ로 하고, 영각 $\alpha=\theta-\beta$에 대한 양력계수를 C_l, 항력계수를 C_d, $\varepsilon=C_d/C_l$, 익현길이를 l, 익수를 z라 하면

$$dT=(\rho/2)\,C_l w_0^2 zl(\cos\beta-\varepsilon\sin\beta)\,dr$$

$$dQ=(\rho/2)C_l w_0^2 zl(\sin\beta-\varepsilon\cos\beta)\,dr \tag{4.80}$$

이들을 익차 깃의 보스에서 선단까지 적분하면 추력, 토크가 구해지고 효율도 구해진다. 또 익소의 효율은

$$\eta_e=\frac{vdF}{\omega dQ}=\frac{v}{\omega r}\cdot\frac{\cos\beta-\varepsilon\sin\beta}{\sin\beta+\varepsilon\cos\beta} \tag{4.81}$$

식 (4.81)에 $v+w_a{}'=w_o\sin\beta$, $\omega r-w_u{}'=w_o\cos\beta$의 관계를 대입하면

$$\eta_e=\frac{1-w_u/2\omega r}{1+w_a/2V}\cdot\frac{\tan\beta}{\tan(\beta+\varepsilon)} \tag{4.82}$$

로 되어 $w_u=0$, $\varepsilon=0$으로 놓으면 식 (4.72)와 일치한다.

또한 식 (4.76), (4.77), (4.78)에 있어서 ε이 작아서 생략하면

$$w_a{}'\approx C_l w_0^2\, lz\cos\beta/8\pi rv,\quad w_u{}'\approx C_l w_o^2\, lz\sin\beta/8\pi rv$$

그러므로 $w_u{}'/w_a{}'=\tan\beta$ 한편 $(V+w_a{}')/(\omega r-w_u{}')=\tan\beta$이지만 $w_a{}'$가 V에 비하여, $w_u{}'$가 ωr에 비하여 작다고 하면 $V/\omega r\approx\tan\beta$이며, $w_a{}'$와 $w_u{}'$의 합성속도 $w_1{}'$는 w에 수직이다. 위와 같은 관계 법칙을 **익소이론**이라 말한다.

이상의 각 항을 통하여 일반적으로 프로펠러의 추력 F, 회전에 요하는 토크 T, 그리고 필요한 동력 L은 유체의 밀도 ρ, 프로펠러의 지름 D, 회전수 N에 의하여 다음과 같이 표시된다.

$$F=C_F\rho N^2D^4,\quad T=C_T\rho N^2D^5,\quad L=C_P\rho N^3D^5$$

여기서 C_F는 추력계수, C_T는 토크계수, C_P는 동력계수이며 무차원량이다.

각속도 ω에 의하여 $L=\omega Q$의 관계가 있으므로 $2\pi C_T=C_P$이다. 프로펠러가 소비한 동력 중에서 유효하게 이용된 것은 Fu이므로, 프로펠러 효율 η는 Fu/L이며 다음과 같이 주어진다.

$$\eta=\frac{1}{2\pi}\cdot\frac{C_F}{C_T}\cdot\frac{u}{ND}=\frac{C_F}{C_P}\cdot\frac{u}{ND} \tag{4.83}$$

식에서 V/ND는 **전진율**이라 불리며 C_F, C_T, C_P, η는 전진율에 의하여 달라진다.

비행기용 프로펠러의 깃수는 2~6매이며, 그림 **4-77**은 3매의 프로펠러 모형실험을 실시하여 구한 예를 보여주고 있다.

선박용 프로펠러의 깃수도 2~6매이며, 그림 **4-78**은 그 성능곡선의 예이다.

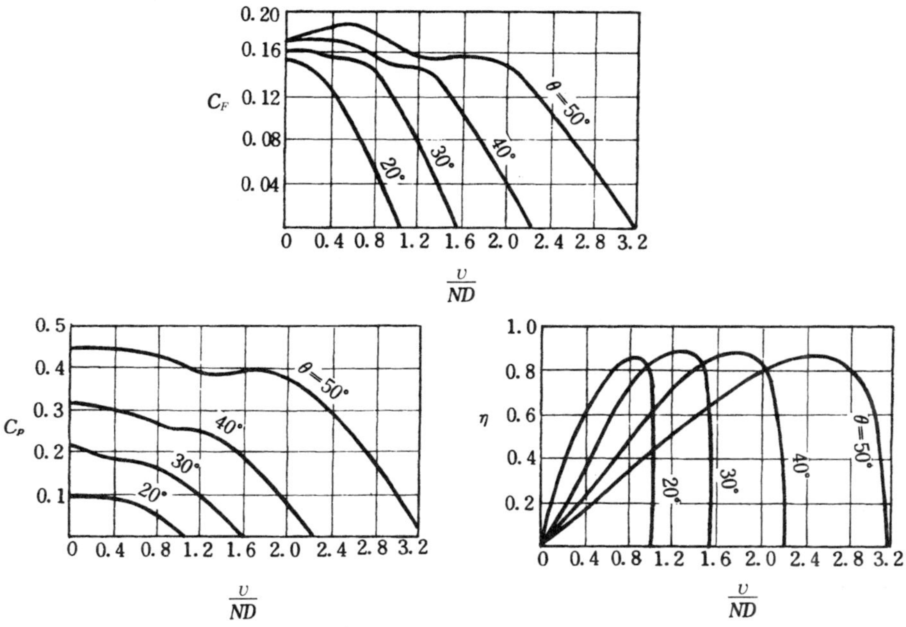

그림 4-77

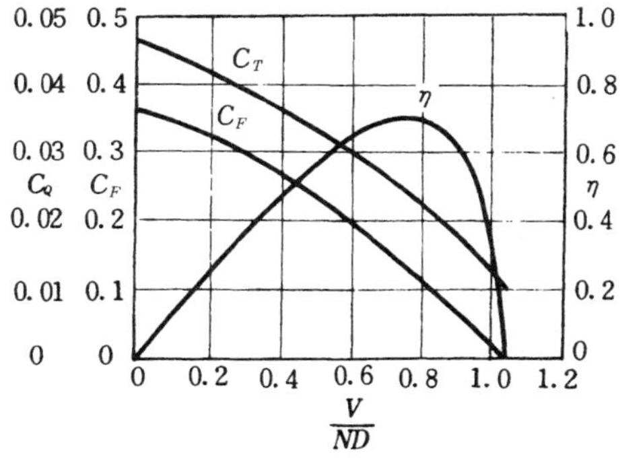

그림 4-78

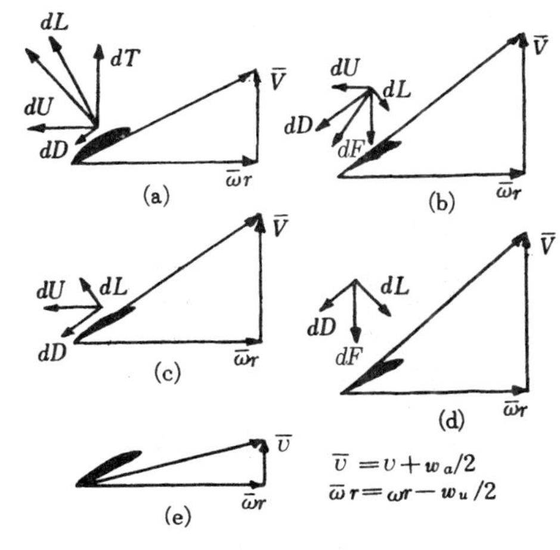

그림 4-79

비행기의 프로펠러에서는 익선단의 속도가 증대하면 압축성의 영향이 나타난다. 진행속도를 u, 지름을 D, 회전수를 N으로 하면 익선단의 회전속도 u_t는 $u_t^2 \approx u^2 + (\pi ND)^2$이며, 음속을 a라 하면 익선단의 마흐수는 $M_t = u_t/a$이다. 실험의 결과에 의하면 M_t가 0.8~0.9부근에서부터 압축성의 영향이 나타나며, 그 이상의 마흐수에서는 효율이 급격히 저하한다.

선박용 프로펠러의 경우에는 익표면에 발생하는 캐비테이션, 깃에 작용하는 힘, 지름의 제한 등에 의하여 폭이 넓은 깃이 사용된다.

그림 4-79는 프로펠러의 작동 상태를 익소에 대하여 나타낸 것이다. 그림 (a)는 보통 프로펠러로서 작동하고 있을 때의 상태인데, 전진율이 증대하면 (b)의 상태로 되어 추력은 0으로 된다. 다시 전진율이 커지면 (c)와 같은 상태로 되어 추력은 음의 값을 나타내고, 토크는 양의 값을 나타내어 제동력으로서 작용한다. (d)의 상태에서는 토크가 0으로 되고, 그 이상의 전진율에서는 추력, 토크가 모두 음의 값이며 풍차의 상태로 된다. 반대로 (b)와 (c)의 사이에서는 전진율이 감소함과 동시에 영각은 증대하며, (e)와 같은 상태에서는 실속(stall)하고 효율이 저하한다.

프로펠러의 효율은 그림 4-77에서 알 수 있는 바와 같이 이 발생하여 값에서 최대로 되며, 이때의 전진율은 익각 θ를 크게 하면 커진다. 그러므로 전진율에 따라서 익각을 조정해 주면 좋은 효율의 상태로 작용시킬 수가 있다. 비행기의 프로펠러를 가변피치로 하는 것이 이러한 까닭이다. 선박용의 프로펠러에서도 특수한 것에는 가변피치가 사용된다.

4-5-4 풍 차

풍차에는 2종류가 있으며, 그 하나는 구주형이라 불리는 것으로 그림 4-80의 (a)에 나타낸 바와 같이 바람의 방향이 변화하면 풍차축의 후미에 단 보조풍차가 회전하기 시작하여 터빈축의 방향을 바람의 방향에 일치시키는 구조를 가지고 있다. 또 하나의 형은 아메리카형이라 불리고 그림 (b)에 나타낸 바와 같이, 후단에 방향날개가 붙어 있어서 풍차축의 방향을 조절하게 된 구조이다.

(a) (b)

그림 4-80

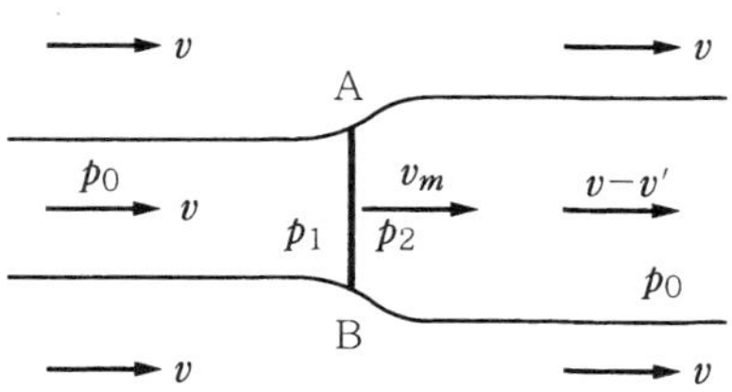

그림 4-81

양수, 제분 등의 동력용으로 사용할 경우에는 일정한 속도 회전이 요망되므로, 이와 같은 용도에는 바람의 강도가 변화하여도 회전수는 일정하게 하기 위하여 풍차의 깃 각도를 조절하는, 이른바 가변피치의 기구를 가진 것이 사용된다.

(1) 이 론

그림 **4-81**에서 AB를 풍차라 할 때 속도 v의 기류가 풍차를 통과하면, 그 에너지의 일부가 흡수되어 속도는 v_m으로 감소되고 다시 후방에서는 속도가 $v-v'$로 된다. 밀도를 ρ, 풍차에 작용하기 전과 후의 공기압력을 p_0, 풍차직전과 직후의 압력을 p_1, p_2라 하면 Bernoulli의 정리에 의하여

$$p_0+\frac{\rho}{2}v^2=p_1+\frac{\rho}{2}v_m^2$$

$$p_0+\frac{\rho}{2}(v-v')^2=p_2+\frac{\rho}{2}v_m^2$$

의 관계가 있으며, 풍차 전후의 압력차는

$$p_1-p_2=\rho v'\left(v-\frac{v'}{2}\right)$$

로 된다. 풍차의 반지름을 R이라 하면 면적 $A=\pi R^2$으로 되어, 풍차가 받는 힘 F는

$$F=(p_1-p_2)A=\pi R^2\rho v'\left(v-\frac{v'}{2}\right) \tag{4.84}$$

로 된다. 한편 풍차를 통과하는 유체의 단위시간당의 운동량변화는 $A\cdot\rho\cdot v_m v'$이며, 이것은 F와 동등하므로

$$\pi R^2\rho v_m v'=\pi R^2\rho v'\left(v-\frac{v'}{2}\right)$$

로 되어, 여기서 v_m과 v'의 관계식을 다음과 같이 얻을 수 있다.

$$v-v_m=\frac{v'}{2} \tag{4.85}$$

다음에 풍차가 흡수한 에너지에 관하여 고찰하여 보면, 속도 v와 $v-v'$의 2 운동 에너지차는

$$\frac{\rho}{2}v^2-\frac{\rho}{2(v-v')^2}=\rho v'\left(v-\frac{v'}{2}\right) \tag{4.86}$$

로 된다. 흡수한 동력 L은 식 (4.86)에서 구한 에너지차와 유량을 곱해서 구하며 다음 식으로

주어진다.

$$L = \pi R^2 v_m \rho v'\left(v - \frac{v'}{2}\right) = \pi R^2 \rho v'\left(v - \frac{v'}{2}\right)^2 \tag{4.87}$$

풍차가 면적 A를 통과하는 바람의 에너지를 완전히 흡수했다면 그 때의 동력 L_0는 다음 식과 같다.

$$L_0 = \pi R^2 v \rho \frac{v^2}{2} = \pi R^2 \frac{\rho}{2} v^3 \tag{4.88}$$

풍차의 이론효율은 $\eta = L/L_0$로 표시되므로,

$$\eta = \frac{2v'\left(v - \frac{v'}{2}\right)^2}{v^3} \tag{4.89}$$

을 얻는다. η가 최대로 될 때의 풍속 v와 v'와의 관계는 식 (4.89)를 v'로 미분하여 0으로 놓아서 얻을 수 있다.

$$v' = \frac{2}{3} v \tag{4.90}$$

식 (4.90)를 식 (4.85)에 대입하여

$$v_m = \frac{2}{3} v \tag{4.90)'$$

식 (4·90)의 조건을 식 (4.89)에 및 식 (4.87)에 대입하면 η_{max} 및 L_{max}는 다음과 같이 된다.

$$\eta_{max} = 0.594 \tag{4.91}$$

$$L_{max} = 0.594 L_0 = 0.594 \frac{\pi}{2} R^2 \rho v^3 (\text{kgfm/s})$$

$$= \frac{0.594}{102} \frac{\pi}{2} R^2 \rho v^2 (\text{kW}) \tag{4.92}$$

실제의 풍차에서는 전달기구 등에서 손실이 발생하므로, 최종적으로 이용되는 동력은 그만큼 감소된다.

(2) 특 성

풍차에서 풍속 v를 일정하게 하고 회전수를 줄여 가면, 그림 4-82와 같이 깃의 바람에 대한 영각이 증가하여 풍차의 흡수동력이 증가한다. 그러나 영각이 어느 한계값을 넘으면 깃이 실속

상태로 되어 흡수동력은 급격히 저하한다.

풍속 v를 일정하게 했을 때의 풍차의 회전수와 흡수동력과의 관계를 표시하면 그림 **4-83**과 같이 되어, 실속선 AB를 연결하는 선의 우측이 안전운전이 된다. 풍차의 회전수를 변화시켜 갈 수 있는 경우에는, 풍속의 변화에 따라서 선 CD와 같은 작동선에서 운전되고, 회전수가 일정한 경우에는 선 CE 상에서 운전된다.

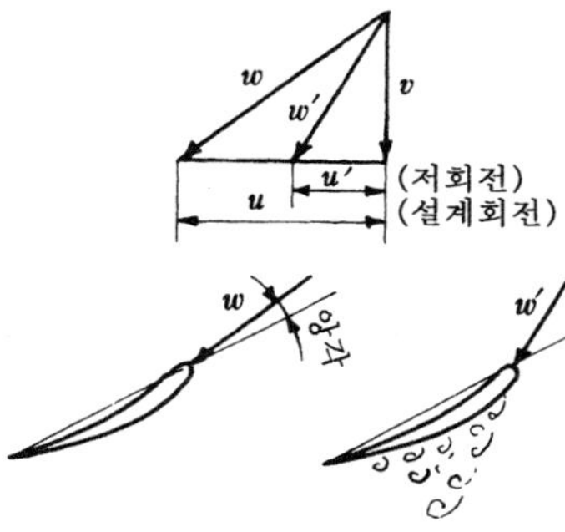

그림 4-82

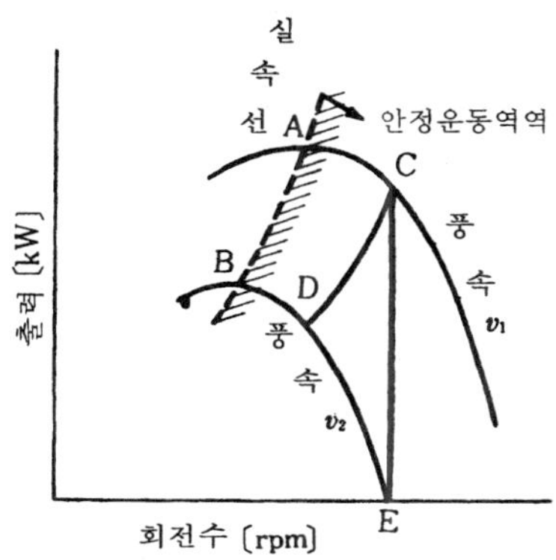

그림 4-83

풍차에 있어서도 송풍기의 경우와 마찬가지로 특성을 무차원화하여 정리하며, 일반적으로 아래와 같은 특성수가 사용된다.

출력을 나타내는 특성수는

$$C_l = L/qAv \tag{4.93}$$

회전수를 나타내는 특성수는

$$C_d = T/qAR \tag{4.94}$$

저항을 나타내는 특성수는

$$C_w = F/qA \tag{4.95}$$

여기서 L은 흡수동력에서 손실동력을 고려한 출력(kW), q는 바람의 속도에너지를 압력의 형태 $\rho v^2/2$(kgf/m^2)으로 표시한 것, A는 풍차의 유로면적 πR^2(m^2), v는 속도(m/s), T는 $T = L/w$ (kgf·m), 토오크 ω는 각속도(rad/s), R는 풍차의 반지름(m)이다.

그림 **4-84**에 풍차의 한 예와 그 특성을 나타낸다.

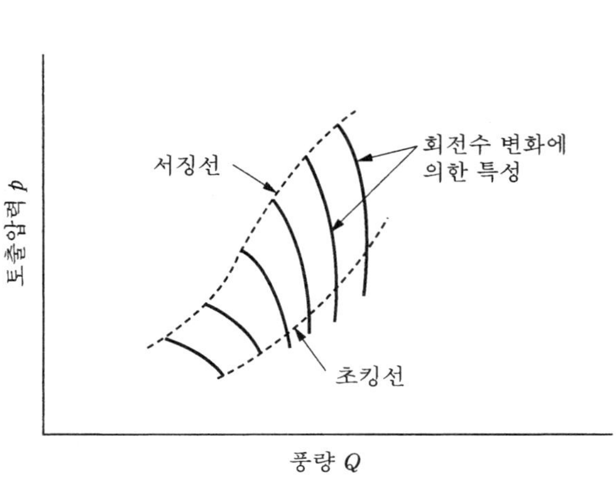

그림 4-84

【예제 4·8】 풍속 10m/s, 풍차의 반지름 5m, 대기의 비중량 12.kgf/m^{3}의 경우 최대 흡입동력을 구하라.

해 식 (4.92)에 문제의 조건을 대입하면

$$L_{max} = \frac{0.594}{102} \times \frac{3.14}{2} \times 5^2 \times \frac{1.2}{9.81} \times 10^3 = 28(\text{kW})$$

4-6 공기기계에서의 제현상

4-6-1 서징 현상

각종 공기기계의 운전에 있어서 토출 측의 저항이 증대하면 유량이 감소하며, 어느 유량까지는 일정한 법칙으로 압력이 상승하는 상태에서 운전되지만, 더욱 유량을 감소하는 과정에서는 압력의 상승이 멈추어지고 관로에 심한 공기의 맥동현상이 발생하여 격렬한 진동을 일으키는 매우 불안정한 운전 상태로 된다.

이와 같은 현상을 서징(surging)이라 부르고, 펌프에서도 똑같은 현상이 일어나지만 기체의 경우에는 압축성 때문에 현저하게 나타나며, 2장의 그림 2-74에 상세히 설명되었다.

유량 Q와 압력 p에 관한 특성곡선에서 유량이 증가하여 압력이 상승하는 부분에 있을 때는 운전이 불안정하게 된다. 그림 2-74에서 유량이 감소하여 특성곡선의 최고점의 유량 Q_k보다 감소하면, 이때의 토출압력은 p_k인데 대하여 송풍기의 실제 토출압은 그것보다 낮다. 따라서 공기는 송풍기 내에서 역류한다. 이때의 흐름은 비정상류이지만, 정상류의 경우의 특성곡선이 그대로 적용된다고 하고, 역류가 시작됨과 동시에 운전 상태는 K에서 역류 부분의 특성곡선상의 점

D로 급격히 이동한다.

이 역류와 공기량의 보충에 의하여 토출압이 A점까지 떨어지면서 역류는 정지하며, 송풍기는 다시 토출을 시작하여 운전 상태는 B에 옮겨진다. 그러나 B의 유량은 과다하므로 운전 상태는 곧 K 쪽으로 이동하여, K에 도달하면 역류가 다시 시작된다. 이렇게 하여 BKDAB로 상태의 변화를 반복한다.

이와 같은 현상을 서징이라 부르며, 서징이 발생하는 것은 K점하의 유량을 송풍할 때이므로 K를 서징점, 각 회전수에 대한 서징점을 연결한 선을 **서징선**이라 부른다.

항상 유량이 많은 상태에서 운전할 때는 서징현상을 고려하지 않아도 되지만, 사용 상태에 따라 서징이 일어날 가능성이 있을 때에는 미리 방지해야 한다. 그 방법으로는 토출관에 밸브를 설치하여 여분의 기체를 외부에 방출하는 방법과, 토출관에서 기체의 일부를 흡입관에 되돌리는 방법이며, 후자는 기체가 유독 또는 고가로 외부에 방출하기 어려울 경우이며, 토출압력이 높을 때는 기체의 온도가 높으므로 흡입관에 되돌리는 도중에 냉각기를 설비한다.

그림 **4-45**에서 설명한 바와 같이 압축기의 토출구에 설치한 오리피스(orifice)를 통하여 흐르는 기체의 전압력이 D를 통하여 실린더 A의 피스톤P의 상면에 작용하고, 배출압력이 P의 하면에 작용한다. 유량이 서징을 일으키는 한계가 되면, P의 상하면에 작용하는 압력차가 감소하여 P는 상방으로 이동한다. 그리하여 C가 위로 끌어 올려지면 토출측의 압력은 E, F를 통하여 G의 피스톤 H를 눌러 내려서 밸브 B를 열게 된다. 그리하여 B를 통하여 기체의 일부는 외부에 방출된다.

4-6-2 선회실속

단독익의 경우 영각이 증대하면 실속(stall)이 발생하는데, 익렬의 경우에도 영각이 커지면 실속을 일으켜 깃에서 깃으로 실속이 전달되는 현상이 일어나는 수가 있다. 그 이유는 예를 들어 A의 깃이 실속했다면, 그림 **4-85**에서 알 수 있는 바와 같이 A와 C의 사이를 통과하는 풍량이 감소하므로 B의 흐름에 대한 영각은 감소하고, 반대로 C의 영각이 증대하므로 C는 실속하며, 그와 동시에 A의 영각은 감소하여 실속은 정지한다.

이와 같이 실속은 깃에서 깃으로 전달된다. 그러나 다시 영각이 증대하면 깃 전부가 실속하게 된다. 그림 **4-86**은 익렬에 있어서 실속이 화살표의 방향으로 전달되는 과정을 나타내고 있으며, 이와 같은 현상을 **선회실속**(rotating stall)이라 부른다.

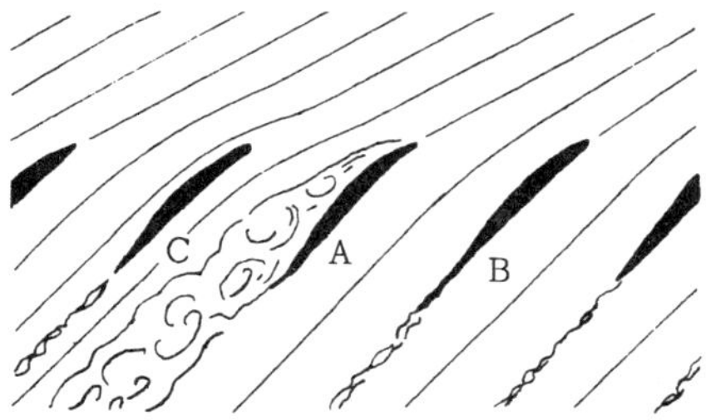

그림 4-85

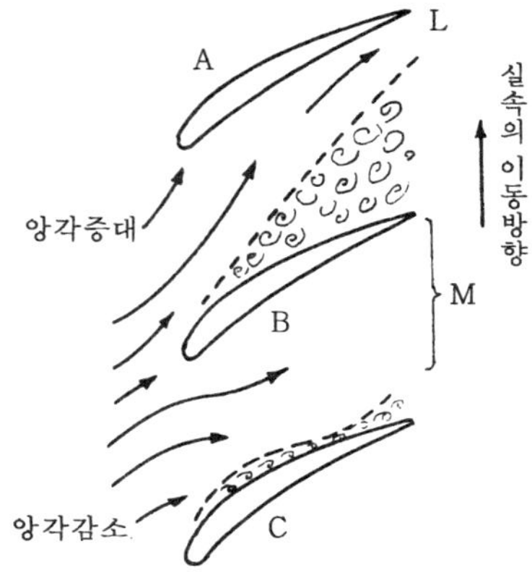

그림 4-86

4-6-3 초킹(choking)

축류 압축기에서 고정익(안내깃)과 같은 익렬에 있어서 압력상승은 일정한 마흐수에서 최대값에 이르러 그 이상 마흐수가 증대하면 드디어 압력도 상승하지 않고, 유량도 증가하지 않는 상태에 도달한다. 이것은 유로의 어느 단면에서 충격파(shock wave)가 발생하기 때문이며, 이 상태를 초킹(chocking)이라 한다.

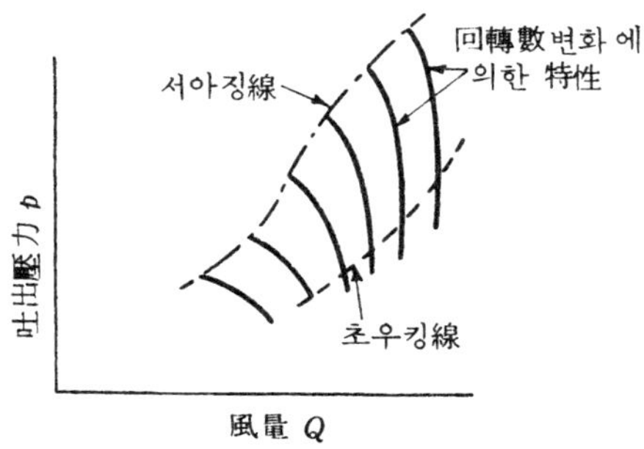

그림 4-87

축류압축기에서 서징선과 초킹선을 표시하면 그림 4-87과 같다. 원심압축기에서도 유량이 증가하면 회전차입구의 유속이 음속에 접근하여, 깃면상에 충격파가 발생해서 심한 손실이 생겨 압력이 크게 저하한다. 그림에서 알 수 있는 바와 같이 초킹이 일어나면 특성곡선(characteristic curve)이 갑자기 바로 서게 된다.

4-6-4 공진현상

왕복식 압축기에서 흡입관로의 기주의 고유진동수와 압축기의 흡입횟수가 일치하면, 관로는 공진상태로 되어 진동이 발생함과 동시에 체적효율이 저하하여 축동력이 증가하는 등의 불안한 운전 상태로 된다.

한편 토출밸브에서 공기조까지의 토출관로의 기주의 고유진동수와 압축기의 토출회수가 일치하면, 위와 똑같은 공진상태로 되어 토출관 내 지시선도의 최고압력은 공기조의 압력보다 약간 높고 축동력이 증가한다. 따라서 관로의 계수에 있어서는 이와 같은 공진을 피할 수 있는 치수를 선정해야 한다.

관길이 l_p(m), 밸브용적 V(m^3), 관로단면적을 A(m^2)로 하면 관로 등가길이 l(m)은 다음 식과 같이 주어진다.

$$l = l_p + \frac{V}{A}$$

a를 음속(m/s)이라 하면, 관로의 고유진동수 f는 m을 진동횟수로 하면 다음 식과 같이 주어진다.

$$f = \frac{(2m-1)a}{4l}$$

고유진동수 f의 주기는 관 길이에 비례하고, 진동수는 관길이에 반비례한다.

관 내의 유속도 엄밀히 말하자면 주기에 영향을 미치나, 일반적으로 음속에 비하여 대단히 작으므로 무시된다.

또한 파동의 진폭을 감소하는 방법으로서 오리피스를 삽입하는 방법이 있으며, 구경이 작을수록 유리하나 실제에 사용할 수 있는 개구비(배관과의 면적비)는 1/4정도이다. 또 이 경우에 진폭의 감쇠율은 30% 정도이다.

연습문제

4-1. 송출압력이 1000mmAq인 경우, 표준공기를 흡입한다면 압력비는 얼마가 되는가? 또 상태변화가 단열변화라면 온도 상승과 공기의 비중량은 얼마나 변화하는가?

4-2. 송풍기의 회전수가 2배로 될 때, 풍량 Q(m^3/min)는 어떻게 변화하는가?

4-3. 원심송풍기의 깃의 경사가 성능에 미치는 영향에 대하여 설명하라?

4-4. 풍량 $Q=50$m^3/min, 송풍기 전압수두 $H=250$mmAq인 경우 이에 적합한 회전속도, 비교회전도, 그리고 그 때의 효율을 구하라. 단, 송풍기는 60cycle/s의 전동기를 직렬 연결한다.

4-5. 단흡입 터보 송풍기로 표준 공기를 250mmAq, 풍량 1000m^3/min으로 송풍한다. 회전수가 960rpm일 때의 회전 외형의 주속도와 바깥지름을 구하라. 또 효율이 65%인 때의 소요동력은 얼마인가?

4-6. 원심송풍기의 회전차의 크기가 성능에 미치는 영향을 설명하라.

4-7. 축류송풍기의 성능에 영향을 미치는 여러 가지 요소에 대하여 설명하라.

4-8. 다단 압축기에서 중간 냉각기를 설치하는 이유에 대하여 설명하라.

4-9. 회전수 1750rpm에서 송풍기 전압력 250mmAq, 풍량 50m^3/min을 내는 방사형 깃의 팬(fan)에 있어서 축동력, 회전차축 지름, 그리고 팬에 직결하는 전동기 마력 등을 구하라. 단, 팬의 효율은 65%이고, 축 재료의 비틀림 응력은 120kgf/cm^{2}으로 한다.

제5장 액체 전동장치

5-1 개 요

액체전동장치는 용적형 펌프와 유압 모터를 조합한 정압 전동장치와, 펌프와 터어빈을 조합한 동수력 전동장치로 분류된다.

정압 전동장치는 유압 전동장치로도 불리고, 동수력 전동장치는 입력축(원동축)과 출력축(종동축)에 토크의 차가 발생하지 않는 유체이음(hydraulic coupling)과 토크에 차이가 생기는 유체 토크 컨버터(torque converter)로 구분된다.

이 장에서는 동수력 전동장치를 설명하며, 유체이음이나 토크 컨버터는 원동축에 펌프 임펠러를, 종동축에 터빈 러너를 각각 가지고 있으며, 적당한 점성의 기름(주로 광물류)을 매개로 하여 (운동 에너지를 이용하여) 동력을 전달하는 장치이다. 기계적 전동장치와 비교하면 효율이 낮은 결점이 있으나 다음과 같은 잇점이 있다.

① 원동기의 시동이 용이하게 된다.

② 부하의 변동에 따라서 자동적으로 종동축의 과부하에 대하여 원동축을 보호한다.

③ 축에 작용하는 비틀림 진동을 흡수하여 동력전달을 부드럽게 한다.

④ 다수의 원동기로 1부하의 운전(또는 그 역)이 가능하다.

단, ①과 ②는 토크 컨버터만의 특징이다.

5-2 유체 이음

5-2-1 구 조

그림 5-1에 표시하는 바와 같이 유체이음의 일반적인 구조의 요소는 입력축에 펌프, 출력축에 터빈을 설치한다. 펌프와 터빈의 회전차는 서로 맞대서 케이싱 내에 다수의 깃이 반지름 방향으로 달려 있다. 이 회전차 내부에 액체(광물류)를 충만시키고 있으며, 입력축을 회전하면 그 축에 달린 펌프의 회전차가 회전하여, 액체는 임펠러로부터 유출하여 출력축에 달린 터빈의 러너에 유입하여 출력축을 회전시킨다. 펌프와 터빈으로 하나의 회로를 형성하고 있으므로 일정량의 순환유에 의하여 전동을 수행하는 것이다.

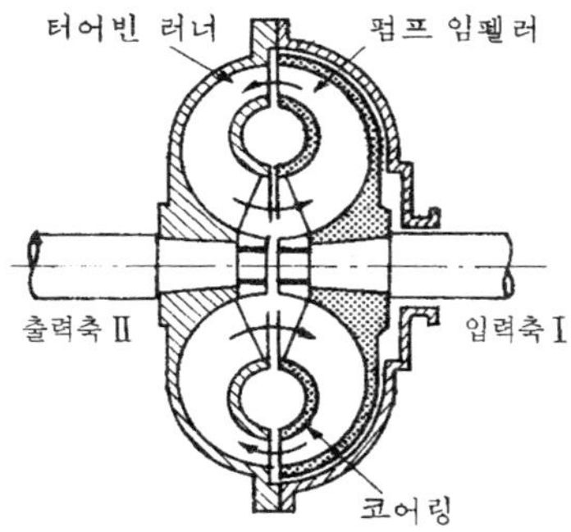

그림 5-1

5-2-2 이 론

원동축에 달린 펌프가 작동액에 부여하는 토크를 T_1, 작동액이 터빈에 부여하는 토크를 T_2로 하면, 액체에 작용하는 토크를 T_1, T_2뿐이므로 다음 식이 성립한다.

$$T_1 = T_2 \tag{5.1}$$

원동축이 종동축에 동력을 전달할 때 에너지의 손실이 따르기 때문에, 종동축의 회전수 N_2는 원동축의 회전수 N_1보다 적게 된다. 원동축, 종동축의 동력을 L_1, L_2로 하면 $L_1 = T_1(2\pi N_1)$, $L_2 = T_2(2\pi N_2)$이므로 유체이음(fluid coupling)의 효율 η는 다음 식으로 표시된다.

$$\eta = \frac{L_2}{L_1} = \left(\frac{T_2}{T_1}\right)\left(\frac{N_2}{N_1}\right) \quad \therefore \ \eta = \frac{N_2}{N_1} \tag{5.2}$$

즉 효율 η는 N_2/N_1와 같으므로 $N_2/N_1 = 1$에서 전동될 때 가장 효율이 높을 것 같지만, 이때에는 펌프, 터빈의 양 회전차가 동일 속도로 회전하기 때문에 작동유가 회류하지 않게 되며, 따라서 $T_2 = 0$으로 된다. 그러므로 실제에는 $N_2/N_1 = 0.95 \sim 0.98$에서 최고효율 η_{max}로 되므로, 이 회전비가 상용전동의 회전비로 되도록 설계된다.

유체이음에 있어서 종동축의 부하를 증대시켜 가면 펌프, 터빈의 양회전차 깃을 통과하는 작동유의 속도는 빨라지지만, 종동축의 회전수 N_2는 떨어지며 효율 $\eta(=N_2/N_1)$도 저하한다. 종동축의 토크 T_2는 반대로 증대하여 $N_2 = 0$에 이르렀을 때 최대 토크로 된다. 원동축의 토크 T_1은 식 (5.1)에 의하여 T_2와 같으므로 $N_2 = 0$의 실속점에서 T_1도 최대로 된다.

이와 같은 최대 토크의 값을 **드래그 토크**(drag torque)라 부르며, 원동기가 내연기관일 때는 이 값이 너무 크면 내연기관이 멈추어 버리게 되기까지 한다. 이와 같이 유체이음은 클러치(clutch)의 역할을 할 따름이지 토크 변화를 필요로 하는 속도 장치에는 사용될 수 없다.

이와 같은 유체이음에 있어서 바람직한 조건은 설계점 $N_2/N_1 = 0.95 \sim 0.98$ 부근에서 토크가 크고, $N_2 = 0$에서의 토크 즉 드래그 토크가 과대하지 않다는 것이다. 드래그 토크를 작게 하는 방법으로는 $N_2 = 0$ 부근에서 회류를 약하게 하든지, 작동유를 제거하는 방법 등이 있다.

다음에 유체이음의 크기를 상사적으로 변화시켜 가며, 운전할 때 펌프나 수차 등에서와 똑같이 상사법칙이 성립하므로, 토크 T_1은 다음 식이 성립한다.

$$T_1 = KN_1^2 D_1^5 \tag{5.3}$$

여기서 D_1은 유체이음의 크기를 나타내는 치수이며, 펌프의 회전차 바깥지름(원동축측)이고, 비례상수 K는 유체이음의 구조, 작동유의 종류, N_2/N_1 등에 의하여 달라진다. 따라서 구조가 상사형이며 유액이 동일하다면 K는 대체로 N_2/N_1만으로 변화하며 $K = 0.5 \sim 0.8$의 범위가 상례이다.

【예제 5·1】 어느 유체이음의 정상 상태에서 토크를 T, 원동기 및 종동축의 각속도를 각각 ω_1, ω_2, 작동유(비중량 γ)가 펌프, 터빈을 순환하는 유량을 Q로 하면 손실수두 $\varDelta H$는 다음 식으로 표시되는 것을 증명하라.

$$\varDelta H = T(\omega_1 - \omega_2)/(\gamma Q)$$

해 펌프, 터빈의 동력은 각각 $L_1 = T\omega_1$, $L_2 = T\omega_2$이므로 손실동력 $\varDelta L$은

$$\varDelta L = L_1 - L_2 = T(\omega_1 - \omega_2)$$

손실수두 ΔH는 유체 단위중량당의 손실동력이며

$$\Delta H = \Delta L/(\gamma Q) = T(\omega_1 - \omega_2)/(\gamma Q)$$

【예제 5·2】 유체이음의 입력축의 회전수 1180(rpm), 출력축의 회전수 1140(rpm)일 때 효율 η는 얼마인가?

해 식 (5.2)에 의하여

$$\eta = \frac{N_2}{N_1} = \frac{1140}{1180} = 0.966$$

5-3 토크 컨버터

유체 토크 컨버터는 그림 **5-2**에 표시하는 바와 같이 원동축에 펌프 임펠러, 종동축에 터빈 러너를 달고 있으며, 별도로 안내깃이 고정되어 있다.

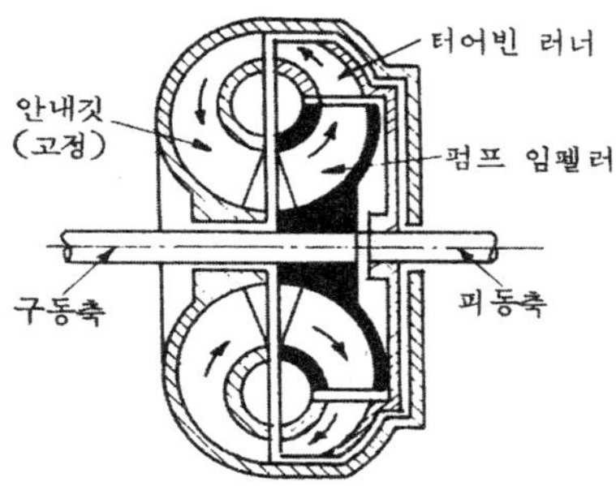

그림 5-2

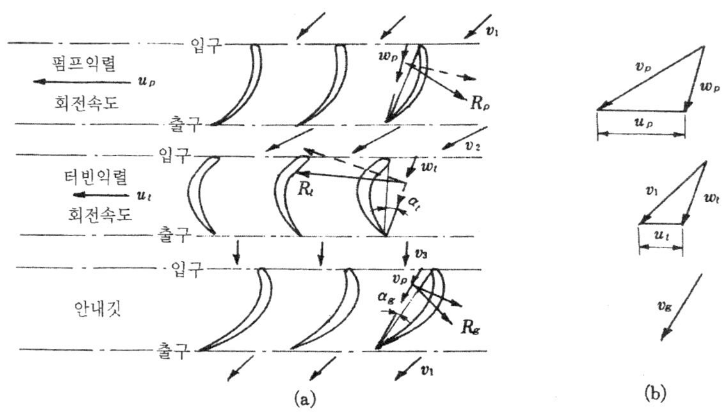

그림 5-3

원동축의 회전에 의하여 펌프 임펠러로부터 나온 작동유는 터빈 러너를 통과하면서 종동축을 회전시키고, 다음에 안내깃을 걸쳐서 펌프 임펠러에 되돌아온다. 이 안내깃은 다음에 상세히 설명하겠지만 매우 중요한 존재이다.

그림 **5-2**의 토크 컨버터에서 화살표의 흐름에 따라서 각 회전차를 전개하면 그림 **5-3**과 같이 된다.

펌프 임펠러의 익렬이 원동축의 회전에 의하여 회전속도 u_P로 왼쪽으로 진행하면, 익렬 입구에서 절대속도 v_1의 작동유는 익렬 출구에서 절대속도 v_2로 된다. v_2의 흐름은 터빈 익렬을 통과하는 동안에 이 익렬을 왼편으로 회전속도 u_t로 밀어 진행시키면서, 익렬 출구에서 절대속도 v_3으로 흘러나간다.

v_3의 흐름은 안내깃에서 다시 v_1으로 복귀된다. 그림 **5-3**의 (a)에 표시하는 바와 같이 펌프 익렬에서 상대속도 w_P[그림 **5-3**의 (b)참조]에 의하여 그 익렬에 작용하는 힘을 R_t, 안내깃에서 그 익렬에 작용하는 힘을 R_g로 하면, 이들 힘의 회전방향 성분과 그 작용점의 회전차 축심에서의 거리를 곱한 것이 각 토크를 표시한다.

펌프 임펠러, 터빈 러너, 안내깃에서의 토크를 각각 T_1, T_2, T_g로 하면 작동유에 작용하는 토크 이 이외에는 없으므로 이것들의 대수합은 0으로 될 것이며, 그 작용방향을 고려하면 다음 식이 성립한다.

$$T_2 = T_1 + T_g \tag{5.4}$$

즉 종동축의 토크 T_2는 원동축의 토크 T_1보다도 안내깃의 토크 T_g만큼 크게 된다.

지금 원동축 즉 펌프 임펠러의 회전속도 u_P를 일정하게 하고, 종동축 즉 터빈 러너의 회전축의 회전속도 u_t를 작게 하면, 그림 **5-3**에서 터빈 깃으로부터 나오는 유속 v_3는 v_2에 대하여 더욱 더 방향이 변경되어 종동축의 토크 T_2가 커진다. 따라서 식 (5.4)에서 알 수 있는바와 같이 안내깃의 토크 T_g도 증대한다.

반대로 터빈 러너의 회전속도 u_t를 크게 하면 v_3는 v_2, v_1의 방향과 거의 같은 방향으로 되어 T_2, T_g는 동시에 작아진다. 종동축의 토크 $T_2 = 0$에 있어서는 식 (5.4)에서 알 수 있는 바와 같이 T_g는 음의 값으로 된다. 즉 $T_g = -T_1$이며, 이때에는 동력전달이 이루어지지 않는다.

이상과 같이 부하의 변동에 따라서 종동축의 회전속도 및 회전력이 적절하게 자동 변화하여,

원동축에는 거의 영향을 주지 않는다. 이것이 토크 컨버터의 큰 특징이다.

다음에 토크 컨버터의 크기를 상사적으로 변화시키고, 또한 종동축과 원동축의 회전비 N_2/N_1를 일정하게 하여 운전했을 때, 유체이음의 경우와 똑같이 다음 식이 성립한다.

$$\left.\begin{aligned} &\text{원동축 토크} \quad T_1 = K_1 N_1^2 D_1^5 \\ &\text{종동축 토크} \quad T_2 = K_2 N_2^2 D_2^5 \\ &\text{효 율} \qquad\quad \eta = \frac{T_2 N_2}{T_1 N_1} \end{aligned}\right\} \tag{5.5}$$

【예제 5·3】 그림 5-3에 있어서 펌프 익렬 내의 상대유속 w_P를 근사적으로 구하는 방법을 논하라.

해 펌프 익렬입구와 출구에서의 상대속도 v_1, v_2의 벡터평균을 구하여 v_P로 한다. 그림 5-3의 (b)에 표시하는 바와 같이 C_P와 익렬 회전속도 u_2의 벡터합으로부터 w_P가 구해진다.

터빈 익렬에서의 상대속도 w_t도 똑같은 방법으로 구해진다.

안내깃에서의 유속 v_g는 v_3, v_1의 벡터평균으로서 구한다.

제6장 유압기기

6-1 개 론

유압기기란 활성이 있는 적당한 점성을 가지는 작동액체를 사용하여 고압을 내는 유압펌프, 유압에 의하여 직선 또는 회전운동을 일으키는 유압모터, 각종 제어밸브, 그 밖의 이것과 관련되는 각 요소 및 그 조합을 말한다. 유압장치의 요소는 표 **6-1**과 같이 ①유압펌프, ②작동기(actuator), ③유압제어밸브(oil control valve), ④회로(pipe line), ⑤기름탱크(oil tank)로 분류하며, 작동유체의 종류에 따라 유압식과 공기식으로 대별된다. 유압기기(oil hydraulic equipment)는 비교적 역사도 오래되고 많은 분야에서 사용되고 있으나, 공기식 기기(pneumatic equipment)는 아직 역사가 짧고 사용분야도 유압식만큼 넓지 못하다. 그러나 공기식이라 하더라도 그 작동 원리는 유압식과 같기 때문에, 본 장에서는 유압기기에 대해서만 기술하기로 한다.

각 요소의 조합으로서 유압기기는 기계 에너지를 기름의 에너지로 바꾸어 이것을 다시 기계 에너지로 변환하는 점에 있어서는 유체 커플링이나 토크 컨버터와 같다. 그러나 유체 커플링이나 토크 컨버터가 오로지 동력전달장치로 사용되는 데 반하여, 유압기기는 동력 외에 압력이나 유량, 방향을 전달하는 데 널리 이용된다. 또, 유압기기가 동력전달에 사용될 때 유체 커플링, 토크 컨버터에 비하여 다음과 같은 이점이 있다.

(1) 입력측의 모든 속도에 대하여 출력측의 토크는 유효하게 작용하며 부하의 변동과 관계없이 회전수를 일정하게 유지한다.

(2) 실용 변속비가 크고 역전과 브레이크 작용이 가능하다.

(3) 원격전달이 가능하다.

표 6-1 유압펌프의 분류

- 유압기기
  - 유압펌프
    - 기어 펌프
    - 베인 펌프
    - 플런저 펌프
  - 유압작동기
    - 유압실린더
    - 유압모터
  - 유압제어밸브
    - 압력제어밸브
    - 유량제어밸브
    - 방향제어밸브
  - 축압기, 유압 전동장치
  - 필터, 냉각기기, 기타
  - 회로

유체기기는 각종 요소기기가 회로에 의하여 연결 구성되어 있으므로 각 요소를 일정한 기호에 의하여 표시하는 것이 편리하며, 각 국에서 기호를 제정하여 사용하고 있으나 미국유압표기기호 JIC (Joint industry conference)는 미국표준규격(ASA)으로 채택되고 있을 뿐만 아니라, 일본, 영국, 유럽의 대부분의 나라에서 널리 이용되고 있다. 부록에 JIC 기호의 기본을 발췌하여 표시하였다.

【예제 6·1】 안지름 $r_c = 10$cm의 실린더 내에서 바깥지름 $r_r = 9.9$cm, 폭 $b = 15$cm의 로터를 회전속도 $n = 1500$rpm으로 회전시키는데 필요한 토크 T_r는 3.5kgfm라면, 실린더 내의 기름의 점성계수는 얼마인가? 점성계수를 cgs공학단위로 각각 표시하라. 단, 로터 단면의 영향을 무시한다.

해 회전력은 기름을 중개로 하여 실린더에 전달되어 힘의 평형이 유지되고 있으므로, 반지름 r에서 점성력에 대한 전단응력 τ는

$$\tau = \frac{T_r}{2\pi \times b \times r^2} = \frac{3.5}{2\pi \times 0.15 \times r^2} = \mu \frac{dv}{dy} = -\mu \frac{dv}{dr},$$

$$\frac{dv}{dr} = -\frac{3.72}{\mu r^2}$$

이것을 풀면

$$v = \frac{3.72}{\mu r} + C$$

실린더는 정지하고 있으므로 내면상에서는 $r_c = 0.1\text{m}$, $v = 0$

$$C = 0 - \frac{37.2}{\mu}$$

따라서

$$v = \frac{1}{\mu}\left(\frac{3.72}{r} - 37.2\right)$$

로터의 표면의 원주속도 v는

$$v = 2\pi \times 0.099 \times \frac{1500}{60} = 15.54(\text{m/s})$$

그러므로

$$\mu = \frac{1}{15.54}\left(\frac{3.72}{0.099} - 37.2\right) = 0.025(\text{kgf·s/m}^2) \text{ (공학단위)}$$

cgs 단위로는

$$\mu_c = 98 \times \mu = 98 \times 0.025 = 2.39(\text{g/cm·s})(\text{poise})$$

【예제 6·2】 1평면이 고정, 또 하나의 평면은 그와 평행으로 이동하는 2평면 사이를 유체가 층류운동할 때, 그 속도분포의 식을 구하라.

해 1평면에 따라서 x축, 그에 수직으로 y축을 취하여, 또 하나의 평면과의 거리를 $y = h$로 하면 흐름의 속도 u는 y만의 관계식으로 표시되는 유체의 운동방정식에 의하여

$$\frac{dp}{dx} = \frac{d\tau}{dy} = \mu\frac{d^2u}{dy^2} \qquad \therefore 0 = -\frac{1}{\rho}\frac{dp}{dx} + \nu\frac{d^2u}{dy^2}$$

적분하면

$$u = \frac{dp}{dx} \cdot \frac{y^2}{2\mu} + C_1 y + C_2$$

$y = 0$의 평면이 정지하고 있으면 $y = 0$, $u = 0$

$y = h$의 평면이 u_0의 속도

로 운동하고 있다면 $y = h$, $u = u_0$

이상의 경계조건으로부터 C_1, C_2를 구하여 윗 식에 대입하면

$$u = \frac{u_0 y}{h} - \frac{1}{2\mu}\frac{dp}{dx}(h - y)y$$

따라서 윗식에 u_0, dp/dx의 값을 줌으로써 여러 가지 경우의 속도분포를 얻을 수 있다.

6-2 유압펌프

6-2-1 유압펌프의 분류

유압펌프(oil hydraulic pump)는 원동기로부터 회전 토크의 기계적 에너지를 밀폐된 케이싱, 또는 실린더 내에서 회전, 또는 피스톤의 왕복운동에 의하여 유압 에너지로 변환하는 기기이다. 유압펌프는 원리적으로 대별하면 용적형(positive displacement type)과 비용적형(non-positive displacement type)으로 나눌 수 있다. 전자는 부하압력이 변화하더라도 송출량이 거의 일정하고, 후자는 일정하지 않다. 이들을 세분하면 표 6-2와 같다.

표 6-2 유압펌프의 분류

- 유압펌프
  - 용적형 펌프
    - 회전 펌프
      - 기어 펌프
        - 외접 스퍼 기어 펌프(정용량)
        - 내접 스퍼 기어 펌프(정용량)
        - 특수 치형 기어 펌프(정용량)
        - 나사 펌프(정용량)
        - 로브펌프(정용량)
      - 베인 펌프
        - 슬라이딩 펌프(정용량, 가변용량)
        - 스윙 잉 펌프(정용량)
    - 플런저 펌프
      - 회전플런저 펌프
        - 병렬형(axial) 펌프(정용량, 가변용량)
        - 성형(radial) 펌프(정용량, 가변용량)
      - 왕복동(직동)(plunger) 펌프(정용량)
    - 슬리브(sleeve) 펌프(정용량)
  - 비용적형 펌프
    - 원심펌프(터빈 펌프, 벌류트 펌프)
    - 축류펌프
    - 혼류펌프

표 6-3 유압펌프의 작동압력 범위

단위 / 압력	psi[lb/in^2]	kgf/cm^2
저압	0~200	0~14
중압	200~500	14~35
중고압	500~1200	35~84
고압	1200~3000	84~210
초고압	3000 이상	210 이상

일반적으로 비용적형 펌프는 유압 시스템에는 사용되지 않으므로, 이하 구동용 유압 발생장치로서 사용되는 용적형 유압펌프에 대해서만 설명하기로 한다. 유압펌프의 작동압력 범위의 분류법은 여러 가지 있으나 JIC(Joint Industry Conference)규격에 따른 분류를 표 6-3에 표시하였다.

6-2-2 기어 펌프

(1) 구조와 작용

기어 펌프(gear pump)는 그림 6-1과 같이 외접식과 내접식이 있다. 외접식의 압력은 20~175kgf/cm^{2}이며, 유압용으로 널리 쓰이고 있다. 치형으로서는 인벌류트 치형의 스퍼 기어, 헬리컬 기어, 헤링볼 기어 외에 사인 커브, 트로코이드 등의 특수치형을 가진 기어도 있다. 한 예로서 사인 커브 치형을 가지는 기어 펌프의 특성곡선을 그림 6-2에 표시한다. 내접식으로는 트로코이드 펌프(trochoid pump)가 대표적인 것이다. 내·외 로터의 중심은 편심되어 있고, 통 안쪽 로터가 축에 끼인다. 안쪽 로터의 잇수는 바깥쪽 로터보다 1개 적기 때문에 크레슨트 스페이서가 필요없이 회전에 의하여 로터 사이의 공간이 넓혀졌다 좁혀졌다 하여 펌프작용을 하며, 저압에서 중압까지의 압력에 사용된다.

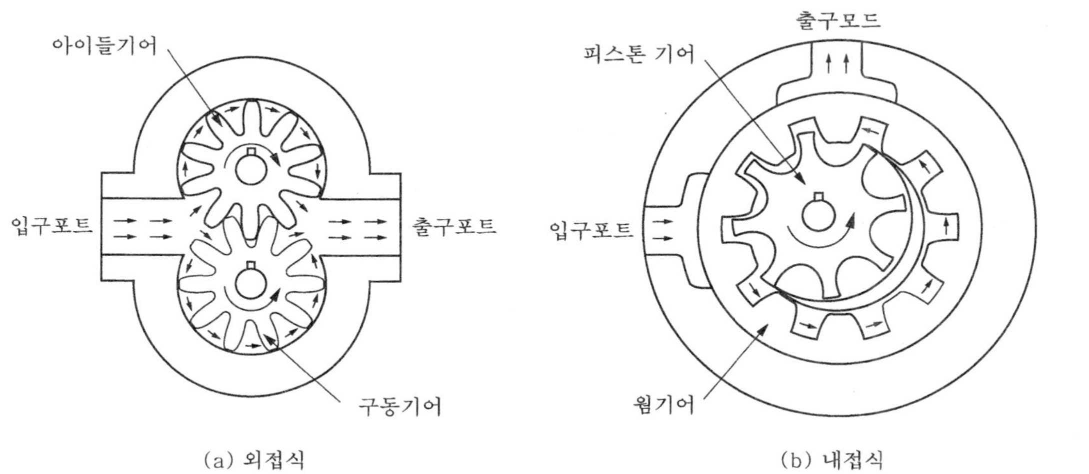

그림 6-1

(2) 압력분포

기어 펌프는 구조가 간단하고 신뢰도가 높으며 운전보수가 용이하며 비교적 염가이므로유압원용으로 널리 사용되고 있다. 그러나 역학적으로 평형이 안 되고, 그림 6-3에 표시하는 것과 같은 압력분포를 하고 있으므로, 축은 송출쪽에서 흡입쪽을 향하여 밀리게 되고 베어링 하중이 커진다. 또 힘은 송출압력이 높아질수록 커진다. 따라서 고압의 기어 펌프에서는 베어링 하중을 경감하기 위하여 압력평형형의 기어 펌프를 사용하기도 한다.

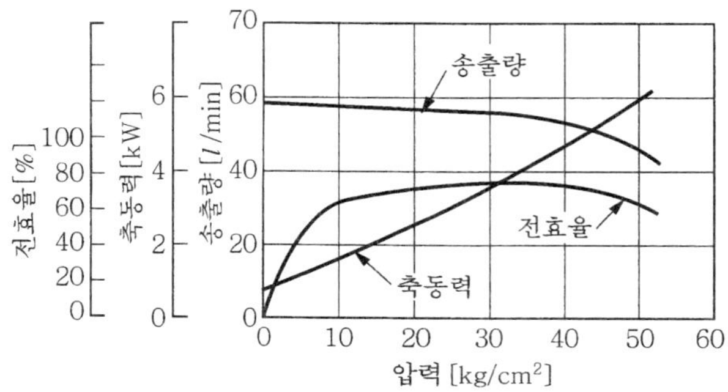

그림 6-2 기어 펌프의 특성곡선

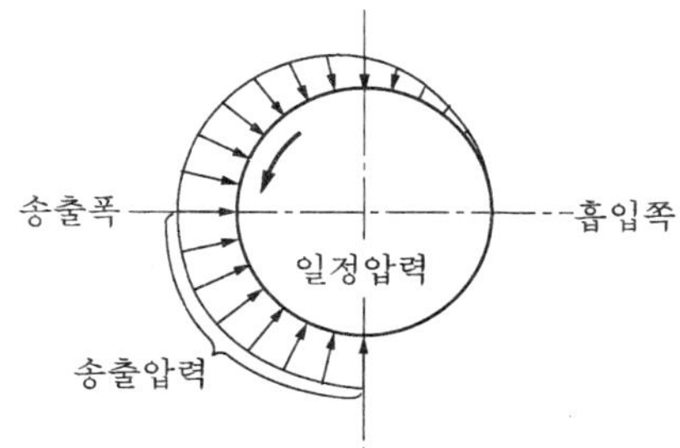

그림 6-3 기어펌프의 압력분포

【예제 6·3】 토출량 150 l/min, 토출압력 70kgf/cm^2, 흡입압력 −200mmHg. 사용유의 동점성계수 0.3cm^2/s 비중 0.9, 전동기 직결, 전원 50cycle의 기어 펌프에서 관지름, 소요 탱크, 스트레이너, 전동기 등을 계획하라.

해 ① 토출, 흡입관 지름의 결정

관내속도를 $v = 1.5 \sim 2.0$(m/s)로 하면

$$d = \sqrt{\frac{4}{\pi} \frac{150 \times 10^3}{60}} / (150 \sim 200) = 4.6 \sim 4\text{(cm)}$$

그러므로 토출관 지름 40(mm), 흡입관 지름 50(mm)을 채용.

② 소요동력과 전동기동력

$$L_s = \frac{\gamma QH}{102 \times \eta_p} = \frac{70 \times 0.15 \times 10^4}{102 \times 0.8 \times 60} = 21\text{(kW)}$$

단, 펌프의 효율 $\eta_p = 80\%$로 하였다.

저온기동시의 과부하를 고려하여 전동기동력은 30(kW)로 한다.

③ 소요탱크의 용량

유탱크 내의 유량의 표준량은 펌프의 1분간당의 유량의 2~5배로 하는 것이 일반 상례로 되고 있으므로, 여기서는 3배로 한다.

$V_r = 150 \times 3 = 450(l)$

④ 필터(스트레이너)

유압용 베인 펌프에서 탱크용 필터는 보통 44~14 μ의 여과 정밀도의 것이 사용되고 있다. 일반적으로 기어의 측면극간, 치선극간 등은 20~40 μ이지만, 보통 여과 정밀도 100 μ 정도가 사용

되고 있으므로 지름 50mm의 금속 엘리먼트 100 μ의 탱크용 필터를 채용한다. 흡입압력 −200Hg 이내로 하기 위하여 관로저항을 가급적 작게 할 필요가 있다.

【예제 6·4】 예제 **6·3**의 기어 펌프의 주요치수를 구하라.

해 ① 회전속도

1웅 6극, 동기속도 100rpm의 3상 유도 전동기로 한다. 후에 로터의 속도가 캐비테이션 발생에 관하여 안전 여부를 검산할 필요가 있다.

② 체적효율 및 이론 토출량

체적효율은 그 목표값이 97% 정도이므로, 회전당의 이론 토출량 Q_{th}는

$$Q_{th}=\frac{Q}{\eta_v \cdot N}=\frac{150\times10^3}{0.97\times1000}=155(\mathrm{cm^3/rev})$$

③ 기어

치형은 가장 일반적인 인벌류트 치형을 사용한다. 잇수 z는 이 펌프가 고압형이므로 10~18배로 하는 것이 보통이다. 1웅 16매를 채용한다. 토출압력과 잇폭 b, 모듈 m, 잇수 z와의 일반적인 관계는 다음과 같다.

$p(\mathrm{kgf/cm^2})$	5~10	10~25	25~75
$\sigma=b/mz$	0.6~1	0.5~0.7	0.24~0.4

여기서는 $\sigma=0.4$로 하여 설계를 진행한다.

$$m=\sqrt{\frac{Q_{th}}{2\pi z^2\sigma}}=\sqrt{\frac{155}{2\pi\times16^2\times0.4}}=0.49(\mathrm{cm})$$

그러므로 $m=0.5$로 한다. 따라서 $Q_{th}≒2\pi m^2zb$로부터

$$b=\frac{Q_{th}}{2\pi m^2 z}=\frac{155}{2\times\pi\times0.5^2\times16}≒6.2(\mathrm{cm})=62(\mathrm{mm})$$

치선원 지름 $d_2=(z+2)m=(16+2)5=90(\mathrm{mm})$

피치원 지름 $d_p=z\cdot m=80(\mathrm{mm})$

여기서 치선에서의 원주 속도를 검산하면

$$u_{dz}=\frac{\pi d_2 N}{60}=\frac{\pi\times0.09\times10^3}{60=4.7}(\mathrm{m/s})$$

이 정도라면 캐비테이션 특성에 관한 원주 속도를 다음 표에서 채용할 수가 있다.

기름의 동점성계수($\mathrm{cm^2/s}$)	0.12	0.45	0.76	1.52	3.0	5.3	7.6
기름의 원주속도 (m/s)	5	4	3.7	3.0	2.2	1.5	1.25

④ 치선극간

$$\delta_{op}=(2\pi t d_2)^{1/2}(\mu\cdot N/p)^{1/2}$$

$= (2\pi \times 48 \times 9\,0)^{1/2}(2.7 \times 10^{-3} \times 1000/60 \times 70 \times 10^4)^{1/2}$

$= 164.7 \times (2\,.54 \times 10^{-4}) = 4.2 \times 10^{-2}$(mm)

⑤ 기어의 측면극간

$S_{op} = C \cdot d_2(\mu \cdot N/p)^{1/2} = 1.5 \times 90(2\,.7 \times 10^{-3} \times 1000/60 \times 70 \times 10^4)^{1/2}$

$= 1.5 \times 90 \times 2\,.54 \times 10^{-4} = 3.4 \times 10^{-2}$(mm)

단, $t = z \cdot t' = 16 \times 3 = 48$(mm) 이며, $t' = 3$mm는 1매의 치선 두께를 가정했다.

⑥ 베어링 하중

$F = 0.8 \cdot p \cdot d_2 \cdot b = 0.8 \times 70 \times 9 \times 6.2 = 3.12 \times 10^3$(kgf)

베어링의 한쪽에 걸리는 하중은 각각 1.56×10^3(kgf)이다.

6-2-3 베인 펌프

(1) 구조와 작용

베인 펌프는 유압기기 중 널리 사용하는 것의 하나로써 그림 **6-4**에 표시한 바와 같이 로터에는 10 수개의 방사성 골이 있고, 이 골에 지름방향으로 자유로이 활동할 수 있는 베인(깃)이 끼여 있다. 회전자(rotor)가 회전하면 베인은 원심력에 의하여 바깥쪽의 캠 링으로 밀리고, 캠 링에 내접하여 회전한다. 이 펌프는 송출압력의 맥동이 적고, 또 캠 링의 안쪽이나 베인이 다소 마모하더라도 그 구조상 틈이 생기지 않기 때문에 성능에 거의 영향을 미치지 않는다. 송출량은 4~450 l/min, 송출압력은 1단으로서 70kgf/cm^{2}를 표준으로 하는데, 고성능 펌프에서는 140kgf/cm^{2}의 것도 있다. 그림 **6-5**에 1단 베인 펌프의 특성 곡선의 한 예를 표시한다.

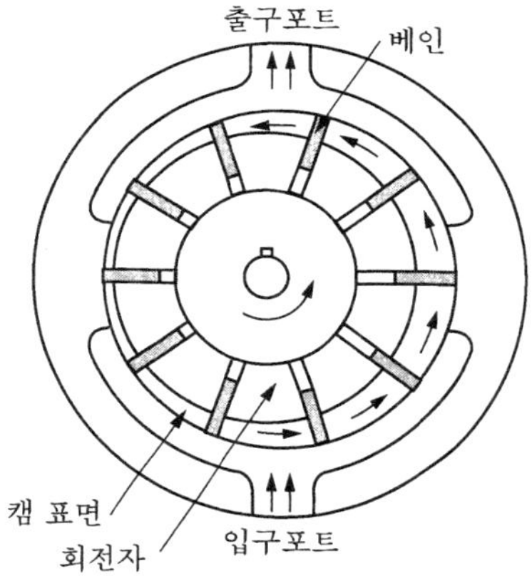

그림 6-4 베인 펌프의 구조

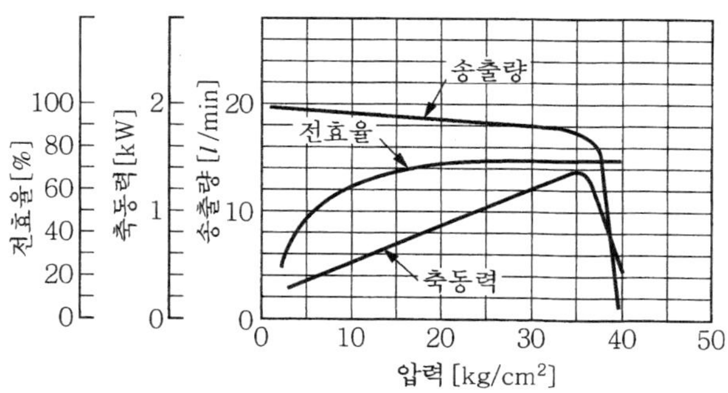

그림 6-5 베인 펌프의 특성 곡선

(2) 종류

1) 1단 베인 펌프

1단 베인 펌프는 가장 많이 사용되는 베인 펌프로써 최고 70~100kgf/cm^{2}의 송출압력을 낸다. 이것을 형식에 따라 분류하면 불평형형 베인 펌프(unbalanced vane pump)와 평형형 베인 펌프(balanced vane pump)로 대별된다. 전자는 그림 **6-4**에 나타낸바와 같이 로터에 방사상으로 설치된 홈에 삽입된 깃이 캠링(cam ring)에 내접하여 회전함으로써 2개의 인접한 것 사이에 폐입된 기름을 흡입측에서 송출측으로 송출하는 구조이고, 송출측의 압력은 로터의 한 방향에만 걸리기 때문에 축은 한쪽으로 눌려서 큰 베어링 하중을 일으킨다. 현재 가장 많이 쓰이고 있는 것은 후자로써 원리는 불평형형과 같으나, 그림 **6-6**에 표시하는 바와 같이 흡입 포트와 송출 포트가 각각 축대칭으로 배치되어 있어 유압의 평형이 유지되고 베어링 하중은 최소로 된다.

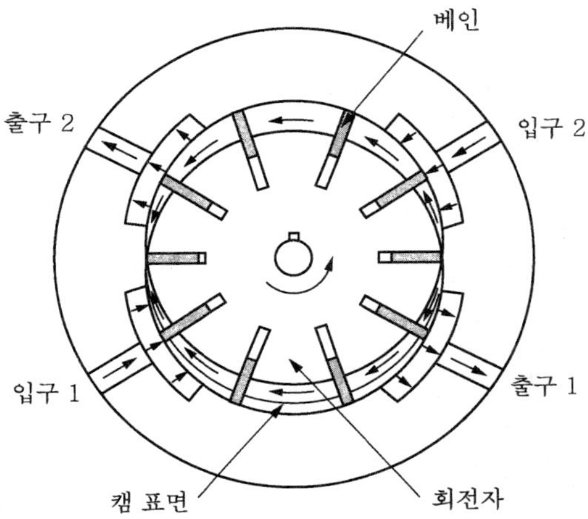

그림 6-6 평형형 베인 펌프

2) 2단 베인 펌프

1단 베인 펌프를 2개 직렬로 이어 하나의 장치로 만든 것으로서, 최고 140~210kgf/cm^2 까지의 압력을 낼 수 있다. 같은 축으로 2개의 펌프를 구동하게 되어 있다. 1단째 펌프와 2단째 펌프사이에는 압력분배 밸브를 설치하고, 2개의 펌프가 받는 부하가 균등하게 분배되도록 되어 있다.

3) 더블 베인 펌프(double vane pump)

2단 베인 펌프와는 다르고, 성능이 다른 2대의 펌프(같은 종류라도 좋다)를 1개의 본체에 조립하여 동일축으로 구동하도록 한 것이다. 각 펌프는 각각 흡입구와 송출구를 가지고 있고, 따로따로의 회로에 때에 따라서는 2개를 조합하여 동일회로에 여러 가지의 유량을 공급할 수도 있다. 각각의 펌프는 진술한 1단 베인 펌프와 같다.

4) 복합 베인 펌프(combination vane pump)

2대의 베인 펌프(이를테면 저압 대형 펌프와 고압 소형 펌프)와 릴리프 밸브, 언로드 밸브, 체크 밸브 등을 1개의 본체에 조립해 놓고, 1대의 전동기로써 구동할 수 있는 구조로 되어 있다.

5) 가변 용량형 베인 펌프(variable delivery vane pump)

부하압력의 변동에 따라 수동 또는 자동적으로 송출량을 변화시킬 수가 있다. 구조로서는 원형의 캠링을 편심시켜서 송출량을 변화시키는 것과, 로터의 회전중심을 움직여서 송출량을 변화시키는 것의 2가지 방법이 있다. 또 유량을 무단계로 제어할 수 있는 것이 특수한 장점으로 되어 있다. 그림 6-7에 그 특성 곡선을 나타낸다.

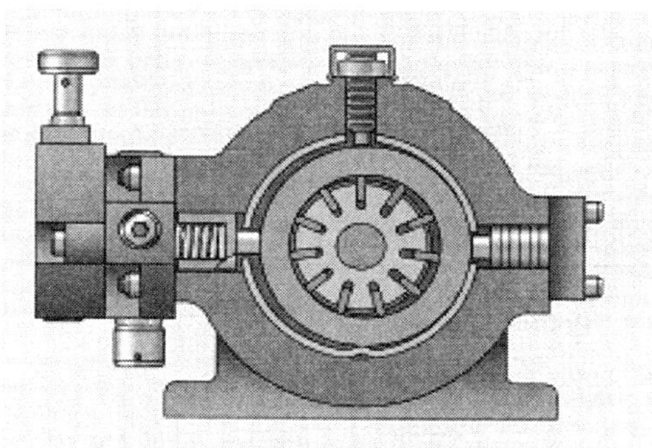

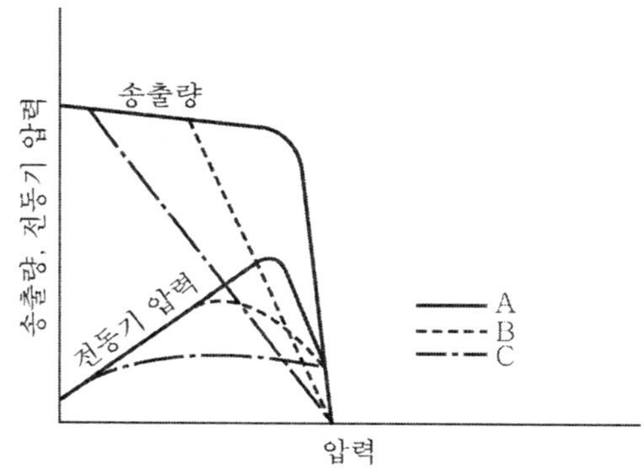

그림 6-7 가변 용량형 베인 펌프의 구조와 특성 곡선

【예제 6·5】 정용량형 베인 펌프에 있어서 회전 속도 1500rpm일 때, 토출압력 70kgf/cm^{2}으로 53 l/min의 토출량 및 축동력 7.4kW를 측정하였다. 지금 이 펌프의 무부하시의 유량이 56 l/min였다면, 그 체적효율 및 전효율은 얼마인가?

해 체적효율 η_v는

$$\eta_v = \frac{Q}{Q_0} = \frac{53}{56} \times 100 = 94.6(\%)$$

입력축 동력 $L_s = 7.4\text{kW}$, 또 유압력 L_p는

$$L_p = \frac{PQ}{612} = \frac{70\times53}{612} = 6.06(\text{kW})$$

그러므로 전효율

$$\eta = \frac{L_p}{L_s}\times100 = \frac{6.06}{7.4}\times100 = 81.9(\%)$$

【예제 6·6】 압력 70kgf/cm^2, 유량 $76\ l/\text{min}$의 불평형형 베인 펌프의 주요치수를 설계하라. 단, 체적효율 $\mu_v = 90\%$, 토크효율 $\mu_r = 90\%$로 한다.

해 ① 이론유량 $Q_{th} = 76/0.9 = 85(l/\text{min}) = 1.4(l/\text{s})$

② 소요동력

$$L_s = Q\cdot p/102 = \frac{76\times70\times10}{102\times0.9\times0.9\times60} = 10.7(\text{kW})$$

③ 로터

회전수 $N = 1200\text{rpm}$에서 $1.4(l/\text{s})$를 토출하는 것으로 하고, 편심량 $e = 4\text{mm}$로 가정한다.

$$d_2\cdot b = \frac{Q_{th}}{N\cdot2\cdot\pi\cdot e} = 28(\text{mm}^2)$$

$\frac{d_2}{2} = \frac{d_1}{2} + e + C$이므로, $C = 1\text{mm}$로 하고 $d_1 = 74\text{mm}$로 하면

$$d_2 = 2\left(\frac{74}{2} + 4 + 1\right) = 84(\text{mm})$$

따라서

$$b = \frac{28}{8.4} = 3.3(\text{cm})$$

④ 베어링 하중

정압에 의한 로터에 작용하는 불평형력은

$$F = p\cdot d_2\cdot b = 70\times8.4\times3.3 = 1940(\text{kgf})$$

⑤ 베인수는 15매로 하고, 베인 두께는 2.5mm로 한다.

6-2-4 플런저 펌프

(1) 분류와 구조

유압용 플런저 펌프(plunger pump)는 고속 고압 소형화의 목적으로 사용되며 플런저의 배열에 따라 레이디얼형과 액시얼형으로 나누어진다. 이들의 형식은 어느 것이나 구동축의 주위에 여러 개의 플런저가 배치되어 있고, 실린더에 대하여 편심시키든가 사판을 써서 플런저를 왕복

운동시키는 것으로서, 이것을 **로터리 플런저 펌프**(rotary plunger pump)라 한다. 또 송출량에 따라 정용량 펌프와 가변용량 펌프로 분류된다. 로터리 플런저 펌프는 고속운전이 가능하고 설치면적이 적으며, 송출압력의 맥동도 적다. 또 송출압력은 100~350kgf/cm^2, 간헐적인 성능으로서는 최고 800kgf/cm^2 이상의 것도 있다.

(2) 레이디얼 플런저 펌프

레이디얼 플런저 펌프는 대부분이 가변 용량형이고, 그림 **6-8**의 헬레 쇼(Hele Shaw)형과 그림 **6-9**에 표시한 오일 기어(oil gear)형의 두 종류가 있다. 그림 **6-8**에서 피스톤은 구동축상의 편심 캠의 중심에 대하여 방사상으로 배열되어 있고, 편심 캠이 회전함으로써 피스톤에 왕복운동을 하게 한다. 이때 캠의 편심량을 바꾸면 송출량은 변화한다. 그림 **6-9**에 있어서 반지름 r의 회전체가 피스톤을 끼운 채로 e만큼 편심한 반지름 R의 원의 안쪽을 회전함으로써 피스톤이 왕복운동을 하도록 한 것이다. 펌프의 송출량을 변화시키는 방법으로서는 수동륜형, 스템형, 실린더형, 전동기형 등이 있다.

레이디얼 플런저 펌프의 이론 송출량 Q_{th}는 다음 식으로 표시된다.

$$Q_{th} = \frac{\pi d^2 n e z}{2} \ (\text{cm}^3/\text{s}) \qquad (6.1)$$

여기서 d : 플런저의 지름(cm), n : 회전수(rps), e : 편심량 [cm], z : 플런저의 개수, 체적효율 η_v는 85~95%이다.

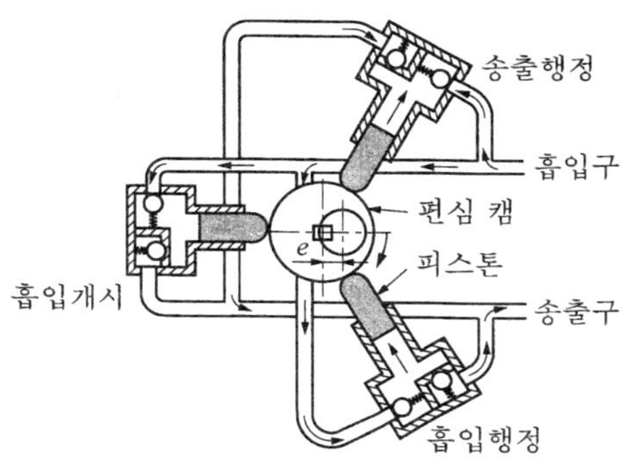

그림 6-8 레이디얼형 펌프(Hele Shaw형)

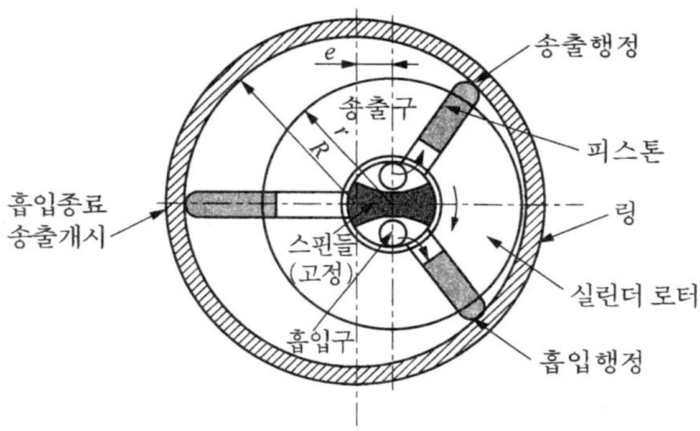

그림 6-9 레이디얼형 펌프 (oil gear형)

(3) 액시얼 플런저 펌프

액시얼 플랜저 펌프는 그림 6-10에서와 같이 구동축에 대하여 실린더 블록을 경사시켜 피스톤에 스트로크를 부여하는 것이다. 구동축의 중심선과 실린더 블록의 축선은 25° 또는 30° 의 일정 각도로 유지되고, 유니버설 조인트로 구동 회전된다. 이 펌프는 구조가 복잡하고 정밀가공을 필요로 하나, 고속회전, 높은 송출압을 얻을 수 있기 때문에 소형으로 큰 마력을 낼 수 있는 이점이 있다. 구동축의 중심과 실린더 블록의 축선이 이루는 각을 0° 에서 ±25° 또는 ±30° 까지 연속적으로 변화시킴으로써 펌프의 송출량을 가변으로 할 수 있다. 또 이외에 구동축과 동시에 회전하고, 구동축과 동일 축심상에 있는 실린더 블록과 일정한 각의 경사를 가지고 정지하고 있는 사판에 피스톤의 일단이 미끄러지는 구조를 하고 있는 사판식도 있다.

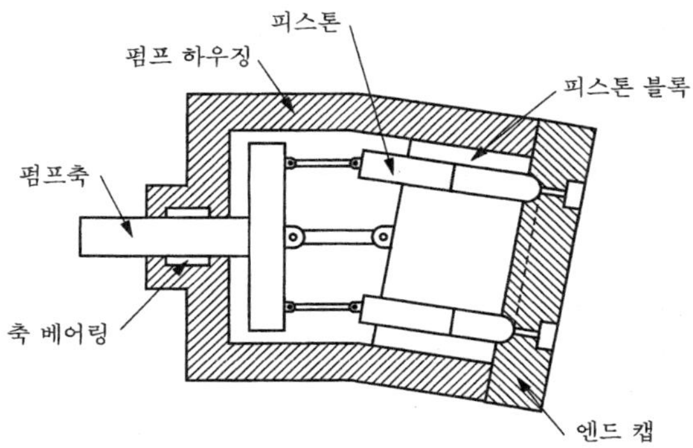

그림 6-10 엑시얼형 정용량 펌프

액시얼 플런저 펌프의 이론 송출량 Q_{th}는 다음 식으로 표시된다.

$$Q_{th} = \frac{\pi d^2 n e z}{2} \ (\text{cm}^3/\text{s}) \tag{6.2}$$

여기서 d : 플런저의 지름(cm), n : 회전수(rps), e : 편심량(cm), R : 축심과 플런저 거리(cm), α : 경사각, 체적효율 η_v는 90~95%이다.

【예제 6·7】 최고 토출압력 210kgf/cm²에서 85 l/min의 토출량을 내는 레이디얼형 로터리 플런저 펌프의 주요 치수를 결정하여라. 단, 펌프효율을 87%로 하고, 체적효율을 94%로 한다.

해 ① 소요동력 $L_s = \dfrac{Q \cdot p_d}{\eta_p \times 102} = \dfrac{0.085 \times 210 \times 10^4}{60 \times 0.87 \times 102} = 33.5(\text{kW})$

전동기동력 L_m은 37(kW)를 채용한다(KS).

② 이론 펌프 토출량 $Q_0 = \frac{Q}{\eta_v} = \frac{85}{0.94} = 90.4(l/\text{min})$

③ $Q_0 = 90.4(l/\text{min})$을 회전속도 $N = 1000\text{rpm}$일 때의 유량으로서 설계를 진행한다. 1웅 실린더는 회전형을 채용한다. 플런저의 수를 $z = 7$로 하면, 1회전하는 동안에 z개의 플런저로부터 토출되는 이론 토출량 Q_{th}는 $Q_{th} = 2zAe$이므로, 실제 토출량은

$$Q = NQ_{th}\eta_v = 2zANe\eta_v$$

$$A \cdot e = \frac{Q}{2zN\eta_v} = \frac{85 \times 10^3}{2 \times 7 \times 1000 \times 0.94} = 6.46(\text{cm}^3)$$

지금 편심량 $e = 10\text{mm}$로 하고, 플런저의 지름을 d_p로 하면

$$A = \frac{\pi d_p^2}{4} = \frac{6.46}{1} = 6.46(\text{cm}^2)$$

$$\therefore \ d_p = \sqrt{\frac{4 \times 6.46}{\pi}} = 2.86(\text{cm}) \quad d_p = 30(\text{mm})$$

로 결정한다. 따라서

$$l = 6.46 \div \frac{\pi \times 3^2}{4} = 0.92(\text{cm}) = 9.2(\text{mm})$$

④ 관지름 d_s

관내유량을 2m/s로 하면

$$d_s = \sqrt{\frac{85 \times 10^3 \times 4}{60 \times 200 \times \pi}} = 3(\text{cm})$$

그러므로 호칭 32mm의 관을 채용한다.

⑤ 핀틀(pintle)부의 유로 지름

핀틀부의 평균유속을 2.5m/s로 하고, 흡입과 토출을 각각 지름 d_i의 2개의 유로로 하면

$$d_i = \sqrt{\frac{4 \times 85 \times 10^3}{\pi \times 60 \times 250 \times 2}} = 1.9(\text{cm}) = 19(\text{mm})$$

6-2-5 그 밖의 유압펌프

전술한 기어, 베인 및 플런저 펌프 외에 특별한 목적으로 사용되는 펌프로서는 나사 펌프, 로브 펌프, 롤러 펌프, 다이어프램 펌프, 스퀴즈 펌프, 피토관형 펌프가 있다. 나사 펌프(screw pump)에는 모이노 펌프(Moyno pump), 큄비 펌프(Qimby pump), 이모 펌프(IMO pump) 등이 있다. 최고압력은 각각 12, 50, 210kgf/cm^{2}이다.

6-3 유압 액추에이터

6-3-1 분류

유압 액추에이터(hydraulic actuator)는 펌프로 공급된 기름의 에너지를 기계적 에너지로 변환하는 장치로서, 유압펌프와 유압 액추에이터는 발전기와 전동기의 관계와 흡사하다. 유압 액추에이터는 운동방식에 따라 왕복운동을 하는 유압 실린더와 회전운동을 하는 유압 회전 모터로 분류되며, 이 밖에 요동 모터도 있다. 표 6-4은 유압 액추에이터를 세분하여 분류한 것이다.

표 6-4 유압 액추에이터의 분류

- 유압 액튜에이터
  - 기어형 유압 모터(gear motor)
  - 베인형 유압 모터(vane motor)
  - 회전 피스톤형 유압 모터 (rotory piston motor)
    - 액시얼형(병렬형) 유압 모터(axial motor)
      - 정변위식
      - 가변위식
    - 레이디얼형(성형) 유압 모터(radial motor)
      - 정변위식
      - 가변위식
  - 요동형 유압모터(rotory cylinder)
  - 단동형 조작 실린더(single rod cylinder)
  - 복동형 조작 실린더(double rod cylinder)
    - 편측 로드
    - 양측 로드
  - 다단 조작형 실린더(telescopie cylinder)

6-3-2 유압회전 모터

기어 펌프, 베인 펌프, 또는 회전 피스톤 펌프 등의 흡입쪽에서 유압을 가하면 원리상 이들 펌프는 회전한다. 이것이 유압 회전 모터의 원리이다. 유압 모터의 형식에는 정변위형과 가변위형이 있다. 정변위형이란 유압 모터를 회전시키는 데 필요한 유량이 일정한 것을 말하고, 기어형 모터, 베인형 모터, 플런저형 모터 등이 있다. 정변위형은 일정 압력과 일정 유량으로 출력 토크를 변경할 필요가 적을 때에 사용된다. 가변위형이란 유압 모터를 1회전시키는 데 필요한 유량을 변화할 수 있는 것으로서 피스톤형이 많다. 이것은 일정 압력, 일정 유량으로 토크를 변화시키는 경우에 사용된다.

(1) 유압 회전 모터의 장단점

유압 회전 모터의 장점은 다음과 같다.

① 간단하게 역회전이나 회전수를 변화시킬 수 있다.

② 비교적 소형, 경량으로서 큰 출력을 낼 수 있다.

③ 자동제어장치의 조작부로 사용할 때 전기 모터에 비하여 출력이 크지만 응답성이 우수하다.

④ 10 : 1 ~ 100 : 1정도의 비교적 넓은 무단변속을 쉽게 할 수 있다.

⑤ 기동, 정지, 역회전, 속도제어가 간단히 된다.

단점으로서는

① 작동유 속에 먼지나 공기가 침입하기 쉬운 곳에는 사용할 수 없다.

② 작동유의 점도변화에 따라 유압 모터의 특성이 변화하므로, 주위온도의 변화가 큰 곳에는 사용이 부적당하다.

③ 석유계의 기름은 인화하기 쉬우므로 주의를 요한다.

④ 보통은 수천 시간 이내에 오버 홀을 해야 한다.

등이 열거되어 있다.

(2) 기어형 모터

기어형 모터(gear motor)는 출력 토크가 일정하며, 제어밸브에 의하여 정역회전이 가능한 유압 모터이다. 구조가 간단하고 값이 싸며, 유압유중의 이물에 의한 고장이 생기기 어렵고, 가혹한 운전조건에 비교적 잘 견딜 수 있는 장점이 있으며, 누설유량이 많고, 토크변동이 큰 결점도 있다. 구조는 기어 펌프와 같이 1쌍의 기어가 하나의 하우징 안에서 맞물리고, 맞물림 부분의 두 기어가 교대로 종동, 구동의 역할을 하면서 회전하여 그 한쪽 또는 양쪽의 축으로부터 출력 토크를 얻는다. 일반적으로 스퍼 기어가 채용되고 있으나, 헬리컬 기어나 인터널 기어도 있고, 치형에 있어서도 인벌류트 및 다른 특수치형이 채용되고 있다. 작동압력은 10~175kgf/cm^2, 회전수는 100~4000rpm이다.

유압 회전 모터의 회전수와 토크와의 관계는 다음과 같다.

$$u = \frac{Q}{q_m} \text{(rps)} \tag{6.1}$$

$$T = \frac{(p_1 - p_2)\, q_m}{2\pi} \text{(kgf·cm)} \tag{6.2}$$

여기서 u : 회전수(rps), T : 출력 토크(kgf·cm), Q : 유압 모터에 공급하는 급유량(cm^3/s),

q_m : 유압 모터 1회전에 필요한 유량(cm^3), p_1 : 유압 모터의 입구압력(kgf/cm^2), p_2 : 유압 모터의 출구압력(kgf/cm^2)이다.

또 정변위형의 기어형 모터에서는 윗 식의 q_m이 일정하게 되고, 기어 펌프인 경우의 식과 같이 하여 2개의 기어가 동일한 경우에는 다음과 같이 된다.

$$q_m = \frac{\pi}{4}(d_2^2 - d_1^2)b(\text{cm}^2) \tag{6.3}$$

여기서 d_2 : 이끝원 지름(cm), d_1 : 이뿌리원 지름(cm), b : 이폭(cm), 기어형 모터의 토크효율은 80~95%, 전효율은 70~90%이다.

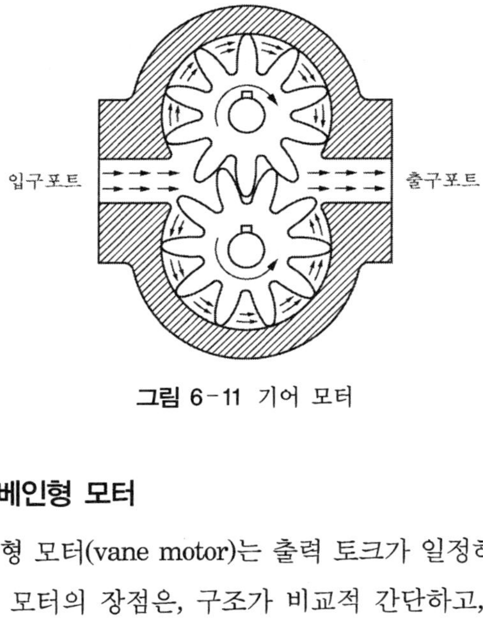

그림 6-11 기어 모터

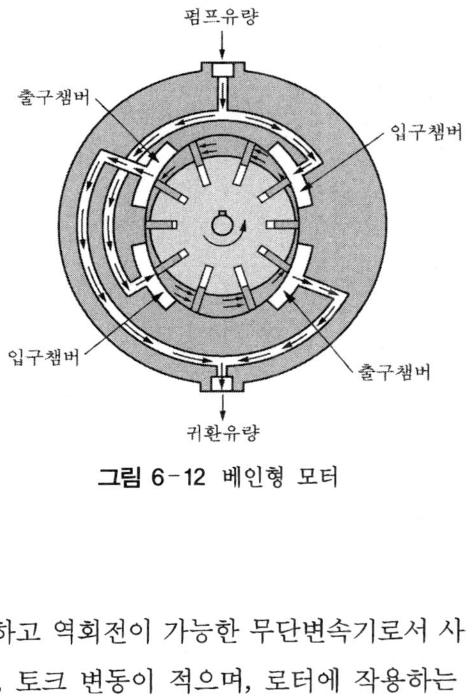

그림 6-12 베인형 모터

(3) 베인형 모터

베인형 모터(vane motor)는 출력 토크가 일정하고 역회전이 가능한 무단변속기로서 사용된다. 베인형 모터의 장점은, 구조가 비교적 간단하고, 토크 변동이 적으며, 로터에 작용하는 압력의 평형이 유지되고 있으므로 베어링 하중이 작고, 또 베인 선단이나 캠링면이 마모되더라도, 베인과 캠링의 접촉이 유지되므로 누설이 증가하지 않는 것 등이다. 결점으로는 누설유량이 비교적 많고, 베어링과 캠링과의 마모가 크며, 기동시나 저속시의 토크 효율이 낮은 점이다. 구조는 베인 펌프와 거의 같고, 베인을 스프링 또는 로킹 빔(locking beam) 등의 방법에 의하여 항상 캠 링에 접촉되도록 하고 있다. 따라서 로터가 정지하고 있을 때라도 베인의 선단과 캠 링의 내면과의 사이에는 틈이 없다. 작동압력이 10~175kgf/cm^2, 회전수가 50~4000rpm, 토크 효율이 85~95%,

전효율이 75~90%이다.

(4) 플런저형 모터(피스톤형 모터)

플런저형 모터에는 정변위형과 가변위형의 액시얼 모터와 레이디얼 모터가 있다.

1) 액시얼 모터

액시얼 플런저 모터(axial plunger motor)에는 액시얼 플런저 펌프와 같이 사축식과 사판식이 있다. 사축식 유압 모터에는 실린더 블록의 축선과 출력축의 중심선이 이루는 각도가 일정 또는 가변으로 되어 있다. 이들은 정용량형 펌프 또는 가변 용량형 펌프와 거의 같은 구조를 하고 있다. 사판식 유압 모터는 사판식 유압펌프와 같이 피스톤 스트로크를 주기 때문에 사판을 사용한 것이고, 사판을 고정한 정변위 유압 모터와 사판의 기울기를 가변으로 한 가변위 유압 모터가 있다. 작동압력은 10~350kgf/cm^2, 회전수는 1~3000rpm이다.

2) 레이디얼 모터

레이디얼 플런저 모터(radial plunger motor)는 오일 기어형의 레이디얼 플런저 펌프와 같은 구조로 되어 있고, 편심량을 바꾸면 플런저의 스트로크가 변하고, 회전속도를 바꿀 수가 있다. 작동압력은 10~200kgf/cm^2, 회전수는 5~4000 rpm이다.

일반적으로 플런저 모터는 구조가 복잡하고 값이 비싸지만, 매분 1회전 정도의 저속에서 매분 수천 회전이나 되는 고속에까지 원활하게 변속이 되고, 토크도 크다.

또 토크 효율은 90~95%, 전효율은 80~93%이다.

6-3-3 유압 실린더

유압 실린더(oil cylinder)는 유압동력을 직선왕복운동으로 변환하는 것으로, 유압과 유량을 변환시켜서 추력과 속도를 제어한다.

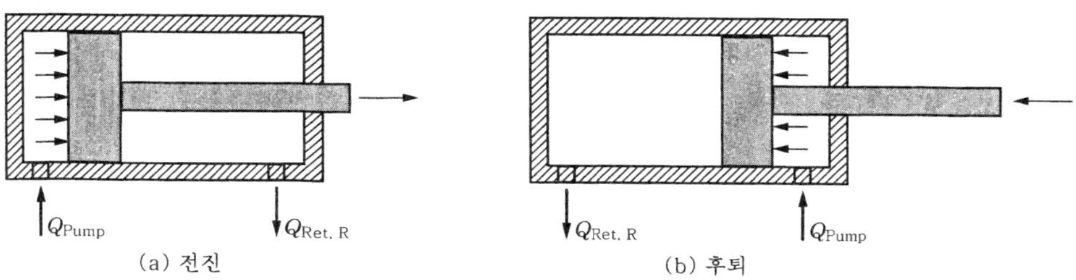

그림 6-13 유압 실린더의 구동

(1) 구조와 작용

유압 실린더의 작동형식에는 단동형과 복동형이 있다. 단동형 실린더는 피스톤 또는 플런저의 한쪽에만 압력유를 공급하여 한 방향으로 추진력을 주고, 되돌아올 때에는 중력이나 스프링의 힘을 이용한다. 이에 대하여 복동형 실린더는 피스톤의 양쪽에 교대로 압력유를 공급하여 양쪽 방향으로 추진력을 주도록 되어 있다. 작동압력은 1.5~350kgf/cm^2 이다.

유압 실린더를 장치할 때 축심을 고정하는 경우에는 풋형 및 플런저형으로 하고, 또 축심이 변할 때에는 그루비스형 및 트라니온형 등으로 한다.

(2) 실린더 속도, 추력 및 출력의 계산

유압 실린더의 실린더 속도 v, 추력 F 및 출력 L_e는 다음 식으로 표시된다.

$$v = 4Q/\pi D^2 (\text{cm/s}) \tag{6.4}$$

$$F = \pi D^2 p/4 (\text{kgf}) \tag{6.5}$$

$$L_e = Qp/10,200\,\eta_c (\text{kW}) \tag{6.6}$$

여기서 Q : 유량(cm^3/s), D : 실린더의 안지름(cm), p : 기름의 작동압력(kgf/cm^2), η_c : 유압 실린더의 전효율(96~98%)이다.

【예제 6·8】 필터(filter), 흡입관로, 유압펌프, 토출관로, 제어밸브, 액추에이터, 귀환관로의 유압 배관계에서, 그 관로저항은 지름 $d = 25$mm관, 길이 35m의 관마찰손실에 상당한 것으로 계산하고, 유효하게 액추에이터에 작용하는 유압력을 구하라. 단, 펌프의 토출압력 $p = 35$kgf/cm^2, 유량 $Q = 80l$/min며, 유압유의 비중량 $\gamma = 800$kgf/m^3, 동점성계수 $\nu = 0.4$cm^2/s 이다.

해 관 내 유속 $v = \dfrac{Q}{A} = \dfrac{80 \times 10^3 \times 4}{60 \times \pi \times 2.5^2} = 271.8$(cm/s)

레이놀즈수 $R_e = \dfrac{d \cdot v}{\nu} = \dfrac{2.5 \times 271.8}{0.4} = 1698$

R_e가 2000 이하이므로 관내의 유동은 층류로 생각된다. Dracy-Weisbach의 식에서 관마찰계수 λ는

$$\lambda = \frac{64}{R_e} = \frac{64}{1698} = 0.038$$

관로에서의 압력손실은

$$\Delta p = \lambda \frac{l}{d} \frac{\gamma v^2}{2g} = 0.038 \times \frac{3500}{2.5} \times \frac{0.8 \times 10^{-3} \times 271.8^2}{2 \times 980} = 1.6(\text{kgf/cm}^2)$$

따라서 액튜에이터에 작용하는 유효압력 p_e는

$$p_e = p - \Delta p = 35 - 1.6 = 33.4(\text{kgf/cm}^2)$$

【예제 6·9】 싱글 로드 복동형 실린더를 사용하여 아래 조건의 작업을 하는 데 필요한 실린더 치수, 사이클 타임 및 펌프 용량을 구하라.

① 실린더 스트로크 $S = 70\text{cm}$

② 부하 $F = 12(\text{ton})$, 단, 실린더의 인장행정에서 가동한다.

③ 부하 스트로크시의 피스톤 속도 $v = 5(\text{cm/s})$

④ 회로의 정격압력 $p_c = 175(\text{kgf/cm}^2)$

해 실린더는 최고 사용 압력 $P_{max} = 210(\text{kgf/cm}^2)$의 것을 채용, 실린더의 설계 구동압력은 $P = 160(\text{kgf/cm}^2)$으로 한다.

실린더의 치수의 기준을 얻기 위하여, 로드측 피스톤 면적 A를 구하면

$$A = \frac{F}{P} = \frac{12000}{160} = 75(\text{cm}^2)$$

JIS 규격 등에 의하여 유압실린더의 표에서

실린더 튜브 안지름	$d_2 = 12.5(\text{cm})$
로드 지름	$d_1 = 7.1(\text{cm})$
로드측 면적	$A = \pi(d_2^2 - d_1^2)/4 = 83\ (\text{cm}^2)$
로드측 실린더 배제면적	$V = S \cdot A = 70 \times 83 = 5810(\text{cm}^3)$
지금 하중 압력계수를	$\lambda = 0.96$으로 하면

$$p = \frac{F \cdot S}{V \cdot \lambda} = \frac{70 \times 12000}{5810 \times 0.96} = 151(\text{kgf/cm}^2)$$

으로 되어, 주관로의 배관, 제어밸브 등의 전압력손실을 약 $10(\text{kgf/cm}^2)$을 가산하며, 펌프의 토출압력은 $160(\text{kgf/cm}^2)$으로 된다.

부하시의 필요 유량 Q는

$$Q = A \cdot v = 83 \times 5 = 415(\text{cm}^2/\text{s}) = 24.9(l/\text{min})$$

피스톤의 귀환행정은 부하가 대단히 작은 것으로 시작되므로, 차동 실린더 회로로서 작용시키는 것으로 한다.

헤드측 피스톤 면적	$A_1 = \pi d_2^2/4 = 122.7(\text{cm}^2)$
로드 단면적	$A_2 = \pi d_1^2/4 = 39.6(\text{cm}^2)$
피스톤의 귀환 속도	$v' = Q/A_2 = 415/39.6 = 10.5(\text{cm/s})$

따라서 그 사이클 타임은 인장 부하 가동시의 시간을 t로 하면

$$t=\frac{S}{v}=\frac{70}{5}=14(\text{sec})$$

귀환 행정에 요하는 시간 t'는 차동 실린더형으로 되므로

$$t'=\frac{S}{v'}=\frac{70}{10.0}=6.7(\text{sec})$$

그러므로 1사이클에 요하는 시간은

$$t+t' \fallingdotseq 20(\text{sec})$$

펌프 유동력 L은

$$L=\frac{10p\cdot Q}{60\times 102}=\frac{10\times 160\times 24.9}{60}\times 102=6.51(\text{kW})$$

실제에는 유량 Q, 압력 p에 약간의 여유를 주어서 계획해야 한다.

6-4 제어밸브

6-4-1 제어밸브의 분류

유압 펌프에 의하여 가압된 기름이 유압 모터나 유압 실린더에 수용되어, 이들을 정해진 조건에 만추어 구동시키려면 유압이나 유량을 적당하게 제어하지 않으면 안된다. 이런 목적으로 사용되는 제어밸브(control valve)를 분류하면 압력제어밸브(압력회로의 압력을 제어하는 것으로서, 릴리프 밸브, 안전 밸브, 유압 밸브, 언로드 밸브, 시퀀스 밸브, 카운터 밸런스 밸브 등), 유량제어밸브(유압회로의 유량을 제어하는 것으로서 스로틀 밸브, 슬로 리턴 밸브, 유량조절 밸브 등), 방향제어밸브(유압회로의 흐름의 방향을 제어하는 것으로서 cpr 밸브, 감속 밸브, 방향변환 밸브, 스톱 밸브 등)로 구분된다.

6-4-2 압력제어밸브

압력제어밸브(pressure control valve)는 유압회로 내의 압력을 일정하게 유지하거나, 적당히 감압하거나, 회로의 압력을 설정된 작동순서에 따라 변화시키는 등 유압회로 내의 압력에 관한 제어를 하는 밸브로 다음과 같은 것이 있다.

(1) 릴리프 밸브(relief valve)

유압회로의 압력이 밸브의 설정치 이상으로 되었을 때 기름의 일부 또는 전량을 반환쪽으로 흘림으로써 회로의 압력을 일정하게 유지하기 위한 밸브이다. 릴리프 밸브에는 그림 6-14에 표시한 직접 작동형 릴리프 밸브와 그림 6-15에 나타낸 밸런스 피스톤형 릴리프 밸브가 있다. 그

림 **6-14**에서 피스톤은 스프링에 의하여 밸브좌에 눌려 있으나, 회로의 유압이 상승하여 스프링의 힘보다 커지면 피스톤은 위로 올라가고, 기름은 압력회로에서 밸브 포트를 지나 오일 탱크로 되돌아간다. 스프링의 세기를 가감함으로써 임의의 압력으로 설정할 수 있다. 그러나 이 형식의 밸브에서는 압력이 증가함으로써 오리피스 부분이 열려 기름이 탱크로 흐르면, 피스톤 하부의 압력이 급히 저하하고 오리피스는 급속히 닫힌다. 닫히면 또 압력이 상승하고, 피스톤이 스프링과 유압에 의하여 상하운동을 반복하며, 피스톤이 밸브좌로 다시 왔을 때 작용하는 채터링(chattering) 현상을 일으키기 쉽다. 이 결점을 없앤 것이 밸런스 피스톤형 릴리프 밸브로써, 그림 **6-15**에서 시스템의 압력이 상승하면 탄칸이라고 하는 피스톤의 작은 구멍을 지나 피스톤 상부의 압력도 상승하는데, 설정압력에 의하여 비로소 파일럿 밸브가 작동하고, 기름은 탱크로 흐른다. 이와 같이 흐르면 탄칸의 저항에 해당되는 압력차가 피스톤의 위아래에 생기기 때문에 피스톤은 스프링의 힘을 이겨내서 위로 밀려 올라가고, 오리피스에서 탱크로 기름이 흘러 회로압력을 일정하게 유지한다.

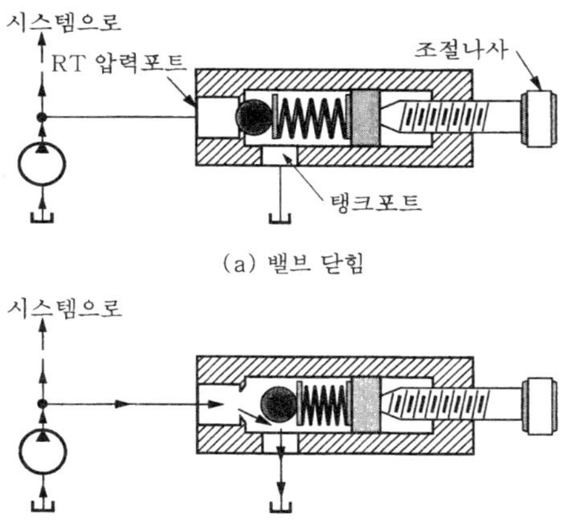

(a) 밸브 닫힘

(b) 밸브 열림

그림 6-14 직접 작동형 릴리프 밸브그림

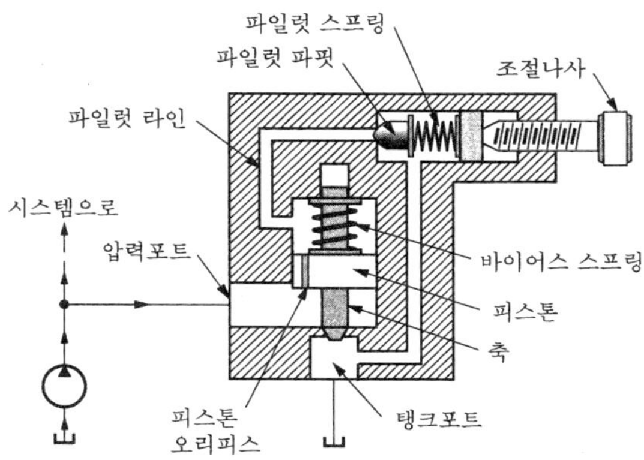

6-15 밸런스 피스톤형 릴리프 밸브

(2) 감압 밸브(pressure reducing valve)

이것은 1차 회로에서 2차 회로가 분기되고, 이 2차 회로의 압력을 1차 회로보다 작은 압력으로 유지하는 경우에 사용하는 것으로서, 구조는 그림 **6-16**과 같다. 밸런스 피스톤이 작동하는 원리는 그림 **6-15**와 같다. 이와 같이 밸런스 피스톤을 가진 밸브는 1차 쪽 압력의 영향을 받지 않고 2차 쪽의 압력으로 작동하는 특수한 장점이 있다.

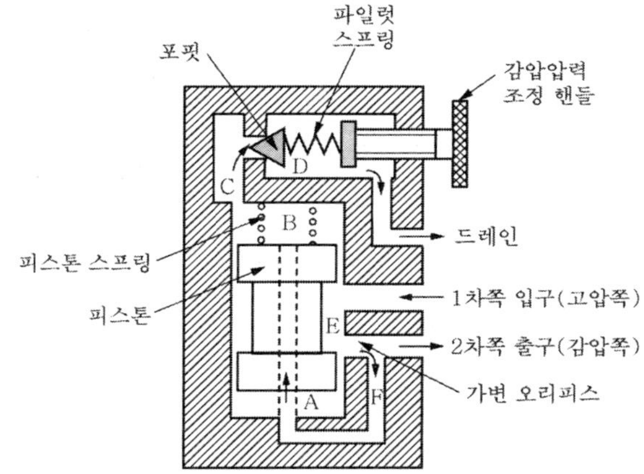

그림 6-16 감압 밸브

(3) 그 밖의 밸브

언로드 밸브(unloading valve)는 보통 고압 소용량 펌프와 저압력 대용량 펌프를 조합하여 사용하는 경우에 사용되고, 작동압력이 설정압력 이상으로 되었을 때, 저압펌프를 무부하로 하여 동력의 절약을 꾀할 때 등에 사용된다.

시퀀스 밸브(sequence valve)는 둘 이상의 분기회로 사이에 끼워 조작순서를 제어하는 경우에 사용되고, 시퀀스 체크 밸브(sequence check valve)는 시퀀스 밸브에 체크 밸브를 병렬로 조립해 넣은 시퀀스 밸브로써 작동 외에 2차 쪽에서 1차 쪽으로 역류할 수 있도록 한 것이다.

카운터 밸런스 밸스(counter balance valve)는 한 방향의 흐름에 대해서는 설정된 배압을 주고, 다른 방향의 흐름은 자유흐름으로 한 것이다.

압력 스위치(pressure switch)는 유압회로의 압력이 설정압력에 도달하였을 때 전기회로가 개폐되도록 하는 역할을 할 때 사용한다.

【예제 6 · 10】 원형 포트를 가진 스풀 밸브에서 입구압력 p_1이 70kgf/cm^{2}의 경우, 그 포트의 개도 m을 0.1, 0.5, 1.0으로 바꿀 때 임계 출구압력 p_{2c}는 어떻게 변화하는가?

해 오리피스의 지름을 변화시켰을 때의 유량계수를 실험적으로 조사하면, 출구압력 p_2가 어느 값 이하로 되면 캐비테이션을 발생하고 소음이 나며 유량계수가 급격히 저하하기 시작한다. 이러한 점을 임계 출구압력 p_{2c}라 하고, 실험 결과는 다음 식과 같다.

$$p_{2c} = 1 + 0.35(p_1 - 1)m = 1 + 0.35 \times 69 \times m$$

$m = 0.1$의 경우 : $p_{2c} = 1 + 0.35 \times 69 \times 0.1 = 3.42$(kgf/cm^2)abs

$m = 0.5$의 경우 : $p_{2c} = 1 + 0.35 \times 69 \times 0.5 = 13.08 (\text{kgf/cm}^2)\text{abs}$

$m = 1.0$의 경우 : $p_{2c} = 1 + 0.35 \times 69 \times 1.0 = 25.15 (\text{kgf/cm}^2)\text{abs}$

【예제 6·11】 예제 **6·9**의 실린더 회로에서의 귀환행정을, 단순히 유로절환에 의한 부하시의 반대 방향의 흐름으로 했을 경우 사이클 타임을 구하라.

해 이때에는 귀환 행정에서의 속도 v'는 다음 식으로 구해진다.

$$v' = \frac{Q}{A_1} = \frac{415}{122.7} = 3.38 (\text{cm/s})$$

따라서 귀환 행정에 요하는 시간 t'는

$$t' = \frac{S}{v'} = \frac{70}{3.38} = 20.7 (\text{sec})$$

사이클 타임 $t + t' = 14 + 20.7 = 34.7$로 되며, 예제 **6·12**의 경우에 대하여 1.68배의 사이클 타임으로 된다.

6-4-3 유량제어 밸브

유압회로에 있어서 유량을 제어하기 위해서는 가변용량 펌프를 사용하는 경우와, 정용량 펌프와 릴리프 밸브 및 유량을 제어하는 밸브를 조합한 회로를 사용하는 경우가 있다. 전자는 회로의 효율이 좋으나 펌프의 구조가 복잡하여 값이 비싸다. 이에 반하여 후자는 펌프가 간단하고, 회로로서도 응용 범위가 넓기 때문에 일반적으로 잘 쓰인다.

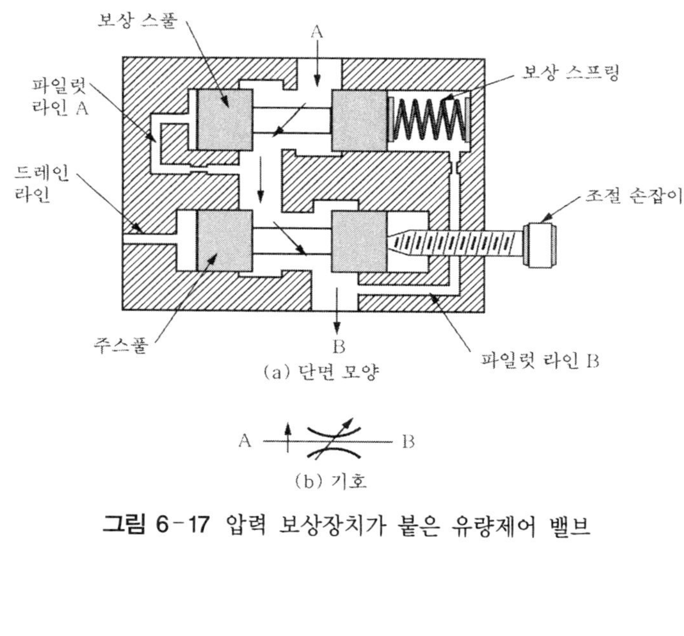

그림 6-17 압력 보상장치가 붙은 유량제어 밸브

(1) 유량제어 밸브(flow control valve)

회로에 삽입한 유량 조절용 스로틀 밸브를 조정함으로써 유량을 제어하는 것인데, 조임 개도가 일정하더라도 밸브 전후의 압력차가 변하면 밸브를 통과하는 유량이 변한다. 그러므로 일반적으로 그림 6-17에 표시하는 압력보상장치가 붙은 유량제어 밸브가 사용된다. 또 조절 손잡이를 돌림으로써 오리피스의 크기를 변화할 수 있도록 되어 있다. 유량제어 밸브에는 이외에 압력보상이 붙은 유량제어 밸브에 체크 밸브 또는 릴리프 밸브를 조립해 넣은 체크 밸브 달림 유량제어 밸브 또는 릴리프 밸브가 달린 유량제어 밸브가 있다. 또 압력 보상장치가 없는 니들 밸브와 체크 밸브를 조합한 구조의 슬로 리턴 밸브(slow return valve)는 그렇게 정확한 유량제어를 필요로 하지 않는 회로 또는 압력변동이 적은 회로에 사용된다.

(2) 유량제어 밸브를 사용하는 방법

유량제어 밸브를 써서 유압 실린더의 속도를 제어할 때 유량제어 밸브와 유압 실린더의 관계위치에 따라 부하의 작동특성에 영향이 있다. 기본적인 설치 위치로는 미터 인(meter in), 미터 아웃(meter out), 블리드 오프(bleed off)의 3종이 있다. 미터 인 회로는 유량제어 밸브를 유압 실린더의 입력 쪽에 직렬로 설치하는 것으로써, 작동 중 부하가 피스톤의 움직임에 대하여 양의 저항이 되는 경우, 즉 부하변동이 심한 경우에 적합하다. 미터 아웃 회로는 유량제어 밸브를 유압 실린더의 회송유측에 직렬로 설치하는 것으로서 실린더에 배압이 걸리므로, 피스톤이 끌려 들어오는 것과 같은 음방향의 부하인 경우에 적합하다. 블리드 오프 회로는 유량제어 밸브를 유압 실린더의 입력 쪽에 유압 실린더와 병렬로 설치하여 실린더에 들어가는 유량 중 적당한 양을 기름 탱크로 흘리는 것으로써, 펌프 송출량이나 부하저항의 변동을 보상할 수가 없기 때문에 정확한 속도제어를 필요로 하지 않고, 부하가 비교적 일정한 경우에 사용된다.

6-4-4 방향제어 밸브

흐름의 방향을 제어하는 밸브로써, 구조상으로 보면 볼(구)이나 피스톤을 시트에 밀어붙였다 떨어지게 하였다 하는 포펫형(poppet type), 스풀을 축의 주위로 회전하는 회전 스풀형(rotary spool type), 슬리브 속에서 스풀을 역방향으로 움직이는 직선 스풀형(slide spool type)이 있다.

(1) 체크 밸브(check valve)

체크 밸브는 기름의 흐름을 한 방향으로만 허용하고 역방향의 흐름을 저지하는 것으로써, 그림 6-18과 같은 구조로 되어 있다. 또 필요에 따라 역류를 허용하는 장치가 붙은 파일럿 조작 체크 밸브도 있다.

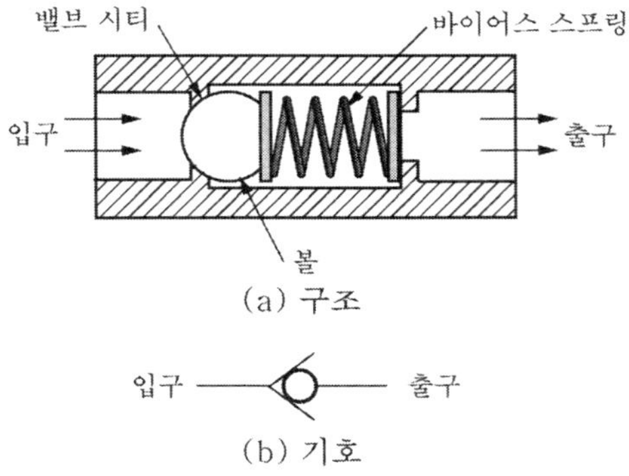

그림 6-18 체크 밸브의 구조와 기호

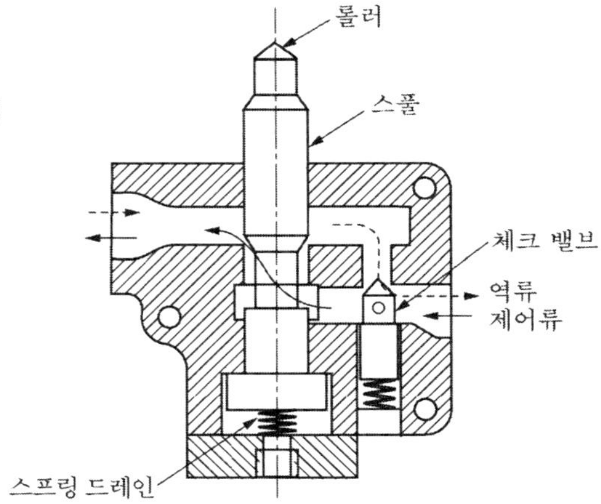

그림 6-19 감속 밸브

(2) 감속 밸브(deceleration valve)

적당한 캠 기구에 의한 조작으로서 유량의 증감 또는 개폐를 하는 밸브로서 실린더의 가속과 감속을 원활하게 할 목적으로 사용되며, 상시 개방형과 상시 폐쇄형이 있다. 그림 6-19는 체크 밸브가 붙은 상시 개방형 감속 밸브의 구조를 표시한다. 스풀은 스프링에 의하여 고정되어 있다. 캠에 의하여 스풀의 선단을 밀면 밸브의 열림이 죄여지고, 흐름이 천천히 제어되어 유압 실린더의 작동이 감속된다. 밸브를 전폐하면 흐름은 정지되며, 유압 실린더를 회송할 때에는 체크 밸브를 통해서 역류시킬 수 있다. 그러나 회수행정의 속도제어는 안 된다.

(3) 방향변환 밸브(position selector valve)

이 밸브에는 접속구(port) 수와 외부접속의 수, 위치(position) 수 및 밸브 스풀의 동작위치의 수 및 웨이(way) 수, 밸브 내에서 형성되는 통로의 수가 사용된다. 예를 들면 그림 6-20과 같이 P, A, T 3개의 접속구를 가지고 있으며 스풀의 변환은 2위치에서 하기 때문에 3포트 2위치 변환 밸브(three port two position selector valve)라 하고, 또 웨이 수는 P-A, T-B의 둘이므로 2웨이 밸브(two way valve)라고도 한다. 또 방향변환 밸브는 스풀의 조작방법에 의하여 분류하면 수동 조작, 파일럿 조작 및 레이놀즈 조작 등이 있다. 그림 6-21은 스풀형(rotary spool type) 방향변환 밸브의 한 예를 표시한다. 접속구는 압력유 P, 기름 탱크 T, 유로 A 와 B의 4개이고, 스풀의 위치 1과 2에서 4개의 통로가 형성되며 따라서 포트 4포트 2위치 변환 밸브(4방밸브)이다. (평시에는 AT, PB 로 흐름 푸시 버튼을 누르면 PA , BT 로 흐름)

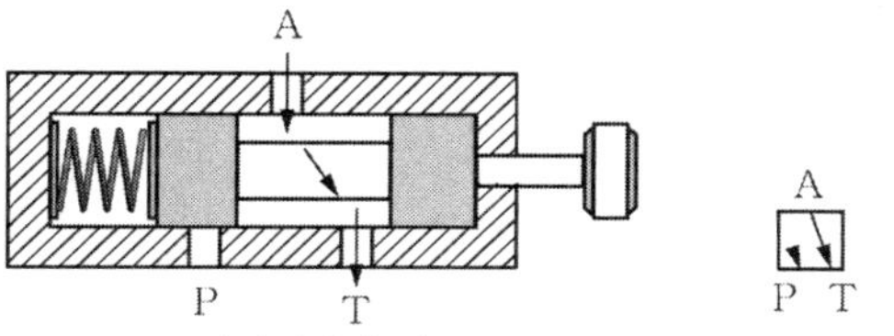

(a) 정상위치의 밸브 (b) 기호

그림 6-20 3포트 2위치 변환 밸브

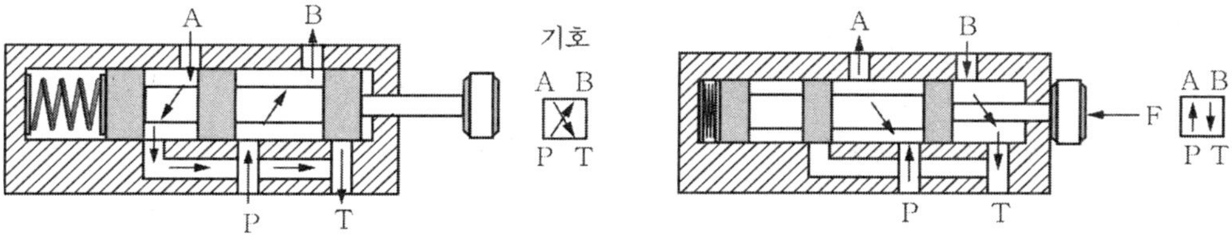

(a) 정상위치의 밸브 (b) 밸브 동작

그림 6-21 4 포트 2위치 변환 밸브

【예제 6·12】 지름 60mm의 실린더 내에 삽입된 스풀(spool)이 다음과 같은 조건일 때, 누설유량을 구하라.

압력차 $\triangle p = 350\text{kgf/cm}^2$

간극 $\delta_0 = 15\ \mu$(미크론)

스풀의 세극 길이 $l = 20\text{mm}$

점성계수 $\mu = 0.12\text{kgf}\cdot\text{sec/m}^2$

편심량 $e = 5\ \mu$(미크론)

해 $R = 3\text{cm}$, $\varepsilon = \dfrac{e}{\delta_0} = \dfrac{e}{R-r} = \dfrac{5}{15}$, 그리고 단위를 kgf·cm, s로 통일하면

$$Q \fallingdotseq \frac{\pi \cdot \Delta p \cdot R \cdot \delta_0^3}{6\mu l}(1+1.5\varepsilon^2)$$

$$Q = \frac{\pi\times350\times3\times(15\times10^{-4})^3}{6\times0.12\times10^{-4}\times2}\left\{1+1.5\times\left(\frac{5}{15}\right)^3\right\} = 0.077\times1.167$$

$$= 0.09(\text{cm}^3/\text{s})$$

6-5 기타의 요소기기

6-5-1 배 관 류

각종 유압요소기기의 기능을 완전히 발휘시키기 위하여, 그 용도에 따라서 적정한 관지름의 배관으로 유체 에너지를 공급해야 한다. 배관을 구성하는 요소는 강관, 관이음, 호스 및 호스 이음, 많은 구멍에 의한 복잡한 연락 통로로 형성된 매니폴드(manifold) 결합 또는 여러 개의 통로를 가진 판의 중합에 의한 샌드위치 매니폴드(sandwich manifold)결합 등으로 성립하고 있다.

배관 방식은 관로의 압력, 유량, 장치의 사용 목적, 부하의 성질 등에 의한 진동, 특수응력의 발생 등의 조건에 의하여 플레어형(flared type), 테이퍼 박음(taper fit), 나사 박음(thread fit), 개스킷(gasket) 사용으로는 유니언(union)형과 플랜지형이 있다.

6-5-2 어큐뮬레이터

어큐뮬레이터(accumulator)는 압력을 부여한 압유의 축적, 유압 회로에서의 압력의 맥동, 서지압의 흡수 등의 목적으로 사용되며, 유압장치로서 중요한 역할을 한다. 특히 항공기나 차량 등의 펌프 유닛(pump unit)에서는 고장 등으로 생기는 위험 방지에 절대 필요한 장치이다. 어큐뮬레이터는 그 기본 작용 원리를 분류하면 중량식, 스프링식, 공기압 또는 가스압식의 3가지로 대별된다.

그림 6-22는 중량식 어큐뮬레이터의 전형적인 구조를 표시하며, 중량에 의하여 설정한 일정 압력 아래서 작동하므로 일반적인 성능으로서는 좋은 특성을 가지고 있으나, 고압과 대용량에는 형태가 대형으로 되어 불편하므로 보통 저압 대용량용으로 이용되고 있다.

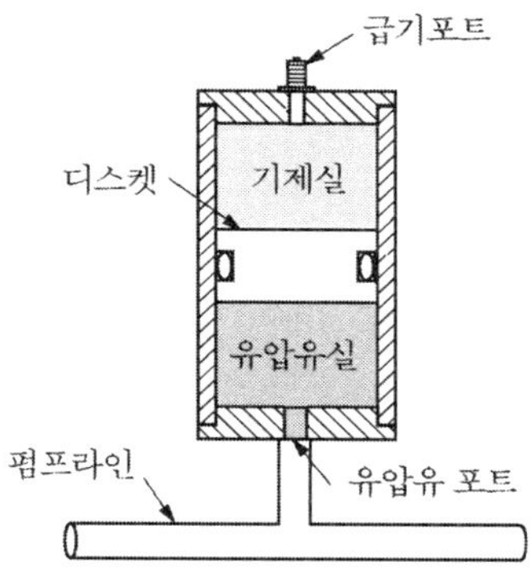

그림 6-22 중량식 어큐뮬레이터

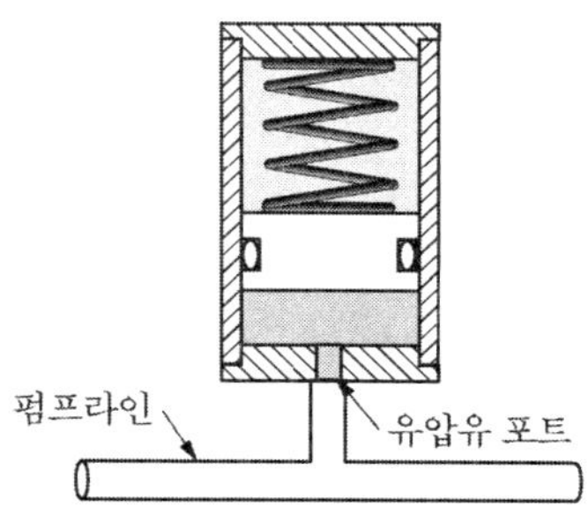

그림 6-23 스프링식 어큐뮬레이터

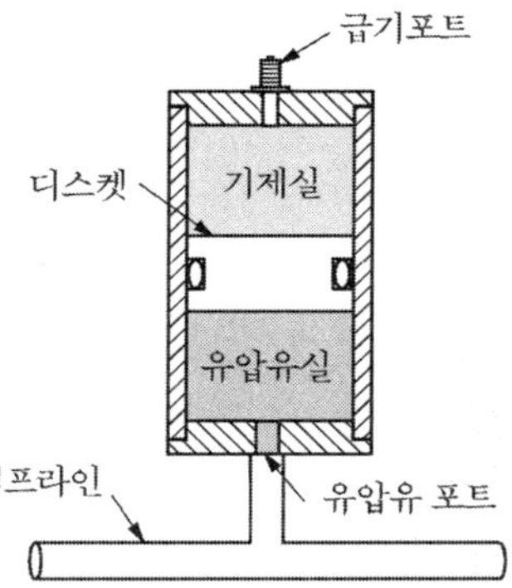

그림 6-24 공기압식 어큐뮬레이터

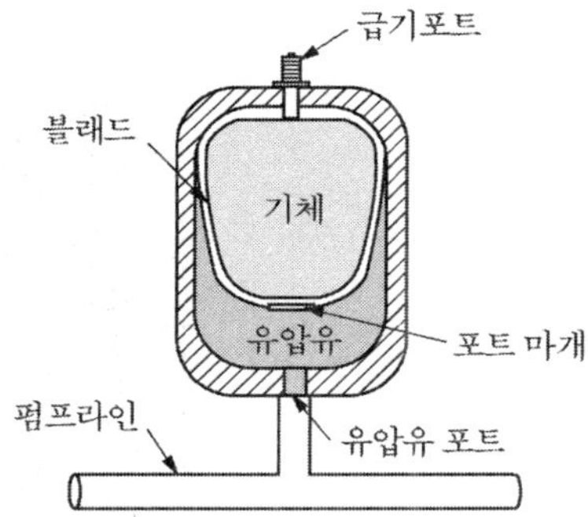

그림 6-25 블래더형 어큐뮬레이터

스프링식 어큐뮬레이터는 그림 6-23에 표시하는 바와 같은 것이며, 실린더 내의 압유의 압력과 램에 작용하는 스프링의 힘과 평형시키는 방식이다. 구조가 간단하고 경량이며 보수가 용이하지만, 스프링의 강도에 한계가 있으므로 회로압력이 높아지면 용량이 작을 수 밖에 없다. 그러나 소형으로서 중, 저압에서의 압력진동의 흡수용으로 좋은 특성을 가지므로 건설용 차량과 그 밖에도 용도가 넓다.

그림 6-24는 실린더형 공기압식 어큐뮬레이터이며, 그림 6-25는 블래더형(bladder type) 어큐뮬레이터이고 대, 격막에 의하여 압축된 기체와 액체가 격리되어 있는 어큐뮬레이터로서 가장 많이 사용되고 있다.

이 형은 실린더식과 같이 용기 내면의 다듬질을 할 필요가 없고, 또 고무 등의 가소성의 막을 사용하므로 관성력이나 마찰력이 거의 없어서 맥동흡수, 급격한 압력 및 유량변동에는 다른 형식에 비하여 가장 우량한 성질을 나타낸다.

6-5-3 유압 여과기(필터)

유압기기의 고압 · 고속화에 의하여 기기 각부의 정도가 요구되고, 따라서 사용유의 청정도의 향상이 요구되고 있다. 유압필터는 오염된 압유를 걸러서 재생시키는 기기이며, 그 취부 위치에 의하여 탱크 필터, 라인 필터로 분류되며, 다시 라인의 흐름 상태에 의하여 전량형, 분류형 및 압력측 관로용으로서 고압용 라인 필터, 귀환(리턴) 관로나 흡입측용으로서 저압용 라인 필터가 있다.

여과의 재질은 표면 여과와 내부 여과식의 2가지로 대별되며, 전자에는 금망이나 노치 와이어(notch wire), 후자에는 펠트(felt)나 섬유(fibre), 그 중간에 속하는 것은 지류, 섬유천 등이 있다. 이 밖에 자기를 사용하여 철질의 혼입물을 제거하는 것, 표백점토, 활성 알루미나 등에 의한 흡착식이 있다.

그림 6-26 오일 탱크 필터

오일 탱크 필터는 그림 6-26에 표시하는 바와 같으며, 펌프의 흡입단에 취부하는 가장 간단한 구조의 필터로서 필터 엘리먼트를 직접 사용하는 것이 보통이다. 그 여과도는 149, 105, 74, 44μ 등의 여러 가지가 있으며, 보통 105~74μ 정도가 가장 많이 사용되고 있다.

6-6 기본 유압회로

6-6-1 유압회로의 개요

일반적으로 유압장치에 있어서 어느 기능적인 목적에 대하여 계획된 운동의 방향, 속도, 힘의 크기 및 그 작동 순서 등을 만족시키기 위하여 몇 개의 유압요소기기를 유기적으로 조합한 것을 **유압회로** 또는 **유압계통**이라 부르고, 그 구성 전체를 **유압장치**라 부른다.

유압회로를 표시하는 데는 기기의 기능을 규정한 기호에 의하여 표현한 기호회로도가 널리 사용되고 있다.

유압회로는 그 주체로 되는 여러 장치, 산업 기계용 등과 같이 그 사용 목적에 의하여 분류되어 언뜻 복잡하게 보이지만, 분석하여 몇 개의 기본회로의 조합으로 생각할 수 있다.

그들 기본 회로는 압력, 속도, 방향의 제어회로를 중심으로 유압 모터, 전기유압, 유압공기, 서보의 각 회로 등에 의하여 구성된다. 또 회로에서의 여러 현상에 대한 회로로서 쇼크 흡수회로, 대열발생회로, 안전화회로, 필터회로 등이 있다.

6-6-2 압력제어회로

액추에이터의 출력단에서의 피스톤력 또는 회전 모터의 토크의 크기를 제어하는 것은 주로 회로 내에 장착한 압력제어 밸브를 중심으로 하는 각종의 압력제어회로에 의하여 이루어진다. 회로의 기능면에서 분류하면 조압, 감압, 언로더(unloader), 시퀀스, 카운터 밸런스의 각 회로 방식으로 분류된다.

이들은 제어밸브 단체 또는 압력 스위치 및 스위치 등을 병용함으로써 보다 합리적인 회로를 구성하여 유압장치의 출력, 효율, 안전보호, 원격조작, 기타 조작의 신뢰성을 만족할 수 있게 계획하는 것이다.

(1) 조압회로

조압회로라 함은 주로 릴리프 밸브 등에 의하여 회로압력을 미리 설정된 일정값으로 조정하는 회로이며 그 이용도는 가장 크다.

그림 **6-27**은 펌프 출구단 직후에 릴리프 밸브를 장착하여 그 최대압력을 제한하는 것이다. 이것은 일반적으로 정용량형 유압펌프의 안전장치용으로 과부하 방지에 이용되며, 그림과 같이 탱크, 랙 필터 등과 함께 압력원 유닛회로의 전형적인 것이다.

그림 **6-28**은 릴리프 밸브를 2개 사용하여 각각 다른 2 종류의 회로압을 설정하는 예이다. 프레스(press) 등의 가압행정에는 고압제한용 릴리이프 밸브 ①을 사용하고, 귀환행정(return stroke)은 저압제한용 릴리프 밸브 ②에 의하여 램(ram)를 밀어 올리는데 필요한 압력을 얻드록 각 작동행정의 회로압을 설정한 것이다. 따라서 귀환행정의 끝단에서도 설정압력이 저압으로 운전되기 때문에 동력의 소비도 유온의 상승도 적고, 펌프와 기타 기기의 보수에도 유리하다.

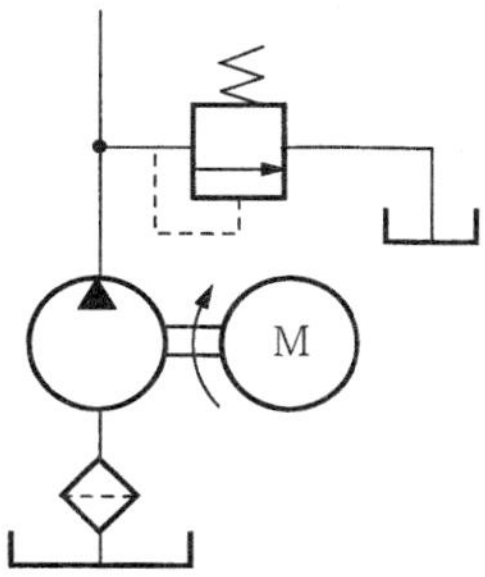

그림 6-27

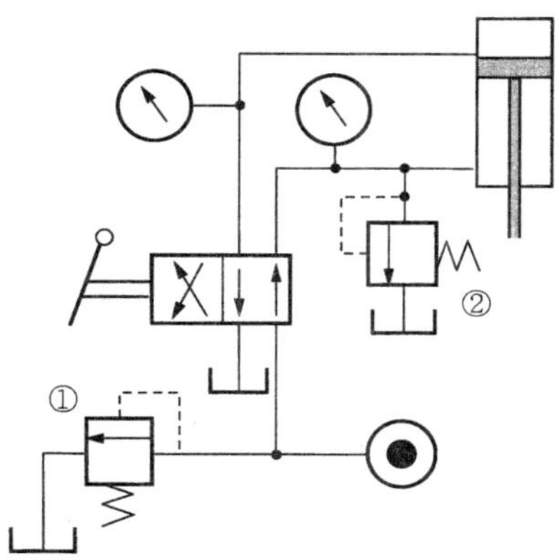

그림 6-28

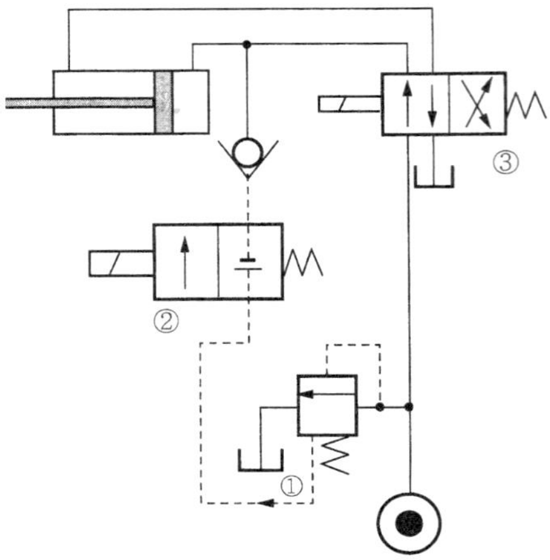

그림 6-29

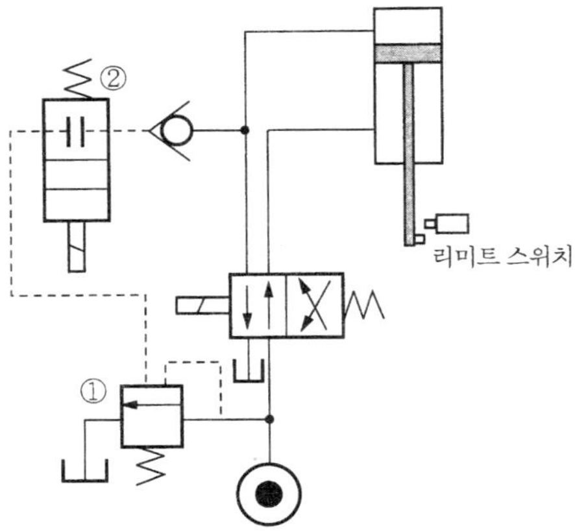

그림 6-30

그림 6-29에 표시하는 회로는 릴리프 밸브 ①의 벤트(vent)회로를 2 위치밸브 ②에 의하여, 고압 설정값과 언로더의 2개의 회로압력의 조압용으로 사용한다. ②의 밸브의 전자력의 제어는 다른 조건에 의하여 정해지는 언로더의 지금에 의하여 통전 작동하는데, 대개는 스프링의 작용으로 벤트 회로가 닫아지고 있다.

그림 6-30도 똑같이 고압설정 릴리프 밸브 ①의 벤트 회로를 ②의 밸브의 파일럿 회로에 의하여 조작하여 언로더를 시키는 원격조작회로이다.

(2) 감압회로

주조작회로의 압력이 너무 높거나 또는 부하에 의하여 변화할 때, 감압 밸브에 의하여 1차압의 변화에 구애됨이 없이 그보다 낮은 2차압을 일정한 설정압으로 유지할 필요가 있을 때가 있다.

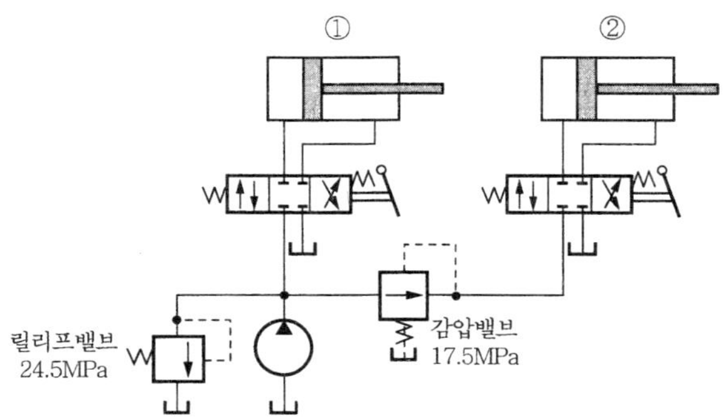

그림 6-31

그림 6-31은 감압밸브을 사용한 전형적인 2압회로이다. ①번 실린더는 릴리프 밸브 설정압인 24.5MPa이 작용하는 반면, 2번 실린더는 감압밸브로 인해 17.5MPa의 압력이 작용한다.

(3) 언로드회로

작동 사이클 중 회로에서 압유가 필요 없는 기간에 정용량형 펌프의 토출압력을 저압으로 탱크에 귀한시켜 펌프를 언로드하는 것은 펌프의 구동동력을 절약하고, 펌프의 수명을 연장시키고, 유온상승을 방지하고, 유압장치의 전효율을 좋게 하는 등 많은 잇점이 있다.

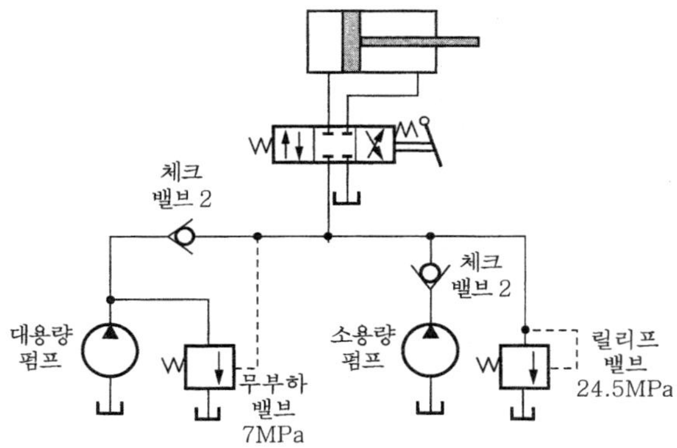

그림 6-32

무부하 밸브의 구조는 릴리프 밸브와 유사하다. 그림 6-32의 릴리프 밸브는 회로압이 설정압 이상이 되면 주회로의 유체를 탱크로 귀환시키는 반면, 무부하 밸브는 펌프입구의 유량을 탱크로 귀환시켜 펌프를 무부하 운전시킨다. 그림의 회로에서는 회로압이 0~7MPa까지는 2개의 펌프가 동작하여 대유량 송출회로압이 7MPa 이상이 되면 대용량 펌프는 무부하 운전하고, 소용량 펌프만 동작는 4 포트(port) 3위치 절환밸브의 중립위치에서 펌프 토출구와 탱크와를 단락시킴으로써 언로드하는 회로이다.

(4) 시퀀스회로

유압장치의 특징의 하나로서, 각 기계의 조작 순서를 비교적 간단하고 확실히 정하는 시퀀스 회로를 들 수 있다. 이것은 장치의 자동화의 기본이며, 다시 공기압, 전기, 기계의 조작을 정당히 조합하여 자동운전의 사이클 타임 계획을 작성하는 것이 보통이다.

그림 6-33은 시퀀스 밸브를 사용하여 실린더의 순서 작동을 하게 하는 회로이다. 방향제어밸브를 통과한 유량이 클램프 실린더를 전진시키고 클램프 실린더가 우측 끝단에 정지해 있으면 회로압이 상승하여 시퀀스 밸브의 설정압 이상이 되면 시퀀스 밸브가 열려 벤딩 실린더로 유량이 공급되

어 벤딩 실린더가 하강한다. 작업 후 실린더가 후퇴할 때에는 전진 때와는 달리 시퀀스 밸브에 내장된 체크 밸브를 통과하므로 2개의 실린더가 동시에 후퇴한다.

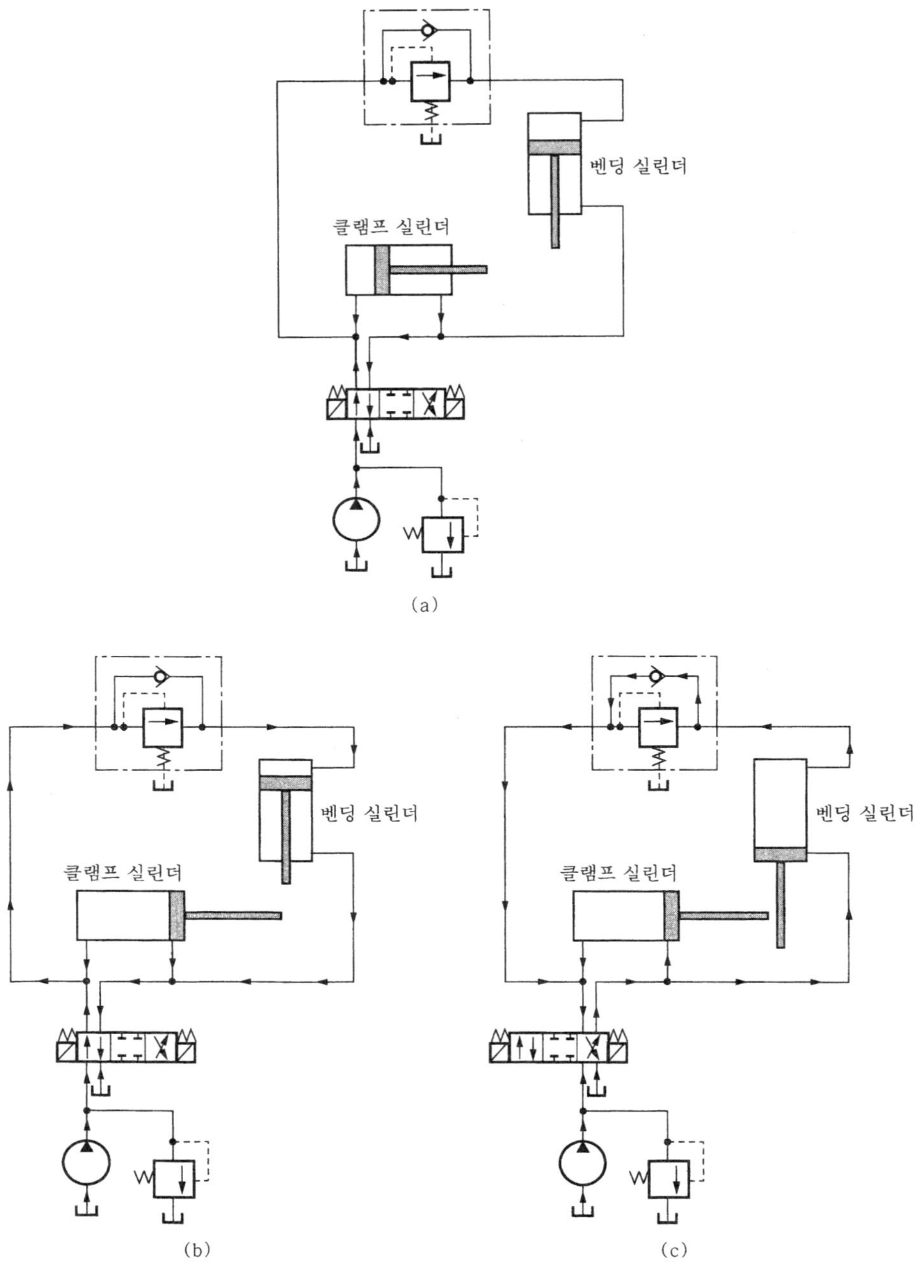

그림 6-33

(5) 카운터밸런스회로

부하가 급격히 제거되었을 때 그 자중이나 관성력 때문에 소정의 제어를 못하게 된다거나, 램이 자유 낙하하거나 폭주하는 등을 방지하기 위하여 탱크에의 귀환측에 그 유량에 관계없이 필요한 일정배압을 주는 회로를 **카운터밸런스**(counter balance)**회로**라 한다.

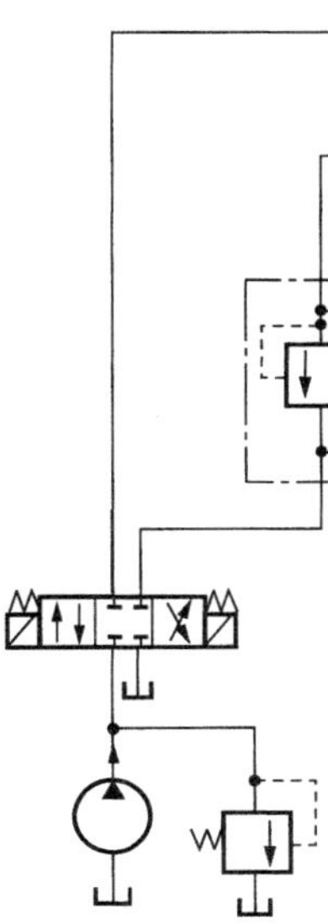

그림 6-34

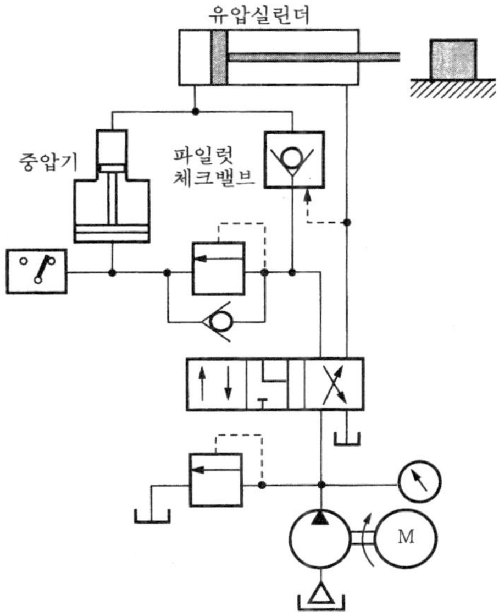

그림 6-35

그림 **6-34**는 수직으로 놓인 비교적 자중이 큰 실린더 피스톤의 귀환측에 그 중량에 상당한 배압을 주는 카운터밸런스 밸브를 장착하여 그 자유 낙하를 방지하고, 필요한 피스톤력을 릴리프 밸브에 의하여 규제하는 전형적인 회로이다.

(6) 증압회로

증압회로는 조작 사이클의 일부에 있어서 짧은 스트로크(stroke) 또는 순간적으로 고압을 필요로 할 때 사용되며, 대개 증압비는 그 실린더 면적비에 의하여 표시된다. 증압기에는 연속적으로 고압력을 내면서 송류할 수 있는 것과, 1스트로크에서 유량이 한정되는 것이 있으며, 전자를 부스터(booster), 후자를 인텐시파이어(intensifier)라 부른다.

그림 **6-35**은 실린더의 전진행정에서 부하가 걸리기 이전에는 파일럿 체크 밸브를 통과한 유량이 실린더를 전진시키다가 부하가 걸려 설정압력 이상이 되면 증압기로 증폭된 압력이 실린더에 작용하여 실린더가 전진하는 증압회로이다.

6-6-3 속도제어회로

유체액추에이터의 직선속도 또는 회전속도를 무단계로 유량조정밸브 또는 그 밖의 방법에 의하여 비교적 용이하게 제어할 수 있는 것은 유압장치의 최대 특징의 하나이다.

밸브의 유량특성을 조사하여 그 속도제어의 목적에 최적인 것을 선정하여 회로를 구성할 필요가 있다. 일반적으로 회로의 선정은 속도의 제어 범위, 그 정밀도, 부하의 종류와 그 목적, 설치장소, 가격 등 많은 요소를 고려하여 결정된다.

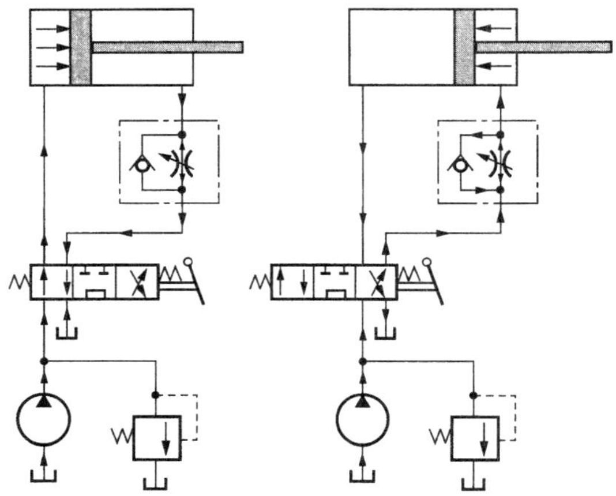

실린더 전진 실린더 후퇴

(a)

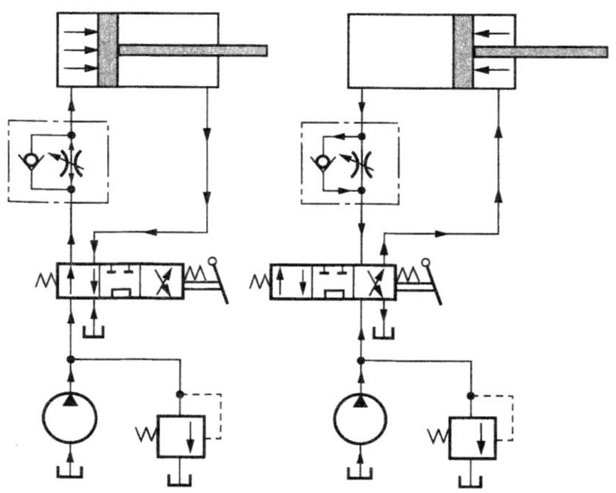

실린더 전진 실린더 후퇴

(b)

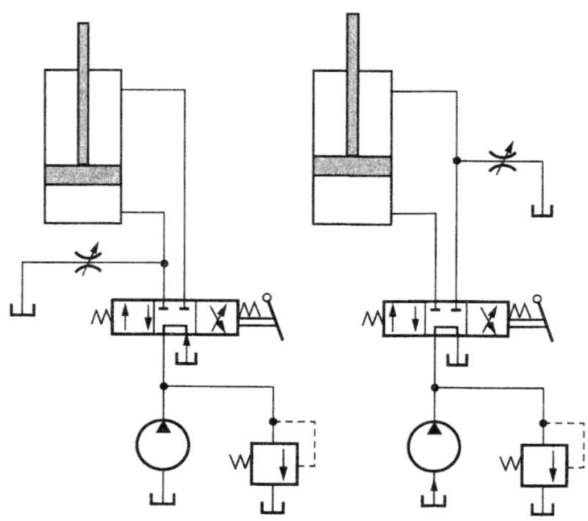

전진 행정 후퇴 행정

(c)

그림 6-36

【예제 6·13】 그림 6-36에 표시한 속도제어회로의 3형식에 관하여 다음과 같은 회로특성을 나타내는 값을 각각 구하여라.

① 실린더 입구측 압력 p_1 (kgf/cm²)

② 실린더 출구측 압력 p_2 (kgf/cm²)

③ 피스톤 속도 v (m/min)

④ 릴리이프 밸브 통과유량 Q_r (l/min)

⑤ 유량조정 밸브에서의 압력강하 p_f (kgf/cm²)

⑥ 실린더 이론출력 L_{th} (kW)

단, 펌프의 토출유량 $Q_p = 65$(l/min), 릴리프 밸브의 설정압력 $p_r = 105$(kgf/cm²), 유량조정 밸브의 설정 통과량 $Q_f = 50$(l/min), 실린더의 해드측, 로드측의 각 유효 면적 A_1, A_2는 각각 50cm², 40cm²이며, 부하는 전진행정에서 4000kgf이 정방향으로 작용하는 것으로 한다. 또한 배관저항이나 절환밸브에 있어서 유동저항을 무시할 수 있는 것으로 한다.

해 피스톤 로드의 전진행정

① 미터 인 회로

실린더 입구측 압력 : $p_1 = W/A_1 = 4000/50 = 80$(kgf/cm²)

실린더 출구측 압력 : $p_2 = 0$(kgf/cm²)

피스톤 속도 : $v = 10 \times Q_f / A_1 = 10 \times 50/50 = 10$(m/min)

릴리프 밸브 통과유량 : $Q_r = Q_p - Q_f = 65 - 50 = 15$($l$/min)

유량조정 밸브에서의 압력강하 : $p_f = p_p - p_1 = 105 - 80 = 25$(kgf/cm²)

실린더 이론출력 : $L_{th} = W \cdot v / 102 \times 60 = \dfrac{4000 \times 10}{102 \times 60} = 6.5$(kW)

펌프 출력 : $L_p = 10 \times p_r \times Q_p / 102 \times 60 = \dfrac{10 \times 105 \times 65}{102 \times 60} = 11.2$(kW)

회로효율 : $\eta = \eta_s \cdot L_{th} / L_p = 0.95 \times 6.5 / 11.2 = 0.55$

단 실린더의 효율 η_s를 0.95로 가정하였다.

② 미터 아웃 회로

$p_1 = p_r = 105$(kgf/cm²)

$p_2 = (p_1 A_1 - W)/A_2 = (105 \times 50 - 4000)/40 = 31.3$(kgf/cm²)

$v = 10 \times Q_f / A_2 = 10 \times 50/40 = 12.5$(m/min)

$$Q_r = Q_p - \frac{Q_f \cdot A_1}{A_2} = 65 - \frac{50\times50}{40} = 2.5(l/\text{min})$$

$$p_f = p_2 = 31.3(\text{kgf/cm}^2)$$

$$L_{th} = W \cdot v/102\times60 = \frac{4000\times12.5}{102\times60} = 8.2(\text{kW})$$

$$\eta = 0.95\times8.2/11.2 = 0.70$$

③ 블리드 오프 회로

$$p_1 = p_p = W/A_t = 4000/50 = 80(\text{kgf/cm}^2)$$

$$p_2 = 0(\text{kgf/cm}^2)$$

$$v = 10(Q_p - Q_f)/A_1 = 10(65-50)/50 = 3(\text{m/s})$$

$$Q_r = 0(l/\text{min}), \qquad Q_f = 50, \qquad p_f = 80(\text{kgf/cm}^2)$$

$$L_{th} = W \cdot v/102\times60 = 4000\times3/6120 = 2.0(\text{kW})$$

$$L_p = 10\times p_r Q_p/102\times60 = 10\times80\times65/102\times60 = 8.4(\text{kW})$$

$$\eta = 0.95\times2.08/8.4 = 0.23$$

그리고 유량조정 밸브를 조절하여 피스톤 속도를 10(m/s)로 하면, 밸브 통과유량 Q_f는 15(l/min)로 된다. 이때의 실린더 이론출력은

$$L_{th} = 6.5(\text{kW})$$

따라서 피스톤 속도를 12.5(m/s)로 하기 위해서는

$$(Q_p - Q_f) = \frac{v \cdot A_1}{10} = \frac{12.5\times50}{10} = 62.5\ (l/\text{min})$$

$$Q_f = 65 - 62.5 = 2.5(l/\text{min})$$

따라서

$$\eta = 0.95\times8.2/8.4 = 0.92$$

이상과 같이 블리드 오프 회로에서는 적당한 유량의 펌프를 선정하면 회로 효율을 상당히 높일 수 있다.

(1) 유량조정밸브에 의한 회로

정용량형 펌프를 사용한 유압원에 있어서 액추에이터의 속도측정에는 유량조정밸브를 사용하는 것이 보통이다. 이 경우에는 회로에서의 유량조정밸브의 설치 위치는 액추에이터에의 유입측, 유출측 또는 유입측에서 바이패스 회로의 3개의 경우가 있으며, 각각 미터 인 회로, 미터 아웃 회로, 그리고 블리드 오프 회로라 부른다.

브의 작용으로 부하에 대응하여 고압펌프측 릴리프 밸브 3의 설정압력까지 상승하여 고속행정을 하게 된다. 이 동안 ④의 압력절환스위치에 의하여 ⑤의 4포트 2 위치 절환밸브의 위치가 바뀌어서 어큐뮬레이터 ①로 압유의 보급이 저압 펌프에 의하여 이루어진다. 이와 같은 회로는 펌프용량을 합리적으로 이용하여 회로효율을 높이고, 특히 그 사이클 타임의 단축에 효과가 있다.

(5) 감속도밸브에 의한 감속회로

고속으로 작동하여 비교적 관성력이 큰 피스톤 운동의 행정말단에서의 충격적인 절환동작을 완화시키기 위하여는 행정의 적당한 위치에 있어서 전자절환밸브를 작동시켜서 시차적으로 감속조작을 시킬 수가 있으나, 적당한 감속치로 조정한 감속밸브(deceleration valve)의 작용으로 회로전환에 의한 충격을 방지할 수도 있다.

그림 **6-41**은 유량제어밸브와 감속밸브에 의한 감속회로이며, 운동하는 피스톤에서의 캠, 롤러 등의 기계적 조작에 의하여 작동하는 한 예이다.

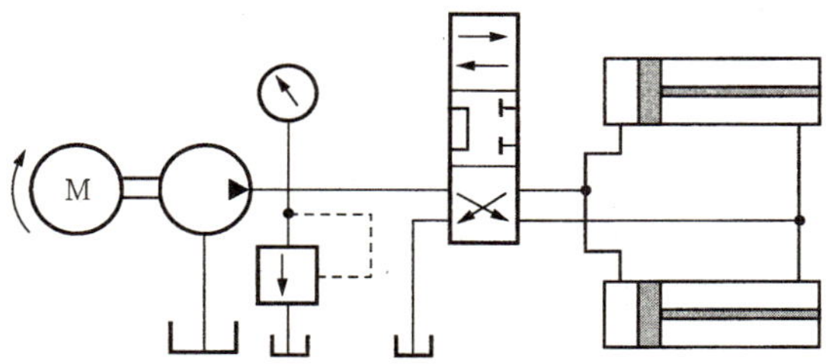

그림 6-41

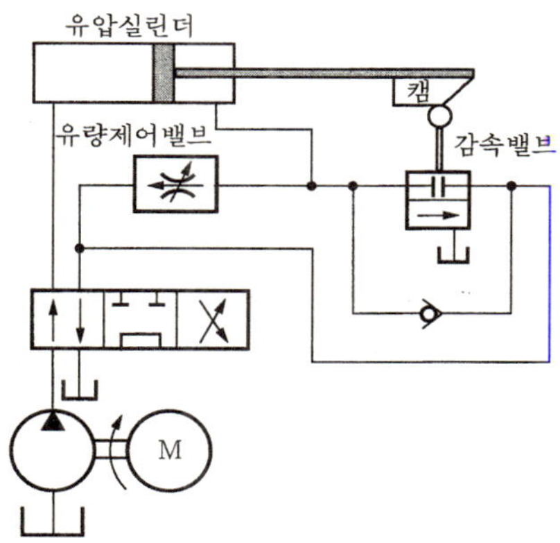

그림 6-42

(6) 동기회로

2개의 이상의 실린더의 속도나 위치 등을 동기시키는 일은 각 실린더의 치수, 특성을 완전히 동일하게 하기 어려울 뿐 아니라 , 그 부하분포 가 균일하지 못하는 등으로 엄밀한 의미에서는 곤란한 문제가 많다. 그림 **6-42**는 두 실린더를 결합한 동기회로이며, 가장 확실한 동기를 얻을 수 있으나. 각 실린더에의 부하가 고르지 못할 때에는 구조적인 무리가 생길 것이므로 주의를 요한다.

6-6-4 방향제어회로

방향제어회로는 일반적으로 압유의 흐름 방향을 제어하여 액추에이터의 운동 방향을 제어하는 회로이며, 보통 실린더 피스톤을 임의의 위치에서 고정시키는 로킹회로(locking circuit), 압력 스위치, 또는 리밋 스위치 등에 의한 전자방식에 의한 방향절환밸브 등의 조작회로가 있다.

(1) 로킹회로

액추에이터에 걸리는 부하의 변동, 회로압의 변화, 기타의 조작 등에 구애됨이 없이 압유 실린더를 필요한 위치에 고정하고, 자유운동이 일어나지 못하도록 방지하기 위한 회로이다.

그림 **6-43**은 3위치 절환밸브의 중립위치의 흐름의 형태를 클로즈드 센터(closed center), 또는 파일럿 접속으로 함으로써 액추에이터의 운동을 고정하는 방식이다.

이 경우에 큰 부하가 실린더에 걸릴 때에는 밸브의 스풀부에서의 압유의 누설이 약간 있으므로 로크가 불확실하게 된다. 그래서 그림 **6-44**와 같이 액추에이터와 절환밸브와의 사이의 관로에 파일럿식 체크 밸브를 설치하면 그 실(seal)이 완전하므로 실린더는 확실히 고정된다.

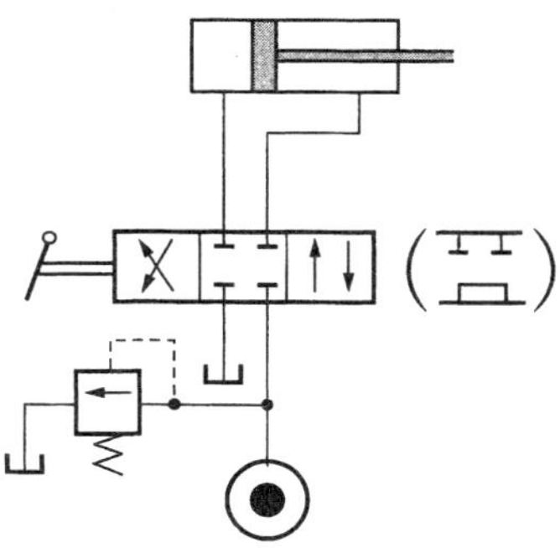

그림 6-43

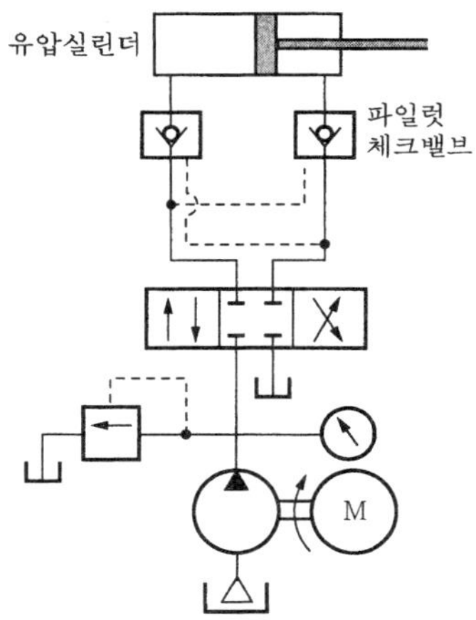

그림 6-44

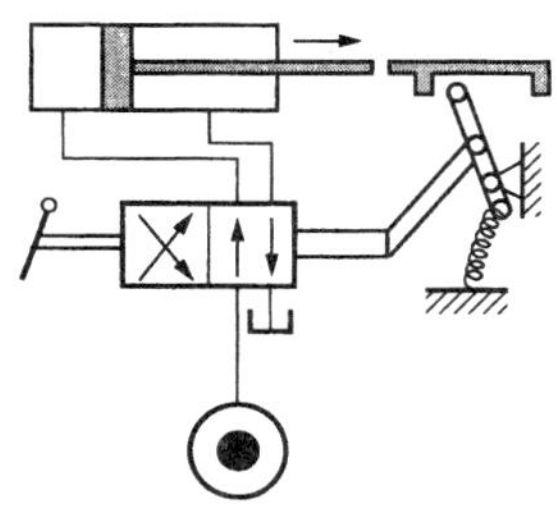

그림 6-45

(2) 기계적 절환방식에 의한 회로

절환밸브의 조작을 실린더의 운동 부분에 장착한 캠이나 더그(dug) 등의 작용으로 직접 또는 파일럿 회로를 거쳐서 행하며, 그 운동의 정지 또는 방향절환을 시키는 것은 연속왕복회로나 정지기구로서 널리 이용되는 것이다. 그림 **6-45**는 더그와 레버에 의하여 직접 주회로의 2입 절환밸브를 조작하는 한 예를 표시한다. 물론 이 밸브를 주절환 밸브의 파일럿 밸브로 사용함으로써 절환조작을 보다 고도화할 수가 있다.

(3) 전자적 절환방식에 의한 회로

유압장치의 자동 운전, 시퀀스 기구, 원격조작을 할 때, 리밋 스위치, 압력 스위치 등으로 전자 방향절환밸브를 조작할 때나 전자개폐기를 작동시켜서 전동기의 기동정지를 할 때, 과부하보호 회로, 전자회로적 인터로크에 의한 안전회로, 오동작방지회로 등의 부가에 의하여, 유압회로의 합리적인 효과를 발휘하도록 하는 경우가 많다.

6-6-5 유압모터 제어회로

유체의 에너지를 기계적 에너지로 변환시켜서 그 출력을 회전력과 회전 속도에 의하여 표시되는 유압모터는, 보통 그 압력과 유량을 제어함으로써 회전력과 회전속도가 한정된다. 또한 가변 용량 유압모터 및 펌프를 적당히 조합함으로써 정출력, 가변속도회로 등 각종 회로 방식을 얻을 수 있다.

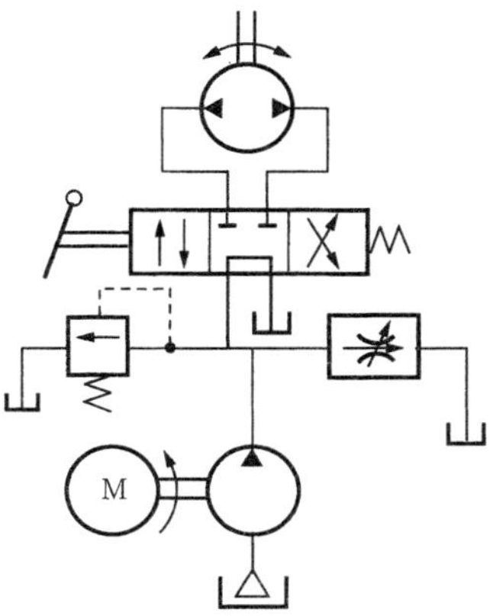

그림 6-46

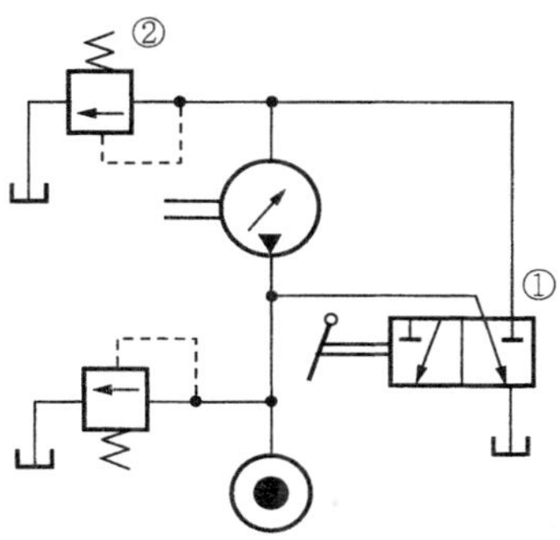

그림 6-47

그림 **6-46**은 정용유형펌프를 사용하여 양방향 토출 정용량형 모터를 3위치절환밸브에 의하여 정역 양방향회전을 조작하여, 출력 토크를 일정하게 하는 회로이다. 회전속도제어에 대하여는 그림에 표시하는 바와 같이 유량조정밸브를 블리드 오프 회로로 할 수도 있고, 미터 인 또는 미터 아웃 회로로 할 수도 있으며, 그 득실은 속도제어회로의 항에서 기술한 바와 같다.

그림 **6-47**은 가변 용량형 모터에 일정압력, 일정유량의 기름을 공급함으로써 출력 L(kgfm/s)은 토크 T(kgfm)와 회전 각속도 ω(1/s)의 곱과 같은 일정값의 조건에 의하여 제어되는 회로이다.

$$L = T \cdot \omega = T \cdot 2\pi N/60$$

①의 3포트 2위치 절환밸브가 모터 작동 위치에서 그림에 표시하는 위치로 절환 되었을 때 모터를 급히 정지시킬 필요가 있을 경우, ②와 같은 브레이크 밸브를 설치하여 그 설정을 적당히 조정함으로써 모터의 관성력에 의한 펌프 작용을 이용하여 급정지를 시킬 수가 있다. 또한 이 회로에 있어서 유압원으로서 가변 유량형 펌프를 이용하여, 그 제어방식을 여러 가지로 생각함으로써 자유로운 출력, 토크, 회전 속도, 방향 등의 제어의 조합을 계획할 수 있다.

연습문제

6-1. 어느 유량 펌프의 캐비테이션 발생점의 흡입압력이 0.45kgf/cm^2 abs이다. 이때 압유의 공기분리압력을 0.22kgf/cm^2 abs이라면, 그 펌프의 NPSH는 수주로 몇 m인가?

6-2. 유압펌프의 체적효율이 압력 70kgf/cm^2, 회전수 1800rpm일 때 93%라면, 이 펌프를 회전수 1500rpm, 압유의 점도를 1/2로 감소시킬 때의 체적효율을 계산하라.

6-3. 기어 펌프의 구조 및 특성상의 장단점을 들고, 다른 형식의 펌프와 비교 검토하라.

6-4. 가변 용량형 베인 펌프에서 캠 링의 안지름 $d_2=60$mm, 로터의 바깥지름 $d_1=50$mm, 로터의 폭 20mm, 편심량 $e=4$mm로 했을 때, 1800rpm에서의 무부하 토출량을 구하라.

6-5. 플런저형 펌프에서 일반적으로 플런저 수를 기수로 하는 것이 유리한 이유를 설명하라.

6-6. 베인형 또는 기어형 펌프에 비하여 플런저형 펌프가 고압형으로서 사용되는 이유를 고찰하여라.

6-7. 일반적으로 왕복형 플런저 펌프가 저속회전용으로서 사용되고 있는데 대하여 유압형 로터형 플런저 펌프가 고속회전용으로 사용되고 있는 이유를 설명하라.

6-8. 스풀 밸브에 있어서 그 외주에 다수의 홈을 파놓는 이유를 설명하라.

6-9. 릴리프 밸브, 카운터밸런스 밸브 및 언로드 밸브에 각각 공통적인 특징을 열거하라.

6-10. 시퀀스 밸브를 릴리프 밸브로서 사용하는 데는 어떠한 난점이 있는가 고찰하라.

6-11. 어떤 목적에 대하여 피펫형 절환밸브가 사용되는가? 또 그 이유는 무엇인가?

6-12. 새들 밸브(saddle valve)의 작동과 그 용도에 관하여 설명하라.

6-13. 4 포오트 절환밸브에서의 내장된 미터 링 밸브와 체크 밸브의 작용에 관하여 설명하라.

6-14. 부동식 램형 유압 실린더에서 피스톤 립(lip)을 붙이는 이유를 고찰하라.

6-15. 베인형 파동 모터에서의 구조적 특징을 들고, 그 작용을 설명하라.

6-16. 실린더형 어큐뮬에이터의 장점과 단점을 분리하여 설명하여라.

6-17. 유압회로의 기본 구성을 사용 목적에 의하여 분류하고, 사용되는 유압요소기기의 전형적인 예를 들어라.

6-18. 펌프의 동력을 절약하기 위한 회로를 그려서 작용을 설명하라.

6-19. 어큐뮬레이터를 회로에 설치했을 때의 영향에 관하여 고찰하라.

6-20. 유량조정 밸브에 의한 속도제어회로에 있어서의 3기본 회로에 관하여 그 특징을 비교 검토하라.

6-21. 차동 실린더 회로를 사용한 경우 그 작동 특성을 설명하고, 또 유압 실린더의 출력과 그 속도와의 관계식을 유도하라.

6-22. 실린더의 각종 동기방식을 들고, 기능, 특성, 이용성에 관하여 비교 검토하라.

6-23. 방향절환 밸브의 각종 절환제어방식을 들고, 기능과 특징에 대하여 설명하라.

6-24. 로킹회로(locking circuit)의 2, 3 예를 들고, 기능과 정도에 대하여 논하라.

6-25. 가변속도, 출력용회로의 작성에 있어서 가변용량 펌프, 유량제어 밸브, 가변용량 유압모터를 사용하는 각각의 경우에 대하여 그 특징을 비교 검토하라.

제7장 유체 수송장치

7-1 개 요

기체, 액체 및 고체가 혼합되어 흐르는 혼상류 상태로 이상류에 고체-액체계, 고체-기체계 및 액체-기체계의 3계로 나눌 수 있다.

고체-액체계로서는 토사나 기타의 고형물을 수력으로 수송하는 수력 컨베이어(hydraulic conveyor)가 있고, 고체-기체계로서는 분입체를 공기에 의하여 수송하는 공기 수송기(pneumatic conveyor)가 있다. 또한 보일러의 증발관, 기포식 펌프, 화학공업의 접촉반응장치 등에서 볼 수 있는 액체-기체계도 있다.

이 장에서는 펌프, 송풍기 및 압축기 등의 유체 수송기에 응용되는 수력 컨베이어와 공기 수송기에 관하여 개략적으로 기술하려고 한다.

유체 컨베이어는 유체의 흐름 중에 존재하는 물체가 유체와 물체와의 상대운동에 의하여 작용하는 추력으로 가속되고 추진되는 현상을 이용한 것이며, 수송 물체는 반드시 수송관 내를 유도하여 수송된다.

유체 컨베이어는 기계적인 수송 장치인 벨트 컨베이어, 버킷 컨베이어 등에 비하여 다음과 같은 장점이 있다.

1) 수송로에 기계적인 가동부가 전연 없고 관로가 단 하나 뿐이다.

2) 수송 중 수송재를 담고 가는 용기의 역할을 유체가 하므로 귀환장치가 없다(return empty).

1), 2)를 바탕으로 한 장점을 다시 세분하면,

① 수송용의 관로가 점유하는 부지 면적이 최소이며 특별한 공간도 필요 없고, 따라서 수송로의 시설비, 특히 기초 공사비 등이 저렴하다.

② 시설 유지가 간편하고, 자동운전이 가능하므로 인적 요원이 수송량에 관계없이 최소한으로 된다.

③ 가동부가 적으므로 소모품도 적고 유지비도 싸며, 수송로는 소음이 없고 안전하다.

④ 운반 중 수송재의 손실이 없고 외부로부터의 오염이 없다.

⑤ 불의의 사고가 없으므로 안전요원이 필요하지 않다.

이상과 같은 장점이 있는 반면에, 다음과 같은 단점을 지적할 수 있다.

① 다른 수송기에 비하여 동력의 소비량, 즉 단위수송에 필요한 소요동력이 월등하게 크다.

② 수송재에 제한이 있다. 즉 지름 20~30mm이하의 입체에 한하며, 부착성 등도 제한을 받는다.

③ 장치 중 1 개소가 고장이 나면 전체가 수송 불능으로 된다.

유체수송 방식은 최근 특히 화학공업의 진보에 따라서 그 이용 범위가 급격히 증가하고 있다.

7-2 수력 컨베이어

7-2-1 수력 컨베이어의 분류

수력을 이용하여 고형물을 수송하는 장치를 수력 컨베이어라 부르며, 고형물의 수력수송은 모래, 석탄, 플라이애시(fly ash), 철광석 등 극히 광범위하게 수송된다.

수력 컨베이어에 있어서는 고체와 물과의 혼합액을 관로를 사용하여 수송하며, 다음 3가지 방법으로 대별된다.

1) 저압상태에서 미리 고체와 물을 혼합시킨 고체 혼합액을 펌프에 의하여 직접 수송하는 방법

2) 고체 혼합액을 펌프 내에 유동시키지 않는 방법이며, 펌프에 의한 고압정수를 저압하에서 고형물이 들어있는 밀폐용기 내에 도입하여 그 속에서 혼합시킴과 동시에 혼합액을 압송하는 방법(hydro-hoist)

3) 제트 펌프(분류펌프)에 의한 방법이며, 고압수를 분사시켜 고체 혼합액을 흡인하여 수송하는 방식이다.

7-2-2 고체 혼합액용 펌프

(1) 원심펌프

그림 7-1에 표시하는 원심펌프는 샌드 펌프(sand pump)라 불리는 것이며, 이 펌프는 광산 및 탄광에서 고농도의 토사의 수송, 제철소의 스케일(scale) 수송 등에 사용된다.

혼합액이 통과하는 수로 부분은 마멸이 심하므로 케이싱, 임펠러 등은 크롬 등의 내마멸재를 사용한다. 또한 마멸된 임펠러의 교환에 편리하도록 분해가 쉬운 구조로 되어 있다. 그림 7-1의 (a)는 종단면도, (b)는 측면도, (c)는 횡단면도, (d)는 스터핑 박스부의 상세도이다.

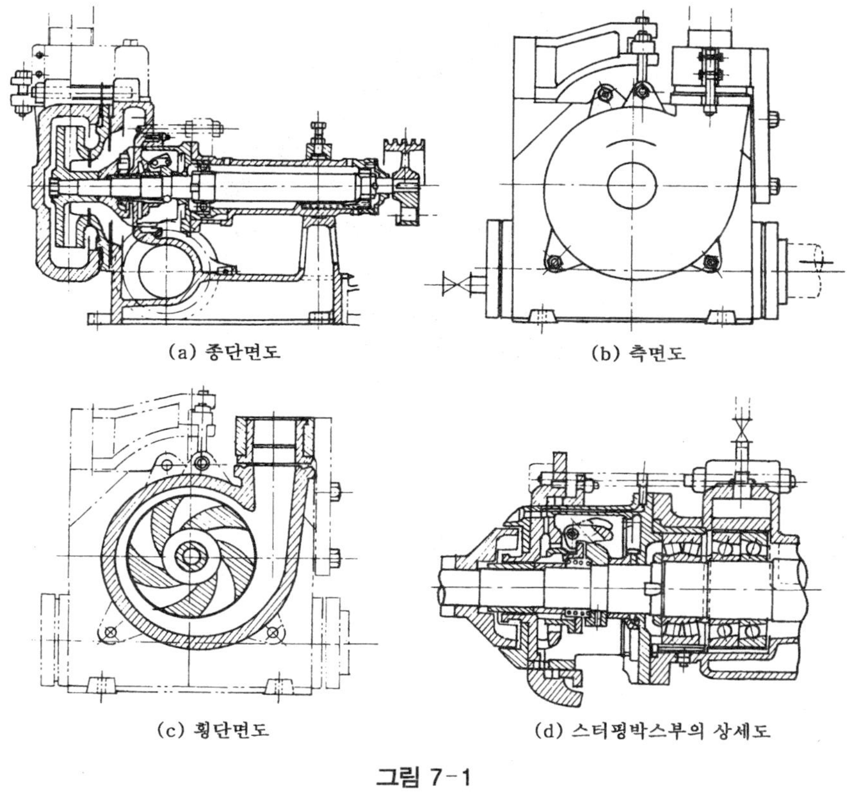

(a) 종단면도 (b) 측면도

(c) 횡단면도 (d) 스터핑박스부의 상세도

그림 7-1

그림 7-2는 토사 혼합액을 수송하는 경우의 성능곡선의 한 예를 표시하며, 그림에서 C_v는 혼합액의 체적농도로

$$C_v = \frac{V_s}{V_w + V_s} \tag{7.1}$$

이다. 여기서 V_s는 혼합액 내의 모래의 체적(m^3), V_w는 혼합액 내의 청수의 체적(m^3)이다. γ를 혼합액의 비중량(kgf/m^3), γ_w를 청수의 비중량(kgf/m^3), γ_s를 모래의 비중량(kgf/m^3)으로 하면 식 (7.1)은

$$C_v = \frac{\gamma - \gamma_w}{V_w + V_s}$$

로 된다.

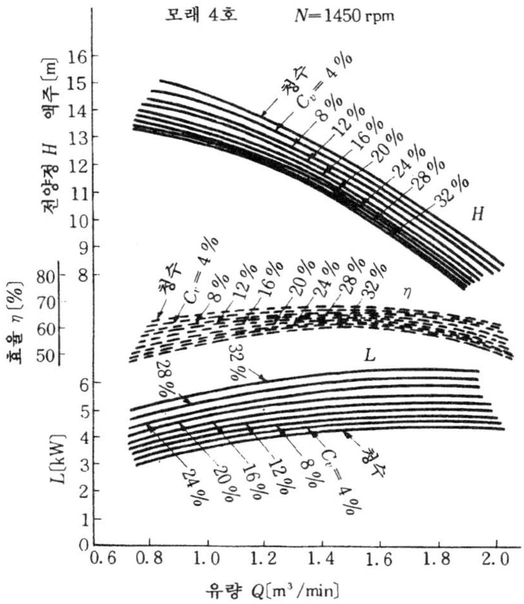

그림 7-2

또한 H를 액주로 표시한 전양정으로 하면(그림 7-3참조)

$$H = \frac{1}{\gamma}\{h(\gamma_{hg} - \gamma_w) + h_1(\gamma - \gamma_w)\} \tag{7.2}$$

단, γ_{hg}는 수은의 비중량(kgf/m^3), h는 토출압력과 흡입압력과의 압력차를 수은주 압력계로 측정한 값(m), h_1은 펌프중심과 토출 압력계 정점과의 수직거리(m)이다.

또 L을 축동력(kW), Q를 혼합액의 유량(m^3/min)으로 하면 효율 η는

$$\eta = \frac{0.163\gamma QH}{L} \times 10^{-3} \tag{7.3}$$

로 표시된다.

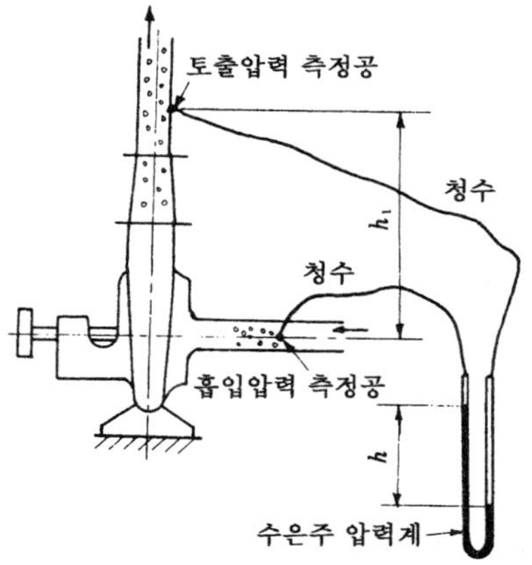

그림 7-3

(2) 용적형 펌프

샌드 슬라임(sand slime)용 피스톤 펌프, 콘크리트 펌프(그림 7-4) 등이 이에 속한다.

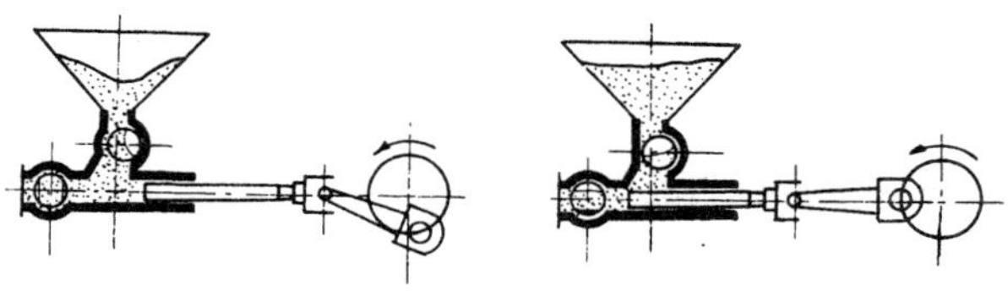

그림 7-4

7-2-3 하이드로 호이스트

주로 석탄 수송에 사용되고 있는 방법이며, **주관 압송식**(직선형 관, 코일형 관) 및 측통형(중력식, 차압식) 등으로 분류된다.

주관 압송식(직선형 주관)의 원리는 그림 7-5에 표시하는 바와 같으며, 석탄과 청수와의 혼합액은 호퍼(hopper)를 거쳐서 급탄관에 유입된다. 이때 조작밸브 A, B는 닫혀져 있다. 급탄관 내에 혼합액이 충만된 후 밸브 C, D를 닫고, A, B를 열면 펌프로부터의 고압수에 의하여 혼합액이 송출된다. 이와 같은 주관이 병렬로 여러 개 설치되고 있으므로 송출조작은 연속적으로 이루어진다. 송출된 후의 급탄관 내부에는 고압청수가 머물고 있다. 그리고 D 밸브를 열면 급탄관 내의 압력은 강하한다. 이와 같은 조작을 반복해 나가는 것이다.

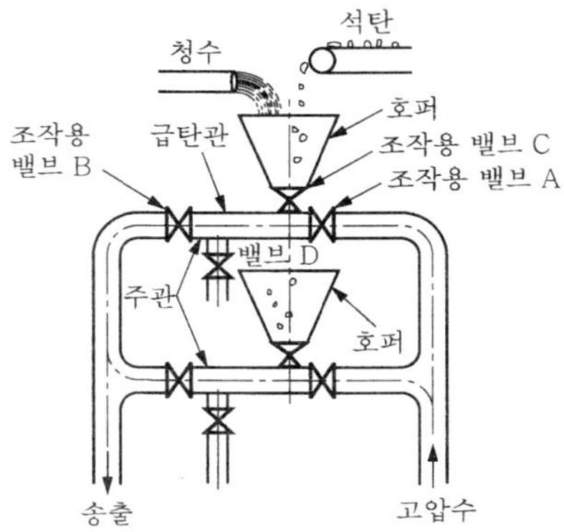

그림 7-5

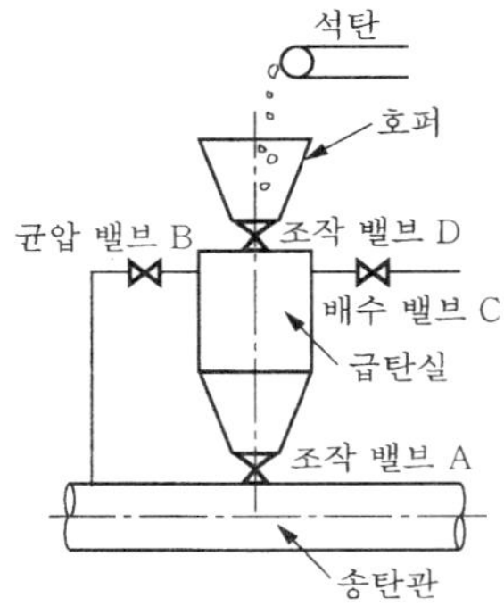

그림 7-6

측통형 중력식 하이드로 호이스트는 그림 7-6에 표시하는 바와 같이, 고압의 송탄관에 지름이 큰 급탄실을 설치하고 있다. 먼저 균압밸브 B 및 조작밸브 A를 닫고, 배수밸브 C를 열면 급탄실 내의 압력은 강하하며, 이때 상부의 호퍼의 조작 밸브 D를 열어 중력으로 석탄을 급탄실에 넣으면 내부의 물은 밸브 C를 통하여 배수된다. 밸브 C, D를 닫고 밸브 B를 열면 급탄실 내의 수압은 상승하며, 다음에 밸브 A를 열면 석탄은 주관을 통하여 송출된다.

7-2-4 고-액 2상류의 압력손실

고형입자의 크기를 체(sifter)의 눈으로 표시했을 때 40μ 이상 3mm 이하의 미립자 경우와, 입자의 크기가 3~5mm 이상의 조립자 경우와는 그 유동상태가 다르다.

이 항에서는 석탄 등과 같은 수력수송에 상당한 조립자 수송에서의 압력손실에 관하여 기술하기로 한다.

조립자 수송에서는 유속이 느리게 되면 고체는 관 아래에 층을 이루고 미끄럼질 하면서 수송되며, 액상과 고상이 분리상태에서 유동한다. 그러나 고속으로 되면 고체는 부유상태로 되어 수송된다. 저속에서의 습동상태에서는 관 바닥에 고체마찰손실이 커지므로 수력손실만의 경우보다 혼합액의 압력손실이 훨씬 커진다.

그림 7-7은 지름 100mm의 수평직관에 체의 눈 38mm을 통과한 석탄을 체적농도 C_v를 여러 가지로 변화시켜 수송했을 때의 실험 결과이다.

그림에서는 h는 혼합액을 유동시켰을 때 관길이 1m 사이에서 생기는 압력손실수두(mm/m), h_w는 청수만을 유동시켰을 때 관길이 1m 사이에서 생기는 압력손실수두(mm/m), v는 물 또는 혼합액의 평균유속(m/s)이다. 그리고 점의 옆 숫자는 농도(%)를 표시한다. 그림에서 알 수 있는 바와 같이, 농도를 일정하게 했을 경우 어느 유속에서 압력손실이 최저로 되고, 또 유속이 증가함에 따라서 h는 h_w에 가까워진다.

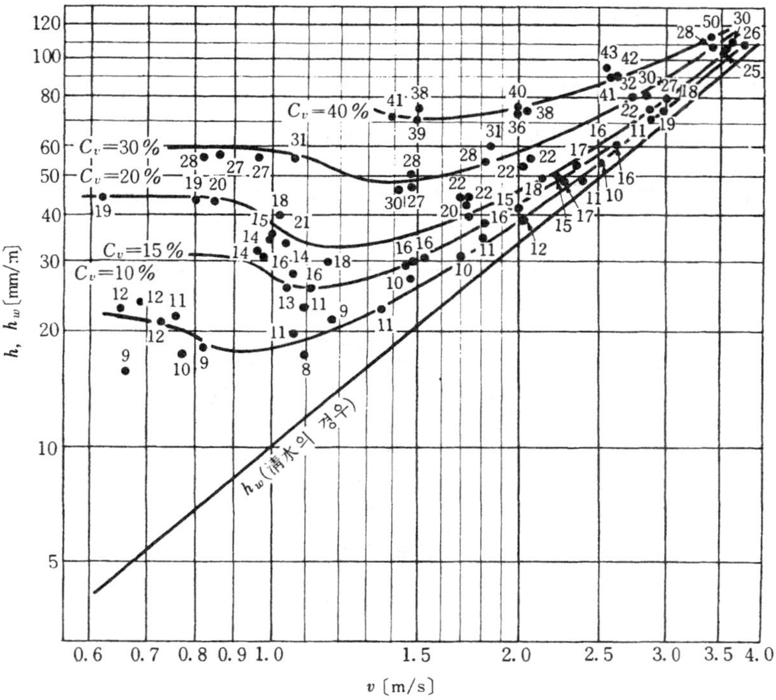

그림 7-7

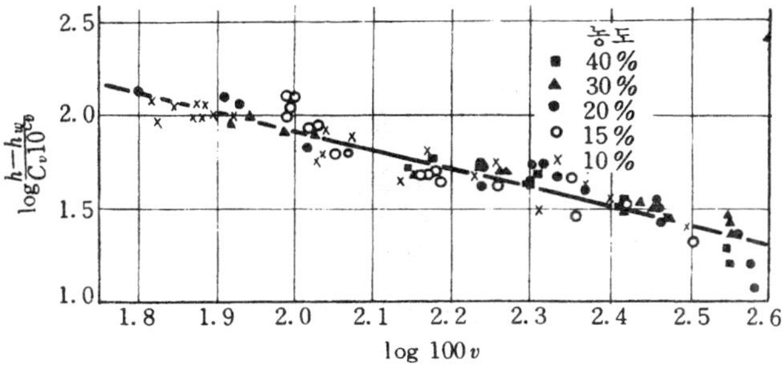

그림 7-8

이러한 실험 결과를 세로축에 $(h-h_w)/C_v \times 10^{cv}$를 취하고, 가로축에 v를 취하여 표시하면 그림 7-8과 같이 하나의 직선으로 표시할 수 있어 실험식을 구하면 다음과 같은 식으로 된다.

$$\frac{h-h_w}{C_v 10^{cv}}=\frac{83}{v} \tag{7·4}$$

석탄과 물의 혼합액을 유동시키는 데 요하는 동력과 수송량으로 생각하여 가장 효율이 좋게 되는 것은 C_v/h가 최대로 되는 점을 취할 때이다. 농도가 일정한 경우 그림 7-7에서 h가 최저로 될 때 C_v/h가 최대로 된다.

그림에서 C_v/h와 농도와의 관계를 구하면 그림 7-9와 같이 된다. 따라서 이 경우에는 농도 30%, 유속 1.4m/s를 동작점으로 하면 가장 효율이 좋게 석탄을 수송할 수 있는 것이다.

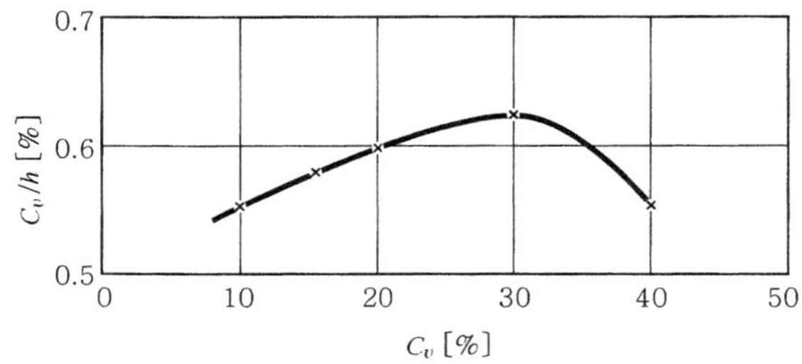

그림 7-9

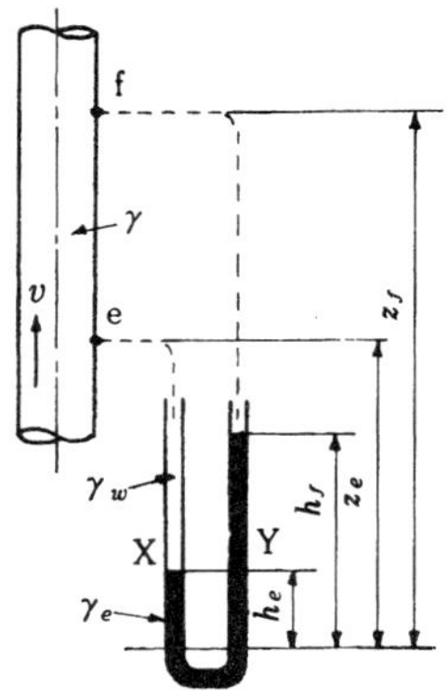

그림 7-10

다음에 수직직관에서 압력손실을 구할 때 그림 7-10은 상승관의 측정구와 액주 압력계와의 설치 관계를 표시한 것이다. 비중량 γ의 혼합액이 수직관 내를 유속 v로 상승하고 있을 때의 점 e의 정압을 p_e, 점 f의 정압을 p_f로 하고, 점 e와 f 간에 생기는 압력손실을 H_l로 하면

$$\frac{p_f}{\gamma}+\frac{v^2}{2g}+z_f+H_l=\frac{p_e}{\gamma}+\frac{v^2}{2g+}z_e \tag{7.5}$$

또 그림 7-10에서 점 X, Y에서의 압력은 같으므로

$$p_f+\gamma_w(z_f-h_f)+\gamma_e(h_f-h_e)=p_{e+}\gamma_w(z_e-h_e) \tag{7.6}$$

로 된다. 단, γ_w, γ_e는 각각 물, 액주계 사용액의 비중이다. 식 (7.5), (7.6)으로 부터

$$H_l=(h_f-h_e)\frac{\gamma_e-\gamma_w}{\gamma}=-(z_f-z_e)\frac{\gamma-\gamma_w}{\gamma}$$

단위길이에서 생기는 압력손실을 수주로 표시한 것을 h_u로 하면

$$h_{u=}\frac{H_l}{z_f-z_e}\frac{\gamma}{\gamma_w}=\frac{\gamma_e-\gamma_w}{\gamma_w}\frac{h_f-h_e}{z_f-z_e}-\frac{\gamma-\gamma_w}{\gamma_w} \tag{7.7}$$

로 된다. 똑같이 하여 하강의 경우의 손실을 h_d로 하면

$$h_d=\frac{\gamma_e-\gamma_w}{\gamma_w}\frac{h_e-h_f}{z_f-z_e}+\frac{\gamma-\gamma_w}{\gamma_w} \tag{7.8}$$

로 된다. 이 h_u, h_d를 세로축에 취하고, v를 가로축에 취하여 그림 7-11과 같은 곡선을 얻는다.

그림에서 알 수 있는 바와 같이, 상승, 하강의 경우 거의 일치한 결과로 된다. 그림에서 실선은 청수의 경우이고, 숫자는 농도(%)를 표시한다.

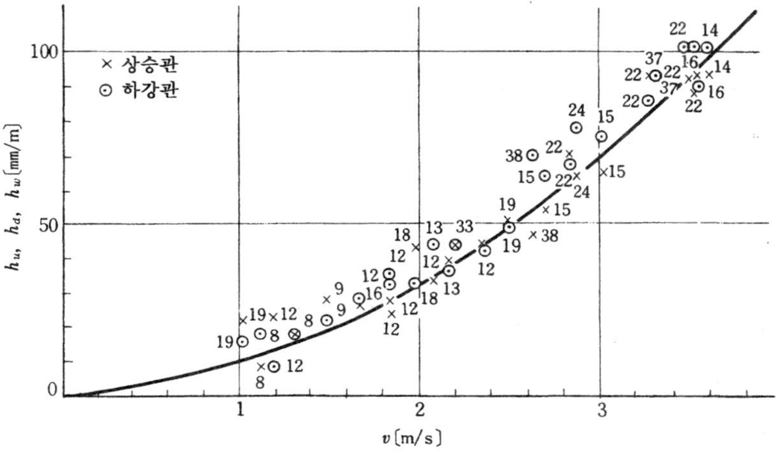

그림 7-11

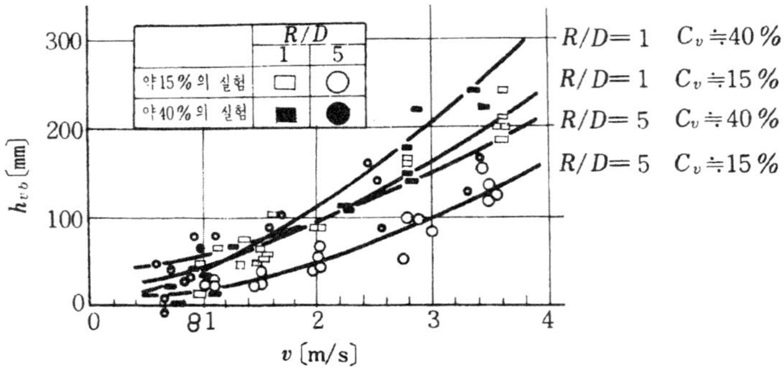

그림 7-12

수직곡선의 손실을 h_{vb}로 하고, 유속 v와의 관계를 실험적으로 얻은 결과를 도시하면 그림 7-12와 같이 된다. 농도가 40%로 되면 곡관의 곡률 반지름 비 $R/D=5$와 같은 완만하게 굽은 관에서도 상당한 손실을 일으키는 것을 알 수 있다.

7-3 공기 수송기

7-3-1 개요와 분류

분립체를 기류 중에 부유시켜서 수송하는 장치를 일반적으로 공기 수송기(pneumatic conveyor)라 부르며, 다음 4가지 기구 및 부품을 조합하여 구성된다.

① **혼입기**(feeder) : 입체를 수송관 내에 혼입하여 기류에 부유시키기 위한 재료 공급기이다.

② **수송관**(transport pipe) : 공기와 함께 입체를 수송하는 관로 및 그 부속 부품류이며 수송의 주요부이다.

③ **분리기**(separator) : 입체를 기류에서 분리하여 수송관 밖에 배출하기 위한 기기이며, 대기 분리기의 밑에 배출기가 있으며, 2개의 기기로 되어 있으나 겉으로는 일체로 보이며 그 전체를 분리기라 한다.

④ **공기펌프** 또는 **공기 압축기**(air source) : 수송에 필요한 기류를 얻기 위한 공기 또는 기타 기체의 압력 상승기라 할 수 있으며, 수송 방식에 따라서 압축기와 진공펌프로 구분된다.

공기 수송기에서 이들 각 기기의 배열 및 구조는, 수송관 내의 압력이 대기압보다 낮은가 높은가에 의하여 다음과 같이 달라진다.

수송관 내가 대기압보다 낮을 때를 진공(흡인)식 **공기 수송기**(pneumatic conveyor of suction type)라 부르며, 보통 그림 7-13과 같은 배열로 한다. 이 형식은 공기펌프(진공펌프)가 장치의 끝단에 설치되어 장치 내의 공기를 흡인하므로, 압력이 그림 **7-3**에 보인 것과 같이 진공펌프에 접근할수록 작게 나타난다.

즉 수송관의 시작점 부근은 대기압에 가까우므로 입체의 혼입은 용이하며 구조도 간단하지만, 관 끝단의 분리부는 장치 중 최저압으로 되어 입체를 수송관 밖으로 배출시킬 때 외부의 공기가 유입되기 쉽다. 따라서 이것을 방지하기 위한 특별한 구조가 필요하다.

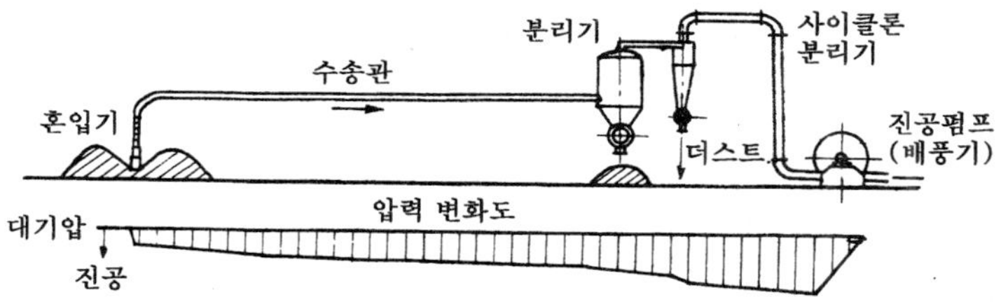

그림 7-13

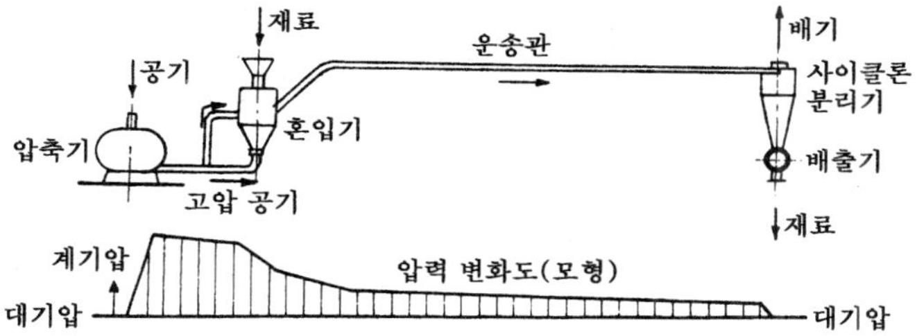

그림 7-14

수송관 내가 대기압보다 높은 경우를 압송(흡인)식 공기 수송기(pneumatic conveyor of pressure type)라 부르며, 그림 **7-14**와 같이 장치의 처음에 공기펌프(압축기)가 배치되어 압축 공기가 장치 내에 송입되므로 압력은 운송시점이 가장 높고 관 끝에 가까울수록 대기압으로 된다.

이 경우는 입체를 수송관의 고압부에서 혼입시켜야 하므로, 그 때에 공기의 역류를 방지하기 위한 특별한 장치가 필요하다. 그 대신 수송장치의 끝단에서의 분리부는 압력이 대기압에 가깝고 저압인 관 외부에 배출하게 되므로 간단하다. 즉 진공식은 입체의 분리 배출이 어렵고, 압송식은 입체를 수송관에서 혼입시키는 것이 어렵다.

7-3-2 고체-기체 2상류 이론

(1) 피수송재의 물리적 성질

공기로 수송할 수 있는 재료는 부착, 응집성이 없는 20~30mm 이하의 입체라는 조건 외에 다른 제한은 없다. 이들 입체의 수송의 난이 정도는 각 입자의 무게와 저항력과에 관계할 것이며, 무게는 입자 지름을 d, 중량을 w로 하면 $w \propto d^3$이며, 이 입자에 작용하는 공기의 저항 R는 $R \propto d^2$이다. 따라서 $w/R \propto d$로 되어, 저항에 대한 중량의 비율은 입체의 크기에 비례한다.

즉 입자의 부피가 클수록 수송은 곤란하며, 이것은 상식적으로도 당연하다. 또한 입체의 종류가 다르면 그 형상이나 비중 등도 수송의 어려움에 상당히 영향을 줄 것이며, 이것들을 총합적으로 나타내는 것이 부유속도이다.

일반적으로 입자가 공기 중을 중력에 의하여 낙하할 때 공기의 저항을 받으며, 그 저항은 입자의 속도를 U_s(m/s)라 하면 U_s^n($n=1\sim2$)에 비례한다. 따라서 U_s가 커지면 저항도 그에 따라서 커져서 결국에는 입자의 자중과 같게 되며, 그 순간부터 입자에 작용하는 중력과 저항력과는 평형상태로 되어 입자에는 전혀 외력이 작용하지 않는 것과 같게 되므로, 그 때의 관성에 의하여 입자는 등속운동(낙하)을 하게 된다. 이 속도를 입자의 **부유속도** 또는 **침강속도**(terminal velocity, settling velocity)라 부른다.

입자를 지름 d의 구로 생각하고, 저항계수를 C, 비중량을 γ_s(kgf/cm^3)로 하면, 이 경우 $R=w$이므로

$$C\frac{\pi d^2}{4}\frac{\gamma_a u_g^2}{2g}=\gamma_s\frac{\pi d^3}{6}$$

이며, u_g는 부유속도(m/s)이다. 윗 식으로부터

$$u_g=\left(\frac{4}{3}\cdot\frac{gd}{c}\cdot\frac{\gamma_s}{\gamma_a}\right)^{1/2}=K\sqrt{\gamma_s d} \tag{7.9}$$

로 된다. 저항 계수 C는 일반적으로 $R_e=u\cdot d/\nu$에 의하여 변화하며, 구의 경우에는 $R_e=1$ 정도까지에서는 C와 R_e는 반비례하며 $C=24/R_e$로 표시된다. 이때 저항 R는

$$R=\frac{24}{R_e}\cdot\frac{\pi d^2}{4}\cdot\frac{\gamma_a u_s^2}{2g}=2\pi\mu d u_s \tag{7.10}$$

로 되어, 저항이 속도에 비례하는 이른바 스톡스 법칙(Stoke's law)으로 된다.

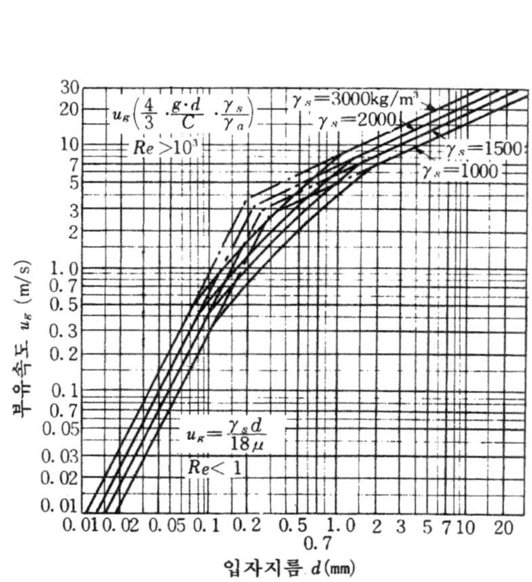

그림 7-15

따라서 이때의 부유속도는 식 (7.9)로부터

$$u_g=\left(\frac{4}{3}\cdot\frac{gdR_e}{24}\cdot\frac{\gamma_s}{\gamma_a}\right)^{1/2} \quad \therefore \quad u_g=\frac{\gamma_s d^2}{18\mu} \tag{7.11}$$

이다. 식 (7.11)은 일반적으로 집진장치 등에서 문제되는 정도의 미분에 적용되는 부유속도이다.

$R_e<10^3$의 부분에서는 C는 거의 일정하며, 이때의 u_g는 식 (7.9)의 C에 입체 고유의 저항계수를 대입하여 산정한다.

비중량을 여러 가지로 변화할 때의 구의 d와 u_g와의 관계는 그림 **7-15**와 같이 되며, 그림에서 구상입자의 부유속도가 거의 추정된다. 단, 일반적으로 입체는 형상이 불규칙적이므로 저항계수를 알기 어려우며, 또한 수송 중의 입자는 회전하는 경우가 많으므로 저항 계수도 변한다. 그러므로 입체의 정확한 부유속도를 계산으로 구하는 것은 대개의 경우 곤란하며, 개개의 입자에 대하여 실측하는 것이 가장 확실하다.

(2) 평행기류 중의 입자의 운동

소송관 내에서의 입체의 운동에는 여러 가지 조건이 들어 있으므로 대단히 복잡하다. 그러나 운동의 기본적인 경향은 평행기류 중에 놓인 하나의 입자 운동에 대하여 고찰해 보자.

지금 기류의 속도를 u_a, 입자의 속도를 u_s로 하면 상대속도는 $u_r=u_a-u_s$이며, 이것이 입체에 작용하여 저항을 일으키는 것이다. 그러므로 입자는 흐름에 직각인 단면적과 풍압 에너지에 비례하는 힘을 받는다. 지금 그 단면적을 a로 하면 저항력 R는

$$R = C \cdot a\frac{\gamma_a u_r^2}{2g} = C \cdot a\frac{\gamma_a(u_a - u_s)^2}{2g} \tag{7.12}$$

으로 표시된다. 식 (7.12)의 C는 저항계수이며, 구의 경우 R_e의 함수로 되는 것은 앞에서 설명한 바와 같다.

이 저항력과 중력과 마찰력 등의 차가 입자를 가속시키는 힘으로 되며, 한편 수송관을 흐르는 공기는 입체에 부여한 이 저항력의 에너지만큼 여분의 압력손실을 일으킬 것이므로, 압력 손실을 구하기 위해서는 먼저 입체의 운동을 알아야 한다.

단, 평행기류 중의 입자의 경우는 저항력은 작용하지만, 무한공간의 흐름이므로 압력손실 및 기류의 속도 변화는 생각하지 않아도 된다. 이때 수평방향으로 운동하는 입자의 저항력은 전부 가속에 소비되고, 수직 방향은 입자의 저항과 중력과의 차가 가속의 힘으로 된다고 생각할 수 있다.

(3) 단입자의 수평운동

수평방향의 평행기류 중을 입자가 수평으로 운동할 때는 중력의 영향을 고려하지 않아도 되므로, 저항이 모두 가속의 힘으로 소비된다. 따라서 입자의 질량을 m_s로 하면, 운동 방정식은 다음과 같이 된다.

$$m_s\frac{du_s}{dt} = R \tag{7.13}$$

지금 입자를 지름 d의 구로 생각하고, 비중량을 γ_s로 하면 식 (7.13)은 다음과 같이 된다.

$$\frac{\gamma_s}{g} \cdot \frac{\pi d^3}{6} \cdot \frac{du_s}{dt} = C_1\frac{\pi d^2}{4} \cdot \frac{\gamma_a(u_a - u_s)^2}{2g} \tag{7.14}$$

이 입자의 부유속도를 u_g로 하고, 그 때의 저항계수를 C_g로 하면, 앞에 언급한 바와 같이 부유상태에서는 입자의 무게와 저항력이 같으므로

$$C_g\frac{\pi d^2}{4} \cdot \frac{\gamma_a u_g^2}{2g} = \frac{\pi d^3}{6}\gamma_s \tag{7.15}$$

이다. 여기서 C_1, C_g는 같은 저항법칙에 따르는 R_e수의 범위 내에 있으며

$$C_1 = \frac{a}{R_e^n},\ C_g = \frac{a}{R_e^n}$$

로 표시되는 것으로 한다. 단, $R_e = u_r d/\nu$, $R_g = u_g d/\nu$이다.

이들 관계로부터

$$\frac{C_1}{C_g} = \left(\frac{R_g}{R_e}\right)^n = \left(\frac{u_g}{u_r}\right)^n \tag{7.16}$$

을 얻는다. 식 (7.15), (7.16)을 식 (7.14)에 대입하여 C_1을 소거하면

$$\frac{\gamma_s}{g} \cdot \frac{\pi d^3}{6} \cdot \frac{du_s}{dt} = \gamma_s \cdot \frac{\pi d^3}{6}\left(\frac{u_r}{u_g}\right)^{2-n} \tag{7.17}$$

으로 된다. 식 (7.17)을 단위중량에 관한 식으로 하면

$$\frac{1}{g}\frac{du_s}{dt} = \left(\frac{u_a - u_s}{u_g}\right)^{2-n} \tag{7.18}$$

으로 되어, 단입자의 수평 운동 방정식을 얻는다.

지금 식 (7.18)을 무차원항으로 표시하기 위하여

$$\frac{u_s}{u_a} = \varphi,\quad \frac{u_g}{u_a} = \phi,\quad \frac{g \cdot t}{u_g} = T$$

로 놓고, 식 (7.18)의 양변에 ϕ^{2-n}을 곱하면

$$\phi^{2-n} d\frac{\varphi}{dT} = (1-\varphi)^{2-n} \tag{7.19}$$

으로 된다. 또는 입자의 운동을 거리의 함수로 표시하기 위하여 무차원함수

$$\frac{gl}{u_g^2} = F$$

로 놓고, 다시 정상운동에 관하여 생각하기로 하여

$$\frac{du_s}{dt} = \frac{du_s}{dl} \cdot \frac{dl}{dt} = u_s \frac{du_s}{dt} \tag{7.20}$$

로 놓고, 이 식들을 식 (7.18)에 대입하고 양변에 ϕ^{2-n}을 곱하면

$$\frac{\varphi d\varphi}{\phi^n dF} = (1-\varphi)^{2-n}$$

$$\therefore\ \frac{d\varphi}{dF} = \frac{\phi^n}{\varphi}(1-\varphi)^{2-n} \tag{7.21}$$

으로 된다.

식 (7.19), 식 (7.21)은 각각 입자의 운동시간 및 거리를 독립변수로 했을 때의 단입자의 수평운동의 식이다. 지수 n은 입자에 작용하는 저항력에 의하여 $n=1\sim0$의 범위에 있다. 그러므로 운동 방정식의 해도 n에 관하여 다음과 같이 달라진다.

1) $R_e < 1$인 경우

이 경우는 앞에 기술한 바와 같이 입자의 저항이 Stoke's law에 따라 u_r에 비례하므로, 식 (7.12)의 저항계수는 $C=a/R_e$의 형으로 표시되므로 $n=1$로 된다. 따라서 식 (7.19) 및 식 (7.21)의 해는 다음과 같이 된다.

입자의 운동 시간을 변수로 할 때 : 식 (7.19)에 $n=1$을 대입하면

$$\frac{d\varphi}{dT}=(1-\varphi)$$

이것을 풀어서

$$T=\int\frac{d\varphi}{1-\varphi}+C=-\log(1-\varphi)+C$$

단, C는 적분상수이며, 초기조건으로서 $t=0$인 때 $u_s=0$으로 하면 $T=0$, $\varphi=0$이므로 $C=0$으로 된다. 따라서 윗 식은

$$T=-\log(1-\varphi),\qquad\therefore\ \varphi=1-e^{-r}\tag{7.22}$$

이다.

입자의 운동거리를 변수로 할 때 : 식 (7.21)에 $n=1$을 대입하면

$$\frac{1}{\phi}\cdot\frac{d\varphi}{dF}=\frac{1-\varphi}{\varphi}\tag{7.23}$$

이것을 풀어서

$$\phi dF=\frac{\varphi d\varphi}{(1-\varphi)}$$

$$\therefore\ \phi F=(1-\varphi)-\log(1-\varphi)+C$$

초기초건을 앞과 같이 취하여 적분상수 C를 구하면 $C=-1$로 된다. 따라서 윗 식은

$$\phi F=\log\frac{1}{1-\varphi}-\varphi\tag{7.24}$$

식 (7.22), 식 (7.24)는 $n=1$(Stroke's law)의 경우의 단입자의 수평속도를 표시하는 식이

며, 식 (7.22)는 입자의 운동 시간과 속도와의 관계를, 식 (7.24)는 운동 거리와 속도와의 관계를 표시하고 있다.

2) $R_e < 10^3$인 경우

이 경우는 입자의 저항이 u_r^2에 비례하므로 저항계수 $C = a/R_e^n$는 일정하게 되므로 $n=0$이다. 따라서 식 (7.19) 및 식 (7.21)의 해는 다음과 같다.

입자의 운동 시간을 변수로 할 때 : 식 (7.19)에 $n=0$을 대입하여

$$\phi \frac{d\varphi}{dT} = (1-\varphi)^2 \tag{7.25}$$

$$\therefore \ dT = \phi \frac{d\varphi}{(1-\varphi)^2}$$

이것을 풀어서

$$\int dT = \phi \int \frac{d\varphi}{(1-\varphi)^2} + C$$

$$\therefore \ T = \frac{\phi}{1-\varphi} + C$$

적분상수 C는 앞과 같이 초기조건으로 구하면

$$C = -\phi \qquad \therefore \ T = \frac{\phi\varphi}{1-\varphi}$$

또는 φ에 관하여 다시 쓰면

$$\varphi = \frac{T}{\phi + T} \tag{7.26}$$

입자의 운동거리를 변수로 할 때 : 식 (7.21)에 $n=0$을 대입하면

$$\frac{d\varphi}{dF} = \frac{(1-\varphi)^2}{\varphi} \tag{7.27}$$

이것을 앞과 같이 풀면

$$F = \log(1-\varphi) + \frac{\varphi}{1-\varphi} \tag{7.28}$$

식 (7.26), 식 (7.28)은 $n=0$(Newton's law)의 경우의 단입자의 수평운동을 표시하는 식이며, 전자는 운동 시간과 속도와의 관계를, 후자는 운동 거리와 속도와의 관계를 표시한다.

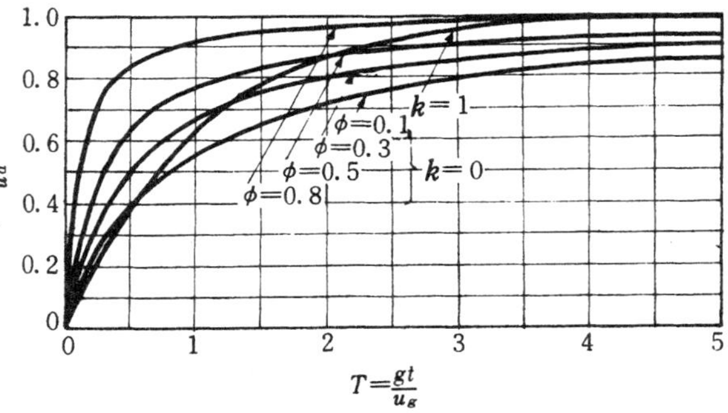

그림 7-16

그림 7-16은 $n=1$의 식 (7.22)와 $n=0$의 식 (7.26)의 해이며, 단입자의 수평속도의 운동 시간에 대한 변화를 표시하는 것이다. $n=1$의 Stroke's law의 저항의 경우가 $n=0$의 Newton의 저항의 경우보다 가속이 작게 되어 있다. 또, $n=0$의 경우는 $\phi=u_g/u_a$가 커지면 가속도 커진다. 즉 부유속도가 큰 입체일수록 속도가 빨라지며 이것은 상식에 어긋나는 것 같지만, 수평의 경우 중력을 생각하지 않으면 속도가 저항에 비례하기 때문이다.

그림 7-17은 $n=1$의 식 (7.28)의 해이며, 단입자의 수평속도의 운동 거리에 의한 변화를 표시한 것이다. 수평운동의 최후속도는 $\varphi=1$ 즉 $u_s=u_a$로 되는 것은 식 (7.19) 및 식 (7.21)에서도 알 수 있다.

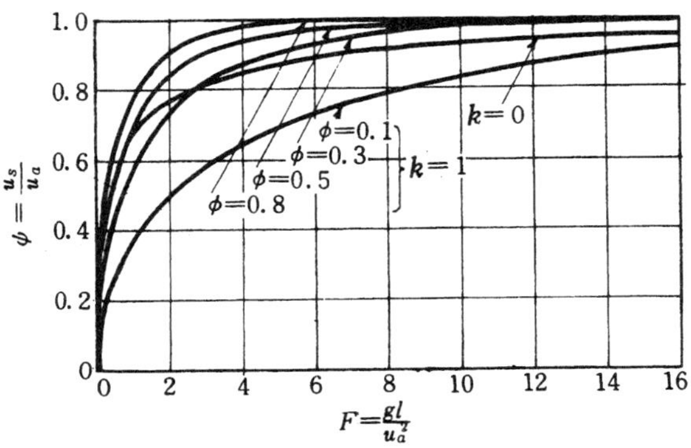

그림 7-17

(4) 단입자의 수직운동

평행기류 중을 입자가 상승(하강)할 때는 기류의 저항과 입자의 자중과의 차(합)가 가속의 힘으로 되므로, 이 경우 운동 방정식은 다음과 같다.

$$m_s \frac{du_s}{dt} = R \mp m_s g \qquad (7.29)$$

앞과 같이 입자를 지름 d의 구로 가정하면, 식 (7.29)는

$$\frac{\gamma_s}{g} \cdot \frac{\pi d^3}{6} \cdot \frac{du_s}{dt} = C_1 \frac{\pi d^3}{4} \cdot \frac{\gamma_a u_r^2}{2g} \mp \gamma_s \frac{\pi d^3}{6} \qquad (7.30)$$

이 구의 부유속도 u_g를 가지고 수평운동과 똑같이 C_1을 소거하면

$$\frac{\gamma_s}{g} \cdot \frac{\pi d^3}{6} \cdot \frac{du_s}{dt} = \gamma_s \frac{\pi d^3}{6} \left(\frac{u_r}{u_g} \right)^{2-n} \mp \gamma_s \frac{\pi d^3}{6} \qquad (7.31)$$

이것을 단위중량에 대하여 나타내면

$$\frac{1}{g} \frac{du_s}{dt} = \left(\frac{u_r}{u_g} \right)^{2-n} \mp 1 \qquad (7.32)$$

또한 입자의 운동 방향이 수평과 θ의 경사를 가질 때는 운동 방향으로 중력이 작용하므로, 식 (7.32)를 다시 쓰면, 입자의 운동 시간을 변수로 할 때

$$\frac{d\varphi}{dF} = \frac{(1-\varphi)^{2-n}}{\phi^{1-n}} \mp \phi \qquad (7.34)$$

로 되며, 똑같이 거리를 변수로 할 때는

$$\frac{d\varphi}{dF} = \phi^n \frac{(1-\varphi)^{2-n}}{\phi} \mp \frac{\phi^2}{\varphi} \qquad (7.35)$$

1) $R_e < 1$인 경우

이때에는 저항이 속도에 비례하므로 $n=1$이며, 입자의 운동 시간을 변수로 할 때 : 식 (7.34)에 $n=1$을 대입하여

$$\frac{d\varphi}{dT} = 1 - \varphi - \phi$$

이것을 풀어서 수평운동일 경우와 똑같이 초기조건을 사용하면

$$T = \log\left(\frac{1-\phi}{1-\phi-\varphi} \right)$$

이것을 φ에 관해서 다시 쓰면

$$\varphi = (1-\phi)(1-e^{-r}) \tag{7.36}$$

입자의 운동 거리를 변수로 할 때 : 식 (7.35)에 $n=1$을 대입하여

$$\frac{d\varphi}{dT} = \frac{\phi}{\varphi}(1-\varphi) - \frac{\phi^2}{\varphi}$$

얻는다. 앞과 똑같은 방법으로 윗 식을 풀면

$$\phi F = \left[(1-\phi) \log\left(\frac{1-\phi}{1-\phi-\varphi} \right) \right] \tag{7.37}$$

로 된다.

2) $R_e > 10^3$인 경우

이 경우 저항계수는 일정하므로 $n=0$으로 된다. 따라서 입자의 운동 시간을 변수로 할 때 : 식 (7.34)에 $n=0$을 대입하여

$$\frac{d\varphi}{dT} = \frac{(1-\varphi)^2}{\phi} - \phi$$

앞과 같이 윗 식을 풀면

$$T = \frac{1}{2} \log \frac{(1-\phi)}{1+\phi)} \frac{(1+\phi-\varphi)}{(1-\phi-\varphi)}$$

이것을 φ에 관해서 다시 쓰면

$$\varphi = \frac{1+\phi^2)(e^{2r}-1)}{e^{2r}(1+\phi)-(1-\phi)} \tag{7.38}$$

입자의 운동 거리를 변수로 할 때 : 식 (7.35)에 $n=0$을 대입하여

$$\frac{d\varphi}{dT} = \frac{(1-\varphi)^2}{\varphi} - \frac{\phi^2}{\varphi}$$

위에서와 같이 윗 식을 풀면

$$F = \frac{1}{2}\left[\log\left(\frac{(1-\varphi)^2-\phi^2}{1-\phi^2} \right) + \frac{1}{\phi} \log\left(\frac{\phi^2+\varphi(1-\phi)-1}{\phi^2+\varphi(1+\phi)-1} \right) \right]$$

식 (7.36)~식 (7.39)는 단 입자의 수직상승의 경우의 속도를 표시하는 식이며, 식 (7.36), (7.37)은 $n=1$인 때(Stoke's law), 식 (7.38), (7.39)는 $n=0$(Newton's law)의 경우이다. 그리고 식 (7.36), (7.38)은 단입자의 수직상승 속도와 운동 시간과의 관계이며, 그림 **7-18**은 이를 도시한 것이다.

ϕ에 의하여 최후속도가 다른 것은 당연하며, 식 (7.34), 식 (7.35)에서 $d\varphi=0$으로 하면 최후속도 φ_x는

$$1-\phi-\varphi_x$$

로 된다. 즉

$$u_a-u_g=u_{sx} \tag{7.40}$$

이므로, u_g가 증대하면 u_{sx}는 감소한다. 또 ϕ가 같을 경우는 n이 작을수록 가속이 커지며, 수평운동과 반대의 경향을 보인다.

그림 7-19는 그림 7-18과 같은 운동을 거리에 관하여 표시한 것으로, 식 (7.37)과 식 (7.38)의 관계를 도시한 것이다. 따라서 ϕ, n에 의한 변화도 그림 7-18과 같은 경향이지만, $n=1$의 경우 ϕ가 클수록 거리적으로는 빨리 최종속도로 된다.

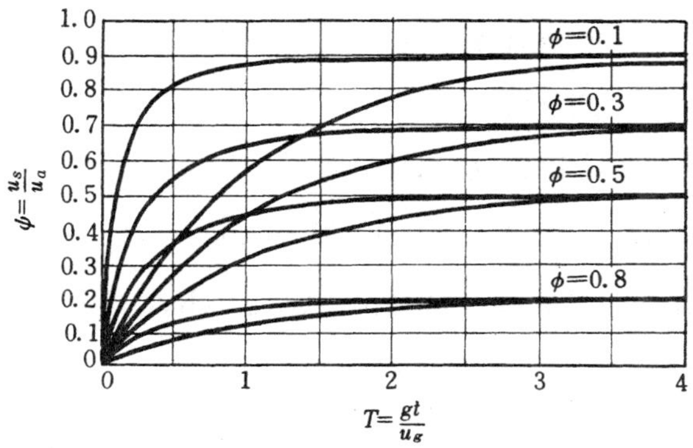

그림 7-18

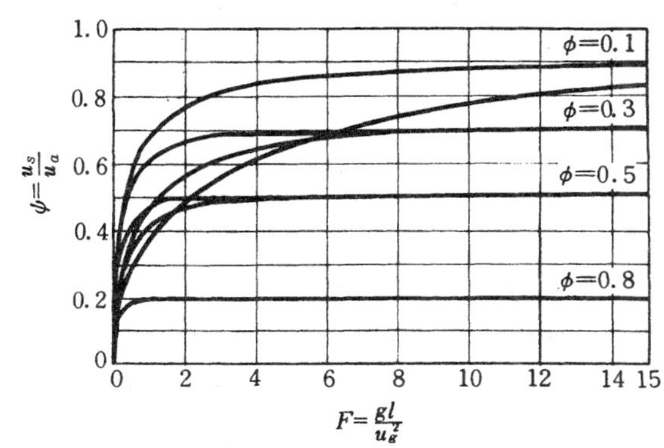

그림 7-19

7-3-3 관내에서의 입체군의 운동

관내의 기류는 반지름 위치에 의하여 속도가 변화하며, 난류의 경우는 특히 관벽 부근의 속도 변화가 크다. 따라서 관내에 있는 입자들은 관벽에서의 위치에 따라서 저항이 다르므로, 앞에서의 단입자의 운동과는 달리 반지름 위치에 의하여 달라지며, 관내의 입체는 상당히 복잡한 운동이 될 것이다.

또한 입자의 후류에 발생하는 소용돌이 등 때문에 입자 자신에 순환류가 발생하여, 그것과 기류가 조합되어 흐름에 직각으로 작용하는 힘, 즉 매그너스 효과(Magnus effect)가 발생한다.

또 실제 입자의 형상이 대칭이 아니므로 저항의 불균형으로 회전을 일으키고, 그로 말미암아 순환류가 생긴 것과 같은 결과로 되는 경우도 있다.

이와 같은 운동방향과 직각인 힘들 때문에 입체는 복잡한 운동을 하여 관벽에 충돌하고, 그 때의 마찰로 운동 에너지의 일부를 소모하는 것이다. 따라서 입체의 속도는 **7-3-2**항의 각 식으로 구한 것보다 작게 되며 수정이 필요하다.

수평관의 경우 중력은 운동에 관계가 없는 것으로 가정하면, 관 길이 dl의 입체군에 작용하는 힘은 공기의 저항력과 관벽과의 마찰력뿐이며, 그 차가 입체군의 가속에 사용된다.

지금 정상유동에서 일정 수송량을 G_s(kgf/s)로 하면, G_s/u_s는 단위길이의 관내에 함유하는 입체 중량(kgf/m)을 표시하므로 길이 dl의 관내의 입체량은 $G_s \cdot dl/u_s$(kgf)이다. 이 입체군의 관벽과의 마찰 손실은 일반 유체와 똑같이 Darcy-Weisbach의 식에 따르는 것으로 하면, 이때의 운동 방정식은 식 (7.14)에 마찰 손실을 고려하여

$$\frac{1}{g}\frac{G_s}{u_s}dl\frac{du_s}{dt} = C_m dA_m \frac{\gamma_a u_r^2}{2g} - \lambda_m \frac{dl}{D} \cdot \frac{\gamma_m u_s^2}{2g} \cdot \frac{\pi D^2}{4} \tag{7.41}$$

으로 된다. 단, dA_m은 기류에 직각인 입체군의 단면적의 dl 부분의 총합이며, λ_m은 입체군과 관벽과의 마찰 손실 계수이다.

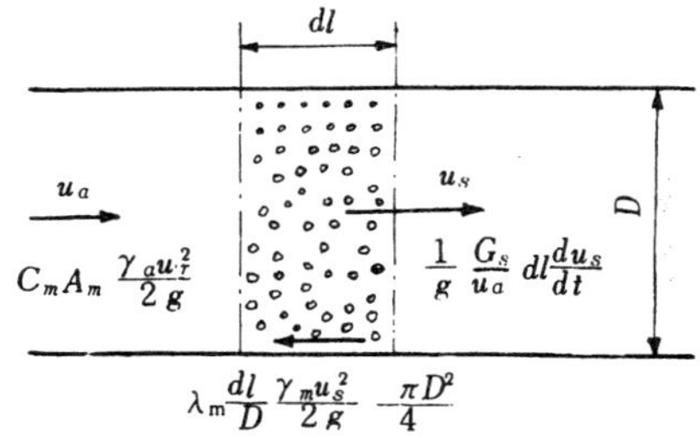

그림 7-20

여기서 단입자의 운동 방정식을 풀 때와 똑같이, 입체군의 부유속도를 u_{mg}로 하고, 그 때의 저항계수를 C_{mg}로 하면

$$C_m = \frac{a}{R_e^n}, \quad C_{mg} = \frac{a}{R_{eg}^n}$$

단, $R_e = u_r d/\nu$, $R_{eg} = u_{mg} d/\nu$이며, 입체군의 저항이 동일법칙에 지배되는 R_e범위에 있는 것으로 하면, 지수 n은 같게 되므로 단입자의 경우와 똑같이

$$\frac{C_m}{C_{mg}} = \left(\frac{R_{eg}}{R_e}\right)^n = \left(\frac{u_{mg}}{u_R}\right)^n \tag{7.42}$$

으로 쓸 수 있다. 또 부유속도의 정의로부터

$$C_m dA_m \frac{\gamma_a u_{mg}^2}{2g} = \frac{G_s}{u_s} dl$$

이므로 식 (7.42), 식 (7.43)을 식 (7.41)에 대입하여 $C_m dA_m$을 소거하면

$$\frac{1}{g}\frac{G_s}{u_s} dl \frac{du_s}{dt} = \frac{G_s}{u_s}\left(\frac{u_r}{u_{mg}}\right)^{2-n} - \frac{\lambda_m u_s^2}{2gD} \cdot \frac{\pi d^2 dl \gamma_m}{4} \tag{7.44}$$

여기서 γ_m은 부유 상태에서의 입체군의 비중량(kgf/m^3)이며, 입체의 체적을

$$\gamma_m \fallingdotseq \frac{G_s/u_s}{Q_a/u_a} = \frac{G_s}{Q_a} \cdot \frac{u_a}{u_s} = \frac{G_s}{Au_s}$$

단, A는 관의 단면적이며 $A = \pi D^2/4$이다. 위의 관계를 사용하여 식 (7.44)를 단위중량에 대한 식으로 표시하면

$$\frac{1}{g}\frac{du_s}{dt} = \left(\frac{u_r}{u_{mg}}\right)^{2-n} - \frac{\lambda_m u_s^2}{2gD} \tag{7.45}$$

으로 된다.

식 (7.45)는 입체군의 운동 시간을 변수로 한 식이며, $\frac{du_s}{dt} = u_s \frac{du_s}{dl}$의 관계를 식 (7.45)에 대입함으로써 입체군의 운동 거리를 변수로 한 운동 방정식은

$$\frac{u_s}{g} \cdot \frac{du_s}{dl} = \left(\frac{u_a - u_s}{u_{mg}}\right)^{2-n} - \frac{\lambda_{\mu_s^2}}{2gD} \tag{7.46}$$

식 (7.45) (7.46)은 시간 및 거리를 변수로 한 입체군의 수평운동식이며, 이것들을 무차원화하기 위하여 단입자의 경우와 똑같이 하여

$$T_m = \frac{gt}{u_{mg}}, \quad F_m = \frac{lg}{u_{mg}^2}, \quad F_D = \frac{gD}{u_{mg}^2}, \quad \phi_m = \frac{u_{mg}}{u_a}$$

의 무차원함수를 정의하고, 다시 입체군의 저항 손실을 표시하는 계수로서

$$\zeta_D = \frac{\lambda_m}{2F_D}, \quad \zeta_\phi = \frac{\lambda_m}{2F_D \cdot \phi_m} = \frac{\zeta_D}{\phi_m}$$

로 놓아 식 (7.45), (7.46)의 양변에 ϕ_m^{2-n}을 곱하면, 식 (7.45)는

$$\frac{d\varphi}{dT_m} = \frac{(1-\varphi)^{2-n}}{\phi_m^{1-n}} - \zeta_\varphi \varphi^2 \tag{7.47}$$

으로 되고, 식 (7.46)은

$$\therefore \quad \frac{d\varphi}{dF_m} = \frac{\phi_m^n}{\varphi}(1-\varphi)^{2-n} - \zeta_D \varphi \tag{7.48}$$

식 (7.47), (7.48)은 입체군의 수평방향에 대한 무차원 운동 방정식이다.

다음에 관로가 경사하고 있을 때에는 수평면과의 각을 θ로 하면, 운동방향에는 중력의 분력이 영향하므로 식 (7.45) 및 식 (7.46)에 각각 $\mp \sin\theta$를 고려하면 된다. 따라서 수직상승의 경우는 $\sin\theta = 1$로 되므로 운동 방정식은 다음과 같이 된다. 즉 입체군의 운동 시간을 변수로 했을 때는 식 (7.47)에 ϕ_m을 더하여

$$\frac{d\varphi}{dT_m} = \frac{(1-\varphi)^{2-n}}{\phi_m^{1-n}} - \zeta_\varphi \varphi^2 - \phi_m \tag{7.49}$$

입체군의 운동 거리를 변수로 했을 때는 식 (7.48)에 ϕ_m^2/φ을 더하여

$$\therefore \quad \frac{d\varphi}{dF_m} = \frac{\phi_m^n}{\varphi}(1-\varphi)^{2-n-} \zeta_D \varphi \frac{\phi_m^2}{\varphi} \tag{7.50}$$

식 (7.49), (7.50)은 입체군의 수직 운동의 무차원식이다. 식 (7.47)~(7.50)의 각 식의 지수 n은 앞에 언급한 바와 같이 입체군에 작용하는 저항, 즉 R_e에 의하여 $n = 1$~0까지 변화한다.

곡물류 등 입지름이 1.5~2.0mm 이상의 입체군은 일반적으로 $R_e > 10^3$이므로 공기수송에서의 입체 계산 때에는 $n = 0$으로 놓아도 지장이 없으나, 미분수송의 경우에는 대체로 $R_e < 10^3$으로 되므로 근사적으로 $n = 1$로 계산한다. 그러나 $1 < R_e < 10^3$의 범위에서는 운동 방정식의 해가 곤란하게 된다.

7-3-4 공기 수송기기

(1) 혼입기(feeder)

혼입기는 공급기와 동일한 것이지만, 공기 수송기에서는 분립체를 공기류 중에 공급, 혼입시키는 역할을 하기 때문에 특히 **혼입기**라 한다. 각종의 분립체에 대하여 여러 가지 모양의 혼입기가 실용화되고 있으며, 공기 수송기의 발달은 혼입기의 발달과정 그대로라고 할 수 있는 정도이다.

1) 흡인노즐(intake suction nozzle)

진공 흡인식 수송관에 사용되고 있는 흡인노즐에는 2중 원통형 노즐과 단통형 노즐, 그리고 정치형 노즐 등이 있다.

그림 7-21은 2중 원통형 노즐을 표시하며, 수송관과 거의 같은 지름의 내통에 상하로 움직이는 외통을 달아서 그 내외통 하단의 입구 단면적을 조정하는 구조의 노즐이다. S의 치수를 작게 할수록 혼합화 m을 크게 할 수 있다.

그림 7-22는 단통형 노즐이며, 수송관 끝단을 직접 입체 중에 몰입시켜 관 내의 부압으로 입체 및 1차 공기를 흡인하는 방식이다. 그대로의 흡인으로는 혼합화가 과대하게 되어 수송관이 막힐 우려가 있으므로, 그림 Ⓐ에서 2차 공기를 넣어 최상의 혼합비를 얻음과 동시에 가속도를 주는 구조이다. 따라서 작동원리는 위의 2중 원통형과 동일하다.

그림 7-23은 정치형 노즐을 표시하며, 호퍼(hopper)나 탱크에 입체를 두었다가 수송관 내에 혼입시킬 때에는 그림과 같은 T형의 취입구에서 혼입할 수 있도록 되어있다. 그러나 이것이 적용되는 것은 일정하게 열린 구멍으로 일정량씩 낙하하여 유입할 수 있는 밀, 콩 등과 같은 입체에 개도의 조정으로 흡합비를 조절한다.

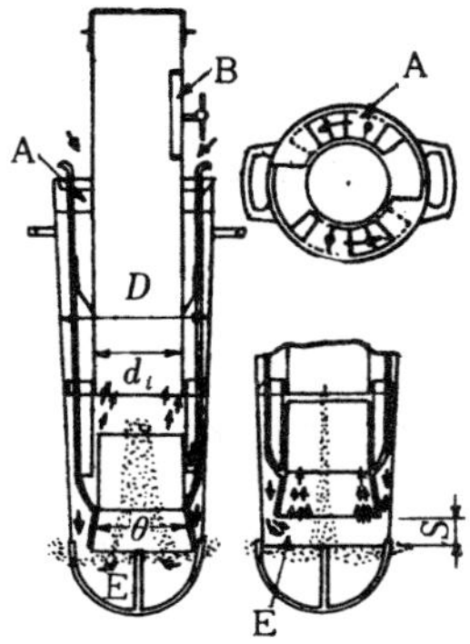

그림 7-21

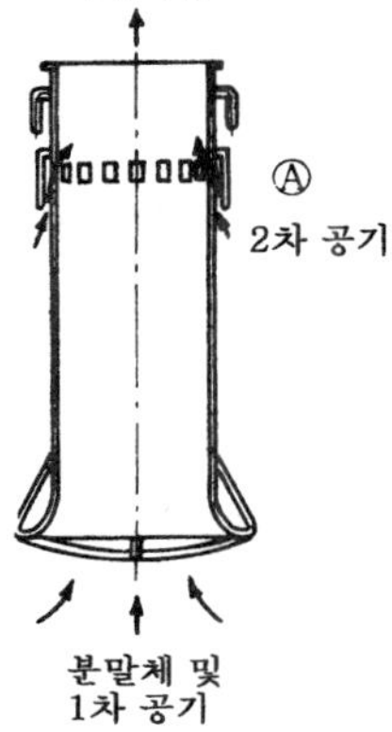

그림 7-22

2) 인젝션 혼입기(injection feeder)

인젝션 혼입기는 그림 7-24에 표시하는 바와 같이 공기관의 일부를 축소시켜 고압공기를 분류로 하여 주위에 생기는 부분진공을 이용하여 입체의 공급을 용이하게 하는 저압수송용의 흡입기이다.

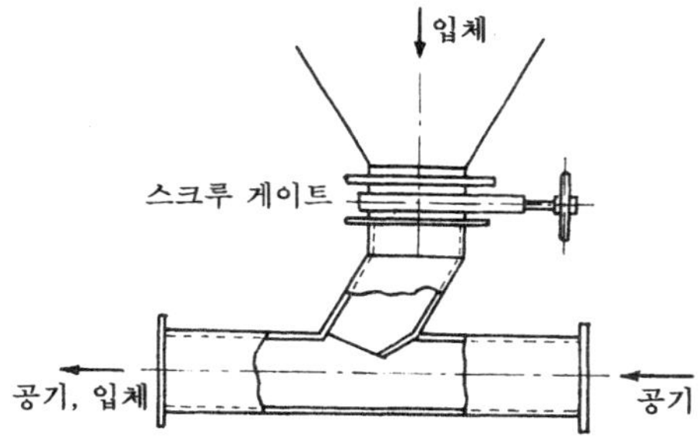

그림 7-23

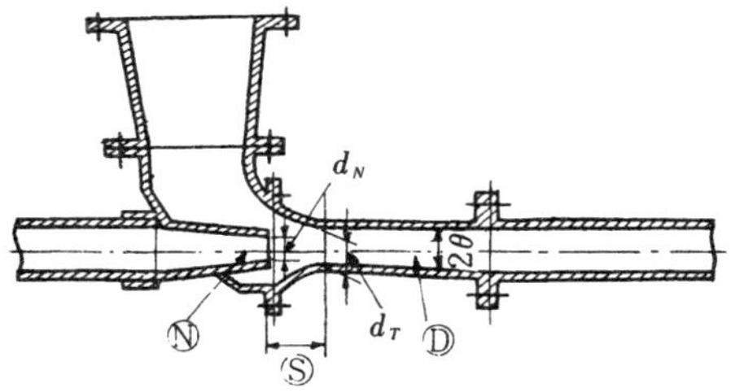

그림 7-24

수송에 필요한 압력은 그림의 디퓨저(diffuser) Ⓓ부분의 상승압력이며, 이 부분에서 속도가 압력으로 변환되는 비율은 50% 이하이므로 이 상승 압력에는 한도가 있다. 따라서 수송량과 수송 거리도 제한되어 소용량, 단거리에 적합하지만, 특별한 구조의 혼입기를 쓰지 않고 가장 손쉽게 수송이 되는 것이 최대의 특징이다.

본 장치의 성능에 있어서 수송 능력은 노즐의 지름 d_N과 디퓨저의 각도에 의하여 변화하며, 혼합비는 노즐과 목부분(throat)과의 지름비 d_r/d_N 및 노즐입구에서 목부분 입구까지의 길이 S에 의하여 좌우된다. 디퓨저의 각도는 일반 유체의 경우와 거의 같게 $2\theta \cong 8°$일 때 압력의 회복이 최대로 된다.

3) 로터리 혼입기(rotary feeder)

이것은 그림 7-25와 같이 수개의 반지름 방향의 직선 베인이 붙은 로터를 케이스 내에서 회전시켜, 베인과 베인사이에 분체를 상부로부터 받아들여서 중력으로 아랫방향으로 배출하는 구조이다.

구조가 간단하고 쉽게 정량공급이 되므로 분체의 취급 장치에는 필수 부속품 같이 널리 사용되고 있으며, 그 명칭도 에어록(air lock), 스타 혼입기(star feeder), 베인 혼입기(vane feeder) 등 여러 가지로 불리고 있다.

로터리 혼입기의 공급 용량은 그림 7-26에 표시하는 바와 같이 저속회전에서는 회전수에 직선적으로 비례하나, 어느 한계에서부터는 2차 곡선으로 증가하여 점점 최대 배출량에 이르게 되며, 그 이상에서는 회전수를 증가시켜도 오히려 배출량은 점점 감소한다.

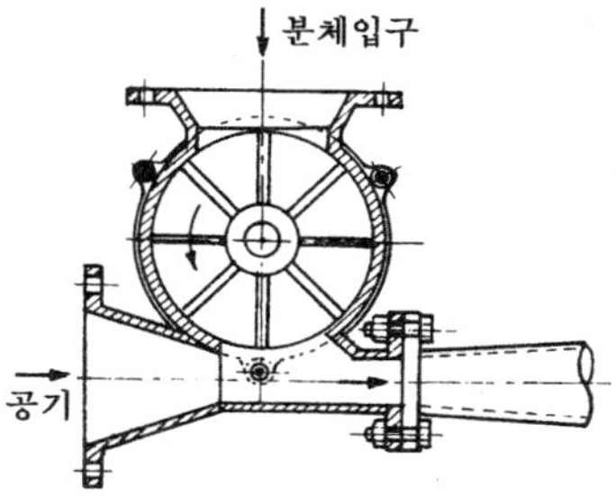

그림 7-25

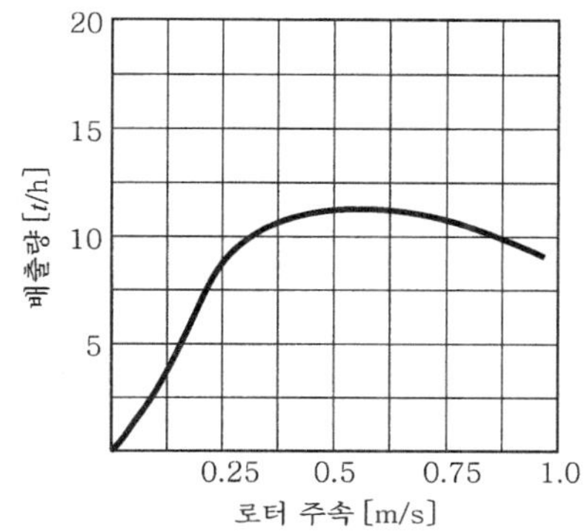

그림 7-26

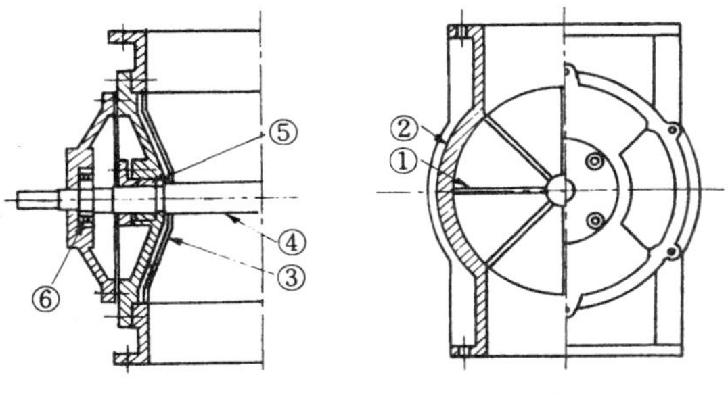

그림 7-27

로터리 혼입기의 구조는 대단히 간단하나 특수 용도에는 여러 가지 형태로 제작되고 있다. 그림 7-27은 가장 대표적인 것이며, 로터 ①은 케이스 ② 내에서 회전하고 측판 ③을 가지고 있다. ④는 로터축이며 ⑤의 그랜드 패킹(grand packing)으로 밀봉되며 베어링 ⑥으로 지지되고 있다.

압송용으로는 압력공기가 새지 않도록 축봉장치가 필요하나, 흡인식의 경우에는 실부(seal)가 필요하지 않다.

그림 7-28과 표 7-1에 로터리 혼입기의 한 예를 보이고 있다.

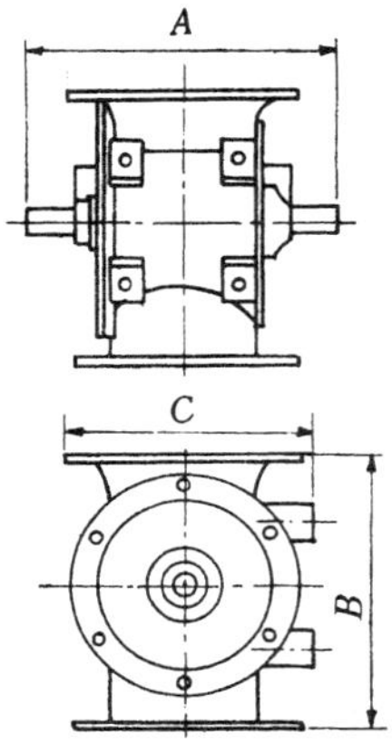

그림 7-28

표 7-1

로터 지름	1회전 모터 용량 m^3/rev	치수 mm			
		A	B	C	입구
125	0.0011	370	200	180	200각
200	0.0045	450	300	280	ϕ150
250	0.011	600	380	390	ϕ270
375	0.038	1000	580	530	200×400
550	0.11	1200	770	700	280×560

4) 키니언 펌프(Kineon pump)

키니언 펌프는 분체용 공기 수송기의 스크루식 혼입기(screw type feeder)이며, 그림 7-29에 표시하는 바와 같이 주철제 케이스 중에 전동기와 직결된 특수 스크루를 장착하고, 이 스크루 베인은 전동기측으로부터 수송 방향을 향하여 점차 그 피치(pitch)가 감소되며(그림 7-30참조), 스크루 베인이 끝난 축단의 일정길이의 부분에 압축 공기의 분출관이 연결되고 있다.

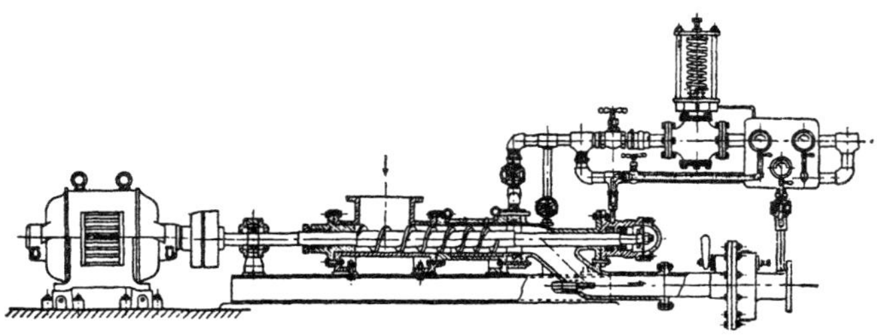

그림 7-29

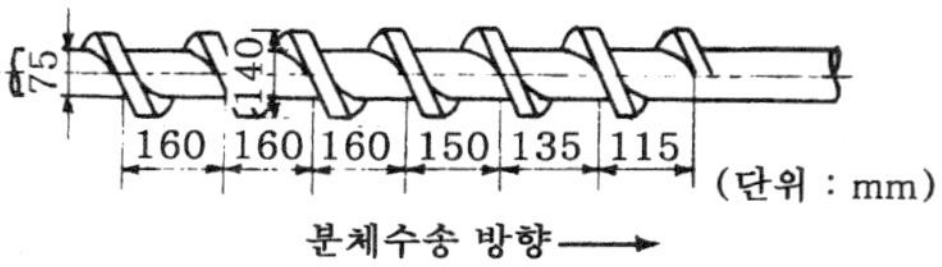

그림 7-30

주철제 케이스의 호퍼부에서 낙하한 분체는 회전하고 있는 스크루에 의하여 순차적으로 압축되면서 전방으로 압출된다. 최종의 베인부와 그에 따라서 압축된 분체층으로 수송관 내의 압축 공기를 완전히 저지하여, 압축 공기가 분체입구로부터 역유출하지 않도록 하고 있다. 스크루로 공기 분출관까지 보내진 분체는 압축공기로 수송관내에 비산 흡입된다.

5) 블로 탱크식 혼입기(blow tank type feeder)

그림 7-31에 표시하는 바와 같이. 일정한 용기 내에 분체를 봉입하여 그 속에 압력을 가하여 분출하도록 하는 이른바 블로 탱크식 흡입기이며, 분체의 공급기로서 가장 중요한 장치 중의 하나이다.

주로 장거리의 압송식 수송기에 적합하고, 그 원리는 대단히 간단하며, 탱크 내의 분체와 공기의 혼합체가 탱크 내의 분체량이 감소하여 그 혼합비가 때때로 변화하며 해석적으로는 명확하지 않으므로, 수송시의 결과로서 나타나는 혼합비를 경험적으로 조절하는 것이다.

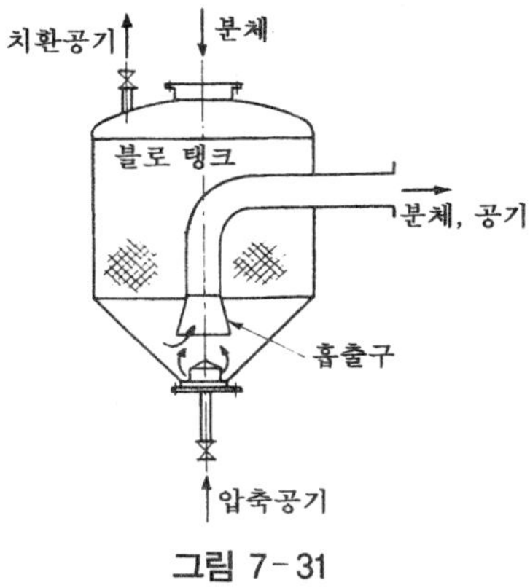

그림 7-31

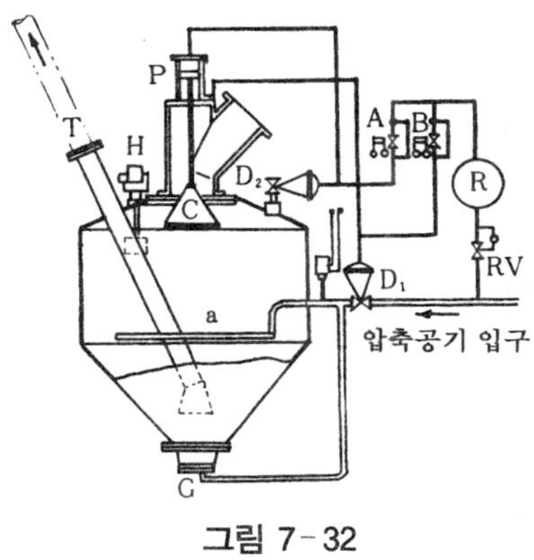

그림 7-32

그림 7-32는 상품명으로 플럭소(Fluxo)라 불리고 있는 블로 탱크식 혼입기의 일종이며, 덴마크의 F. L. Smidth사의 제품이다. 탱크에는 분체와 공기와의 출입구가 4개 있으며, 처음에 공기배출 밸브(D_2)를 열어서 내부 공기의 출구를 만들고, 공급밸브(C)를 열어 분체를 받아들인다. 분체가 규정 용량까지 차면 검지기(H)가 작동하여 공기 배출 밸브를 닫고 분체 공급을 완료한다.

이와 동시에 압축공기용 다이어프램 밸브(diaphragm valve)(D_1)을 열어, 교반용 에어링(air ring) (a)와 풋 밸브(foot valve) (G)로부터 공기가 탱크 내로 유입한다. 이것 때문에 분체는 토출관(T)로부터 공기와 함께 수송관 내에 송입된다. 탱크 내의 분체가 없어지면 탱크 내의 압력이 저감하므로 밸브(D_1)이 닫혀지고 수송을 끝마치게 되며, 이와 같이 공급과 압송을 자동적으로 되풀이하여 분체를 수송관 내에 혼입하는 것이 Fluxo의 특징이다.

(2) 수송관(conveying pipe)

수송관은 공기 수송기 중에서 가장 구조가 간단한 부분이면서도 장치의 계획상으로는 가장 중요한 부분이며, 적정한 관지름의 선택, 배관상의 불량은 장치 전체의 효율을 크게 좌우하는 결과로 된다.

공기와 분체의 혼합유체를 수송하기 위하여 특히 다음과 같은 사항을 고려하여야 한다.

① 관 내는 가급적 평활할 것
② 관이음부의 내면을 일치시킬 것
③ 마멸이 심한 부분은 그 부분을 쉽게 교환할 수 있는 구조로 할 것
④ 녹의 혼입을 피해야 되는 분입체에는 스테인레스, 알루미늄, 또는 염화비닐 파이프 등을 사용할 것
⑤ 고무관, 염화비닐 파이프를 사용할 때는 그 때에 발생하는 정전기에 대한 방지책이나 안전책을 강구할 것
⑥ 긴 직관부에서 수송 재료에 의한 온도 상승이 우려될 때는 신축관을 달아서 조절할 것
⑦ 관내폐쇄가 예상될 때는 핸드 홀(hand hole), 배제구를 설치할 것

(3) 분리장치

수송관에 의하여 목적 장소까지 운반된 입체를 적당한 방법으로 기류로부터 분리하여 소정의 장소에 저장하게 된다. 그러므로 분리 장치에는 부유입체를 기류로부터 분리하는 작업과 대기압하에 기체를 배출하는 작동이 포함되어 있다. 특히 진공식은 이미 기술한 바와 같이 배출부에서 공기가 새기 쉽고 그 때문에 성능의 저하, 심할 때는 공기량의 부족으로 수송이 불가능하게 되기까지 한다.

1) 사이클론 분리기(cyclone separator)

분리기로서 가장 많이 사용되는 것이며 구조가 간단하고, 입체 중에 미분을 포함하는 경우의 포집에 적합하여 널리 사용되고 있다.

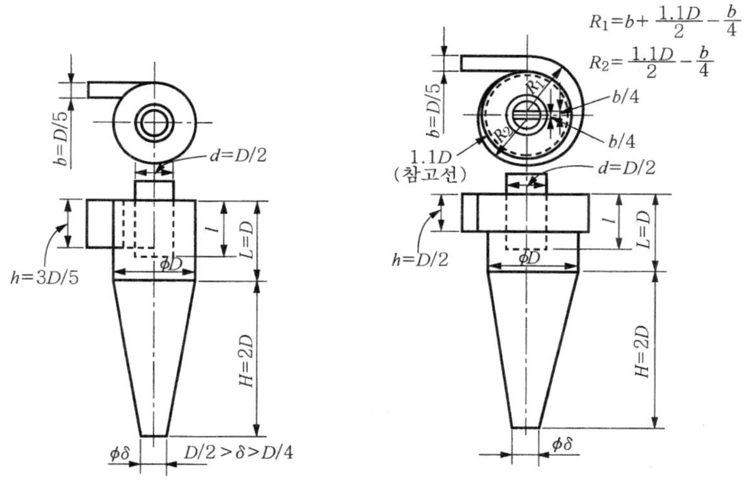

(a) 절선입구식 (b) 전원주 와권 주입식식

그림 7-33

그림 **7-33**은 cyclone의 형식에 따른 표준치수비를 나타낸 것으로, 입체를 부유시킨 혼합체는 입구로 유입하여 선회운동을 일으키며, 원통벽에 따라서 회전하면서 하강하고, 원추부에 도달하면 회전반지름이 작게 되므로 풍속이 증가하면서 하강을 계속한다. 원추의 하단부근에 도달하면 반전하여 상승이 시작되며, 중심부를 회전하면서 출구관내로 상승하여 간다. 입자는 원심력에 의하여 외통에 충돌하며 그 중에서 분리되는 입체는 외통벽을 따라서 나선의 궤적을 그리면서 하부 포집통으로 떨어지며, 포집 입체 중 일부는 외통벽 근처에서 다시 부유하여 공기와 함께 배출된다.

그러므로 사이클론 분리기는 기류의 선회력을 강하게 하면 분리효율이 높아짐과 동시에 또한 압력손실도 커지므로, 압축기의 성능을 고려하여 포집효율을 결정해야 한다.

사이클론 내의 기류의 운동과 압력분포의 상태는 그림 **7-34**에 표시하는 바와 같다. 입구로부터 유입한 분입체를 함유한 기류는 내벽면을 따라서 선회운동하면서 하강하며, 원추부에 달하면 회전 반지름이 작아지므로 회전 운동량 일정의 원리에 의하여 선회속도가 점점 커져서 기류 중의 분립체에 큰 원심력을 부여한다.

분립체는 원심력 때문에 기류의 선회류로부터 분리하여 사이클론의 벽면을 따라 낙하 포집된다.

기류는 원추부의 하단 가까이까지 도달하면 반전하여 중심부를 선회하면서 상승하여 배출된다. 사이클론 내부의 기류의 선회속도분포는 그림 **7-34**의 곡선 u_θ로 표시하는 바와 같다.

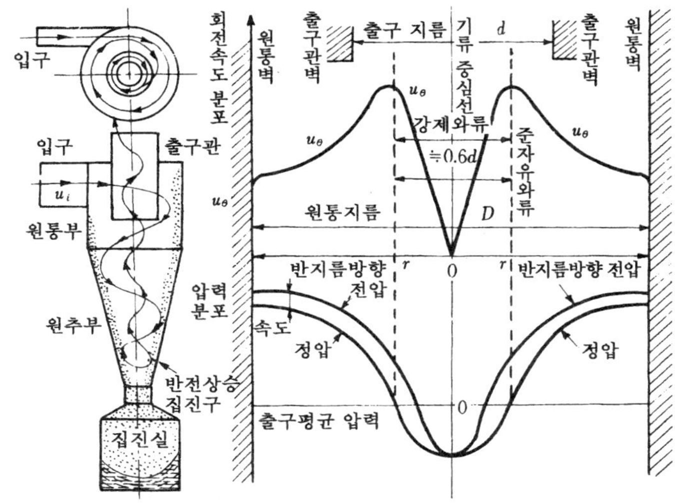

그림 7-34

보통 사이클론으로는 보리, 콩, 옥수수 등과 같이 큰 입자는 100% 포집할 수 있다. 또 입자지름이 100 μ정도의 염화비닐분말 등도 100% 가까이 포집되지만 입자 지름이 작은 것일수록, 또 가벼운 입자일수록 포집이 어려워지며, 시멘트나 플라이 애시 등과 같은 분체에서는 97~99% 정도의 포집효율을 나타낸다.

cyclone의 압력손실 $\varDelta P_{mm}H_2O$는 다음의 실험식에 의해 구해진다.

$$\varDelta P = \frac{\kappa a \sqrt{D}}{d^2 \sqrt{L+H}} \cdot 0.066 u_l^2$$

여기서 κ : 무차원상수≒30, a : 입구면적 = bh, u_i : 입구풍속(m/s)

2) 충돌포집(impingement)

기류 중에 장애물이 존재하면 흐름은 방향을 변경하여 물체주위를 흐른다. 기체 중에 입자가 포함되어 있으면 입자는 관성 때문에 유체의 유선에서 벗어나게 운동하여 물체에 충돌하며, 재비산하지 않으면 여기서 포집된다. 그림 7-35 (a)의 실선은 유선, 점선은 입자의 경로를 표시하며, A-B인 범위에서 유입된 입자가 구에 충돌하는 것을 표시하고 있다. 충돌효율(target efficiency)은 다음 식으로 정의된다.

$$\eta_t = \frac{X}{\delta}$$

η_t는 다음에 표시하는 관성 parameter $\varPsi$의 함수이며, 간단한 형상의 물체에 대해서는

이론적으로 구해지며, 그림 7-34 (b)는 Stokes 법칙이 성립될 때 3개의 물체에 대한 것이다.

질량 m인 구형입자가 초속 u_0에서 정지 유체 중에 돌입할 때 입자의 운동이 유체저항에 의하여 감속되어 완전히 정지할 때까지의 운동거리(stopping distance) S_t는 운동 방정식

$-m\dfrac{du}{d\theta}=3\pi\mu D_p u$를 적분하여

$$\int_{u_0}^{u}\frac{du}{u}=-\int_0^{\theta}\frac{3\pi\mu D_p}{m}d\theta$$

$$u=u_0\cdot\exp\left(\frac{3\pi\mu D_p\theta}{m}\right)$$

θ는 충분히 크다고 보고

$$S_t=\int_0^{\infty}ud\theta=\frac{u_0 m}{3\pi\mu D_p}=\frac{D_p^2\rho_p u_0}{18\mu}$$

S_t를 장애물의 대표치수 δ로 나눈 값을 관성 parameter라고 한다.

$$\Psi=\frac{D_p^2\rho_p u_0}{18\mu\delta}=\frac{u_0 u_m}{g\delta}$$

이 값이 클수록 포집하기 쉽다. D_p^2에 비례하므로 미세입자일수록 η_t는 작아지므로 u_o 즉 기류의 속도를 크게 취한다. 또 물체의 형상에 의하여 Ψ가 어느 값 이하로 되면 $\eta_t=0$으로 되며, 전혀 포집되지 않게 된다.

다수의 장애물을 병렬로 한 충돌분리장치(impingement separator)가 있어 10~20μm정도의 분진의 포집에 이용하고 있다.

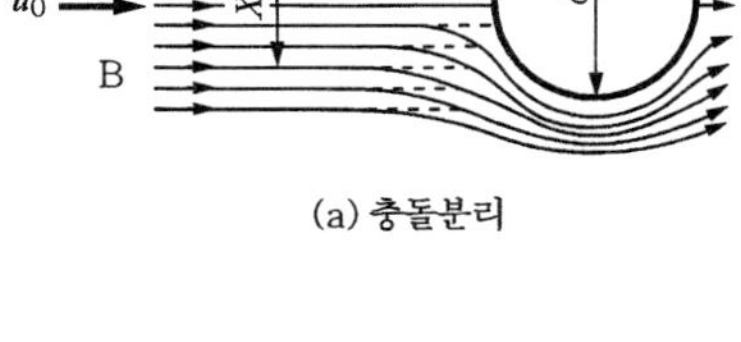

(a) 충돌분리

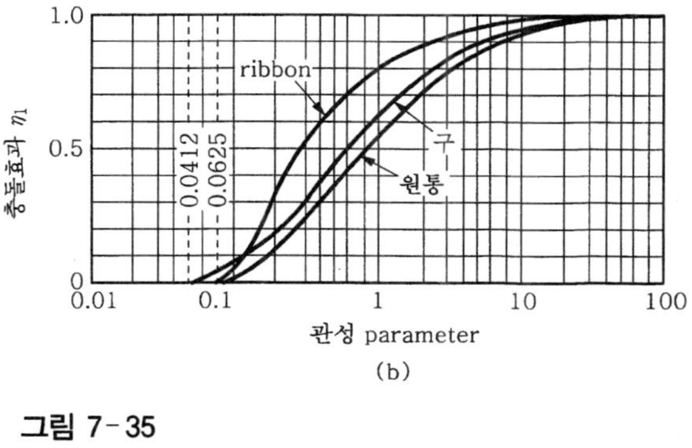

(b)

그림 7-35

3) 백 필터(bag filter)

이것은 양모지, 나일론 섬유 등의 여과재로 입자를 함유한 공기를 여과하여 입자를 여과재에 부착시켜서 분리하는 것이며, 특히 cyclone으로 포집할 수 없는 미세입자에 대하여 고효율을 나타내고 있으므로, 공기 수송기의 분리장치 중에서 최종 단계의 분리기로 많이 사용되고 있다.

그림 7-36은 가장 전형적인 구조의 백 필터이며, 혼상류는 A로부터 유입하여 여과 섬유망 B를 내면에서 외측으로 통과하면서 분체가 포집된다. 여과된 공기는 C로부터 배출된다. 여과 섬유망의 내면에 부착하여 포집된 분체는 압력손실이 증가하며, 일정한 시간마다 D의 요동장치에 의하여 털어서 하부의 호퍼에 낙하시킨다. 백 필터의 형식으로는 여과 섬유를 평판형으로 테(flame)에 장착한 것과, 지름100~500(mm), 길이 수m의 원통상으로 한 것이 있다. 보통 뒤의 것을 수개 내지 100여개 수직으로 매달아 상단이 닫힌 원통형이 가장 많으며, 혼상류는 하측으로부터 여과 섬유망의 내면에 유입한다.

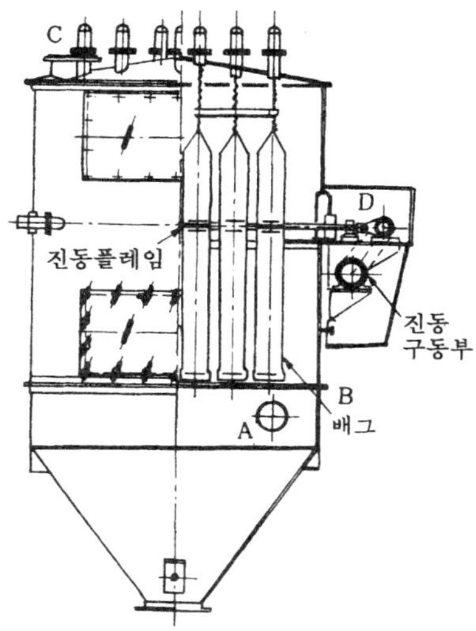

그림 7-36

4) 전기집진(electrostatic precipitation)

매우 작은 분진을 높은 효율로 포집할 필요가 있을 때에 사용되고 있다. 고전압을 부여한 전극사이에 분진이 혼합된 가스를 통하여 corona방전으로 입자에 전하를 주어서 coulomb력을 기준으로 한 전극에의 이동을 일으키게 하여 분리한다. 전극 사이의 거리는 1~15cm, 1500~6000V/cm가 일반적으로 쓰이고 있다. 표 7-2에 표시한 것과 같이 전장에서 입자의 이동속도(migration velocity)가 크며, 특히 입자지름이 작을수록 침강속도에 비하여 큰 것이 잇점이다.

표 7-2 침강속도와 이동속도의 비교

입자지름(μm)	종말침강속도(cm/s)	이동속도(cm/s)
40	13.20	117.6
20	3.20	58.8
10	0.80	29.4
2	0.032	5.88
1	0.008	2.94
0.2	0.0032	2.8
0.1	0.00008	2.8

$\rho_p = 2.7$g/cm^{3}의 입자가 3000V/cm의 전장에서의 이동속도

집진효율 η는 Deutsch의 식으로 나타낸다.

$$\eta = (1 - e^{-x}) \cdot 100$$

$$\omega = \frac{x}{F} \cdot 100$$

여기서, ω (cm/s)는 이동속도, F(m^2/(m^3·s))는 다음 식으로 주어진다.

$$F = \frac{\text{집진전극면적}(\text{m}^2)}{\text{처리가스량}(\text{m}^3/\text{s})}$$

ω를 전장의 강도(Volt/cm)와 하전량[coulomb]의 곱에 비례하여 5~10(cm/s)가 보통이다.

(4) 송풍기 또는 공기압축기

공기 발생원으로서 제4장에서 논한 각종 공기기계가 사용되며, 여기서 설명을 생략하기로 한다.

분립체의 공기 수송용으로서는 가장 일반적으로 초고압력 6(kgf/cm^2) 정도의 왕복식 압축기가 압송식 수송기에 사용되고, －400mmHg 전후의 왕복식 진공펌프와 －5000Ap 정도의 터보 블로(turbo blower)가 진공식 수송기에 사용되고 있다.

압력 800~5000mmAq되는 대용량의 저압 압송용에도 터보 블로가, 1000mmAq의 팬(fan)은 저압의 흡인, 압송 양쪽으로 사용되고, 회전형 압축기 중에 1단에서 3.5(kgf/cm^2)까지 압축되는 다익형은 고압 압송용에, 루츠형(roots type)의 경우는 1단에서 약 5000mmAq 정도로 저압 흡인 또는 압송용에 사용된다.

연습문제

7-1. 유체 컨베이어가 기계적 수송장치와 비교하여 장단점을 열거하라.

7-2. 유체수송장치에 이용하는 펌프의 종류를 들고 특성을 설명하라.

7-3. 한 변이 1.04cm의 알루미늄제 정사각체를 밀도 1420kgf/cm^3, 점성계수 89.5Pa·s의 glucose수용액 중에 침강시킬 때의 종말속도(terminal velocity)를 계산하라. 단 알루미늄의 밀도는 2855kgf/cm^{3}이다

7-4. 지름 1.65mm의 납구가 50℃의 공기 중을 낙하한다. 초기속도에서 종말속도의 50%가 될 때까지의 소요시간을 계산하라. 단 납의 비중은 11.3이다.

7-5. 처리속도 30m^3/min의 접선 입구식 cyclone을 설계하라. 단 입구풍속은 15m/s이다.

7-6. 유체포집장치들을 나열하고 상호 장단점을 비교 설명하라.

7-7. 공기수송장치에서 이용하고 있는 송풍기의 종류를 들고 특징을 설명하라.

7-8. 고체와 액체를 혼합하여 수송하는 장치에 사용하는 펌프의 종류를 들고 특징을 설명하라.

7-9. 고체와 기체 이상류의 수송에는 진공식과 압송식 공기 수송방식이 있는데 각각의 장단점을 열거하라.

부록 I 물리적 성질

1. 물의 물리적 특성(표준기압)

온도 (℃)	밀도, ρ (kgf/m^3)	비중량, γ (kN/m^3)	점성계수, μ (N·s/m^2)	동점도, ν (m^2/s)	표면장력, σ (N/m)	포화증기압, P_v (N/m^2(abs))	음속, c (m/s)
0	999.9	9.806	1.787 E−3	1.787 E−6	7.56 E−2	6.105 E+2	1403
5	1000.0	9.807	1.519 E−3	1.519 E−6	7.49 E−2	8.722 E+2	1427
10	999.7	9.804	1.307 E−3	1.307 E−6	7.42 E−2	1.228 E+3	1447
20	998.2	9.789	1.002 E−3	1.004 E−6	7.28 E−2	2.338 E+3	1481
30	995.7	9.765	7.975 E−4	8.009 E−7	7.12 E−2	4.243 E+3	1507
40	992.2	9.731	6.529 E−4	6.580 E−7	6.96 E−2	7.376 E+3	1526
50	988.1	9.690	5.468 E−4	5.534 E−7	6.79 E−2	1.233 E+4	1541
60	983.2	9.642	4.665 E−4	4.745 E−7	6.62 E−2	1.992 E+4	1552
70	977.8	9.589	4.042 E−4	4.134 E−7	6.44 E−2	3.116 E+4	1555
80	971.8	9.530	3.547 E−4	3.650 E−7	6.26 E−2	4.734 E+4	1555
90	965.3	9.467	3.147 E−4	3.260 E−7	6.08 E−2	7.010 E+4	1550
100	958.4	9.399	2.818 E−4	2.940 E−7	5.89 E−2	1.013 E+5	1543

2. 액체에 대한 물리적 특성

액체	온도 T(℃)	밀도 ρ(kgf/m^3)	비중 S	점성계수 μ(N·s/m^2)	동점도 ν(m^2/s)	표면장력 σ(N/m)	등온체적 탄성계수 E_v(N/m^2)	열팽창 계수 α_T(K^{-1})
물	0	1000	1.000	1.79 E−3	1.79 E−6	7.56 E−2	1.99 E9	6.80 E−5
	10	1000	1.000	1.31 E−3	1.31 E−6	7.42 E−2	2.12 E9	8.80 E−5
	20	998	0.998	1.00 E−3	1.00 E−6	7.28 E−2	2.21 E9	2.07 E−4
	30	996	0.996	7.98 E−4	8.01 E−7	7.12 E−2	2.26 E9	2.94 E−4
	40	992	0.992	6.53 E−4	6.58 E−7	6.96 E−2	2.29 E9	3.85 E−4
	50	988	0.988	5.47 E−4	5.48 E−7	6.79 E−2	2.29 E9	4.58 E−4
	60	983	0.983	4.67 E−4	4.75 E−7	6.62 E−2	2.28 E9	5.23 E−4
	70	978	0.978	4.04 E−4	4.13 E−7	6.64 E−2	2.24 E9	5.84 E−4
	80	972	0.972	3.55 E−4	3.65 E−7	6.26 E−2	2.20 E9	6.41 E−4
	90	965	0.965	3.15 E−4	3.26 E−7	—	2.14 E9	6.96 E−4
	100	958	0.958	2.82 E−4	2.94 E−7	5.89 E−2	2.07 E9	7.50 E−4
수은	0	13600	13.60	1.68 E−3	1.24 E−7	—	2.50 E10	—
	4	13590	13.59	—	—	—	—	—
	20	13550	13.55	1.55 E−3	1.14 E−7	37.5 E−2	2.50 E10	1.82 E−4
	40	13500	13.50	1.45 E−3	1.07 E−7	—	—	1.82 E−4
	60	13450	13.45	1.37 E−3	1.02 E−7	—	—	1.82 E−4
	80	13400	13.40	1.30 E−3	9.70 E−8	—	—	1.83 E−4
	100	13350	13.35	1.24 E−3	9.29 E−8	—	—	—
에칠알코올	0	—	—	5.70 E−2	—	—	—	—
	20	1110	1.11	1.99 E−2	1.79 E−5	—	—	—
	40	1110	1.10	9.13 E−3	8.30 E−6	—	—	—
	60	1090	1.09	4.95 E−3	4.54 E−6	—	—	—
	80	1070	1.07	3.02 E−3	2.82 E−6	—	—	—
	100	1060	1.06	1.99 E−3	1.88 E−6	—	—	—
메칠알코올	0	810	0.810	8.17 E−4	1.01 E−6	2.45 E−2	9.35 E8	—
	10	801	0.801	—	—	2.26 E−2	8.78 E8	—
	20	792	0.792	5.84 E−4	7.37 E−7	—	8.23 E8	—
	30	783	0.783	5.10 E−4	6.51 E−7	—	7.72 E8	—
	40	774	0.774	4.50 E−4	5.81 E−7	—	7.23 E8	—
	50	765	0.765	3.96 E−4	5.18 E−7	—	6.78 E8	—

3. 공기에 관한 물리적 특성(표준 대기압)

온도 (℃)	밀도 ρ (kgf/m^3)	비중량 γ (N/m^3)	점성계수 μ (N·s/m^2)	동점도 ν (m^2/s)	비열비 κ (−)	음속 c (m/s)
−40	1.514	14.85	1.57 E−5	1.04 E−5	1.401	306.2
−20	1.395	13.68	1.63 E−5	1.17 E−5	1.401	319.1
0	1.292	12.67	1.71 E−5	1.32 E−5	1.401	331.4
5	1.269	12.45	1.73 E−5	1.36 E−5	1.401	334.4
10	1.247	12.23	1.76 E−5	1.41 E−5	1.401	337.4
15	1.225	12.01	1.80 E−5	1.47 E−5	1.401	340.4
20	1.204	11.81	1.82 E−5	1.51 E−5	1.401	343.3
25	1.184	11.61	1.85 E−5	1.56 E−5	1.401	346.3
30	1.165	11.43	1.86 E−5	1.60 E−5	1.400	349.1
40	1.127	11.05	1.87 E−5	1.66 E−5	1.400	354.7
50	1.109	10.88	1.95 E−5	1.76 E−5	1.400	360.3
60	1.060	10.40	1.97 E−5	1.86 E−5	1.399	365.7
70	1.029	10.09	2.03 E−5	1.97 E−5	1.399	371.2
80	0.9996	9.803	2.07 E−5	2.07 E−5	1.399	376.6
90	0.9721	9.533	2.14 E−5	2.20 E−5	1.398	381.7
100	0.9461	9.278	2.17 E−5	2.29 E−5	1.397	386.9
200	0.7461	7.317	2.53 E−5	3.39 E−5	1.390	434.5
300	0.6159	6.040	2.98 E−5	4.84 E−5	1.379	476.3
400	0.5243	5.142	3.32 E−5	6.34 E−5	1.368	514.1
500	0.4565	4.477	3.64 E−5	7.97 E−5	1.357	548.8
1000	0.2772	2.719	5.04 E−5	1.82 E−4	1.321	694.8

4. 대기압하에서 공기와 기체의 물리적 특성

가스	온도 (℃)	밀도 ρ (kgf/m^3)	점성계수 μ (N·s/m^2)	동점도 ν (m^2/s)	가스상수 R (N·m/kgf·K)	정압비열 c_p (N·m/kgf·K)	정적비열 c_v (N·m/kgf·K)	비열비 κ
공기	0	1.290	1.71 E−5	1.33 E−5	287.0	1003.6	716.4	1.40
	50	1.090	1.95 E−5	1.79 E−5	287.0	—	—	1.40
	100	0.946	2.17 E−5	2.30 E−5	287.0	1010.3	723.1	1.40
	150	0.835	2.38 E−5	2.85 E−5	287.0	—	—	1.40
	200	0.746	2.57 E−5	3.45 E−5	287.0	1024.5	737.3	1.39
	250	0.675	2.75 E−5	4.08 E−5	287.0	—	—	1.39
	300	0.616	2.93 E−5	4.75 E−5	287.0	1044.6	757.8	1.38
	400	0.525	3.25 E−5	6.20 E−5	287.0	1068.5	781.3	1.37
	500	0.457	3.55 E−5	7.77 E−5	287.0	1092.3	805.1	1.36
수소	0	0.0900	8.4 E−6	9.33 E−5	4122.0	14194.9	10070.5	1.41
	100	0.0659	1.03 E−5	1.56 E−4	4122.0	14448.2	10323.8	1.40
	200	0.0520	1.21 E−5	2.33 E−4	4122.0	14504.3	10379.9	1.40
	300	0.0429	1.39 E−5	3.24 E−4	4122.0	14533.2	10408.8	1.40
	400	0.0365	1.54 E−5	4.22 E−4	4122.0	14508.9	10456.5	1.39
	500	0.0318	1.69 E−5	5.31 E−4	4122.0	14662.2	10537.8	1.39
산소	0	1.430	1.92 E−5	1.34 E−5	259.8	914.8	654.8	1.40
	100	1.050	2.44 E−5	2.32 E−5	259.8	933.7	673.7	1.39
	200	0.824	2.90 E−5	3.52 E−5	259.8	963.0	703.0	1.37
	400	0.579	3.69 E−5	6.37 E−5	259.8	1023.7	763.7	1.34
	600	0.447	4.35 E−5	9.73 E−5	259.8	1068.9	808.9	1.32
	800	0.363	4.93 E−5	1.36 E−4	259.8	1099.9	840.3	1.31
질소	0	1.250	1.66 E−5	1.33 E−5	296.7	1039.2	742.3	1.40
	100	0.915	2.08 E−5	2.27 E−5	296.7	1042.1	745.3	1.40
	200	0.722	2.46 E−5	3.41 E−5	296.7	1051.7	755.3	1.39
	400	0.507	3.11 E−5	6.13 E−5	296.7	1091.5	794.7	1.37
	600	0.391	3.66 E−5	9.36 E−5	296.7	1139.2	842.4	1.35
	800	0.318	4.13 E−5	1.30 E−4	296.7	1181.5	884.7	1.34

부록Ⅱ 유압 · 공기압 도면 기호

1. 기호의 구성요소

표 1 기호 요소

번 호	명 칭	기 호	용 도	비 고
1-1	선			
1-1.1	실선		(1) 주관로 (2) 파일럿 밸브에서의 공급관로 (3) 전기신호선	•귀환관로를 포함 •2-3.1을 부기하여 관로와의 구별을 명확히 한다.
1-1.2	파선		(1) 파일럿 조작관로 (2) 드레인 관로 (3) 필터 (4) 밸브의 과도위치	•내부 파일럿 •외부 파일럿
1-1.3	1점쇄선		포위선	•2개 이상의 기능을 갖는 유닛을 나타내는 포위선
1-1.4	복선	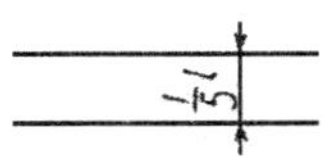	기계적 결합	•회전축, 레버, 피스톤 로드 등

2. 관로 및 접속구

2.1 관로

표 2 관로

번 호	명 칭	기 호	비 고
2-1.1	접속		
2-1.2	교차		접속하고 있지 않음
2-1.3	처짐 관로		호스(통상 가동부분에 접속 된다)

2.2 접속구

표 3 접속구

번 호	명 칭	기 호	비 고
3-1	공기구멍		
3-1.1		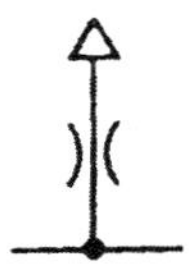	연속적으로 공기를 빼는 경우
3-1.2			어느 시기에 공기를 빼고 나머지 시간은 닫아놓는 경우
3-1.3			필요에 따라 체크 기구를 조작하여 공기를 빼는 경우
3-2	배기구		
3-2.1			•공기압 전용 •접속구가 없는 것
3-2.2			•접속구가 있는 것

표 3 접속구(계속)

번 호	명 칭	기 호	비 고
3-3	금속 이음		
3-3.1		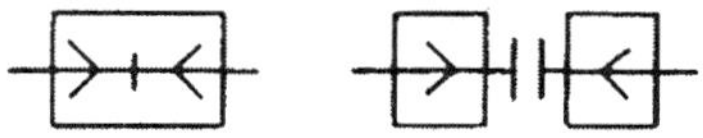	•체크벨브 없음
3-3.2		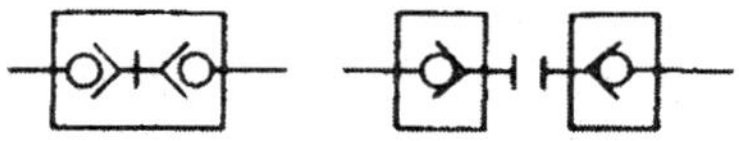 접속 상태 떨어진 상태	•체크밸브 붙이(셀프실 이음)
3-4	회전 이음		•스위블 조인트 및 로터리 조인트
3-4.1	1 관로	※ 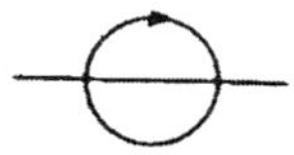	•1방향 회전
3-4.2	3 관로	※ 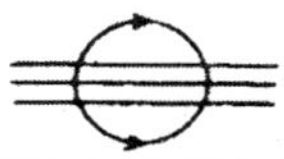	•2방향 회전

3. 조작 기구

표 4 기계식 구성부품

번 호	명 칭	기 호	비 고
4-1	로드	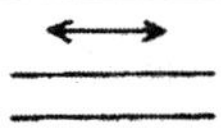	•2방향 조작 •회살표의 기입은 임의
4-2	회전축		•2방향 조작 •화살표의 기입은 임의
4-3	멈춤쇠	※ 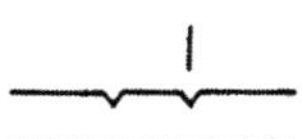	•2방향 조작 •고정용 그루브 위에 그린 세로선은 고정구를 나타낸다.

표 5 조작 방식

번 호	명 칭	기 호	비 고
5-1	인력 조작	※ 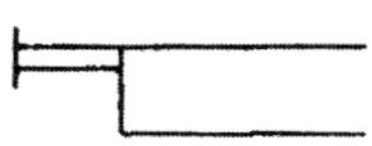	조작방법을 지시하지 않은 경우, 또는 조작 방향의 수를 특별히 지정하지 않은 경우의 일반기호

표 5 조작 방식(계속)

번 호	명 칭	기 호	비 고
5-1.1	누름버튼	※ 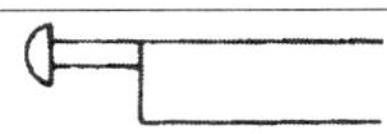	1방향 조작
5-1.2	당김버튼	※ 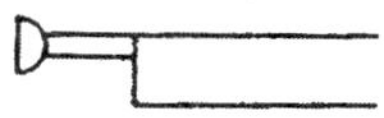	1방향 조작
5-1.3	누름-당김버튼	※ 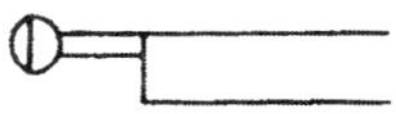	2방향 조작
5-1.4	레버	※ 	2방향 조작(회전운동을 포함)
5-1.5	페달	※ 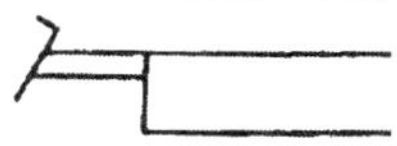	1방향 조작(회전운동을 포함)
5-1.6	2방향 페달	※ 	2방향 조작(회전운동을 포함)
5-2	기계 조작		
5-2.1	플런저	※ 	1방향 조작
5-2.2	가변행정제한기구	※ 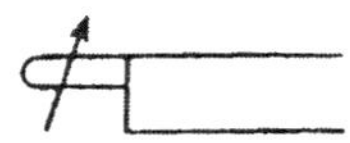	2방향 조작
5-2.3	스프링		1방향 조작
5-2.4	롤러	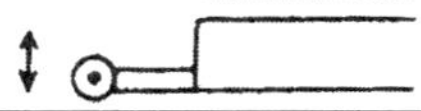	2방향 조작
5-3	전기 조작		
5-3.1	직선형 전기 액추에이터		솔네노이드, 토크모터 등
5-3.1.1	단동 솔레노이드	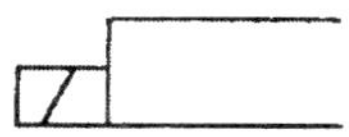	•1방향 조작 •사선은 우측으로 비스듬히 그려도 좋다.
5-3.1.2	복동 솔레노이드	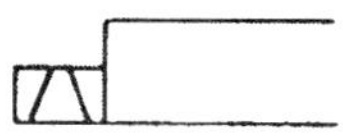	•2방향 조작 •사선은 위로 넓어져도 좋다.
5-3.1.3	단동 가변식 전자 액추에이터	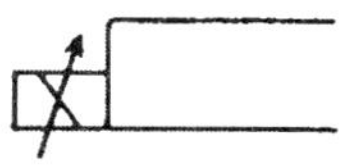	•1방향 조작 •비례식 솔레노이드, 포스모터 등
5-3.1.4	복동 가변식 전자 액추에이터	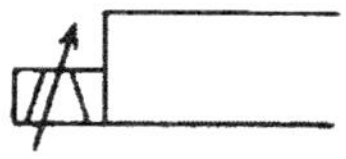	•2방향 조작 •토크모터
5-3.2	회전형 전기 액추에이터	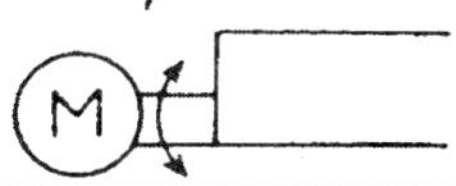	•2방향 조작 •전동기
5-4	파일럿 조작		
5-4.1	직접 파일럿 조작		
5-4.1.1		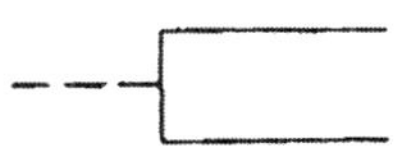	

표 5 조작 방식(계속)

번 호	명 칭	기 호	비 고
5-4.1.2		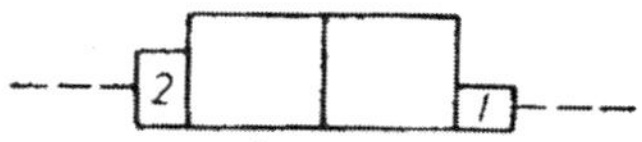	수압면적이 상이한 경우, 필요에 따라, 면적비를 나타내는 숫자를 직사각형 속에 기입한다.
5-4.1.3	내부 파일럿	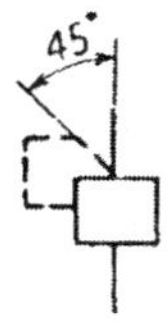	조작유로는 기기의 내부에 있음
5-4.1.4	외부 파일럿	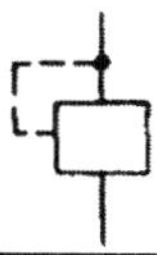	조작유로는 기기의 외부에 있음

4. 에너지의 변환과 저장

4.1 펌프 및 모터

표 6 펌프 및 모터

번 호	명 칭	기 호	비 고
6-1	펌프 및 모터	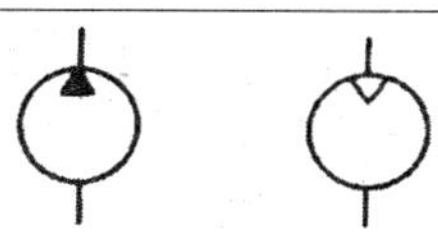 유압 펌프 공기압 모터	일반기호
6-2	유압펌프	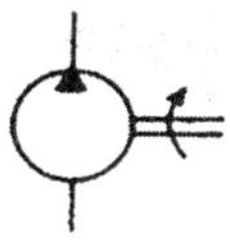	•1방향 유동 •정용량형 •1방향 회전형
6-3	유압모터	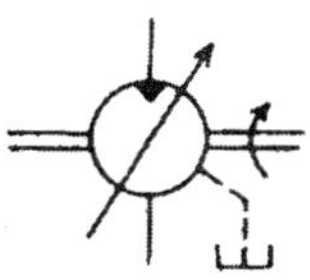	•1방향 유동 •가변용량형 •조작기구를 특별히 지정하지 않는 경우 •외부 드레인 •1방향 회전형 •양축형

표 6 펌프 및 모터(계속)

번 호	명 칭	기 호	비 고
6-4	공기압 모터	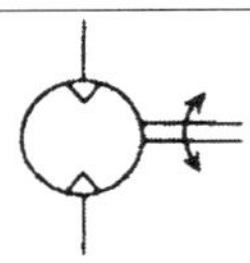	•2방향 유동 •정용량형 •2방향 회전형
6-5	정용량형 펌프 · 모터	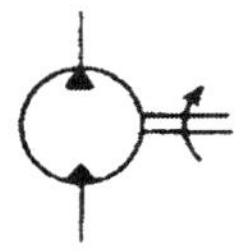	•1방향 유동 •정용량형 •1방향 회전형
6-6	가변용량형 펌프 · 모터 (인력조작)	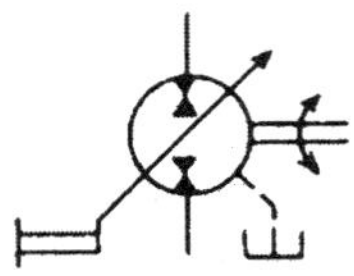	•2방향 유동 •가변용량형 •외부 드레인 •2방향 회전형
6-7	요동형 액추에이터	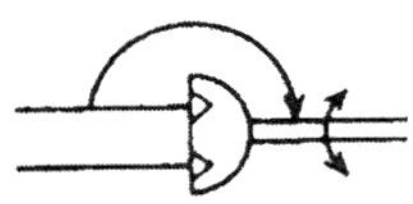	•공기압 •정각도 •2방향 요동형 •축의 회전방향과 유동방향광의 관계를 나타내는 화살표의 기입은 임의(부속서 참조)

4.2 실린더

표 7 실린더

번호	명 칭	기 호		비 고
7-1	단동 실린더	상세 기호 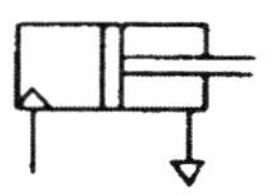	간략 기호 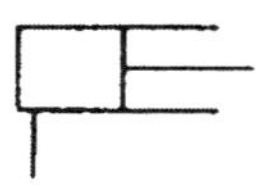	•공기압 •압출형 •편로드형 •대기 중의 배기(유압의 경우는 드레인)
7-2	단동 실린더 (스프링붙이)	(1) 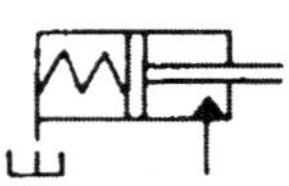 (2) 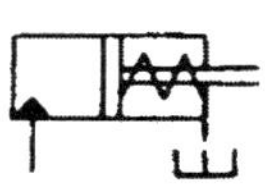	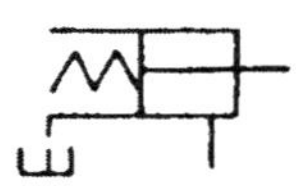 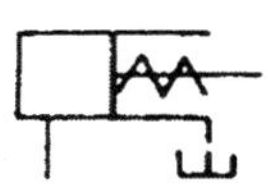	•유압 •편로드형 •드레인측은 유압유 탱크에 개방 (1) 스프링 힘으로 로드 압출 (2) 스프링 힘으로 로드 흡인

표 7 실린더(계속)

번호	명 칭	기 호	비 고
7-3	복동 실린더	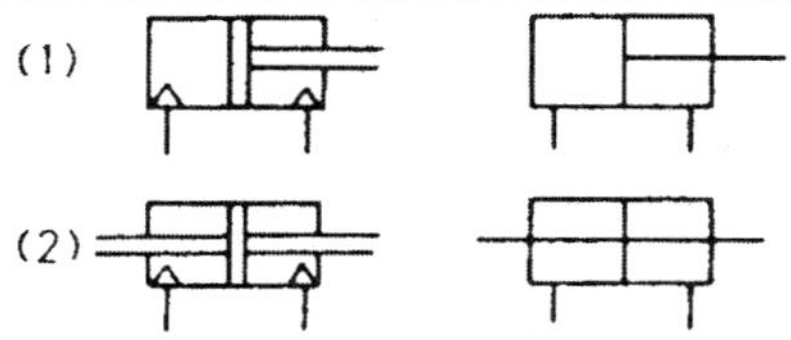	(1)•편로드 •공기압 (2)•양로드 •공기압
7-4	복동 실린더 (쿠션붙이)	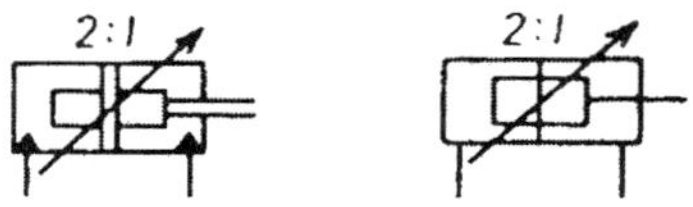	•유압 •편로드형 •양 쿠션, 조정형 •피스톤 면적비 2 : 1

4.3 에너지-용기

표 8 에너지-용기

번호	명 칭	기 호	비 고
8-1	어큐뮬레이터		•일반기호 •항상 세로형으로 표시 •부하의 종류를 지시하지 않는 경우
8-2	어큐뮬레이터	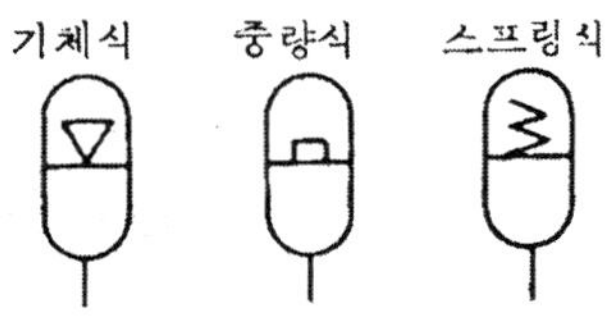	부하의 종류를 지시하는 경우
8-3	보조 가스용기		•항상 세로형으로 표시 •어큐뮬레이터와 조합하여 사용하는 보급용 가스용기
8-4	공기 탱크		

4.4 동력원

표 9 동력원

번 호	명 칭	기 호	비 고
9-1	유압(동력)원		일반기호
9-2	공기압(동력)원		일반기호
9-3	전동기	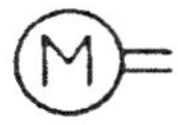	
9-4	원동기		(전동기를 제외)

5. 에너지의 제어와 조정

표 10

번 호	명 칭	상 세 기 호	일 반 기 호	비 고
(a)	2포트 밸브	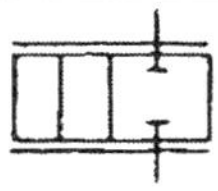	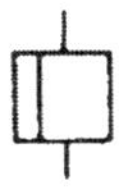	•상시폐 •가변 교축
(b)	2포트 밸브	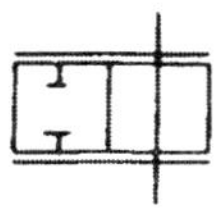	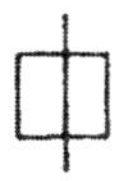	•상시개 •가변 교축
(c)	3포트 밸브	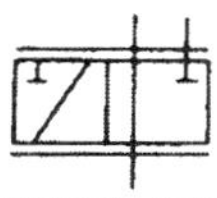	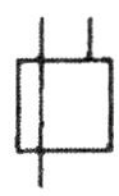	•상시개 •가변 교축

5.1 전환밸브

표 11 전환 밸브

번 호	명 칭	기 호	비 고
11-1	2포트 수동 전환밸브	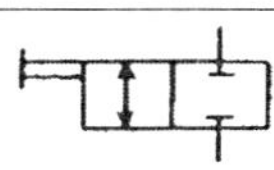	•2위치 •폐지밸브
11-2	3포트 전자 전환밸브	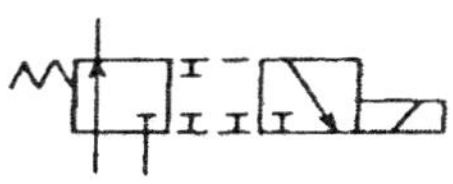	•2위치 •1과도 위치 •전자조작 스프링 리턴

표 11 전환 밸브(계속)

번 호	명 칭	기 호	비 고
11-3	5포드 파일럿 전환밸브	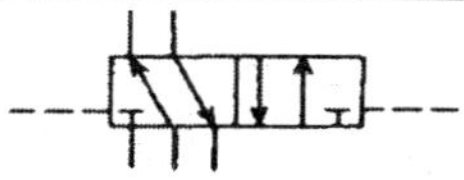	•2위치 •2방향 파일럿 조작
11-4	4포트 전자파일럿 전화밸브	상세 기호 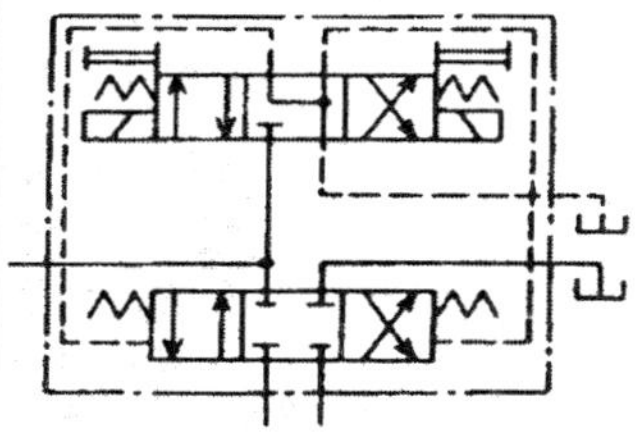	•주밸브 3위치 스프링센터 내부 파일럿 •파일럿 밸브 4포트 3위치 스프링센터 전자조작(단동 솔레노이드)

5.2 압력 제어 밸브

표 12 압력제어 밸브

번 호	명 칭	기 호	비 고
12-1	릴리프 밸브	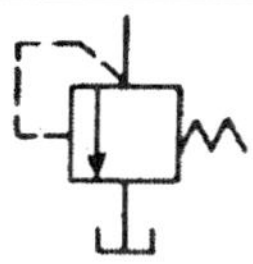	직동형 또는 일반기호
12-2	파일럿 작동형 릴리프 밸브	상세 기호 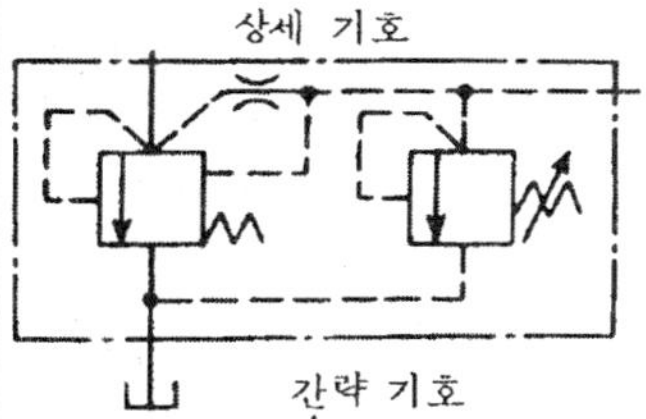 간략 기호 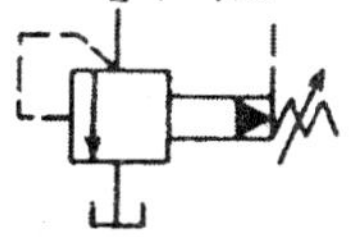	원격조작용 벨트포트 붙이

표 12 압력제어 밸브(계속)

번 호	명 칭	기 호	비 고
12-3	전자밸브 장착(파일럿 작동형) 릴리프 밸브	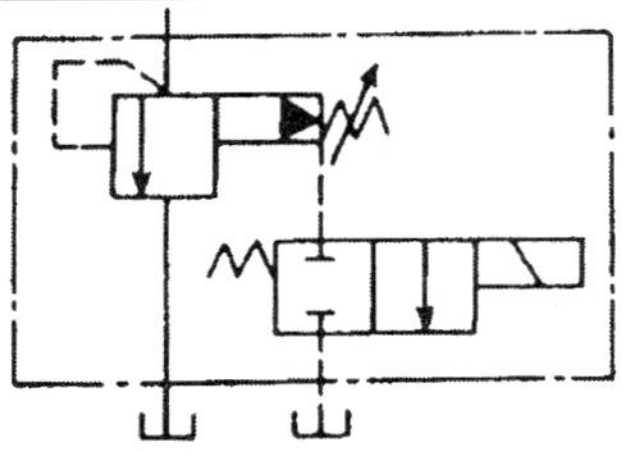	전자밸브의 조작에 의하여 벤트포트가 열려 무부하로 된다.
12-4	비례전자식 릴리프 밸브 (파일럿 작동형)	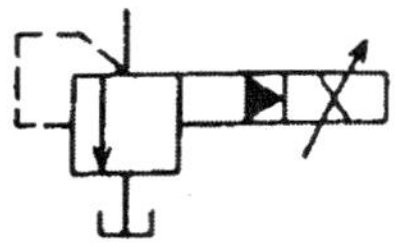	대표 보기
12-5	감압 밸브	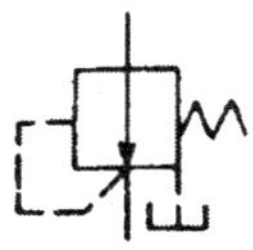	직동형 또는 일반기호
12-6	파일럿 작동형 감압밸브	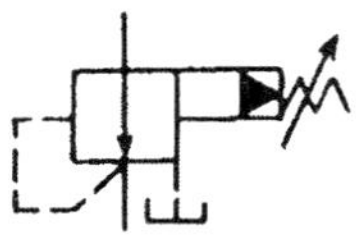	외부 드레인
12-7	릴리프 붙이 감압밸브	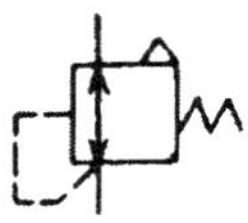	공기압용
12-8	비례전자식 릴리프 감압밸브 (파일럿 작동형)	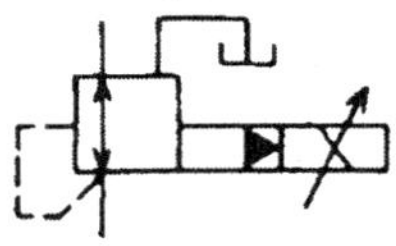	•유압용 •대표 보기
12-9	일정비율 감압밸브	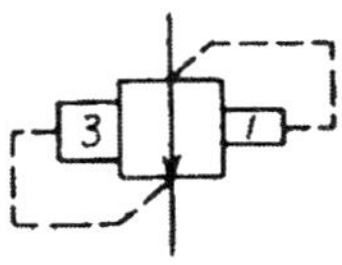	감압비 : $\frac{1}{3}$
12-10	시퀀스 밸브	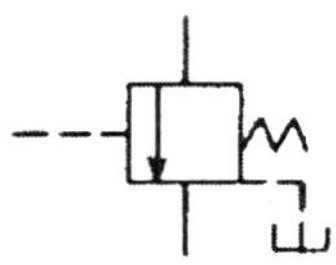	•직동형 또는 일반기호 •외부 파일럿 •외부 드레인
12-11	시퀀스 밸브(보조조작 장착)	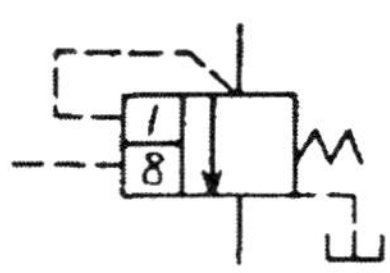	•직동형 •내부파일럿 또는 외부파일럿 조작에 의하여 밸브가 작동됨 •파일럿압의 수압 면적비가 1 : 8인 경우 •외부 드레인

표 12 압력제어 밸브(계속)

번 호	명 칭	기 호	비 고
12-12	파일럿 작동형 시퀀스 밸브	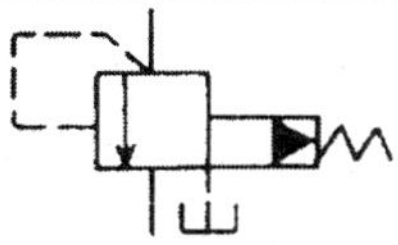	•내부 파일럿 •외부 드레인
12-13	무부하 밸브	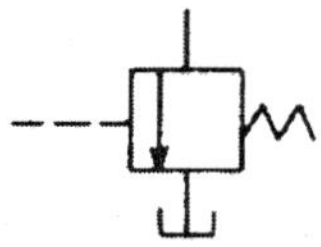	•직동형 또는 일반기호 •내부 드레인
12-14	카운터 밸런스 밸브	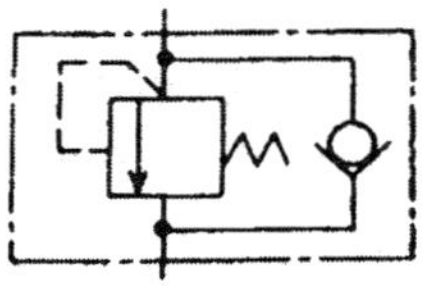	
12-15	무부하 릴리프 밸브	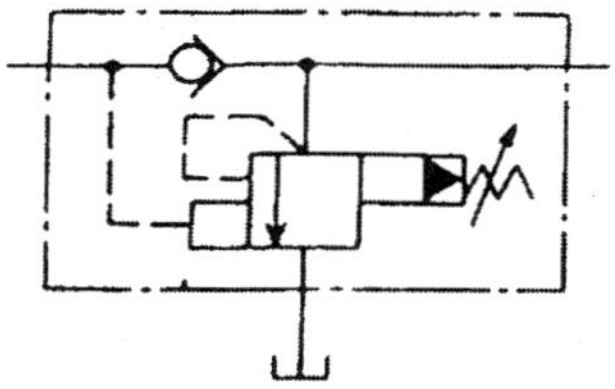	
12-16	양방향 릴리프 밸브	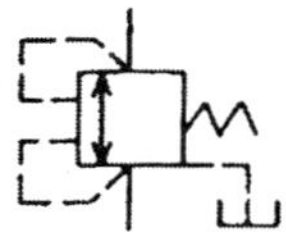	•직동형 •외부 드레인
12-17	브레이크 밸브	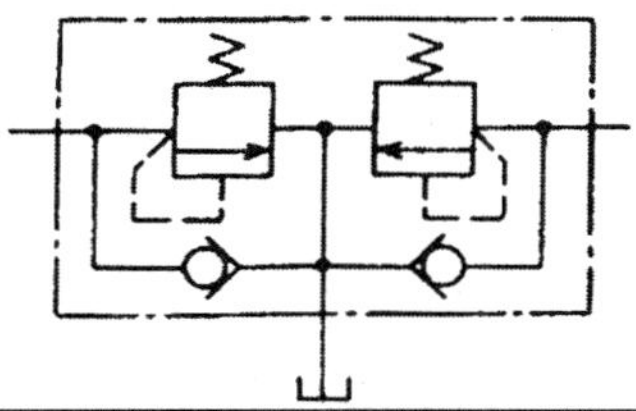	•대표 보기

5.3 유량 제어밸브

표 13 유량 제어밸브

번 호	명 칭	기 호	비 고
13-1 13-1.1	교축밸브 가변 교축밸브	상세 기호 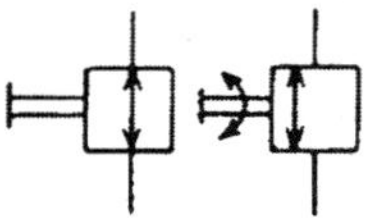 간략 기호 	•간략기호에서는 조작방법 및 밸브의 상태가 표시되어 있지 않음 •통상, 완전히 닫혀진 상태는 없음

표 13 유량 제어밸브(계속)

번 호	명 칭	기 호	비 고
13-1.2	스톱밸브	※ 	
13-1.3	감압밸브 (기계조작 가변 교축밸브)	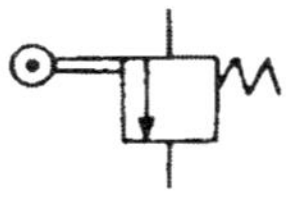	•롤러에 의한 기계조작 •스프링 부하
13-1.4	1방향 교축밸브 속도제어 밸브(공기압)	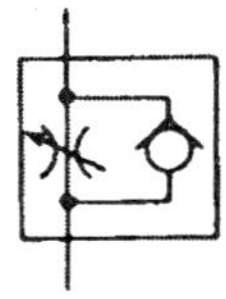	•가변교축 장착 •1방향으로 자유유동, 반대 방향으로는 제어유동
13-2	유량조정밸브	상세 기호 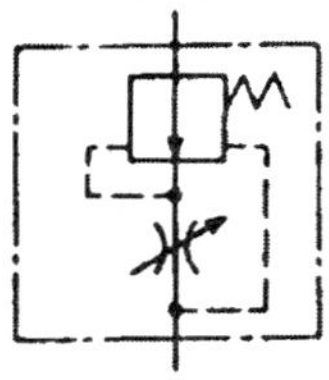 간략 기호 	
13-2.1	직렬형 유량조정 밸브	상세 기호 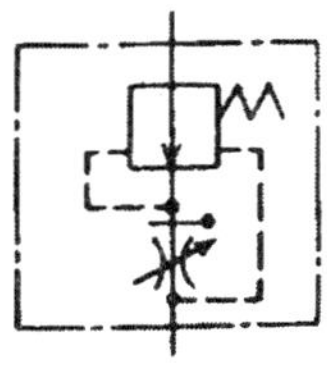 간략 기호 	간략기호에서 유로의 화살표는 압력의 보상을 나타낸다.
13-2.2	직렬형 유량조정 밸브 (온도보상 붙이)	상세 기호 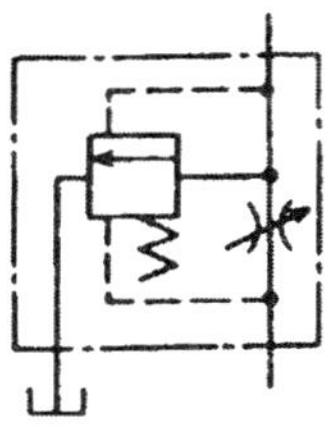 간략 기호 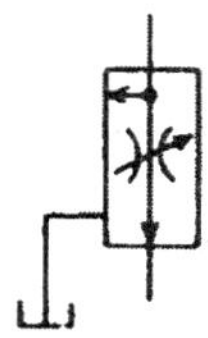	•온도보상은 2-3.4에 표시한다. •간략기호에서 유로의 화살표는 압력의 보상을 나타낸다.
13-2.3	바이패스형 유량조정 밸브	상세 기호 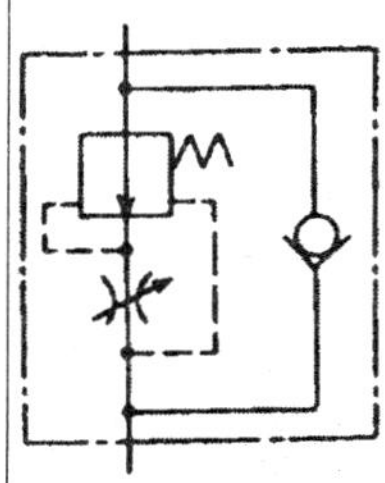 간략 기호 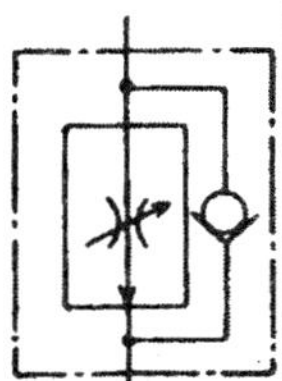	간략기호에서 유로의 화살표는 압력의 보상을 나타낸다.

표 13 유량 제어밸브(계속)

번 호	명 칭	기 호	비 고
13-2.4	체크밸브 붙이 유량조정 밸브(직렬형)	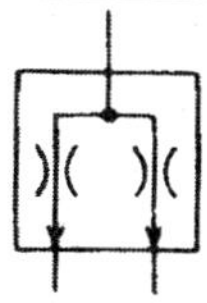	간략기호에서 유로의 화살표는 압력의 보상을 나타낸다.
13-2.5	분류밸브	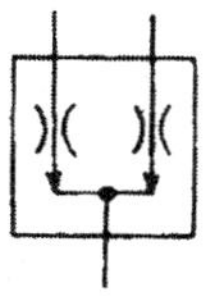	화살표는 압력보상을 나타낸다.
13-2.6	집류밸브		화살표는 압력보상을 나타낸다.

6. 유체의 저장과 조정

6.1 기름 탱크

표 14 기름 탱크

번 호	명 칭	기 호	비 고
14-1	기름 탱크(통기식)	(1) 	관 끝을 액체 속에 넣지 않는 경우
		(2) 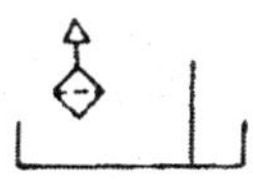	•관 끝을 액체 속에 넣는 경우 •통기용 필터(17-1)가 있는 경우
		(3) 	관 끝을 밑바닥에 접속하는 경우
		(4) 	국소 표시기호
14-2	기름 탱크(밀폐식)	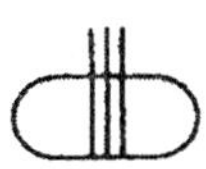	•3관로의 경우 •가압 또는 밀폐된 것 •각관 끝을 액체 속에 집어넣는다. •관로는 탱크의 긴 벽에 수직

7. 보조 기기

표 15 보조 기기

번 호	명 칭	기 호	비 고
15-1	압력 계측기		
15-1.1	압력 표시기	※ 	계측은 되지 않고 단지 지시만하는 표시기
15-1.2	압력계	※ 	
15-1.3	차압계	※ 	
15-2	유면계	※ 	평행선은 수평으로 표시
15-3	온도계		
15-4	유량 계측기		
15-4.1	검류기	※ 	
15-4.2	유량계	※ 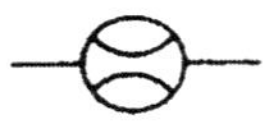	
15-4.3	적산 유량계	※ 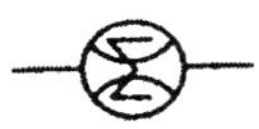	
15-5	회전 속도계	※ 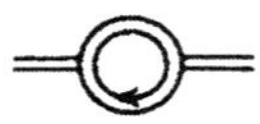	
15-6	토크계	※ 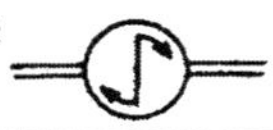	

찾 아 보 기